现代变形监测

苗则朗　徐卓揆　贺跃光　编著

中国水利水电出版社
www.waterpub.com.cn
·北京·

内 容 提 要

本书通过介绍现代变形测量基本理论及多类型监测手段集成，融入工程案例阐述变形监测理论与实践。全书共分为三篇。第一篇为变形测量基本理论，阐述变形网平差方法、变形分析与计算、监测资料分析与整理、变形监测预报模型。第二篇为变形测量基本方法与技术，介绍变形测量的几何、物理及集成方法在位移、环境量、渗流、应力应变等监测中的应用。第三篇融合现代变形测量基础理论、方法与技术，介绍建筑物、开采地表移动变形、边坡地质灾害、基坑工程、隧道与地下工程、桥梁工程、大坝安全等多类工程监测案例。

本书理论紧密联系实践，突出系统性和工程实用性。通过引导读者掌握现代变形监测基础理论和先进监测技术手段，注重培养读者解决实际变形监测工程技术问题的能力。本书既可作为高等院校相关专业学生教材，也可供相关专业工程技术人员阅读参考。

图书在版编目（CIP）数据

现代变形监测 / 苗则朗，徐卓揆，贺跃光编著. -- 北京 : 中国水利水电出版社，2020.8
ISBN 978-7-5170-8666-6

Ⅰ. ①现… Ⅱ. ①苗… ②徐… ③贺… Ⅲ. ①变形观测 Ⅳ. ①TV698.1

中国版本图书馆CIP数据核字(2020)第115375号

书　名	现代变形监测 XIANDAI BIANXING JIANCE
作　者	苗则朗　徐卓揆　贺跃光　编著
出版发行	中国水利水电出版社 （北京市海淀区玉渊潭南路1号D座　100038） 网址：www. waterpub. com. cn E-mail：sales@waterpub. com. cn 电话：(010) 68367658（营销中心）
经　售	北京科水图书销售中心（零售） 电话：(010) 88383994、63202643、68545874 全国各地新华书店和相关出版物销售网点
排　版	中国水利水电出版社微机排版中心
印　刷	清淞永业（天津）印刷有限公司
规　格	184mm×260mm　16开本　22.25印张　528千字
版　次	2020年8月第1版　2020年8月第1次印刷
印　数	0001—3000册
定　价	**78.00**元

前言

FOREWORD

现代学科理论和技术不断渗透到变形监测领域，涌现出新的变形监测理论、方法、技术与装备，拓展了变形监测领域，并推动其向自动化、信息化、标准化方向发展，促使变形监测成为交叉学科研究热点，变形监测在工程安全、防灾减灾等领域中的作用越来越重要。

本书特色如下：

(1) 紧密结合测绘类“新工科”人才培养要求，力求使读者在掌握传统测绘理论与技能基础上，培养跨界整合能力。

(2) 突出变形测量理论为中心、多学科交叉为主线的原则，融合测绘工程、土木工程、安全工程、信息科学与技术等多学科，拓展读者学科交叉与协同应用的知识背景。

(3) 以现代变形监测理论为主导，突出变形监测领域新技术，提升本书先进性。充实现代变形监测领域新理论、新方法、新技术和新装备的内容，如 GNSS、BIM、3D GIS、自动变形监测集成系统等，适应现代监测要求。

(4) 紧跟国家、行业或协会新要求，认真贯彻变形监测领域中的新标准、新细则、新规定等。

(5) 始终贯彻理论联系实践的原则，以现代变形监测基本理论与方法为基础，结合土木建筑工程、水利工程及矿山工程等变形监测实例，理论与实践相互渗透。

全书注重引导读者掌握现代变形监测基础理论和工程监测技术，强化解决工程监测技术问题能力，可作为高等院校测绘工程专业培养复合应用型本科生或其他相关专业研究生的教材，也可供相关专业工程技术人员参考。

本书由苗则朗、徐卓揆、贺跃光共同编写。全书共 14 章，具体编写分工如下：苗则朗撰写第 2～4 章、第 6～14 章；徐卓揆撰写第 5 章；贺跃光撰写第 1 章，并负责全书统稿和定稿。在本书的编写过程中，杜年春、粟闯、吴盛才、蒋田勇、张贵金、曾铃、许兵等提出了许多宝贵意见，书中工程案例除来自作者承担的科研、工程外，还引用了其他典型案例，在此一并表示诚挚谢意。

由于作者水平有限，难免有疏漏之处，恳请广大读者指正。

作者

2020年3月

目录

CONTENTS

第3章 变形网变形分析

第4章 变形监测资料分析与整理

第 5 章 变形监测预报模型

第二篇 变形测量基本方法与技术

第6章 变形监测基本方法

第7章 变形监测基本内容

第8章 建筑物变形监测

第 11 章 基坑工程监测

第12章 隧道与地下工程监测

第13章 桥梁工程监测

第14章 大坝安全监测

第一篇

变形测量基本理论

第 1 章 绪论

变形监测是利用测量仪器及其他专用仪器与方法对变形体的变形现象进行持续观测、对变形体的变形形态进行分析、对变形体的变形发展态势进行预测等。其任务是确定在各种荷载和外力作用下，研究变形体的形状、大小及位置变化和空间状态、时间特征及发展趋势。变形体可大可小，可以是整个地球，也可以是一个区域，或某一工程建构筑物以及大型精密设施。因此，变形监测可分为全球性变形监测、区域性变形监测、工程变形监测（包含大型设施变形监测）等。

由于工程测量学是研究各种工程建设在勘测设计、施工建设和运营管理阶段所进行的各种测量工作的学科，主要以建筑工程、机器和设备为研究服务对象，因此在工程领域，常将变形测量作为工程测量的一个重要分支。

随着各种工程规模不断增大，工程投资及费用也越来越高，一旦发生自然环境地质灾害或工程灾害，所造成的社会经济损失及对生命财产的危害也越来越严重，因此准确掌握变形对防范灾害至关重要。

1.1 变形测量对象

从地表到各种工程，一切关系到人类生活的实物对象均可成为变形测量的对象。同一类型的对象，其产生变形的原因不同，人们所关注的变形分布特征与变形发展规律也各不相同。

1.1.1 地表变形

自地球诞生以来，地壳就在不停运动，既有水平运动，也有垂直运动。地壳运动引起地表变形变位。地表变形可以是自然原因产生，包括全球性变形或区域性变形，例如：地球板块的运动、地球内部岩浆的活动；也可以是人类工程活动产生，如地下水和地下矿床（包括石油、天然气、煤炭、金属及非金属矿山）开采引起地表变形；露天矿山开采及铁路、公路等工程所形成的人工边坡引起近临地表滑移；巨型工程（如超高建构筑物）引起的附加荷载导致近临地表产生的变形；地下水回灌导致地表回升；岩溶地区地面塌陷，地下工程开挖等引起的周围地表移动与变形。

1.1.2 工程建构筑物变形

工程建构筑物是变形测量的重要观测对象。工程建构筑物有不同类型，涉及市政、交通、水利水电工程等能源开发与应用基础设施、古建筑物等领域，如高层建筑、桥梁、隧道（峒室）、尾矿（砂）坝、弃（排）土场、架空索道、塔架、大型冶炼设施、精密输送带、电站大坝和库岸工程，人工填海（岛），基坑工程、边坡工程等。一方面，工程建构筑物变形可以由前述地表变形引发，如矿山开采地表移动与变形可能影响到矿区地表各类工程建构筑物，并使之产生变形与破坏；另一方面，由于工程建构筑物自重，压实工程建构筑物地基，使之产生附加沉降与变形乃至破坏；还有可能因为地质条件变化而引起不均匀变形，使建筑物地基础压实（如流砂层对建筑物的影响），引起建筑物的下沉与变形，也可能由于季节性或周期性温度变化引起变形。此外，工程建构筑物还可能受某种外力影响而产生变形，如高层建筑物受风力影响引起的摆动，桥梁在车辆通行时或受风洞效应影响下的摆动。

1.1.3 大型精密设施

大型精密设施的变形监测具有目标尺寸大、精度要求高、绝对定位难等特点，常规单一的监测方法难以满足要求。如位于贵州省克度镇喀斯特洼坑中的500m口径球面射电望远镜（Five-hundred-meter Aperture Spherical Telescope，FAST）在建设及使用过程中，布设了10余个毫米级精度基准站组成的测量基准网，通过9个近景测量基站，对反射面位形实时扫描；利用激光跟踪仪及激光跟踪系统实现对馈源舱实时反馈的控制；建设现场总线系统，实现反射面的主动变形，达到对FAST工程实时监测的目的，以满足FAST工程接收射电信号灵敏性的要求。

1.2 变形测量基本内容

变形测量的目的在于获得被研究对象变形过程中有关变形资料，分析研究这些资料，可以监视地表变形和工程建构筑物的运营情况。如利用震前地表变形趋势作地震预报，边坡微小移动可作为滑坡预警报警信号，根据水库和尾矿库坝体的变形量可以判断坝体是否安全。根据变形测量资料，可检验设计理论是否可靠，提供设计并修改所需的经验数据。如岩体地下工程监测，可作为信息化施工的重要手段；通过监测数据，或无地面历史监测数据，查找遥感历史数据，还可以作为纠纷判定的司法依据。

地表及各种工程建构筑物，由于地质或力学的因素，往往不可避免产生移动与变形，变形的状况、变形的机理、变形的规律以及移动与变形可能导致的工程灾害、如何进行控制与预防等都是人们所关心的。由于工程建构筑物都允许有一定的变形，而不影响其正常使用并造成损害，因此要求能准确地观测和估计各种移动与变形值，并能判定工程建构筑物的允许变形量。

变形测量就是针对这些问题进行研究与测量的一个学科分支，其主要内容有：沉降观测、位移观测、倾斜观测、裂缝观测和挠度观测，变形监测同时还包含系列物理测量手段，如应力应变监测、气象（水位）监测、爆破震动监测等。从历次测量结果的分析比较中，可获取变形随时间发展的趋势。变形测量的周期常随单位时间内变形的大小量而定，当变形量较大时，监测周期宜短；而当变形量减小，工程建构筑物趋向稳定时，监测周期可相应放长。

1.3 变形测量基本方法

变形测量方法的选择取决于变形体的特征、变形监测的目的、变形大小和变形速度等因素。观测对象的变形过程一般是动态过程，只不过有的变形速度很快，有的则很慢。通常是通过对被研究对象的不同离散时刻点进行观测，把对象当作静态系统看待，然后由多个时刻的观测结果，再研究其运动的动态过程。变形测量方法的选择取决于变形体的特征、变形监测的目的、变形大小和变形速度等因素。

在全球性变形监测方面，空间大地测量技术是最基本且最适用的技术，它主要包括全球导航卫星系统（Global Navigation Satellite System，GNSS）、甚长基线射电干涉测量、卫星激光测距、激光测月技术以及卫星重力探测技术（如卫星测高、卫星跟踪卫星和卫星重力梯度测量）等。

在区域性变形监测方面，GNSS已成为主要的技术手段。空间对地观测遥感新技术——合成孔径雷达干涉测量（Interferometric Synthetic Aperture Radar，InSAR），在监测地震变形、火山地表移动、冰川漂移、地面沉降、山体滑坡等方面，其精度可达厘米或毫米级，展现出很强的技术优势，但精密水准测量依然是高精度高程信息获取的主要方法。

在工程和局部性变形监测方面，地面常规测量技术、地面摄影测量技术、特殊和专用的测量手段（如三维激光扫描、地基雷达、柔性测斜仪），以及以GNSS为主的空间定位技术等均得到了较好的应用。

随着监测技术的发展，传感器类型的增多、监测区域和监测领域的扩大成为监测系统发展的主要趋势，随之产生的是数据类别增多和数据量增大问题。过去以文件方式管理数据的方法必然会严重影响监测系统作业效率，而自动变形监测集成系统以其数据结构化、独立性高、共享性高、冗余高等特点能够很好地解决这一问题。此外，结合变形区域的现有数据（如遥感影像、常规测量成果等）综合分析监测数据，获取监测对象的变形量及其诱因也是变形监测的重要内容。自动变形监测集成系统指利用监测中心端的监测软件，通过指定的通信方式向传感器发送观测指令，传感器完成作业后以相同方式将获取的数据传送回监测中心，由监测软件存入数据库并完成解算。因此，自动变形监测集成系统分为传感器、通信链路和软件系统三部分（图1-1）。

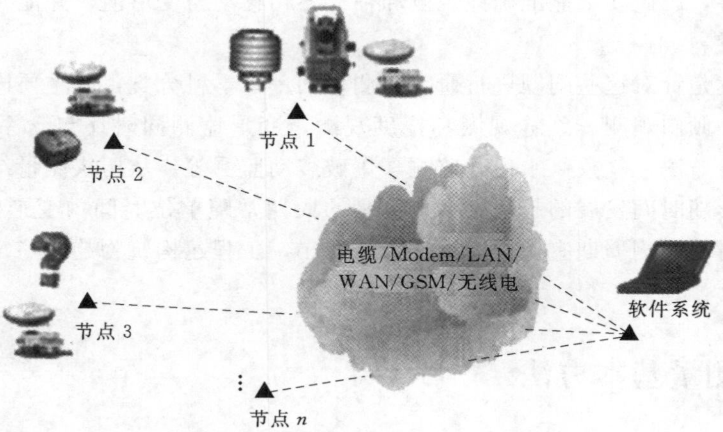

图 1-1　自动变形监测集成系统结构图

1.4　变形测量资料分析与管理

为提高工程安全监测质量和水平，必须充分认识监测资料的整理分析和反馈工作的价值，采取合理的技术路线和方法，保证监测发挥应有作用。

工程安全监测的主要目的是安全监控和预报，工程需求促进了统计性和确定性模型在监测资料整理分析中的应用和发展。应用统计回归方法、自变量因子的分解形式、有限元理论、确定性模型和混合性模型、反分析方法等，广泛应用在定量分析大坝坝基、建筑物基础、基坑、地下峒室、边坡、尾矿库等工程中。

工程安全监测资料整理分析的发展与资料整理分析手段的进步密切相关。大型工程的监测资料整理分析，采用基于模型分析与预报的数据库技术，除有限元方法、反分析方法外，块体理论、模糊数学、灰色系统、人工智能、专家系统等先进决策分析技术，在工程监测资料整理分析中广泛应用，主要体现在：①统计分析、模糊数学、灰色系统理论、神经元网络模型、深度学习等技术在工程安全预测预报和运行监控方面的应用；②反分析技术、确定性模型和混合性模型的发展及其在安全监测，特别是施工期三维地理信息系统（3D Geographic Information System，3D GIS）和具有反向建模功能的建筑信息模型（Building Information Modeling，BIM）在安全监测、可视化表达和反馈施工设计方面的应用；③综合评价和决策理论与方法在安全监测实际工程中的应用；④各类工程监测数据自动采集、资料整理分析、安全监控等专用系统，特别是将数据库理论、系统工程理论、方法库和专家知识结合为一体，针对地下峒室、边坡、坝基等各类工程的监测反馈，在工程安全监测中得到开发和应用。

1.5　变形监测预报

变形监测预报通过分析当前变形体的变形信息，对变形体未来变形趋势做出预测，是发现隐患并保障其安全的重要手段。对变形体的研究既有客观上的不确定性，也有主观上的非确定性。客观上的不确定性包括随机性、模糊性、信息的不完备性和信息处理的不确定性。综合客观因素的影响和对变形机理的认识不够，导致了理论分析和模拟的非确定性。针对岩土工程中的非确定性，许多问题都要作出全局性、综合性系统分析，因而，系统分析方法已显示出广阔的应用前景。同时，包括灰色系统理论、时间序列分析、分数维理论、混沌理论、随机介质理论以及人工神经网络理论等在内的许多新理论、新方法也被广泛应用于变形监测中。

变形监测预计预报主要有回归分析理论、Kalman 滤波理论、灰色系统理论、时间序列分析理论、分数维理论、混沌理论、随机介质理论、有限元分析法和反分析法等。考虑到变形体常受多种环境因素影响，而这些影响因素与变形数据间的关联往往具有非线性特征，此时若采用常规的线性预报方法并不能取得满意的预报结果。随着统计学习理论的不断发展，人工神经网络等非线性理论方法在变形监测预报中取得了很多成功的应用。

第 2 章 变形网平差

使用大地测量方法进行变形测量，需建立平面和高程控制网，并在监测对象及其周围布置监测点，对控制网及监测点重复测量获得监测数据，确定变形大小及其规律。用于变形测量的控制网，称为变形控制（简称变形网）。变形网平差方法有三种：经典网平差法、秩亏自由网平差法、拟稳平差法。

2.1 变形网的特点

变形网有别于工程控制网的特点，决定了变形网平差与工程控制网平差方法的不同。

2.1.1 布网目的

布网目的不同。工程控制网是为了保证工程各部位能处在一定的相互关系中，如贯通测量控制网需保证从两边测量的贯通点偏差不超过某一限差。因此，对于工程控制网，网点间的相对精度极为重要。衡量控制网等级的重要指标是网的最弱边精度，但变形网的目的是测定网点的变形，网点间的相对精度不是主要的。

影响网的质量因素也不同。例如，系统误差（如大气折光引起的误差、测距的比例误差等）对工程控制网精度影响很大，必须设法减小。但系统误差对变形网的影响不是主要的，只要保证观测仪器、观测条件及观测人员等不变化，系统误差在计算变形过程中能相互抵消或消除，确保变形量不受这类误差影响。

2.1.2 布网原则

布网原则不同。一般工程控制网的网点选择原则：①网点视野开阔；②构成网点间的图形规则，最好是等边三角形；③三角形角度一般需控制在 30°～150°内。

区别于工程控制网，变形网完全根据监测对象布设网点。例如，变形监测工作基点尽量选在地质条件好、受干扰较小处；或根据工作点位置，选择局部稳定点。对于网点视野、网点间相互关系不作要求。

2.1.3 变形网图形复杂，多余观测多

工程控制网观测以构成简单三角形、大地四边形或中点多边形为宜，可按条件平差或间接平差。而变形网以能开展监测为原则，不追求图形构成，并以多余观测多为好。

2.1.4 传统变形网边短，精度高

传统的变形网边短，但精度高，并且多采用强制对中装置。变形网的边长一般在几百米或1km左右，并按国家一等、二等大地测量精度要求进行观测。

2.1.5 变形网可以无已知数据

工程控制网必须有一个已知点坐标、一个已知方向和一条已知边长，变形网不需要已知数据，而按自由网平差。尽管工程控制网的已知点、已知方向可假定，但已知边必不可少；而变形网可是纯测角网，不需要任何已知边。

2.2 变形网的经典网平差

经典测量控制网平差须具备必要的起算数据作为参考基准，以确定其他网点坐标。变形网实质仍然是一种如何确定网点位置的测量控制网，可按经典控制网平差方法进行平差确定网点位置。考虑到变形网图形复杂和多余观测多，变形网平差一般选用间接平差法。

2.2.1 间接平差原理

设实际观测值向量为$\boldsymbol{L}$，未知数为$\boldsymbol{X}_{\mathrm{L}}$，改正数为$\boldsymbol{V}$，则

$$\boldsymbol{L}+\boldsymbol{V}=\boldsymbol{F}(\boldsymbol{X}_{\mathrm{L}}) \tag{2-1}$$

其中

$$\boldsymbol{L}=(\boldsymbol{L}_1,\boldsymbol{L}_2,\cdots,\boldsymbol{L}_1)^{\mathrm{T}},\boldsymbol{V}=(\boldsymbol{V}_1,\boldsymbol{V}_2,\cdots,\boldsymbol{V}_{\mathrm{n}})^{\mathrm{T}}$$

$$\boldsymbol{F}(\boldsymbol{X}_{\mathrm{L}})=[f_1(\boldsymbol{X}_{\mathrm{L}}),f_2(\boldsymbol{X}_{\mathrm{L}}),\cdots,f_{\mathrm{n}}(\boldsymbol{X}_{\mathrm{L}})]^{\mathrm{T}}$$

直接观测量与未知量之间存在非线性函数关系。例如，三角网中边长与坐标的关系为

$$\boldsymbol{S}_{12}=\sqrt{(\boldsymbol{X}_{2\mathrm{L}}-\boldsymbol{X}_{1\mathrm{L}})^2+(\boldsymbol{Y}_{2\mathrm{L}}-\boldsymbol{Y}_{1\mathrm{L}})^2}$$

方向与坐标的关系为

$$\boldsymbol{\alpha}_{12}=\arctan\frac{\boldsymbol{Y}_{2\mathrm{L}}-\boldsymbol{Y}_{1\mathrm{L}}}{\boldsymbol{X}_{2\mathrm{L}}-\boldsymbol{X}_{1\mathrm{L}}}$$

对于这种非线性函数关系，给定未知数一个近似值$\boldsymbol{X}_0$，令

$$\boldsymbol{X}_{\mathrm{L}}=\boldsymbol{X}_0+\boldsymbol{X}$$

线性化后，可得观测方程为

$$\boldsymbol{l}+\boldsymbol{V}=\boldsymbol{A}\boldsymbol{X} \tag{2-2}$$

其中 $$\boldsymbol{l}_i=\boldsymbol{L}_i-\boldsymbol{L}_{i0},\boldsymbol{L}_{i0}=\boldsymbol{f}_i(\boldsymbol{X}_0),\boldsymbol{l}=(l_1,l_2,\cdots,l_{\mathrm{n}})^{\mathrm{T}}$$

式中：$\boldsymbol{A}$为线性化时，由近似坐标$\boldsymbol{X}_0$计算的误差方程系数；$\boldsymbol{X}$为近似坐标的改正数；$\boldsymbol{l}$

为由直接观测值$\boldsymbol{L}$计算所得，不是直接观测值，但为方便，习惯称$\boldsymbol{l}$为观测值。

设观测权为$\boldsymbol{P}$，根据最小二乘原理为

$$\boldsymbol{V}^{\mathrm{T}}\boldsymbol{P}\boldsymbol{V}=\min \tag{2-3}$$

求极值有

$$\frac{\mathrm{d}(\boldsymbol{V}^{\mathrm{T}}\boldsymbol{P}\boldsymbol{V})}{\mathrm{d}\boldsymbol{x}}=2\boldsymbol{V}^{\mathrm{T}}\boldsymbol{P}\frac{\mathrm{d}\boldsymbol{V}}{\mathrm{d}\boldsymbol{X}}=2\boldsymbol{V}^{\mathrm{T}}\boldsymbol{P}\boldsymbol{A}=0$$

转置后有

$$\boldsymbol{A}^{\mathrm{T}}\boldsymbol{P}\boldsymbol{V}=0 \tag{2-4}$$

考虑式（2-2）有

$$\boldsymbol{A}^{\mathrm{T}}\boldsymbol{P}(\boldsymbol{A}\boldsymbol{X}-\boldsymbol{l})=0$$

$$\boldsymbol{A}^{\mathrm{T}}\boldsymbol{P}\boldsymbol{A}\boldsymbol{X}=\boldsymbol{A}^{\mathrm{T}}\boldsymbol{P}\boldsymbol{l} \tag{2-5}$$

式（2-5）即为间接平差的法方程，令$\boldsymbol{N}=\boldsymbol{A}^{\mathrm{T}}\boldsymbol{P}\boldsymbol{A}$，则有

$$\boldsymbol{N}\boldsymbol{X}=\boldsymbol{A}^{\mathrm{T}}\boldsymbol{P}\boldsymbol{l} \tag{2-6}$$

式中：$\boldsymbol{N}$为法方程系数矩阵。

经典网平差要求必要的起算数据（即$\boldsymbol{V}$满秩），可采用经典测量平差求解法方程。按矩阵求逆方法可求得未知数为

$$\boldsymbol{X}=\boldsymbol{N}^{-1}\boldsymbol{A}^{\mathrm{T}}\boldsymbol{P}\boldsymbol{l} \tag{2-7}$$

其他平差值分别为

$$\boldsymbol{V}=\boldsymbol{A}\boldsymbol{X}-\boldsymbol{l}=(\boldsymbol{A}\boldsymbol{N}^{-1}\boldsymbol{A}^{\mathrm{T}}\boldsymbol{P}-\boldsymbol{E})\boldsymbol{l} \tag{2-8}$$

$$\bar{\boldsymbol{l}}=\boldsymbol{l}+\boldsymbol{V}=\boldsymbol{A}\boldsymbol{X}=\boldsymbol{A}\boldsymbol{N}^{-1}\boldsymbol{A}^{\mathrm{T}}\boldsymbol{P}\boldsymbol{l} \tag{2-9}$$

单位权方差估计值为

$$S^2=\frac{\boldsymbol{V}^{\mathrm{T}}\boldsymbol{P}\boldsymbol{V}}{n-t} \tag{2-10}$$

式中：n为观测值个数；t为未知数个数。

已知观测权为$\boldsymbol{P}$，则观测值协因素矩阵为$\boldsymbol{Q}_1=\boldsymbol{P}^{-1}$。根据误差传播定理，有

$$\begin{aligned}\boldsymbol{Q}_{\mathrm{X}}&=(\boldsymbol{N}^{-1}\boldsymbol{A}^{\mathrm{T}}\boldsymbol{P})\boldsymbol{Q}_1(\boldsymbol{N}^{-1}\boldsymbol{A}^{\mathrm{T}}\boldsymbol{P})^{\mathrm{T}}\\&=\boldsymbol{N}^{-1}\boldsymbol{A}^{\mathrm{T}}\boldsymbol{P}\boldsymbol{Q}_1\boldsymbol{P}\boldsymbol{A}\boldsymbol{N}^{-1}=\boldsymbol{N}^{-1}\boldsymbol{N}\boldsymbol{N}^{-1}=\boldsymbol{N}^{-1}=(\boldsymbol{A}^{\mathrm{T}}\boldsymbol{P}\boldsymbol{A})^{-1}\end{aligned} \tag{2-11}$$

$$\boldsymbol{Q}_{\bar{\mathrm{l}}\bar{\mathrm{l}}}=\boldsymbol{A}\boldsymbol{Q}_{\mathrm{xx}}\boldsymbol{A}^{\mathrm{T}}=\boldsymbol{A}\boldsymbol{N}^{-1}\boldsymbol{A}^{\mathrm{T}} \tag{2-12}$$

$$\begin{aligned}\boldsymbol{Q}_{\mathrm{V}}&=(\boldsymbol{A}\boldsymbol{N}^{-1}\boldsymbol{A}^{\mathrm{T}}\boldsymbol{P}-\boldsymbol{E})\boldsymbol{Q}_1(\boldsymbol{A}\boldsymbol{N}^{-1}\boldsymbol{A}^{\mathrm{T}}\boldsymbol{P}-\boldsymbol{E})^{\mathrm{T}}\\&=\boldsymbol{Q}_1-\boldsymbol{A}\boldsymbol{N}^{-1}\boldsymbol{A}^{\mathrm{T}}=\boldsymbol{Q}_{\bar{\mathrm{l}}\bar{\mathrm{l}}}-\boldsymbol{Q}_{\mathrm{ll}}\end{aligned} \tag{2-13}$$

$$\begin{aligned}\boldsymbol{Q}_{\mathrm{XV}}&=(\boldsymbol{N}^{-1}\boldsymbol{A}^{\mathrm{T}}\boldsymbol{P})\boldsymbol{Q}_1(\boldsymbol{A}\boldsymbol{N}^{-1}\boldsymbol{A}^{\mathrm{T}}\boldsymbol{P}-\boldsymbol{E})^{\mathrm{T}}=\boldsymbol{N}^{-1}\boldsymbol{A}^{\mathrm{T}}(\boldsymbol{P}\boldsymbol{A}\boldsymbol{N}^{-1}\boldsymbol{A}^{\mathrm{T}}-\boldsymbol{E})\\&=\boldsymbol{N}^{-1}\boldsymbol{A}^{\mathrm{T}}\boldsymbol{P}\boldsymbol{A}\boldsymbol{N}^{-1}\boldsymbol{A}^{\mathrm{T}}-\boldsymbol{N}^{-1}\boldsymbol{A}^{\mathrm{T}}=0\end{aligned} \tag{2-14}$$

$$\begin{aligned}\boldsymbol{Q}_{\mathrm{lV}}&=(\boldsymbol{A}\boldsymbol{N}^{-1}\boldsymbol{A}^{\mathrm{T}}\boldsymbol{P})\boldsymbol{Q}_1(\boldsymbol{A}\boldsymbol{N}^{-1}\boldsymbol{A}^{\mathrm{T}}\boldsymbol{P}-\boldsymbol{E})^{\mathrm{T}}\\&=\boldsymbol{A}\boldsymbol{N}^{-1}\boldsymbol{A}^{\mathrm{T}}(\boldsymbol{P}\boldsymbol{A}\boldsymbol{N}^{-1}\boldsymbol{A}^{\mathrm{T}}-\boldsymbol{E})^{\mathrm{T}}=0\end{aligned} \tag{2-15}$$

由式（2-14）和式（2-15）可知：$\boldsymbol{Q}_{\mathrm{XV}}=0$，$\boldsymbol{Q}_{\mathrm{lV}}=0$。表明平差后，观测值改正数$V$、未知数$X$和观测值平差值相互独立，这一性质对变形分析与变性检验十分重要。

此外，由式（2-13）知：$\boldsymbol{Q}_1=\boldsymbol{Q}_{\bar{\mathrm{l}}\bar{\mathrm{l}}}+\boldsymbol{Q}_{\mathrm{V}}$。由协因素矩阵本身的性质：$\boldsymbol{Q}_{\mathrm{V}}$、$\boldsymbol{Q}_{\bar{\mathrm{l}}\bar{\mathrm{l}}}$、$\boldsymbol{Q}_1\geqslant 0$，所以有：$\boldsymbol{Q}_1\geqslant\boldsymbol{Q}_{\mathrm{V}}$，$\boldsymbol{Q}_1\geqslant\boldsymbol{Q}_{\bar{\mathrm{l}}\bar{\mathrm{l}}}$。表明观测值的平差值精度比平差前高，观测改正数精度

也比观测值精度高。

若对同一监测网先后进行两次观测，两次观测所求同一点坐标会有差异。观测误差和网点移动均可引起坐标差异，可根据点的坐标误差或位置误差判断造成坐标差异的原因。

误差椭圆是表示点的坐标误差的一种方法，其计算式为

$$\lambda_1=\frac{1}{2}(Q_{x_ix_i}+Q_{y_iy_i}+q) \tag{2-16}$$

$$\lambda_2=\frac{1}{2}(Q_{x_ix_i}+Q_{y_iy_i}-q) \tag{2-17}$$

$$q=\sqrt{(Q_{x_ix_i}-Q_{y_iy_i})^2+4Q_{x_iy_i}^2} \tag{2-18}$$

$$E=S_0\sqrt{\lambda_1},F=S_0\sqrt{\lambda_2}$$

式中：E 为误差椭圆长半轴；F 为误差椭圆短半轴。

长半轴与 X 轴夹角为

$$\alpha=\arctan\frac{2Q_{x_iy_i}}{Q_{x_ix_i}-Q_{y_iy_i}} \tag{2-19}$$

当观测误差小于坐标差异时，可判定坐标差异是由网点移动引起的，表明监测点存在移动。

2.2.2 变形网按经典网平差

将变形网分测边网或边角网、测角网、高程网三种情况讨论，按经典网平差。

1. 变形网为测边网或边角网

（1）选择稳定可靠的点和方向作为已知点和已知方向。工程控制网一般是根据与高一级控制网的联测，确定已知点和已知方向，少数独立控制网或专用控制网根据工程需要确定已知点和已知方向。但变形网必须选择稳定点作为已知点，稳定可靠点之间的方向作已知方向。稳定点的选择原则是：离受力变化区较远；附近无其他施工场地（道路开挖、削坡等）；地质条件好；点位埋设稳固。

（2）建立误差方程式。边长误差方程为

$$\boldsymbol{V}=-\frac{x_{0j}-x_{0i}}{s_{ij}}\delta x_i-\frac{y_{0j}-y_{0i}}{s_{ij}}\delta y_i+\frac{x_{0j}-x_{0i}}{s_{ij}}\delta x_j+\frac{y_{0j}-y_{0i}}{s_{ij}}\delta y_j-l \tag{2-20}$$

其中

$$l=s-s_0$$

式中：x_{0i}、y_{0i}、x_{0j}、y_{0j} 分别为 i，j 点的近似坐标；s 为直接观测值；s_0 为由近似坐标计算的两点间距离。

方向观测误差方程为

$$\boldsymbol{V}=-\delta_\alpha+\frac{y_{0j}-y_{0i}}{s_{ij}^2}\delta x_i-\frac{x_{0j}-x_{0i}}{s_{ij}^2}\delta y_i-\frac{y_{0j}-y_{0i}}{s_{ij}^2}\delta x_j+\frac{x_{0j}-x_{0i}}{s_{ij}^2}\delta y_j-l \tag{2-21}$$

其中

$$\boldsymbol{l}=\boldsymbol{L}_1+\boldsymbol{Z}_0-\boldsymbol{L}_0$$

式中：δ_α 为定向角未知数；$\boldsymbol{Z}_0$ 为定向角未知数近似值；$\boldsymbol{L}_0$ 为由近似坐标反算的近似方位角。

列出各观测的误差方程，组成法方程求解各点坐标及有关平差量。

(3) 计算变形值。根据变性网平差结果，可求同一监测点在两期观测的位置 $\boldsymbol{X}_{\mathrm{I}}$ 和 $\boldsymbol{X}_{\mathrm{II}}$，网点移动变形值 $\boldsymbol{d}$ 为

$$\boldsymbol{d}=\boldsymbol{X}_{\mathrm{II}}-\boldsymbol{X}_{\mathrm{I}} \tag{2-22}$$

式中 $\boldsymbol{d}$ 包含观测误差，可通过变形检验判断 $\boldsymbol{d}$ 是由误差引起或是由移动变形引起的。

2. 变形网为测角网

图 2-1 为某水电站在蓄水前建立的坝区变形监测网，由于条件限制，网中仅测量一条基线作为平差的起算边。蓄水后对该网重新观测，第二次观测除测角外，还观测了 4 条边。同时，在第二次观测前，通过水准测量发现原基线两点都发生了移动。第二次观测后平差发现，所有边平均增加了 1～2cm，通过分析认为不可能所有网点均产生移动，表明两次观测的边长包含系统偏差。进行变形网平差时，必须舍弃边观测值，采用纯测角进行平差。

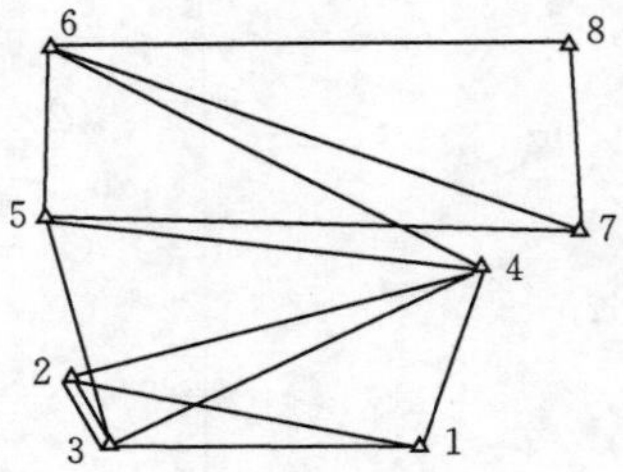

图 2-1 某水电站坝区变形监测网

平差按如下步骤计算：

(1) 选择初次观测时基线的两个端点为已知点，或选择其中一个端点为已知点，任意选择一个方向为已知方向，按间接平差求出各点坐标。由于网本身观测精度高，各边精度仍较高。

(2) 选择两个稳定点为已知起始点，其坐标值取上述平差求得的坐标，将整个网按测角网重新平差。上述平差后求得的各点坐标值可作为各点坐标近似值，稳定点选择方法与第一种相同。

(3) 以后各期观测都以上述两个稳定点为起始点，进行平差。

(4) 根据各期观测结果，计算网点移动变形值。

3. 变形网为高程网

高程网中只有一个稳定点时，可用该稳定点为起算点，对网进行平差，确定各点高程，然后根据各期观测网点的高程，确定网点变形为

$$\boldsymbol{d}=\boldsymbol{H}_{\mathrm{II}}-\boldsymbol{H}_{\mathrm{I}}$$

当网中有多个稳定点时，可按如下步骤计算：

(1) 任选一点为起算点进行平差，确定各点高程。

(2) 分析确定各稳定点，将平差后的高程作为稳定点的已知高程，并以稳定点为固定点对各期进行平差计算。

(3) 根据各期观测网点的高程值，确定各网点变形值。

【例 2-1】 变形网如图 2-2 所示，两次观测数据如下：

第Ⅰ期		第Ⅱ期	
$h_1=3.476$m	$s_1=1$km	$h_1=3.455$m	$s_1=1$km
$h_2=1.328$m	$s_2=2$km	$h_2=1.314$m	$s_2=2$km
$h_3=2.198$m	$s_3=2$km	$h_3=2.190$m	$s_3=2$km
$h_4=3.234$m	$s_4=1$km	$h_4=3.225$m	$s_4=1$km

其中 A、B、C、D 为稳定点，试求 P 点两期观测之间的变形值。

解：

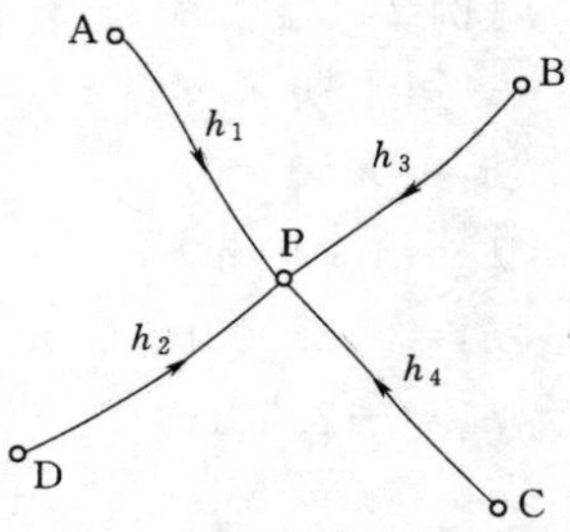

图 2-2　某变形网示意图

第一步：任选一点作为起算点（如 A 点），假定 $H_A=100\text{m}$，而 B，C，D 未知。由于有多条观测路线，可直接计算各点高程。

$$H_P=H_A+h_1=103.476\text{m}$$
$$H_B=H_P-h_3=101.278\text{m}$$
$$H_C=H_P-h_4=100.242\text{m}$$
$$H_D=H_P-h_2=102.148\text{m}$$

第二步：将 A、B、C、D 作为固定点，对第Ⅰ期重新平差，选 P 点高程为 103.476m，按间接平差有

$$\boldsymbol{V}=\boldsymbol{AX}-\boldsymbol{l}$$

其中

$$V_1=\delta H_P-l_1, l_1=h_1-(H_{P0}-H_A)=0$$
$$V_2=\delta H_P-l_2, l_2=h_2-(H_{P0}-H_B)=0$$
$$V_3=\delta H_P-l_3, l_3=h_3-(H_{P0}-H_C)=0$$
$$V_4=\delta H_P-l_4, l_4=h_4-(H_{P0}-H_D)=0$$

$$\boldsymbol{P}=\begin{bmatrix}1&0&0&0\\0&\frac{1}{2}&0&0\\0&0&\frac{1}{2}&0\\0&0&0&1\end{bmatrix}$$

$$\boldsymbol{A}=(1,1,1,1)^T, \boldsymbol{N}=\boldsymbol{A}^T\boldsymbol{PA}=3, \boldsymbol{X}=\boldsymbol{N}^{-1}\boldsymbol{A}^T\boldsymbol{Pl}=0$$
$$\delta H_P=X=0, H_{P1}=H_{P0}+\delta H_P=103.476\text{m}$$
$$Q_P=\boldsymbol{N}^{-1}=\frac{1}{3}$$

第三步：第Ⅱ期平差为

$$V_1=\delta H_P-(-10)$$
$$V_2=\delta H_P-(-14)$$
$$V_3=\delta H_P-(-8)$$
$$V_4=\delta H_P-(-9)$$
$$N=3, l=(-10,-14,-8,-9)^T$$
$$\boldsymbol{A}^T\boldsymbol{P}l=-30$$
$$X=\boldsymbol{N}^{-1}\boldsymbol{A}^T\boldsymbol{P}l=\frac{1}{3}(-30)=-10$$
$$\delta H_P=X=-10$$
$$\delta H_{P\text{Ⅱ}}=103.476\text{m}-10\text{mm}=103.466\text{m}$$

第四步：求变形值为

$$d=H_{P\text{Ⅱ}}-H_{P\text{Ⅰ}}=103.466\text{m}-103.476\text{m}=-10\text{mm}$$

【例 2－2】 图 2－3 为一水准变形网，各路线的高差观测值及距离如下：

第Ⅰ期		第Ⅱ期	
$h_1=0.505\text{m}$	$s_1=4\text{km}$	$h_1=0.499\text{m}$	$s_1=4\text{km}$
$h_2=4.010\text{m}$	$s_2=1\text{km}$	$h_2=4.021\text{m}$	$s_2=1\text{km}$
$h_3=-2.003\text{m}$	$s_3=2\text{km}$	$h_3=-2.017\text{m}$	$s_3=2\text{km}$
$h_4=-2.501\text{m}$	$s_4=4\text{km}$	$h_4=-2.499\text{m}$	$s_4=4\text{km}$

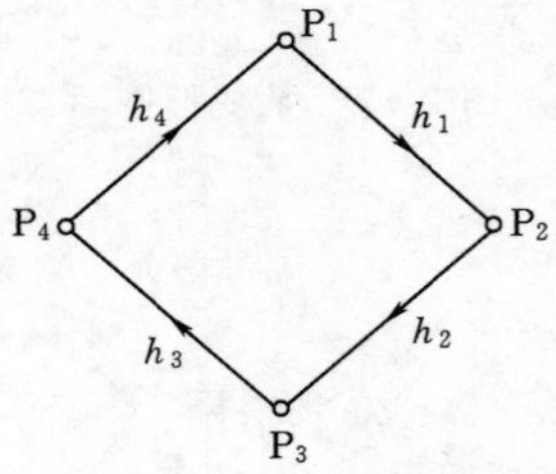

图 2－3 某水准变形网示意图

其中 P_1、P_3 为稳定点，试求两期观测间 P_2、P_4 点的变形值。

解：

第一步：选择 P_1 已知点，假定 $H_1=100\text{m}$。

由于图形简单，采用条件平差。则 $W=11$，按与路线距离成正比分配，有 $V_1=-4$，$V_2=-1$，$V_3=-2$，$V_4=-4$，各观测值得平差值为

$$\overline{h_1}=0.501\text{m},H_1=100.00\text{m}$$
$$\overline{h_2}=4.009\text{m},H_2=H_1+\overline{h_1}=100.501\text{m}$$
$$\overline{h_3}=-2.005\text{m},H_3=H_2+\overline{h_2}=104.510\text{m}$$
$$\overline{h_4}=-2.505\text{m},H_4=H_3+\overline{h_3}=102.505\text{m}$$

第二步：以 P_3 为已知点，上述计算的 H_1、H_3 为已知高程，重新对第Ⅰ期进行平差。此时，原闭合环变成了 $P_1—P_2—P_3$ 及 $P_3—P_4—P_1$ 两条附合导线，分别平差有

$$P_1-P_2-P_3:W_1=5,V_1=-4,V_2=-1$$
$$P_3-P_4-P_1:W_2=6,V_3=-2,V_4=-4$$

求得

$$\overline{h_1}=0.491\text{m},H_1=100.00\text{m}$$
$$\overline{h_2}=4.019\text{m},H_2=H_1+\overline{h_1}=100.491\text{m}$$
$$\overline{h_3}=-2.015\text{m},H_3=H_2+\overline{h_2}=104.510\text{m}$$
$$\overline{h_4}=-2.495\text{m},H_4=H_3+\overline{h_3}=102.495\text{m}$$

第三步：对第Ⅱ期观测进行平差有

路线 $P_1-P_2-P_3$：$W_1=10$，$V_1=-8$，$V_2=-2$

路线 $P_3-P_4-P_1$：$W_2=-6$，$V_3=2$，$V_4=4$

$$\overline{h}_1=0.491\text{m},H_1=100.00\text{m}$$
$$\overline{h}_2=4.019\text{m},H_2=H_1+\overline{h}_2=100.491\text{m}$$
$$\overline{h}_3=-2.015\text{m},H_3=H_2+\overline{h}_3=104.510\text{m}$$
$$\overline{h}_4=-2.495\text{m},H_4=H_3+\overline{h}_4=102.495\text{m}$$

第四步：计算变形值Ⅱ。

$$d_2=H_{2\text{Ⅱ}}-H_{2\text{Ⅰ}}=100.491\text{m}-100.501\text{m}=-10\text{mm}$$
$$d_4=H_{4\text{Ⅱ}}-H_{4\text{Ⅰ}}=102.495\text{m}-102.505\text{m}=-10\text{mm}$$

2.2.3 变形网按经典平差的起算数据误差影响

经典控制网测量要求固定点精度比待定点精度高一个等级以上。例如，布设四等控制网，要求起算点、起算方向和起算边精度达三等以上。测量平差与数据处理时，起算数据带权参与平差可减少起算数据误差的影响。变形网观测精度一般要求较高，如：①大地变形监测网，采用高精度仪器，按高要求进行观测；②大坝变形监测网，采用强制归心。

变形网经典平差利用第Ⅰ期观测值平差计算，得到的稳定点坐标或其他数据作为起算数据。此时，起算数据精度不会高于重复观测精度，应考虑起算数据对变形网按经典平差精度和可靠性的影响。

以边长观测为例，设边长观测值 s，待定点坐标近似值（x_{0i}，y_{0i}）。近似坐标改正数（δx_i，δy_i），已知点坐标（x_s，y_s），已知点坐标误差（δx_0，δy_0），即

$$x_s=x_{s0}+\delta x_0,y_s=y_{s0}+\delta y_0 \tag{2-23}$$

假定边长观测值表示已知点与待定点 i 间距离，则误差方程为

$$s_i+V=\sqrt{(x_{0i}+\delta x-x_{s0})^2+(y_{0i}+\delta y-y_{s0})^2} \tag{2-24}$$

线性化后有

$$V_i=\frac{x_{0i}-x_{s0}}{s}\delta x_i+\frac{y_{0i}-y_{s0}}{s}\delta y_i-l_i \tag{2-25}$$

其中

$$l_i=s_i-\sqrt{(x_{0i}-x_{s0})^2+(y_{0i}-y_{s0})^2}=s_i-s_{0i} \tag{2-26}$$

不考虑已知点误差，将包含误差的（x_s，y_s）作为无误差的值，代替式（2-26）中（x_{s0}，y_{s0}）进行计算，即实际计算时取

$$l_i=s_i-\sqrt{(x_{0i}-x_s)^2+(y_{0i}-y_s)^2} \tag{2-27}$$

考虑式（2-23），有

$$\begin{aligned}l_i&=s_i-\sqrt{(x_{0i}-x_{s0}-\delta x_0)^2+(y_{0i}-y_{s0}-\delta y_0)^2}\\&=s_i-\sqrt{(x_{0i}-x_{s0})^2+(y_{0i}-y_{s0})^2}-\frac{x_{0i}-x_{s0}}{s}\delta x_0-\frac{y_{0i}-y_{s0}}{s}\delta y_0\end{aligned} \tag{2-28}$$

令

$$l_i^{(1)}=s_i-s_0,l_i^{(2)}=-\frac{x_{0i}-x_{s0}}{s}\delta x_0-\frac{y_{0i}-y_{s0}}{s}\delta y_0 \tag{2-29}$$

则有

$$l_i=s_i-s_0+l_i^{(2)}=l_i^{(1)}+l_i^{(2)} \tag{2-30}$$

由此可见，误差方程常数项 l 由两部分组成：第一部分是与观测值有关的 $l^{(1)}$；第二部分 $l^{(2)}$ 由起算数据误差引起。

平差计算公式为

$$\begin{aligned}&\boldsymbol{V}=\boldsymbol{AX}-\boldsymbol{l}\\&\boldsymbol{X}=\boldsymbol{N}^{-1}\boldsymbol{A}^{\mathrm{T}}\boldsymbol{Pl}=\boldsymbol{N}^{-1}\boldsymbol{A}^{\mathrm{T}}\boldsymbol{P}(\boldsymbol{l}^{(1)}+\boldsymbol{l}^{(2)})\\&\quad=\boldsymbol{N}^{-1}\boldsymbol{A}^{\mathrm{T}}\boldsymbol{Pl}^{(1)}+\boldsymbol{N}^{-1}\boldsymbol{A}^{\mathrm{T}}\boldsymbol{Pl}^{(2)}\end{aligned} \tag{2-31}$$

若起算数据包含误差，则 $l^{(2)} \neq 0$，说明网点坐标受起算数据误差影响。对于变形网，如果进行两期观测，且两期观测方案相同，则第Ⅰ期平差后可求得

$$\boldsymbol{X}_{\mathrm{I}} = \boldsymbol{N}^{-1}\boldsymbol{A}^{\mathrm{T}}\boldsymbol{P}\boldsymbol{l}_{\mathrm{I}}^{(1)} + \boldsymbol{N}^{-1}\boldsymbol{A}^{\mathrm{T}}\boldsymbol{P}\boldsymbol{l}_{\mathrm{I}}^{(2)} \tag{2-32}$$

第二期平差后求得

$$\boldsymbol{X}_{\mathrm{II}} = \boldsymbol{N}^{-1}\boldsymbol{A}^{\mathrm{T}}\boldsymbol{P}\boldsymbol{l}_{\mathrm{II}}^{(1)} + \boldsymbol{N}^{-1}\boldsymbol{A}^{\mathrm{T}}\boldsymbol{P}\boldsymbol{l}_{\mathrm{II}}^{(2)} \tag{2-33}$$

如果两期观测过程中起算点（已知点）保持稳定不变，则已知点坐标的真值在第Ⅰ期，第Ⅱ期之间相同，因而其误差 $\delta x_0 = x_s - x_{s0}$，$\delta y_0 = y_s - y_{s0}$，在两期观测时也相同，由式（2-29）可知起始误差对第Ⅰ期、第Ⅱ期的影响相同，即

$$\boldsymbol{l}_{\mathrm{I}}^{(2)} = \boldsymbol{l}_{\mathrm{II}}^{(2)}$$

因而

$$\begin{aligned} \boldsymbol{d} &= \boldsymbol{X}_{\mathrm{II}} - \boldsymbol{X}_{\mathrm{I}} = \boldsymbol{N}^{-1}\boldsymbol{A}^{\mathrm{T}}\boldsymbol{P}\boldsymbol{l}_{\mathrm{II}}^{(1)} + \boldsymbol{N}^{-1}\boldsymbol{A}^{\mathrm{T}}\boldsymbol{P}\boldsymbol{l}_{\mathrm{II}}^{(2)} - \boldsymbol{N}^{-1}\boldsymbol{A}^{\mathrm{T}}\boldsymbol{P}\boldsymbol{l}_{\mathrm{I}}^{(1)} - \boldsymbol{N}^{-1}\boldsymbol{A}^{\mathrm{T}}\boldsymbol{P}\boldsymbol{l}_{\mathrm{I}}^{(2)} \\ &= \boldsymbol{N}^{-1}\boldsymbol{A}^{\mathrm{T}}\boldsymbol{P}\boldsymbol{l}_{\mathrm{II}}^{(1)} - \boldsymbol{N}^{-1}\boldsymbol{A}^{\mathrm{T}}\boldsymbol{P}\boldsymbol{l}_{\mathrm{I}}^{(1)} = \boldsymbol{N}^{-1}\boldsymbol{A}^{\mathrm{T}}\boldsymbol{P}(\boldsymbol{l}_{\mathrm{II}}^{(1)} - \boldsymbol{l}_{\mathrm{I}}^{(1)}) \end{aligned}$$

表明起算数据误差对移动没有影响。也就是说，变形网作为经典网平差时，对固定点的精度要求不高。

但如果两期之间起算点不稳定或发生了变形，则第Ⅱ期与第Ⅰ期的起始坐标真值 x_{s0}，y_{s0} 不同，因而 $\boldsymbol{l}_{\mathrm{I}}^{(2)}$ 不会与 $\boldsymbol{l}_{\mathrm{II}}^{(2)}$ 相同，即 $\boldsymbol{l}_{\mathrm{I}}^{(2)} \neq \boldsymbol{l}_{\mathrm{II}}^{(2)}$。此时 $\boldsymbol{d}$ 的计算受到影响。因此，要求选择网中稳定点作为起算点。

2.3 变形网作为秩亏自由网平差

2.3.1 问题的提出

布设工程控制网，一般是从已知的起算点出发，根据已知点位置、规范和工程本身对图形的要求确定点的位置。独立工程控制网也是根据工程要求确定点位来构成图形，同时考虑起始点的位置。因此，工程控制网在网的设计阶段就考虑起始点位置。

当变形网作为经典平差时，起算点的位置必须稳定可靠。对变形网起算点的要求可能产生两个问题：①网中可能有多个稳定点，选择不同稳定点作为起算点，可能得到多组平差解；②很难预先确定哪些点是绝对不动的。例如某水电站变形监测网，第Ⅰ期平差时选择点 1、点 2 两点为起算点，并且在这两点之间测量基线，事实上点 1、点 2 两点也是在远离大坝的山坡上，在布网时点 1、点 2 两点的坡脚处进行了航道施工，引起移动。因此，第Ⅱ期观测不可能再选点 1、点 2 两点为起算点。地壳形变监测网也难以寻找稳定不动的固定点作为起算点。以新丰江水库为例，库区地质条件复杂，断层纵横交错，蓄水后库区即发生频繁地震，最大震级达 6.2 级，在这样复杂的地质条件与环境中，要找观测期间均稳定的点比较困难。

秩亏自由网平差针对经典自由网平差选择不同起始点可能得出不同结果的问题，不预先假定固定点，所有网点等同看待，即所有网点坐标都视为待定量。但由于缺少起算数据，按这种方法组成误差方程后，求出的法方程系数矩阵是秩亏的。

例如，设有一水准网，如图 2-4 所示，如果按经典平差，则必须选一起算点，若选

点 3 为已知点，则

$$V_1 = x_1 - l_1$$
$$V_2 = -x_1 + x_2 - l_2$$
$$V_3 = -x_2 - l_3$$

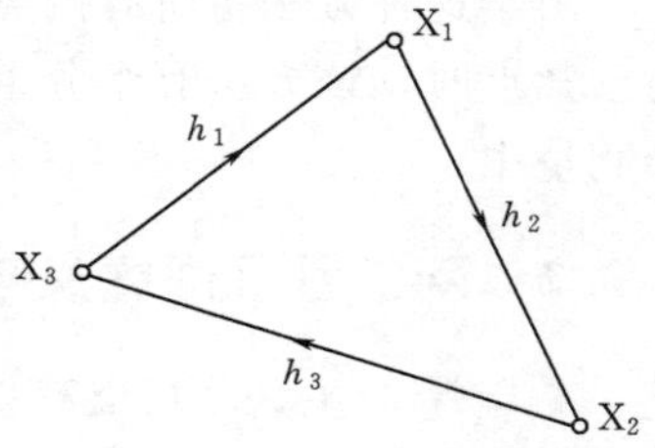

图 2-4　某水准网示意图

即

$$\boldsymbol{V} = \begin{bmatrix} 1 & 0 \\ -1 & 1 \\ 0 & -1 \end{bmatrix} \begin{bmatrix} x_1 \\ x_2 \end{bmatrix} - \begin{bmatrix} l_1 \\ l_2 \\ l_3 \end{bmatrix}$$

$$\boldsymbol{V} = \boldsymbol{A}\boldsymbol{X} - \boldsymbol{l}$$

系数阵 $\boldsymbol{A}$ 的任意二阶行列式都不为 0，由矩阵理论可知，$\boldsymbol{R}(\boldsymbol{A}) = 2$。

法方程：

$$\boldsymbol{A}^{\mathrm{T}}\boldsymbol{A}\boldsymbol{X} = \boldsymbol{A}^{\mathrm{T}}\boldsymbol{l}$$

即

$$\boldsymbol{V} = \begin{bmatrix} 2 & -1 \\ -1 & 2 \end{bmatrix} \begin{bmatrix} x_1 \\ x_2 \end{bmatrix} = \begin{bmatrix} l_1 & -l_2 \\ l_2 & -l_3 \end{bmatrix}$$

$$|\boldsymbol{N}| = \begin{vmatrix} 2 & -1 \\ -1 & 2 \end{vmatrix} \neq 0$$

故 $\boldsymbol{R}(\boldsymbol{A}) = 2$ 满秩，法方程有唯一解：$\boldsymbol{X} = \boldsymbol{N}^{-1}\boldsymbol{A}^{\mathrm{T}}\boldsymbol{l}$

如果网中不设起算点，即把 x_3 与 x_2、x_1 等同看做未知数，则上述水准网的误差方程为

$$\begin{bmatrix} V_1 \\ V_2 \\ V_3 \end{bmatrix} = \begin{bmatrix} 1 & 0 & -1 \\ -1 & 1 & 0 \\ 0 & -1 & 1 \end{bmatrix} \begin{bmatrix} x_1 \\ x_2 \\ x_3 \end{bmatrix} - \begin{bmatrix} l_1 \\ l_2 \\ l_3 \end{bmatrix}$$

此时，系数矩阵 $\boldsymbol{A}$ 为

$$|\boldsymbol{A}| = \begin{vmatrix} 1 & 0 & -1 \\ -1 & 1 & 0 \\ 0 & -1 & 1 \end{vmatrix} = 0, \begin{vmatrix} 1 & 0 \\ -1 & 1 \end{vmatrix} = 1 \neq 0$$

故 $\boldsymbol{R}(\boldsymbol{A}) = 2$，$\boldsymbol{A}$ 为降秩阵，由此所得法方程系数阵为

$$\boldsymbol{N} = \boldsymbol{A}^{\mathrm{T}}\boldsymbol{A} = \begin{vmatrix} 2 & -1 & -1 \\ -1 & 2 & -1 \\ -1 & -1 & 2 \end{vmatrix}$$

且

$$|\boldsymbol{N}| = \begin{vmatrix} 2 & -1 & -1 \\ -1 & 2 & -1 \\ -1 & -1 & 2 \end{vmatrix} = 0, \begin{vmatrix} 2 & -1 \\ -1 & 2 \end{vmatrix} = 3 \neq 0$$

故 $\boldsymbol{R}(\boldsymbol{N}) = 2$，$\boldsymbol{N}$ 为秩亏的矩阵（奇异矩阵），其凯利逆 $\boldsymbol{N}^{-1}$ 不存在。此时法方程为相容方程，按经典平差方法不能得到唯一解。如何求解上述相容法方程的问题，就是秩亏自由网的平差问题。

由于这种方法将所有网点等同看待，不假定已知点，当变形网中很难找到稳定的点作为已知点时，该方法有十分重要的理论与实际意义。因此，秩亏自由网平差广泛应用于变形测量中。

2.3.2 网秩亏几何意义与秩亏数计算

A 与 **N** 产生秩亏可能有两种原因：①缺少必要观测值，为图 2-5 所示的测边网，由于缺少必要观测，无法确定点 5、点 6、点 7、点 8 的坐标，这样会使 **A** 及 **N** 产生秩亏，这种秩亏一般称为形亏；②缺少必要已知数据，一般称数亏。对秩亏自由网的讨论主要针对数亏网。

如图 2-6 所示，观测三角形 3 个角，给定点 1、点 2 两点在坐标系中的位置（坐标），角度表示点 3 与点 1、点 2 两点之间的相对位置关系，即根据角度可确定点 3 在坐标系中的位置，这实际上是经典平差过程的几何描述。

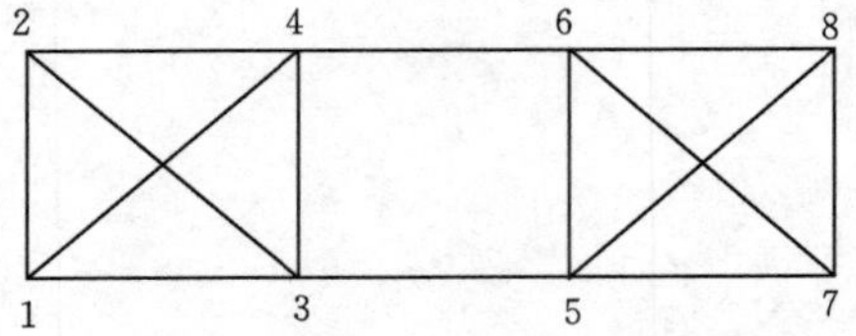

图 2-5　形亏网示意图

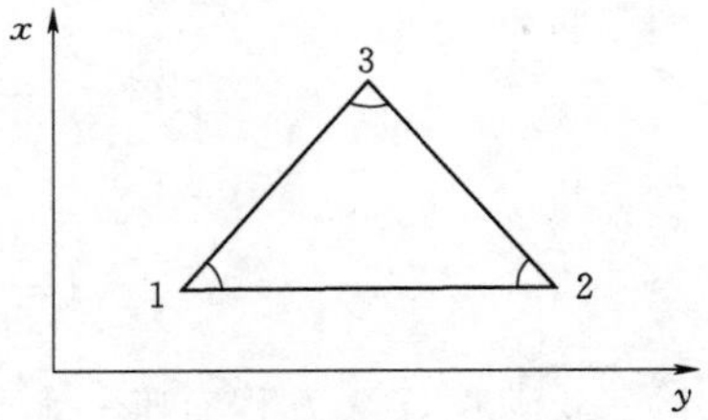

图 2-6　数亏网示意图

但如果不给定点 1、点 2 两点坐标，则该网（三角形）在坐标系中位置任意，即可任意对三角形进行平移、旋转、缩放而不改变三角形角度。平移、旋转、缩放构成 4 个自由度，给定一个坐标就减少一个自由度，例如给定 1 点 x 坐标，则 1 点只能在 y 方向平移，而点 2、点 3 两点只能绕 1 点旋转和缩放；如果给定一个点的坐标，则整个网不能平移，只能旋转，少了 2 个自由度；如果再给定一个方向，则整个网不能旋转，只能缩放，少了 3 个自由度；如果再给定一个边长，就不能缩放，网中没有自由度，网就变成了经典网。

同理，图 2-7 所示高程网，如果不给定一个点高程，则整个网可上下移动。所以，网的秩亏在数学上表现为法方程有无穷多组解，在几何上则表现为网的位置不能固定。

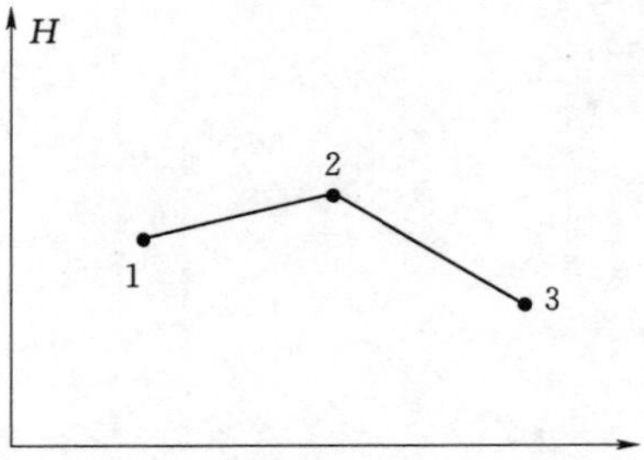

图 2-7　高程网示意图

对于平面网和高程网，秩亏数的计算取决于下列固定数据的量：

（1）无固定点（没有限制 x，y 方向平移），秩亏数为 2。

（2）无固定方向（没有限制网旋转），秩亏数为 1。

（3）无固定边，也没有边观测值（没有限制比例尺伸缩），秩亏数为 1。

（4）无起算高程（没有限制高程方向平移），产生秩亏数为 1。

对测角网，没有起算数据，由上述分析可知，秩亏数为 2＋1＋1＝4；对测边网或边角网，如果没有起算数据，秩亏数为 2＋1＝3；对高程网，没有起算数据，秩亏为 1。表示为

测角网：$\boldsymbol{R}(\boldsymbol{A})=\boldsymbol{R}(\boldsymbol{N})=t-4$

测边网、边角网：$\boldsymbol{R}(\boldsymbol{A})=\boldsymbol{R}(\boldsymbol{N})=t-3$

高程网：$\boldsymbol{R}(\boldsymbol{A})=\boldsymbol{R}(\boldsymbol{N})=t-1$

式中：t 为法方程的维数。图 2－7 中 $\boldsymbol{R}(\boldsymbol{A})=\boldsymbol{R}(\boldsymbol{N})=3-1=2$，与计算结果相同。

2.3.3 广义逆矩阵

与经典平差不同，秩亏网平差时法方程系数矩阵是秩亏的，矩阵秩亏时求逆的理论，就是广义逆矩阵理论。根据秩亏平差需要，下面介绍广义逆阵有关知识及其在任意线性方程组解算中的应用。对于任意矩阵 $\underset{mn}{\boldsymbol{A}}$，有 $\boldsymbol{A}^{-1}$、g 逆 $\boldsymbol{A}^{-}$ 和 Moore－Penrose 广义逆 $\boldsymbol{A}^{+}$ 三种情形。

1．$\boldsymbol{A}^{-1}$

当 $m=n$，即 $\boldsymbol{A}$ 为方阵，且 $R(\boldsymbol{A})=m$ 时，可按通常的方法求逆 $\boldsymbol{A}^{-1}$，就是凯利逆，这时有

$$\boldsymbol{A}\boldsymbol{A}^{-1}=\boldsymbol{A}^{-1}\boldsymbol{A}=\boldsymbol{E}$$

2．g 逆 $\boldsymbol{A}^{-}$

当 $\boldsymbol{A}$ 为任意矩阵（方阵、长亏阵、满秩或秩亏）时，可求得一个广义逆，记为 $\boldsymbol{A}^{-}$，$\boldsymbol{A}^{-}$ 又叫 g 逆。定义为

$$\boldsymbol{A}\boldsymbol{A}^{-}\boldsymbol{A}=\boldsymbol{A} \tag{2-34}$$

由于满足式（2－34）的 $\boldsymbol{A}^{-}$ 有无穷多个，因此 $\boldsymbol{A}^{-}$ 不唯一。

对于任意相容的线性方程组

$$\boldsymbol{A}\boldsymbol{X}=\boldsymbol{B} \tag{2-35}$$

可以证明

$$\boldsymbol{X}=\boldsymbol{A}^{-}\boldsymbol{B} \tag{2-36}$$

为其一组解，即

$$\boldsymbol{A}\boldsymbol{A}^{-}\boldsymbol{B}=\boldsymbol{A}\boldsymbol{A}^{-}\boldsymbol{A}\boldsymbol{X}=\boldsymbol{A}\boldsymbol{X}=\boldsymbol{B}$$

由于 $\boldsymbol{A}\boldsymbol{X}=0$ 的通解为

$$\boldsymbol{X}=(\boldsymbol{E}-\boldsymbol{A}^{-}\boldsymbol{A})\boldsymbol{M}$$

故式（2－35）的通解为

$$\boldsymbol{X}=\boldsymbol{A}^{-}\boldsymbol{B}+(\boldsymbol{E}-\boldsymbol{A}^{-}\boldsymbol{A})\boldsymbol{M} \tag{2-37}$$

其中 $\boldsymbol{M}$ 为任意矩阵。

根据广义逆 $\boldsymbol{A}^{-}$，可求解任意相容方程组。

$\boldsymbol{A}^{-}$ 具有两个重要性质，即

$$\boldsymbol{A}(\boldsymbol{A}^{\mathrm{T}}\boldsymbol{A})^{-}\boldsymbol{A}^{\mathrm{T}}\boldsymbol{A}=\boldsymbol{A} \tag{2-38}$$

$$\boldsymbol{A}^{\mathrm{T}}\boldsymbol{A}(\boldsymbol{A}^{\mathrm{T}}\boldsymbol{A})^{-}\boldsymbol{A}^{\mathrm{T}}\boldsymbol{A}=\boldsymbol{A}^{\mathrm{T}} \tag{2-39}$$

3. Moore－Penrose 广义逆 $\boldsymbol{A}^{+}$

由于 $\boldsymbol{A}^{-}$ 不唯一，加入适当条件后可得另一种广义逆 $\boldsymbol{A}^{+}$（又称 Moore－Penrose 广义逆）。$\boldsymbol{A}^{+}$ 具有唯一性且必然存在，其定义为

$$
\begin{aligned}
\boldsymbol{A}\boldsymbol{A}^{+}\boldsymbol{A} &= \boldsymbol{A} \\
(\boldsymbol{A}^{+}\boldsymbol{A})^{T} &= \boldsymbol{A}\boldsymbol{A}^{+} \\
\boldsymbol{A}^{+}\boldsymbol{A}\boldsymbol{A}^{+} &= \boldsymbol{A}^{+} \\
(\boldsymbol{A}\boldsymbol{A}^{+})^{T} &= \boldsymbol{A}\boldsymbol{A}^{+}
\end{aligned}
\tag{2-40}
$$

Moore－Penrose 广义逆满足式（2－40）四个条件，或者满足（2－40）式四个条件者也必然是 Moore－Penrose 广义逆。$\boldsymbol{A}^{+}$ 又称最小二乘最小范数逆，对于线性方程组，其解为

$$\boldsymbol{X}=\boldsymbol{A}^{+}\boldsymbol{B} \tag{2-41}$$

是唯一的，而且 $\boldsymbol{X}$ 满足最小二乘条件 $\boldsymbol{V}^{\mathrm{T}}\boldsymbol{V}=\min$ 和最小范数条件 $\boldsymbol{X}^{\mathrm{T}}\boldsymbol{X}=\min$。

2.3.4 秩亏自由网平差

最小二乘最小范数原则下平差自由网，有多种不同特点的解法，但平差结果相同。根据运用数学工具不同，可分为：第一类利用广义逆理论；第二类将转秩亏自由网平差化为经典平差来处理；第三类利用特征值。

2.3.4.1 直接求解

对于误差方程

$$\boldsymbol{A}\boldsymbol{X}=\boldsymbol{l}+\boldsymbol{V}$$

且 $\boldsymbol{R}(\boldsymbol{A})=t-d$，$d$ 为秩亏数，根据最小二乘原则，求得法方程为

$$\boldsymbol{N}\boldsymbol{X}=\boldsymbol{A}^{\mathrm{T}}\boldsymbol{P}\boldsymbol{l} \tag{2-42}$$

其中 $\boldsymbol{R}(\boldsymbol{N})=\boldsymbol{R}(\boldsymbol{A})=t-d$。

由于 $\boldsymbol{N}$ 是奇异的，即法方程为相容方程，可以有无数组解。用经典平差，满足误差方程的 $\boldsymbol{V}$ 有无数组，选择其中 $\boldsymbol{V}^{\mathrm{T}}\boldsymbol{P}\boldsymbol{V}=\min$ 这一组。对于法方程的无数组解为

$$\boldsymbol{X}^{\mathrm{T}}\boldsymbol{X}=\min$$

作为法方程的最后解，按条件极值原理为

$$\boldsymbol{\varphi}=\boldsymbol{X}^{\mathrm{T}}\boldsymbol{X}-2\boldsymbol{K}^{\mathrm{T}}(\boldsymbol{N}\boldsymbol{X}-\boldsymbol{A}^{\mathrm{T}}\boldsymbol{P}\boldsymbol{l})$$

取一阶段导数为 0，得

$$\frac{\partial\boldsymbol{\varphi}}{\partial\boldsymbol{X}}=2\boldsymbol{X}^{\mathrm{T}}-2\boldsymbol{K}^{\mathrm{T}}\boldsymbol{N}=0 \tag{2-43}$$

即

$$\boldsymbol{X}=\boldsymbol{N}\boldsymbol{K} \tag{2-44}$$

代入法方程有

$$\boldsymbol{N}\boldsymbol{N}\boldsymbol{K}=\boldsymbol{A}^{\mathrm{T}}\boldsymbol{P}\boldsymbol{l} \tag{2-45}$$

式（2－45）根据极值条件推导求得，故满足方程的 $\boldsymbol{K}$ 都符合极值条件，任取一组解为

$$\boldsymbol{K}=(\boldsymbol{N}\boldsymbol{N})^{-}\boldsymbol{A}^{\mathrm{T}}\boldsymbol{P}\boldsymbol{l} \tag{2-46}$$

则有

$$\boldsymbol{X}=\boldsymbol{N}(\boldsymbol{NN})^{-}\boldsymbol{A}^{\mathrm{T}}\boldsymbol{Pl} \tag{2-47}$$

式（2－47）中，$\boldsymbol{NN}$ 仍是秩亏的，秩亏数仍为 d，即 $\boldsymbol{R}(\boldsymbol{NN})=\boldsymbol{R}(\boldsymbol{N})=\boldsymbol{R}(\boldsymbol{A})=t-d$。$(\boldsymbol{NN})^{-}$不唯一（即 K 值不唯一），但 $\boldsymbol{X}=\boldsymbol{N}(\boldsymbol{NN})^{-}\boldsymbol{A}^{\mathrm{T}}\boldsymbol{Pl}$ 却是唯一的。

对上述解，关键是如何求得 $(\boldsymbol{NN})^{-}$；以 $\boldsymbol{N}^{-}$为例，说明求 $\boldsymbol{N}^{-}$的一般方法。令

$$\underset{tt}{\boldsymbol{N}}=\begin{pmatrix}\boldsymbol{N}_{11} & \boldsymbol{N}_{12}\\ \boldsymbol{N}_{21} & \boldsymbol{N}_{22}\end{pmatrix},\boldsymbol{B}=\begin{pmatrix}\boldsymbol{E}_1 & 0\\ -\boldsymbol{N}_{21}\boldsymbol{N}_{11}^{-1} & \boldsymbol{E}_2\end{pmatrix}$$

式中：$\boldsymbol{N}_{11}$为 $(t-d)\times(t-d)$ 维的矩阵；$\boldsymbol{N}_{22}$为 $d\times d$ 维的矩阵，且 $\boldsymbol{R}(\boldsymbol{N})=t-d$。$\boldsymbol{E}_1$、$\boldsymbol{E}_2$ 分别为单位阵，则

$$\boldsymbol{BN}=\begin{pmatrix}\boldsymbol{N}_{11} & \boldsymbol{N}_{12}\\ 0 & \boldsymbol{N}_{22}-\boldsymbol{N}_{21}\boldsymbol{N}_{11}^{-1}\boldsymbol{N}_{12}\end{pmatrix}$$

显然，$\boldsymbol{R}(\boldsymbol{BN})\geqslant\boldsymbol{R}(\boldsymbol{N}_{11})=t-d$，则

$$\boldsymbol{R}(\boldsymbol{BN})\leqslant\boldsymbol{R}(\boldsymbol{N})=t-d$$

必有

$$\boldsymbol{N}_{22}-\boldsymbol{N}_{21}\boldsymbol{N}_{11}^{-1}\boldsymbol{N}_{12}=0 \tag{2-48}$$

由此可证明

$$\boldsymbol{N}^{-}=\begin{pmatrix}\boldsymbol{N}_{11}^{-1} & 0\\ 0 & 0\end{pmatrix}$$

为 $\boldsymbol{N}$ 的一个广义逆，即

$$\begin{aligned}\boldsymbol{NN}^{-}\boldsymbol{N}&=\begin{pmatrix}\boldsymbol{N}_{11} & \boldsymbol{N}_{12}\\ \boldsymbol{N}_{21} & \boldsymbol{N}_{22}\end{pmatrix}\begin{pmatrix}\boldsymbol{N}_{11}^{-1} & 0\\ 0 & 0\end{pmatrix}\begin{pmatrix}\boldsymbol{N}_{11} & \boldsymbol{N}_{12}\\ \boldsymbol{N}_{21} & \boldsymbol{N}_{22}\end{pmatrix}\\&=\begin{pmatrix}\boldsymbol{E} & 0\\ \boldsymbol{N}_{21}\boldsymbol{N}_{11}^{-} & 0\end{pmatrix}\begin{pmatrix}\boldsymbol{N}_{11} & \boldsymbol{N}_{12}\\ \boldsymbol{N}_{21} & \boldsymbol{N}_{22}\end{pmatrix}=\begin{pmatrix}\boldsymbol{N}_{11} & \boldsymbol{N}_{12}\\ 0 & \boldsymbol{N}_{21}\boldsymbol{N}_{11}^{-1}\boldsymbol{N}_{12}\end{pmatrix}\end{aligned}$$

考虑式（2－48），则有

$$\boldsymbol{NN}^{-}\boldsymbol{N}=\begin{pmatrix}\boldsymbol{N}_{11} & \boldsymbol{N}_{12}\\ \boldsymbol{N}_{21} & \boldsymbol{N}_{22}\end{pmatrix}=\boldsymbol{N}$$

同理，对于 $(\boldsymbol{NN})^{-}$，可以在方阵 $\boldsymbol{NN}$ 中任意去掉 d 行、d 列，将余下部分（满秩）求出凯利逆，再在原来去掉的行、列上补上 0，即为 $\boldsymbol{NN}$ 的一个广义逆。

$\boldsymbol{X}^{\mathrm{T}}\boldsymbol{X}$ 表示向量 $\boldsymbol{X}$ 的二次范数（简称范数），因此 $\boldsymbol{X}^{\mathrm{T}}\boldsymbol{X}=\min$ 表示范数最小。令

$$\boldsymbol{N}_{\mathrm{m}}^{-}=\boldsymbol{N}(\boldsymbol{NN})^{-} \tag{2-49}$$

则有

$$\boldsymbol{X}=\boldsymbol{N}_{\mathrm{m}}^{-}\boldsymbol{A}^{\mathrm{T}}\boldsymbol{Pl} \tag{2-50}$$

显然 $\boldsymbol{N}_{\mathrm{m}}^{-}$ 也是 $\boldsymbol{N}$ 的一个广义逆。对法方程而言，由 $\boldsymbol{N}_{\mathrm{m}}^{-}$ 求出的解 $\boldsymbol{X}$，满足 $\boldsymbol{X}^{\mathrm{T}}\boldsymbol{X}=\min$，故称 $\boldsymbol{N}_{\mathrm{m}}^{-}$ 为最小范数逆。根据协因数传播定理，有

$$\boldsymbol{Q}_{\mathrm{xx}}=\boldsymbol{N}(\boldsymbol{NN})^{-}\boldsymbol{N}(\boldsymbol{NN})^{-}\boldsymbol{N} \tag{2-51}$$

可证明 $\boldsymbol{Q}_{\mathrm{xx}}$满足 Moore－Penrose 逆的四个条件，即

$$\boldsymbol{Q}_{\mathrm{xx}}=\boldsymbol{N}(\boldsymbol{NN})^{-}\boldsymbol{N}(\boldsymbol{NN})^{-}\boldsymbol{N}=\boldsymbol{N}^{+}$$

由于 $\boldsymbol{N}^{+}$唯一，说明 $\boldsymbol{Q}_{\mathrm{xx}}$也唯一。可证明，由 $\boldsymbol{X}^{\mathrm{T}}\boldsymbol{X}=\min$ 导出 $\mathrm{tr}(\boldsymbol{Q}_{\mathrm{xx}})=\min$，即未知

量估计 $\boldsymbol{X}$ 的协因数阵的迹最小。进一步求得观测改正数：

$$\boldsymbol{V}=\boldsymbol{AX}-\boldsymbol{l}=[\boldsymbol{AN}(\boldsymbol{NN})^{-1}\boldsymbol{A}^{\mathrm{T}}\boldsymbol{P}-\boldsymbol{E}]\boldsymbol{l} \tag{2-52}$$

单位权方差为

$$S^2=\frac{\boldsymbol{V}^{\mathrm{T}}\boldsymbol{PV}}{n-t+b}$$

秩亏网平差与经典平差有如下三点关系。

（1）两种平差方法求得的观测改正数 $\boldsymbol{V}$ 和平差值 $\boldsymbol{l}$ 相同

对于高程网，最后求得的平差后高程相同；对测角网，图形平差后角度相同，而图形位置、方位、比例则不同；对边角网或测边网，角度和边长相同，图形位置和方位则不同。两种平差求得的单位权方差相同。

（2）两种算法所求得的坐标一般不同。

秩亏网平差增加了 $\boldsymbol{X}^{\mathrm{T}}\boldsymbol{X}=\min$ 这个条件，故 $\boldsymbol{X}_{秩}^{\mathrm{T}}\ \boldsymbol{X}_{秩}\ll\boldsymbol{X}_{经}^{\mathrm{T}}\ \boldsymbol{X}_{经}$。

（3）两种方法所求得 $tr(\boldsymbol{Q}_{xx})$ 不同。

由于 $\mathrm{tr}(\boldsymbol{Q}_{xx})_{秩}\ll\mathrm{tr}(\boldsymbol{Q}_{xx})_{经}$，变形检验时，秩亏网平差发现变形的能力强于比经典平差。

2.3.4.2 转换法

秩亏网平差求得的观测改正数、观测平差值与经典平差相同，表明两种平差方法得到的控制网形状相同，不同的是控制网图形位置和方位。如图 2-8 所示，经典平差所得图形经旋转、平移后可得秩亏网平差图形及平差结果。

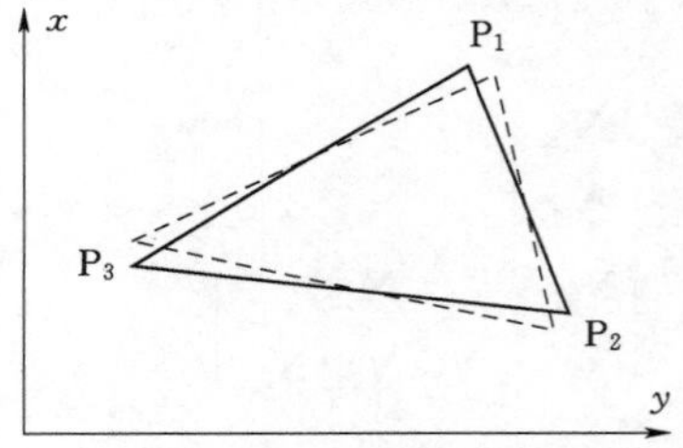

图 2-8　两种平差转换关系示意图

（图中，实线为经典平差所得图形，虚线为秩亏网平差图形）

经典平差和秩亏网平差结果的坐标变换公式为

$$\begin{aligned} x_{li}&=\Delta x+\lambda\cos\alpha\ \overline{x}_{li}+\lambda\sin\alpha\ \overline{y}_{li}\\ y_{li}&=\Delta y-\lambda\sin\alpha\ x_{li}+\lambda\cos\alpha\ y_{li}\end{aligned} \tag{2-53}$$

式中　x_L、y_L——秩亏网平差后的坐标；

$\overline{x}_L$、$\overline{y}_L$——经典平差的坐标。

实际平差时，秩亏平差与经典平差有相同的近似坐标，即

$$x_L=x_0+x,\ \overline{x}_L=x_0+\overline{x}$$

式中　x、$\overline{x}$——秩亏平差及经典平差时近似坐标的改正数。

$$\begin{aligned} x_{0i}+x_i&=\Delta x+\lambda\cos\alpha x_{0i}+\lambda\sin\alpha y_{0i}+\lambda\cos\alpha\ \overline{x}_i+\lambda\sin\alpha\ \overline{y}_i\\ y_{0i}+y_i&=\Delta y-\lambda\sin\alpha x_{0i}+\lambda\cos\alpha y_{0i}+\lambda\cos\alpha\ x_i+\lambda\sin\alpha\ y_i\end{aligned}$$

相对 x_0 而言，x、$\overline{x}$ 是一个很小的量，且由于 x、$\overline{x}$ 很小，因此从 x_L 到 x 的旋转也很小，即 $\lambda\sin\alpha\ \overline{y}_i\approx0$，$\lambda\cos\alpha\ \overline{x}_i=\overline{x}_i$，$\lambda\cos\alpha\ \overline{y}_i=\overline{y}_i$ 代入整理后，有

$$\begin{aligned} x_i&=\overline{x}_i+\Delta x+(\lambda\cos\alpha-1)x_{0i}+\lambda\sin\alpha y_{0i}\\ y_i&=\overline{y}_i+\Delta y+(\lambda\cos\alpha-1)y_{0i}-\lambda\sin\alpha x_{0i}\end{aligned} \tag{2-54}$$

令

$$t=(\Delta x,\Delta y,\lambda\cos\alpha-1,\lambda\sin\alpha)^{\mathrm{T}} \tag{2-55}$$

考虑所有网点的变换，则有

$$\boldsymbol{X}=\overline{\boldsymbol{X}}+\boldsymbol{G}t \tag{2-56}$$

式中

$$\boldsymbol{G}=\begin{bmatrix} 1 & 0 & x_{01} & y_{01} \\ 0 & 1 & y_{01} & -x_{01} \\ 1 & 0 & x_{02} & y_{02} \\ 0 & 1 & y_{02} & -x_{02} \\ \vdots & \vdots & \vdots & \vdots \end{bmatrix}$$

式（2-56）是常用的坐标变换公式，也可以对式中的 $\boldsymbol{G}$ 和 t 作变换，使 $\boldsymbol{G}$ 标准化，即

$$\boldsymbol{G}=\begin{bmatrix} \dfrac{1}{\sqrt{\dfrac{u}{2}}} & 0 & \dfrac{x'_{01}}{T} & \dfrac{y'_{01}}{T} \\ 0 & \dfrac{1}{\sqrt{\dfrac{u}{2}}} & \dfrac{y'_{01}}{T} & -\dfrac{x'_{01}}{T} \\ \dfrac{1}{\sqrt{\dfrac{u}{2}}} & 0 & \dfrac{x'_{02}}{T} & \dfrac{y'_{02}}{T} \\ 0 & \dfrac{1}{\sqrt{\dfrac{u}{2}}} & \dfrac{y'_{02}}{T} & -\dfrac{x'_{02}}{T} \\ \cdots & \cdots & \cdots & \cdots \end{bmatrix}$$

此时有

$$\boldsymbol{G}^{\mathrm{T}}\boldsymbol{G}=\boldsymbol{E}$$

式中：u 为未知数个数；x'_{0i}，y'_{0i}为重心化坐标。

T^2 为所有点到重心点距离的平方和，即

$$x'_0=\frac{\sum x_{0_i}}{\dfrac{u}{2}},y'_0=\frac{\sum y_{0_i}}{\dfrac{u}{2}}$$

$$x'_{0i}=x_{0i}-x'_0,y'_{0i}=y_{0i}-y'_0$$

$$T^2=\sum(x^{2\prime}_{0i}+y^{2\prime}_{0i})$$

对于高程网有

$$\boldsymbol{G}^{\mathrm{T}}=\begin{bmatrix} \dfrac{1}{\sqrt{u}} & \dfrac{1}{\sqrt{u}} & \cdots & \dfrac{1}{\sqrt{u}} \end{bmatrix}$$

对于坐标变换式，关键是确定变换参数 t。根据秩亏自由网平差最小范数条件，有 $\boldsymbol{X}^{\mathrm{T}}\boldsymbol{X}=\min$

$$\frac{\partial(\boldsymbol{X}^{\mathrm{T}}\boldsymbol{X})}{\partial t}=2\boldsymbol{X}^{\mathrm{T}}\frac{\partial \boldsymbol{X}}{\partial t}=2\boldsymbol{X}^{\mathrm{T}}\boldsymbol{G}=0$$

即

$$\boldsymbol{G}^{\mathrm{T}}\boldsymbol{X}=0 \tag{2-57}$$

式（2－57）是由最小范数条件 $\boldsymbol{X}^{\mathrm{T}}\boldsymbol{X}=\min$ 转化而来，表示 $\boldsymbol{X}^{\mathrm{T}}\boldsymbol{X}=\min$ 与 $\boldsymbol{G}^{\mathrm{T}}\boldsymbol{X}=0$ 等价，考虑式（2－56）有

$$\boldsymbol{G}^{\mathrm{T}}(\overline{\boldsymbol{X}}+\boldsymbol{G}t)=0$$

$$\boldsymbol{G}^{\mathrm{T}}\boldsymbol{G}t=-\boldsymbol{G}^{\mathrm{T}}\overline{\boldsymbol{X}}$$

$$t=-(\boldsymbol{G}^{\mathrm{T}}\boldsymbol{G})^{-1}\boldsymbol{G}^{\mathrm{T}}\overline{\boldsymbol{X}} \tag{2-58}$$

$$\begin{aligned}\boldsymbol{X}&=\overline{\boldsymbol{X}}+\boldsymbol{G}t=\overline{\boldsymbol{X}}-\boldsymbol{G}(\boldsymbol{G}^{\mathrm{T}}\boldsymbol{G})^{-1}\boldsymbol{G}^{\mathrm{T}}\overline{\boldsymbol{X}}\\&=[\boldsymbol{E}-\boldsymbol{G}(\boldsymbol{G}^{\mathrm{T}}\boldsymbol{G})^{-1}\boldsymbol{G}^{\mathrm{T}}]\overline{\boldsymbol{X}}\end{aligned} \tag{2-59}$$

如果取标准化的 $\boldsymbol{G}$，则有

$$\boldsymbol{X}=(\boldsymbol{E}-\boldsymbol{G}\boldsymbol{G}^{\mathrm{T}})\overline{\boldsymbol{X}} \tag{2-60}$$

$$\boldsymbol{Q}_{\mathrm{X}}=(\boldsymbol{E}-\boldsymbol{G}\boldsymbol{G}^{\mathrm{T}})\boldsymbol{Q}_{\overline{\mathrm{X}}}(\boldsymbol{E}-\boldsymbol{G}\boldsymbol{G}^{\mathrm{T}}) \tag{2-61}$$

如果先进行了经典平差，则可利用上式将经典平差结果转换成秩亏自由网平差结果。实际转换时，经典平差求得的待定未知量的估计与固定点坐标改正数 0 一起构成 $\overline{X}$，即经典平差结果为

$$\boldsymbol{X}_1=\boldsymbol{N}_1^{-1}\boldsymbol{A}_1^{\mathrm{T}}\boldsymbol{pl},\boldsymbol{Q}_{\mathrm{X1}}=\boldsymbol{N}_1^{-1}$$

$$\overline{\boldsymbol{X}}=\begin{bmatrix}X_1\\0\end{bmatrix},\boldsymbol{Q}_{\overline{\mathrm{X}}}=\begin{bmatrix}Q_{\mathrm{X1}}&0\\0&0\end{bmatrix}$$

转换时必须注意，$\boldsymbol{G}$ 的列数与秩亏数应严格对应。例如，测角网秩亏数一般为 4，则 $\boldsymbol{G}$ 取 4 列，但边角网或测边网的秩亏数为 3，所以转换时只取 $\boldsymbol{G}$ 的前 3 列。

【例 2－3】 对图 2－3 所示水准网的第一期观测结果，按变换法求秩亏网平差结果。

解：

（1）选择近似坐标。

$$X_0=(10.000,100.505,104.515,102.512)$$

（2）进行经典平差。由于图形简单，采用条件平差法。闭合差 $W=11$，得改正数为：$V_1=-4$，$V_2=-1$，$V_3=-2$，$V_4=-4$；平差值：$\overline{h_1}=0.501\mathrm{m}$，$\overline{h_2}=4.009\mathrm{m}$，$\overline{h_3}=-2.005\mathrm{m}$，$\overline{h_4}=-2.505\mathrm{m}$。

（3）选择固定点。假定 P_1 为固定点，则有

$$H_1=100$$

$$H_2=H_1+\overline{h_1}=100.501\mathrm{m}$$

$$H_3=H_2+\overline{h_2}=104.510\mathrm{m}$$

$$H_4=H_3+\overline{h_3}=102.505\mathrm{m}$$

（4）计算经典平差坐标改正数 $\overline{\boldsymbol{X}}$

$$\overline{\boldsymbol{X}}=\begin{bmatrix}H_1\\H_2\\H_3\\H_4\end{bmatrix}-\boldsymbol{X}_0=\begin{bmatrix}0\\-4\\-5\\-7\end{bmatrix}$$

（5）计算 $\boldsymbol{G}$ 阵及转换矩阵 $(\boldsymbol{E}-\boldsymbol{G}\boldsymbol{G}^{\mathrm{T}})$

$$\boldsymbol{G}=\begin{bmatrix}\frac{1}{\sqrt{4}} & \frac{1}{\sqrt{4}} & \frac{1}{\sqrt{4}} & \frac{1}{\sqrt{4}}\end{bmatrix}=\frac{1}{2}[1\quad 1\quad 1\quad 1]$$

$$\boldsymbol{E}-\boldsymbol{G}\boldsymbol{G}^{\mathrm{T}}=\begin{bmatrix}1&0&0&0\\0&1&0&0\\0&0&1&0\\0&0&0&1\end{bmatrix}-\frac{1}{4}\begin{bmatrix}1&1&1&1\\1&1&1&1\\1&1&1&1\\1&1&1&1\end{bmatrix}$$

$$=\frac{1}{4}\begin{bmatrix}3&-1&-1&-1\\-1&3&-1&-1\\-1&-1&3&-1\\-1&-1&-1&3\end{bmatrix}$$

（6）计算秩亏平差坐标

$$\boldsymbol{X}=(\boldsymbol{E}-\boldsymbol{G}\boldsymbol{G}^{\mathrm{T}})\overline{\boldsymbol{X}}=\frac{1}{4}\begin{bmatrix}3&-1&-1&-1\\-1&3&-1&-1\\-1&-1&3&-1\\-1&-1&-1&3\end{bmatrix}\begin{bmatrix}0\\-4\\-5\\-7\end{bmatrix}=\begin{bmatrix}4\\0\\-1\\-3\end{bmatrix}$$

由于图形简单，故先用条件平差法进行经典平差。如果要计算协因素矩阵 $\boldsymbol{Q}_{\mathrm{X}}$，则必须先用间接平差。

2.3.4.3 附加条件法

秩亏网平差模型实际为

$$\left.\begin{aligned}\boldsymbol{l}+\boldsymbol{V}&=\boldsymbol{A}\boldsymbol{X}\\\boldsymbol{V}^{\mathrm{T}}\boldsymbol{P}\boldsymbol{V}&=\min\\\boldsymbol{X}^{\mathrm{T}}\boldsymbol{X}&=\min\end{aligned}\right\}\tag{2-62}$$

由于最小范数条件与 $\boldsymbol{G}^{\mathrm{T}}\boldsymbol{X}=0$ 等价，上述平差模型可转换为

$$\left.\begin{aligned}\boldsymbol{l}+\boldsymbol{V}&=\boldsymbol{A}\boldsymbol{X}\\\boldsymbol{G}^{\mathrm{T}}\boldsymbol{X}&=0\\\boldsymbol{V}^{\mathrm{T}}\boldsymbol{P}\boldsymbol{V}&=\min\end{aligned}\right\}\tag{2-63}$$

式（2-63）即为附有条件的间接平差模型。区别于经典的附有条件的间接平差模型，附有条件的间接平差模型的秩亏误差方程系数矩阵 $\boldsymbol{A}$ 与条件系数矩阵 $\boldsymbol{G}$ 间有一个重要特性，即

$$\boldsymbol{A}\boldsymbol{G}=0\tag{2-64}$$

从而有

$$\boldsymbol{A}^{\mathrm{T}}\boldsymbol{P}\boldsymbol{A}\boldsymbol{G}=\boldsymbol{N}\boldsymbol{G}=0\tag{2-65}$$

对于式（2-63），按条件极值有

$$\boldsymbol{\varphi}=\boldsymbol{V}^{\mathrm{T}}\boldsymbol{P}\boldsymbol{V}+2\boldsymbol{K}^{\mathrm{T}}\boldsymbol{G}^{\mathrm{T}}\boldsymbol{X}=(\boldsymbol{A}\boldsymbol{X}-\boldsymbol{l})^{\mathrm{T}}\boldsymbol{P}(\boldsymbol{A}\boldsymbol{X}-\boldsymbol{l})+2\boldsymbol{K}^{\mathrm{T}}\boldsymbol{G}^{\mathrm{T}}\boldsymbol{X}\tag{2-66}$$

$$\frac{\partial\boldsymbol{\varphi}}{\partial\boldsymbol{X}}=2(\boldsymbol{A}\boldsymbol{X}-\boldsymbol{l})^{\mathrm{T}}\boldsymbol{P}\boldsymbol{A}+2\boldsymbol{K}^{\mathrm{T}}\boldsymbol{G}^{\mathrm{T}}=0$$

转置并整理后得

$$\left.\begin{aligned}&\boldsymbol{A}^{\mathrm{T}}\boldsymbol{PAX}+\boldsymbol{GK}=\boldsymbol{A}^{\mathrm{T}}\boldsymbol{Pl}\\&\boldsymbol{G}^{\mathrm{T}}\boldsymbol{X}=0\end{aligned}\right\}\tag{2-67}$$

式（2-67）即为附有条件的间接平差方程，可以直接求解。由于 $\boldsymbol{AG}=0$，式（2-67）可简化。

第一式左乘 $\boldsymbol{G}^{\mathrm{T}}$，有

$$\boldsymbol{G}^{\mathrm{T}}\boldsymbol{A}^{\mathrm{T}}\boldsymbol{PAX}+\boldsymbol{G}^{\mathrm{T}}\boldsymbol{GK}=\boldsymbol{G}^{\mathrm{T}}\boldsymbol{A}^{\mathrm{T}}\boldsymbol{Pl}$$

因为 $\boldsymbol{G}^{\mathrm{T}}\boldsymbol{A}^{\mathrm{T}}=(\boldsymbol{AG})^{\mathrm{T}}=0$，所以 $\boldsymbol{K}=0$，法方程可变为

$$\left.\begin{aligned}&\boldsymbol{A}^{\mathrm{T}}\boldsymbol{PAX}=\boldsymbol{A}^{\mathrm{T}}\boldsymbol{Pl}\\&\boldsymbol{G}^{\mathrm{T}}\boldsymbol{X}=0\end{aligned}\right\}\tag{2-68}$$

第二式左乘 $\boldsymbol{G}$ 后加第一式，有

$$(\boldsymbol{A}^{\mathrm{T}}\boldsymbol{PA}+\boldsymbol{GG}^{\mathrm{T}})\boldsymbol{X}=\boldsymbol{A}^{\mathrm{T}}\boldsymbol{Pl}\tag{2-69}$$

尽管 $\boldsymbol{A}^{\mathrm{T}}\boldsymbol{PA}$ 秩亏，但 $\boldsymbol{AG}=0$，即 $\boldsymbol{A}$ 与 $\boldsymbol{G}$ 线性独立，$\boldsymbol{G}$ 的列数为 d，严格等于 $\boldsymbol{A}$ 的秩亏数。因此（$\boldsymbol{A}^{\mathrm{T}}\boldsymbol{PA}+\boldsymbol{GG}^{\mathrm{T}}$）不秩亏，其凯利逆存在。故按附加条件法进行秩亏网平差时未知量 $\boldsymbol{X}$ 的解为

$$\boldsymbol{X}=(\boldsymbol{A}^{\mathrm{T}}\boldsymbol{PA}+\boldsymbol{GG}^{\mathrm{T}})^{-1}\boldsymbol{A}^{\mathrm{T}}\boldsymbol{Pl}\tag{2-70}$$

令

$$\boldsymbol{Q}=(\boldsymbol{A}^{\mathrm{T}}\boldsymbol{PA}+\boldsymbol{GG}^{\mathrm{T}})^{-1}$$

则

$$\boldsymbol{X}=\boldsymbol{QA}^{\mathrm{T}}\boldsymbol{Pl}\tag{2-71}$$

$$\boldsymbol{Q}_{\mathrm{X}}=\boldsymbol{QA}^{\mathrm{T}}\boldsymbol{PAQ}=\boldsymbol{QNQ}\tag{2-72}$$

考虑到

$$\boldsymbol{Q}(\boldsymbol{A}^{\mathrm{T}}\boldsymbol{PA}+\boldsymbol{GG}^{\mathrm{T}})=\boldsymbol{E}$$

$$\boldsymbol{QA}^{\mathrm{T}}\boldsymbol{PA}=\boldsymbol{E}-\boldsymbol{QGG}^{\mathrm{T}}\tag{2-73}$$

右乘 $\boldsymbol{G}$，有

$$\boldsymbol{QA}^{\mathrm{T}}\boldsymbol{PAG}=\boldsymbol{G}-\boldsymbol{QGG}^{\mathrm{T}}\boldsymbol{G}$$

$$\boldsymbol{QGG}^{\mathrm{T}}\boldsymbol{G}=\boldsymbol{G}\tag{2-74}$$

取标准化 $\boldsymbol{G}$，即 $\boldsymbol{GG}^{\mathrm{T}}=\boldsymbol{E}$，则有

$$\boldsymbol{QG}=\boldsymbol{G}\tag{2-75}$$

代入式（2-73）有

$$\boldsymbol{QA}^{\mathrm{T}}\boldsymbol{PA}=\boldsymbol{QN}=\boldsymbol{E}-\boldsymbol{GG}^{\mathrm{T}}$$

$$\boldsymbol{Q}_{\mathrm{X}}=\boldsymbol{QNQ}=\boldsymbol{Q}(\boldsymbol{E}-\boldsymbol{GG}^{\mathrm{T}})=\boldsymbol{Q}-\boldsymbol{QGG}^{\mathrm{T}}=\boldsymbol{Q}-\boldsymbol{GG}^{\mathrm{T}}$$

即：

$$\boldsymbol{Q}_{\mathrm{X}}=(\boldsymbol{A}^{\mathrm{T}}\boldsymbol{PA}+\boldsymbol{GG}^{\mathrm{T}})^{-1}-\boldsymbol{GG}^{\mathrm{T}}\tag{2-76}$$

对比式（2-47）、式（2-50）、式（2-70）和式（2-76）可知，采用附加条件法进行秩亏网平差计算简单。

将 $\boldsymbol{G}^{\mathrm{T}}\boldsymbol{X}=0$ 展开，对于平面网有

$$\sum\boldsymbol{X}_i=0,\sum\boldsymbol{Y}_i=0$$

对于高程网有

$$\sum \boldsymbol{X}_i = 0$$

表明平差后网点坐标重心与近似坐标重心一致。因而称秩亏网平差为重心参考系不变的平差，秩亏网平差的基准是重心基准。与转化法一样，采用附加条件法进行秩亏网平差时，$\boldsymbol{G}$ 的列数必须与网的秩亏数严格一致。对测角网取 4 列，对于边角网或测边网取前面 3 列。

【例 2-4】 对例 2-3 数据用附加条件法进行平差。

解：

(1) 选择未知数近似值，即

$$\begin{bmatrix} x_{01} \\ x_{02} \\ x_{03} \\ x_{04} \end{bmatrix} = \begin{bmatrix} 100.000 \\ 100.505 \\ 104.515 \\ 102.512 \end{bmatrix}$$

(2) 组成误差方程（$\boldsymbol{A}$，$\boldsymbol{l}$）即

$$\boldsymbol{V} = \begin{bmatrix} -1 & 0 & 0 & 0 \\ 0 & -1 & 1 & 0 \\ 0 & 0 & -1 & 1 \\ 1 & 0 & 0 & -1 \end{bmatrix} \boldsymbol{X} - \begin{bmatrix} 0 \\ 0 \\ 0 \\ 11 \end{bmatrix}$$

取 2km 路线的权为单位权，则

$$\boldsymbol{P} = \begin{bmatrix} 0.5 & 0 & 0 & 0 \\ 0 & 2 & 0 & 0 \\ 0 & 0 & 1 & 0 \\ 0 & 0 & 0 & 0.5 \end{bmatrix}$$

(3) 计算附加条件系数矩阵，则

$$\boldsymbol{G}^{\mathrm{T}} = \begin{bmatrix} \frac{1}{\sqrt{4}} & \frac{1}{\sqrt{4}} & \frac{1}{\sqrt{4}} & \frac{1}{\sqrt{4}} \end{bmatrix} = \frac{1}{2} \begin{bmatrix} 1 & 1 & 1 & 1 \end{bmatrix}$$

(4) 组成法方程 $\boldsymbol{N} = \boldsymbol{A}^{\mathrm{T}} \boldsymbol{P} \boldsymbol{A}$，则

$$\boldsymbol{N} = \begin{bmatrix} 1.0 & -0.5 & 0 & -0.5 \\ -0.5 & 2.5 & -2.0 & 0 \\ 0 & -2.0 & 3.0 & -1.0 \\ -0.5 & 0 & -1.0 & 1.5 \end{bmatrix}$$

(5) 计算 $\boldsymbol{Q}=(\boldsymbol{N}+\boldsymbol{G}\boldsymbol{G}^{\mathrm{T}})^{-1}$，则

$$\boldsymbol{G}\boldsymbol{G}^{\mathrm{T}}=\frac{1}{4}\begin{bmatrix}1&1&1&1\\1&1&1&1\\1&1&1&1\\1&1&1&1\end{bmatrix}$$

$$\boldsymbol{Q}=(\boldsymbol{N}+\boldsymbol{G}\boldsymbol{G}^{\mathrm{T}})^{-1}=\frac{1}{176}\begin{bmatrix}147&11&-1&19\\11&99&55&11\\-1&55&91&31\\19&11&31&115\end{bmatrix}$$

(6) 计算 $\boldsymbol{A}^{\mathrm{T}}\boldsymbol{P}\boldsymbol{l}$。

$$\boldsymbol{A}^{\mathrm{T}}\boldsymbol{P}\boldsymbol{l}=(5.5,0,0,-5.5)^{\mathrm{T}}$$

(7) 计算未知量 $\boldsymbol{X}$ 的估值。

$$\boldsymbol{X}=(\boldsymbol{N}+\boldsymbol{G}\boldsymbol{G}^{\mathrm{T}})^{-1}\boldsymbol{A}^{\mathrm{T}}\boldsymbol{P}\boldsymbol{l}=(4.0,0,-1.0,-3.0)^{\mathrm{T}}$$

(8) 计算 $\boldsymbol{X}$ 的协因素阵 $\boldsymbol{Q}_{\mathrm{X}}$。

$$\boldsymbol{Q}_{\mathrm{X}}=(\boldsymbol{N}+\boldsymbol{G}\boldsymbol{G}^{\mathrm{T}})^{-1}-\boldsymbol{G}\boldsymbol{G}^{\mathrm{T}}=\frac{1}{176}\begin{bmatrix}103&-33&-45&-25\\-33&55&11&-33\\-45&11&47&-13\\-25&-33&-13&71\end{bmatrix}$$

(9) 检核 $\boldsymbol{G}^{\mathrm{T}}\boldsymbol{X}=0$。

$$\boldsymbol{G}^{\mathrm{T}}\boldsymbol{X}=\frac{1}{2}(4-1-3)=0$$

2.3.5 秩亏变形网平差的若干性质

2.3.5.1 改正数 V 的不变性

经典自由网平差是在最小二乘原则下，通过改正数 $\boldsymbol{V}$ 消除网中几何条件不符值；秩亏网平差，除满足 $\boldsymbol{V}^{\mathrm{T}}\boldsymbol{P}\boldsymbol{V}=\min$ 外，还须同时满足 $\boldsymbol{X}^{\mathrm{T}}\boldsymbol{X}=\min$。

1. 经典平差与秩亏网的改正数 V 相同

设误差方程 $\boldsymbol{V}=\boldsymbol{A}\boldsymbol{X}-\boldsymbol{l}$ 等权，则法方程

$$\boldsymbol{A}^{\mathrm{T}}\boldsymbol{A}\boldsymbol{X}=\boldsymbol{A}^{\mathrm{T}}\boldsymbol{l}$$

$$\boldsymbol{N}\boldsymbol{X}=\boldsymbol{A}^{\mathrm{T}}\boldsymbol{l}$$

$$\boldsymbol{X}=\boldsymbol{N}^{-}\boldsymbol{A}^{\mathrm{T}}\boldsymbol{l}$$

不同 $\boldsymbol{N}^{-}$ 得到不同 $\boldsymbol{X}$，但不论哪个 $\boldsymbol{X}$ 总能满足法方程。将上述 $\boldsymbol{X}$ 代入误差方程为

$$\boldsymbol{V}=(\boldsymbol{A}\boldsymbol{N}^{-}\boldsymbol{A}^{\mathrm{T}}-\boldsymbol{E})\boldsymbol{l} \tag{2-77}$$

如果 $\boldsymbol{A}\boldsymbol{N}^{-}\boldsymbol{A}$ 为不变量，则说明满足法方程的任意 $\boldsymbol{X}$ 求得的改正数不变。假设 $\boldsymbol{N}$ 有两个广义逆 $\boldsymbol{N}_1^{-}$ 和 $\boldsymbol{N}_2^{-}$，根据广义逆的性质式 (2-38)、式 (2-39) 有

$$\boldsymbol{A}\boldsymbol{N}_1^{-}\boldsymbol{A}^{\mathrm{T}}\boldsymbol{A}=\boldsymbol{A},\boldsymbol{A}\boldsymbol{N}_2^{-}\boldsymbol{A}^{\mathrm{T}}\boldsymbol{A}=\boldsymbol{A}$$

即

$\boldsymbol{A}\boldsymbol{N}_1^{-}\boldsymbol{A}^{\mathrm{T}}\boldsymbol{A}=\boldsymbol{A}\boldsymbol{N}_2^{-}\boldsymbol{A}^{\mathrm{T}}\boldsymbol{A}$，两边右乘 $\boldsymbol{N}_2^{-}\boldsymbol{A}^{\mathrm{T}}$，得

$$AN_1^- A^T AN_2^- A^T = AN_2^- A^T AN_2^- A^T$$

由广义逆的上述性质，左边为 $AN_1^- A^T$，右边为 $N_2^- A^T AN_2^- = N_2^-$，即

$$AN_1^- A^T = AN_2^- A^T \tag{2-78}$$

表明 $AN^- A^T$ 为不变量。当权为 P 时，令 $P = g^T g$，$N = A^T g^T gA = (gA)^T (gA)$，用 gA 代替 A 并代入式（2-78），有

$$gAN_1^- A^T g^T = gAN_2^- A^T g^T$$

$$AN_1^- A^T = AN_2^- A^T$$

因此 $V = (AN^- A - Q)Pl$ 为不变量。同理，$l = AX = AN^- A^T Pl$ 也是不变量。

2. 秩亏网平差与经典平差改正数 V 的相同性

将误差方程改写为

$$V = (A_1 A_2)\begin{pmatrix} X_1 \\ X_2 \end{pmatrix} - l \tag{2-79}$$

式中：X_2 为经典平差时固定点的坐标；X_1 为经典平差待定点的坐标，则法方程为

$$\begin{pmatrix} A_1^T PA_1 & A_1^T PA_2 \\ A_2^T PA_1 & A_2^T PA_2 \end{pmatrix}\begin{pmatrix} X_1 \\ X_2 \end{pmatrix} = \begin{pmatrix} A_1^T Pl \\ A_2^T Pl \end{pmatrix} \tag{2-80}$$

$$X = \begin{pmatrix} X_1 \\ X_2 \end{pmatrix}\begin{pmatrix} A_1^T PA_1 & A_1^T PA_2 \\ A_2^T PA_1 & A_2^T PA_2 \end{pmatrix}^{-1}\begin{pmatrix} A_1^T Pl \\ A_2^T Pl \end{pmatrix} \tag{2-81}$$

取

$$N^- = \begin{pmatrix} (A_1^T PA_1)^{-1} & 0 \\ 0 & 0 \end{pmatrix} \tag{2-82}$$

则

$$X_1 = (A_1^T PA_1)^{-1} A_1^T Pl, X_2 = 0$$

$$\begin{aligned} V &= (A_1 \quad A_2)\begin{pmatrix} X_1 \\ X_2 \end{pmatrix} - l = A_1 (A_1^T PA_1)^{-1} A_1^T Pl - l \\ &= (A_1 (A_1^T PA_1)^{-1} A^T - Q)Pl \end{aligned} \tag{2-83}$$

按经典平差列出方程式为

$$V = A_1 X_1 - l$$

$$X_1 = (A_1^T PA_1)^{-1} A_1^T Pl$$

$$V = A_1 (A_1^T PA_1)^{-1} A_1^T Pl - l = [A_1 (A_1^T PA_1)^{-1} A_1 - Q]Pl$$

即秩亏网平差与经典网平差的改正数相同。由 X_1 可知，经典平差解是秩亏平差的 N^- 按式（2-82）时的特解。

2.3.5.2 未知量估计的有偏性

未知参数的真值为 $\overline{X}$，则有

$$E(l) = A\overline{X} \tag{2-84}$$

$$E(X) = N^+ A^T PE(l) = N^+ A^T PA\overline{X} = N^+ N\overline{X} \tag{2-85}$$

因为 $N^+ N \neq E$，所以认为秩亏网平差时估计量 X 有偏。但 $N^+ N = (E - GG^T)$，代入式（2-85）有

$$E(X)=(E-GG^{\mathrm{T}})\overline{X}=\overline{X}-GG^{\mathrm{T}}\overline{X} \tag{2-86}$$

由于秩亏网平差时，对估值附加条件 $G^{\mathrm{T}}X=0$，如果考虑真值 X 也满足上述条件，即 $G^{\mathrm{T}}\overline{X}=0$，则有

$$E(X)=\overline{X}-GG^{\mathrm{T}}\ \overline{X}=\overline{X}$$

即估计也是无偏的。因此另一种观点认为，在参考基准 $G^{\mathrm{T}}\ \overline{X}=0$ 下，秩亏网平差时估计量 X 也是无偏的。

2.3.5.3　移动量估计的有偏性

设第Ⅰ期，第Ⅱ期观测时，网点坐标真值分别为 X_{I}，X_{II}，则移动量真值为 $d=\overline{X_{\mathrm{II}}}-\overline{X_{\mathrm{I}}}$。

若观测方案相同，则有

$$E(l_{\mathrm{II}})-E(l_{\mathrm{I}})=A\,X_{\mathrm{II}}-A\,X_{\mathrm{I}}=A(X_{\mathrm{II}}-X_{\mathrm{I}})=A\overline{d} \tag{2-87}$$

$$d=X_{\mathrm{II}}-X_{\mathrm{I}}=N^{+}A^{\mathrm{T}}Pl_{\mathrm{II}}-N^{+}A^{T}Pl_{\mathrm{I}}=N^{+}A^{\mathrm{T}}P(l_{\mathrm{II}}-l_{\mathrm{I}}) \tag{2-88}$$

$$\begin{aligned}E(d)&=N^{+}A^{\mathrm{T}}PE[(l_{\mathrm{II}}-l_{\mathrm{I}})]=N^{+}A^{T}PA\overline{d}\\&=N^{+}N\overline{d}=(E-GG^{\mathrm{T}})\overline{d}=\overline{d}-GG^{\mathrm{T}}d\neq\overline{d}\end{aligned} \tag{2-89}$$

说明移动量 $\overline{d}$ 是有偏的。其偏量 $\Delta d=-GG^{\mathrm{T}}\ \overline{d}$ 称为伪移动。要注意的是：$G^{\mathrm{T}}\ \overline{d}$ 一般不可能为0。

2.3.5.4　估计量 X 的方差最小

设有一个方程组为

$$\underset{mn}{C}\ \underset{np}{Y}=\underset{mp}{S} \tag{2-90}$$

若 $Y^{\mathrm{T}}Y=\min$，则有 $\mathrm{tr}(Y^{\mathrm{T}}Y)=\min$。

对于法方程

$$NX=A^{\mathrm{T}}Pl$$

任意解为

$$X=N^{-}A^{\mathrm{T}}Pl$$

$$Q_{\mathrm{X}}=N^{-}A^{\mathrm{T}}PAN^{-}$$

令 $P=CC^{\mathrm{T}}$，则

$$Q_{\mathrm{X}}=(N^{-}A^{\mathrm{T}}C)(N^{-}A^{\mathrm{T}}C)^{\mathrm{T}}=DD^{\mathrm{T}} \tag{2-91}$$

其中 $D=N^{-}A^{\mathrm{T}}C$

$$ND=A^{\mathrm{T}}C \tag{2-92}$$

该方程的最小范数解为

$$D=N^{+}A^{\mathrm{T}}C \tag{2-93}$$

此时

$$\mathrm{tr}(Q_{\mathrm{X}})=\mathrm{tr}(DD^{\mathrm{T}})=\mathrm{tr}(N^{-1})=\mathrm{tr}(D^{\mathrm{T}}D)=\min \tag{2-94}$$

表明秩亏法方程的所有解中，以 $X=N^{+}A^{\mathrm{T}}Pl$ 的方差 Q_{X} 的迹 $\mathrm{tr}(Q_{\mathrm{X}})$ 最小。

2.3.5.5　未知函数的统计性质

设未知参数的线性函数为 $F=f^{\mathrm{T}}X$，其估计量为

$$F=f^{\mathrm{T}}X=f^{\mathrm{T}}N^{+}A^{\mathrm{T}}Pl \tag{2-95}$$

$$E(F)=f^{T}N^{+}A^{T}PE(l)=f^{T}N^{+}A^{T}PA\overline{X}=f^{T}N^{+}N\overline{X} \tag{2-96}$$

要使 F 为无偏估计，则必有

$$F=A_{f}X+F_{0} \tag{2-97}$$

在平面网中，边长、角度、方向等量与未知量 X 的函数关系见式（2-97）。

其中 A_f 与误差方程系数等同，F_0 为常数项。因此，其无偏条件为

$$A_{f}N^{+}N=A_{f}(E-GG^{T})=A_{f}-A_{f}GG^{T}=A_{f}$$

即

$$A_{f}G=0 \tag{2-98}$$

对于测角网，边长的误差方程系数 A_s 不满足 $A_sG=0$。因此，测角网作为秩亏网平差时，边长估计是有偏的。

2.4 变形网的拟稳平差法

变形网按经典平差时，网中必须具备固定点为基准，才能得出真实的位移场。变形网按秩亏网平差，实际上是将网中所有点等同看待，以网的重心为基准，确定各期之间的变形值。但许多情况下，网中既不存在固定不动的点，网中所有点也不能等同看待。例如，有些点可能处于地质较差、受力变化较大处，这些点移动可能性较大；而另外一些点则可能处于较为稳定，受力变化较小处。当网点产生移动，则网的重心会发生变化，以重心为基准求出的变形值就可能受到歪曲。在某些情况下，事先并不知道哪些点稳定，哪些点不稳定，但经过观测及平差后，往往能发现有些点发生了移动，而另一些点移动较少。在这些情况下，采用经典平差或秩亏网平差显然都不合理。针对这些情况，可采用拟稳平差法（又称部分迹最小平差法）进行变性网平差。

拟稳平差基本思想是将整个网点分成两组，第一组为网中相对稳定点组成的拟稳点；另一组为相对不稳定点组成的动点。秩亏网平差是对网中所有点施以最小范数条件 $X^{T}X=\min$，但拟稳平差只对其中第一组相对稳定的拟稳点施以最小范数条件 $X_{F}^{T}X_{F}=\min$，从而达到消除秩亏、求解未知量的目的。

2.4.1 拟稳定平差原理

设固定点坐标改正值为 X_F，移动点坐标改正值为 X_M，则观测方程（X_F 个数大于网的秩亏数 d）为

$$(A_{F}\quad A_{M})\begin{pmatrix}X_{F}\\X_{M}\end{pmatrix}=L+V \tag{2-99}$$

法方程组为

$$\begin{pmatrix}A_{F}^{T}A_{F} & A_{F}^{T}A_{M}\\A_{M}^{T} & A_{M}^{T}A_{M}\end{pmatrix}\begin{pmatrix}X_{F}\\X_{M}\end{pmatrix}=\begin{pmatrix}A_{F}^{T}L\\A_{M}^{T}L\end{pmatrix} \tag{2-100}$$

令

$$\begin{gathered}A_{F}^{T}A_{F}=N_{FF},A_{F}^{T}A_{M}=N_{FM}\\A_{M}^{T}A_{F}=N_{MF},A_{M}^{T}A_{M}=N_{MM}\end{gathered} \tag{2-101}$$

消去式（2-100）中的 $\boldsymbol{X}_M$，可得

$$\boldsymbol{X}_M=\boldsymbol{N}_{MM}^{-1}(-\boldsymbol{N}_{MF}\boldsymbol{X}_F+\boldsymbol{A}_M^T\boldsymbol{L})$$

及

$$(\boldsymbol{N}_{FF}-\boldsymbol{N}_{FM}\boldsymbol{N}_{MM}^{-1}\boldsymbol{N}_{MF})\boldsymbol{X}_F=(\boldsymbol{A}_F^T-\boldsymbol{N}_{FM}\boldsymbol{N}_{MM}^{-1}\boldsymbol{A}_M^T)\boldsymbol{L} \tag{2-102}$$

考虑式（2-102）中的满秩 $\boldsymbol{N}_{MM}$，令

$$\left.\begin{aligned}\boldsymbol{M}&=\boldsymbol{N}_{FF}-\boldsymbol{N}_{FM}\boldsymbol{N}_{MM}^{-1}\boldsymbol{N}_{MF}\\ \boldsymbol{H}^T&=\boldsymbol{A}_F^T-\boldsymbol{N}_{FM}\boldsymbol{N}_{MM}^{-1}\boldsymbol{A}_M^T\end{aligned}\right\} \tag{2-103}$$

则

$$\begin{aligned}\boldsymbol{H}^T\boldsymbol{H}&=(\boldsymbol{A}_F^T-\boldsymbol{N}_{FM}\boldsymbol{N}_{MM}^{-1}\boldsymbol{A}_M^T)(\boldsymbol{A}_F-\boldsymbol{A}_M\boldsymbol{N}_{MM}^{-1}\boldsymbol{N}_{MF})\\&=\boldsymbol{N}_{FF}-\boldsymbol{N}_{FM}\boldsymbol{N}_{MM}^{-1}\boldsymbol{N}_{MF}=\boldsymbol{M}\end{aligned} \tag{2-104}$$

故式（2-102）可写成

$$\boldsymbol{M}\boldsymbol{X}_F=\boldsymbol{H}^T\boldsymbol{H}\boldsymbol{X}_F=\boldsymbol{H}^T\boldsymbol{L} \tag{2-105}$$

式中 $\boldsymbol{M}$ 的秩亏数仍为 d，比较式（2-105）和式（2-42）中的法方程系数阵及常数阵，可知二者形式相同。因此，求解其最小二乘最小范数解 X_F 时，只要加上条件

$$\boldsymbol{G}_F^T\boldsymbol{X}_F=0 \tag{2-106}$$

而 $\boldsymbol{G}_F$ 本身符合条件

$$\boldsymbol{H}\boldsymbol{G}_F=0 \tag{2-107}$$

$$\boldsymbol{G}_F^T\boldsymbol{G}_F=\boldsymbol{E} \tag{2-108}$$

参照式（2-103）及式（2-76），求得 $\boldsymbol{X}_F$ 及其协因式 $\boldsymbol{Q}_{FF}$。

将 G 按照固定点和移动点分成两子块

$$\boldsymbol{G}=\begin{bmatrix}\boldsymbol{G}_F\\ \boldsymbol{G}_M\end{bmatrix} \tag{2-109}$$

则

$$(\boldsymbol{A}_F \quad \boldsymbol{A}_M)\begin{bmatrix}\boldsymbol{G}_F\\ \boldsymbol{G}_M\end{bmatrix}=0 \tag{2-110}$$

左乘 $(\boldsymbol{A}_F \quad \boldsymbol{A}_M)^T$，并考虑式（2-101），有

$$\begin{bmatrix}\boldsymbol{N}_{FF} & \boldsymbol{N}_{FM}\\ \boldsymbol{N}_{MF} & \boldsymbol{N}_{MM}\end{bmatrix}\begin{bmatrix}\boldsymbol{G}_F\\ \boldsymbol{G}_M\end{bmatrix}=0 \tag{2-111}$$

由式（2-111）解得

$$\boldsymbol{G}_M=-\boldsymbol{N}_{MM}^{-1}\boldsymbol{N}_{MF}\boldsymbol{G}_F \tag{2-112}$$

代入式（2-110）有

$$\boldsymbol{A}_F\boldsymbol{G}_F-\boldsymbol{A}_M\boldsymbol{N}_{MM}^{-1}\boldsymbol{N}_{MF}\boldsymbol{G}_F=0$$

$$(\boldsymbol{A}_F-\boldsymbol{A}_M\mathrm{N}_{MM}^{-1}\boldsymbol{N}_{MF})\boldsymbol{G}_F=\boldsymbol{H}\boldsymbol{G}_F=0$$

满足式（2-107）。

为满足式（2-108），令 $\boldsymbol{G}$ 式中的 u 为固定点未知数个数即可。由式（2-102），顾及式（2-70）和式（2-76），得

$$\begin{aligned}X_F &=(N_{FF}-N_{FM}N_{MM}^{-1}N_{MF}+G_FG_F^T)^{-1}\cdot(A_F^T-N_{FM}N_{MM}A_M^T)L\\&=(M+G_FG_F^T)^{-1}H^TL\end{aligned}\tag{2-113}$$

$$\begin{aligned}Q_{FF}&=(N_{FF}-N_{FM}N_{MM}^{-1}N_{MF}+G_FG_F^T)-G_FG_F^T\\&=(M+G_FG_F^T)^{-1}-G_FG_F^T\end{aligned}\tag{2-114}$$

由固定点的未知数及协因素，可进一步推求移动点的未知数及协因素。根据式（2-100），有

$$\begin{aligned}X_M &=N_{MM}^{-1}(A_M^T\mathrm{L}-N_{MF}X_F)\\&=N_{MM}^{-1}[A_M^T-N_{MF}(M+G_FG_F^T)^{-1}H^T]L\end{aligned}\tag{2-115}$$

此外

$$\begin{aligned}A_M^TH &=A_M^T(A_F^T-A_MN_{MM}^{-1}N_{FM})\\&=A_M^TA_F-A_M^TA_MN_{MM}^{-1}N_{MF}=N_{MF}-N_{MF}=0\end{aligned}\tag{2-116}$$

$$H^TA_M=0\tag{2-117}$$

参照式（2-73）和式（2-75），可得

$$(M+G_FG_F^T)^{-1}H^TH=E-G_FG_F^T\tag{2-118}$$

$$(M+G_FG_F^T)^{-1}G_F=G_F\tag{2-119}$$

$$G_F^T(M+G_FG_F^T)^{-1}=G_F^T\tag{2-120}$$

由式（2-115）可得协因素阵

$$\begin{aligned}Q_{MM}&=N_{MM}^{-1}[A_M^T-N_{MF}(M+G_FG_F^T)^{-1}H^T][A_M-H(M+G_FG_F^T)^{-1}N_{FM}N_{MM}^{-1}]\\&=N_{MM}^{-1}-N_{MM}^{-1}A_M^TH(M+G_FG_F^T)^{-1}N_{FM}N_{MM}^{-1}-N_{MM}^{-1}N_{MF}\\&\quad(M+G_FG_F^T)^{-1}H^TA_MN_{MM}^{-1}+N_{MM}^{-1}N_{MF}(M+G_FG_F^T)^{-1}H^TH(M+G_FG_F^T)^{-1}N_{FM}N_{MM}^{-1}\\&=N_{MM}^{-1}+N_{MM}^{-1}N_{MF}(E-G_FG_F^T)(M+G_FG_F^T)^{-1}N_{FM}N_{MM}^{-1}\\&=N_{MM}^{-1}+N_{MM}^{-1}N_{MF}[(M+G_FG_F^T)^{-1}-G_FG_F^T]^{-1}N_{FM}N_{MM}^{-1}\\&=N_{MM}^{-1}+N_{MM}^{-1}N_{MF}Q_{FF}N_{FM}N_{MM}^{-1}\end{aligned}\tag{2-121}$$

因此，进行拟稳平差时，只要计算出 G_F，即可用上述公式求解 X_F、X_M、Q_{FF}、Q_{MM}。

2.4.2 拟稳平差的坐标变换法

实际工作中，经常是先进行经典平差或秩亏网平差，再进行拟稳平差。在进行变形分析时，甚至是不断地变换拟稳点组，进行拟稳点组不同的拟稳平差，此时可利用坐标变换法。

假设 $\hat{X}$ 为经典平差解，或秩亏网平差解或另一组拟稳平差解。则坐标变换公式为

$$X=\hat{X}+Gt$$

对应拟稳点和动点，将 X、$\hat{X}$、G 分为两部分

$$X=\begin{pmatrix}X_F\\X_M\end{pmatrix},\hat{X}=\begin{pmatrix}\hat{X}_F\\\hat{X}_M\end{pmatrix},G=\begin{pmatrix}G_F\\G_M\end{pmatrix}$$

则坐标变换式可写为

$$X_F=\hat{X}_F+G_Ft\tag{2-122}$$

$$\boldsymbol{X}_{\mathrm{M}}=\hat{\boldsymbol{X}}_{\mathrm{M}}+\boldsymbol{G}_{\mathrm{M}}\boldsymbol{t} \tag{2-123}$$

其关键是求解变换参数 t。在 $\boldsymbol{X}_{\mathrm{F}}^{\mathrm{T}}\boldsymbol{X}_{\mathrm{F}}=\min$ 条件下，有

$$\frac{\partial \boldsymbol{X}_{\mathrm{F}}^{\mathrm{T}}\boldsymbol{X}_{\mathrm{F}}}{\partial t}=2\boldsymbol{X}_{\mathrm{F}}^{\mathrm{T}}\frac{\partial \boldsymbol{X}_{\mathrm{F}}^{\mathrm{T}}}{\partial t}=2\boldsymbol{X}_{\mathrm{F}}^{\mathrm{T}}\boldsymbol{G}_{\mathrm{F}}=0$$

$$\boldsymbol{G}_{\mathrm{F}}^{\mathrm{T}}\boldsymbol{X}_{\mathrm{F}}=0$$

表明附加条件 $\boldsymbol{G}_{\mathrm{F}}^{\mathrm{T}}\boldsymbol{X}_{\mathrm{F}}=0$ 与 $\boldsymbol{X}_{\mathrm{F}}^{\mathrm{T}}\boldsymbol{X}_{\mathrm{F}}=\min$ 等价。考虑式（2-122）有

$$\boldsymbol{G}_{\mathrm{F}}^{\mathrm{T}}(\hat{\boldsymbol{X}}_{1\mathrm{F}}+\boldsymbol{G}_{\mathrm{F}}\boldsymbol{t})=0$$

$$\boldsymbol{G}_{\mathrm{F}}^{\mathrm{T}}\boldsymbol{G}_{\mathrm{F}}\boldsymbol{t}=-\boldsymbol{G}_{\mathrm{F}}\hat{\boldsymbol{X}}_{\mathrm{F}}$$

$$\boldsymbol{t}=-(\boldsymbol{G}_{\mathrm{F}}^{\mathrm{T}}\boldsymbol{G}_{\mathrm{F}})^{-1}\boldsymbol{G}_{\mathrm{F}}\hat{\boldsymbol{X}}_{\mathrm{F}} \tag{2-124}$$

代入式（2-122）、式（2-123）有

$$\boldsymbol{X}_{\mathrm{F}}=\begin{bmatrix}\boldsymbol{X}_{\mathrm{F}}\\ \boldsymbol{X}_{\mathrm{M}}\end{bmatrix}=\begin{bmatrix}\hat{\boldsymbol{X}}_{\mathrm{F}}\\ \hat{\boldsymbol{X}}_{\mathrm{M}}\end{bmatrix}-\begin{bmatrix}\boldsymbol{G}_{\mathrm{F}}\\ \boldsymbol{G}_{\mathrm{M}}\end{bmatrix}(\boldsymbol{G}_{\mathrm{F}}^{\mathrm{T}}\boldsymbol{G}_{\mathrm{F}})^{-1}\boldsymbol{G}_{\mathrm{F}}\hat{\boldsymbol{X}}_{\mathrm{F}} \tag{2-125}$$

令

$$\boldsymbol{R}=\begin{bmatrix}1 & & & & \\ & 1 & & 0 & \\ & & \ddots & & \\ & 0 & & 0 & \\ & & & & 0 \\ & & & & & \ddots\end{bmatrix}$$

$\boldsymbol{R}$ 中对角线元素为 1 的部分对应 $\boldsymbol{X}_{\mathrm{F}}$，为 0 的部分对应 $\boldsymbol{X}_{\mathrm{M}}$，则有

$$\boldsymbol{G}^{\mathrm{T}}\boldsymbol{R}\boldsymbol{G}=\boldsymbol{G}_{\mathrm{F}}^{\mathrm{T}}\boldsymbol{G}_{\mathrm{F}}$$

$$\boldsymbol{G}^{\mathrm{T}}\boldsymbol{R}\hat{\boldsymbol{X}}=\boldsymbol{G}_{\mathrm{F}}^{\mathrm{T}}\hat{\boldsymbol{X}}_{\mathrm{F}}$$

代入式（2-125），有

$$\boldsymbol{X}=\hat{\boldsymbol{X}}-\boldsymbol{G}(\boldsymbol{G}^{\mathrm{T}}\boldsymbol{R}\boldsymbol{G})^{-1}\boldsymbol{G}^{\mathrm{T}}\boldsymbol{R}\hat{\boldsymbol{X}}=[\boldsymbol{E}-\boldsymbol{G}(\boldsymbol{G}^{\mathrm{T}}\boldsymbol{R}\boldsymbol{G})^{-1}\boldsymbol{G}^{\mathrm{T}}\boldsymbol{R}]\hat{\boldsymbol{X}} \tag{2-126}$$

令 $\boldsymbol{S}=[\boldsymbol{E}-\boldsymbol{G}(\boldsymbol{G}^{\mathrm{T}}\boldsymbol{R}\boldsymbol{G})^{-1}\boldsymbol{G}^{\mathrm{T}}\boldsymbol{R}]$，则式（2-126）可写为

$$\boldsymbol{X}=\boldsymbol{S}\hat{\boldsymbol{X}} \tag{2-127}$$

$$\boldsymbol{Q}_{\mathrm{X}}=\boldsymbol{S}\boldsymbol{Q}_{\mathrm{X}}\boldsymbol{S}^{\mathrm{T}} \tag{2-128}$$

式中：$\boldsymbol{S}$ 为变换矩阵。一般取 $\boldsymbol{R}$ 中对应于拟稳点的对角线元素为 1，其他为 0，排列顺序任意。

2.4.3 拟稳平差的统计性质

2.4.3.1 估计量 X 的有偏性

考虑式（2-99）、式（2-105）、式（2-115）有

$$\boldsymbol{E}(\boldsymbol{l})=\boldsymbol{A}\overline{\boldsymbol{X}}=(\boldsymbol{F}_{\mathrm{F}}\quad \boldsymbol{A}_{\mathrm{M}})\begin{pmatrix}\overline{\boldsymbol{X}}_{\mathrm{F}}\\ \overline{\boldsymbol{X}}_{\mathrm{M}}\end{pmatrix}=\boldsymbol{A}_{\mathrm{F}}\overline{\boldsymbol{X}}+\boldsymbol{A}_{\mathrm{M}}\overline{\boldsymbol{X}}_{\mathrm{M}}$$

$$E(\boldsymbol{X}_F)=\boldsymbol{M}^+\boldsymbol{H}^T\boldsymbol{P}E(\boldsymbol{l})=\boldsymbol{M}^+\boldsymbol{H}^T\boldsymbol{P}\boldsymbol{A}\overline{\boldsymbol{X}}$$
$$=\boldsymbol{M}^+\boldsymbol{H}^T\boldsymbol{P}\boldsymbol{A}\boldsymbol{F}\overline{\boldsymbol{X}}_F+\boldsymbol{M}^+\boldsymbol{H}^T\boldsymbol{P}\boldsymbol{A}_M\overline{\boldsymbol{X}}_M=\boldsymbol{M}^+\boldsymbol{M}\boldsymbol{X}_F \tag{2-129}$$

式中：$\overline{\boldsymbol{X}}$，$\overline{\boldsymbol{X}}_F$，$\overline{\boldsymbol{X}}_M$ 分别表示相应值的真值。

由于 $\boldsymbol{M}^+\boldsymbol{M}\neq\boldsymbol{E}$，故认为估计有偏。但与 $\boldsymbol{N}^+\boldsymbol{N}$ 类似，也有

$$\boldsymbol{M}^+\boldsymbol{M}=\boldsymbol{E}-\boldsymbol{G}_F\boldsymbol{G}_F^T \tag{2-130}$$

代入式（2-129）有

$$E(\boldsymbol{X}_F)=(\boldsymbol{E}-\boldsymbol{G}_F\boldsymbol{G}_F^T)\overline{\boldsymbol{X}}_F=\overline{\boldsymbol{X}}_F-\boldsymbol{G}_F\boldsymbol{G}_F^T\overline{\boldsymbol{X}}_F \tag{2-131}$$

考虑平差时取 $\boldsymbol{G}_F^T\boldsymbol{X}_F=0$，同样取 $\boldsymbol{G}_F^T\overline{\boldsymbol{X}}_F=0$，则式（2-131）无偏。考虑参考基准 $\boldsymbol{G}_F^T\boldsymbol{X}_F=0$，估计量 $\boldsymbol{X}_F$ 无偏，$\boldsymbol{G}_F^T\boldsymbol{X}_F=0$，也称为拟稳基准。

对于 $\boldsymbol{X}_M$，有

$$E(\boldsymbol{X}_M)=\boldsymbol{N}_M^{-1}[\boldsymbol{A}_M^T\boldsymbol{P}E(\boldsymbol{l})-\boldsymbol{N}_{MF}E(\boldsymbol{X}_F)]$$
$$=\boldsymbol{N}_M^{-1}[\boldsymbol{A}_{MP}^{-1}\boldsymbol{A}_M\overline{\boldsymbol{X}}_M+\boldsymbol{A}_{MP}^T\boldsymbol{A}_F\overline{\boldsymbol{X}}_F-\boldsymbol{N}_{MF}E(\boldsymbol{X}_F)]$$
$$=\overline{\boldsymbol{X}}_M+\boldsymbol{N}_M^{-1}\boldsymbol{M}_{MF}[\overline{\boldsymbol{X}}_F-E(\boldsymbol{X}_F)] \tag{2-132}$$

即 $\boldsymbol{X}_M$ 是否无偏取决于 $\boldsymbol{X}_F$。若 $\boldsymbol{X}_F$ 无偏，$\overline{\boldsymbol{X}}_F-E(\boldsymbol{X}_F)=0$，则 $\boldsymbol{X}_M$ 无偏，否则 $\boldsymbol{X}_M$ 有偏。

2.4.3.2 移动量的有偏性

$$\boldsymbol{d}_F=\boldsymbol{X}_F^{\text{II}}-\boldsymbol{X}_F^{\text{II}},\boldsymbol{d}_F=\boldsymbol{X}_M^{\text{II}}-\boldsymbol{X}_M^{\text{I}}$$

则

$$E(\boldsymbol{d}_F)=E(\boldsymbol{X}_F^{\text{II}})-E(\boldsymbol{X}_F^{\text{I}})=\boldsymbol{M}^+\boldsymbol{M}\boldsymbol{X}_F^{\text{II}}-\boldsymbol{M}^+\boldsymbol{M}\boldsymbol{X}_F^{\text{I}}$$
$$=\boldsymbol{M}^+\boldsymbol{M}(\boldsymbol{X}_F^{\text{II}}-\boldsymbol{X}_F^{\text{I}})=\boldsymbol{M}^+\boldsymbol{M}\overline{\boldsymbol{d}}_F$$
$$=\overline{\boldsymbol{d}}_F-\boldsymbol{G}_F\boldsymbol{G}_F^T\overline{\boldsymbol{d}}_F\neq\overline{\boldsymbol{d}}_F \tag{2-133}$$

$\boldsymbol{G}_F^T\boldsymbol{d}_F\neq0$，因此只有当网点无移动时（即 $\overline{\boldsymbol{d}}_F\neq0$），$\boldsymbol{d}_F$ 无偏。但拟稳平差是选择较为稳定点（即不移动或移动较小点）作为拟稳点，$\boldsymbol{d}_F$ 一般都很小，所以其偏量 $\boldsymbol{d}_{\Delta F}$ 也很小。

$$\boldsymbol{d}_{\Delta F}=\boldsymbol{G}_F\boldsymbol{G}_F^T\overline{\boldsymbol{d}}_F \tag{2-134}$$

$$E(\boldsymbol{d}_M)=E(\boldsymbol{X}_M^{\text{II}})-E(\boldsymbol{X}_M^{\text{I}})$$
$$=\overline{\boldsymbol{X}}_M^{\text{II}}-\boldsymbol{N}_M^{-1}\boldsymbol{N}_{MF}[\overline{\boldsymbol{X}}_F^{\text{II}}-E(\boldsymbol{X}_F^{\text{II}})]-\overline{\boldsymbol{X}}_M^{\text{I}}-\boldsymbol{N}_M^{-1}\boldsymbol{N}_{MF}[\overline{\boldsymbol{X}}_F^{\text{I}}-E(\boldsymbol{X}_F^{\text{I}})]$$
$$=\overline{\boldsymbol{d}}+\boldsymbol{N}_M^{-1}\boldsymbol{N}_{MF}[\overline{\boldsymbol{d}}_F-E(\boldsymbol{d}_F)]=\overline{\boldsymbol{d}}_M+\boldsymbol{N}_M^{-1}\boldsymbol{N}_{MF}\boldsymbol{G}_F\boldsymbol{G}_F^T\overline{\boldsymbol{d}}_F$$
$$=\overline{\boldsymbol{d}}_F+\boldsymbol{N}_M^{-1}\boldsymbol{N}_{MF}\boldsymbol{d}_{\Delta F} \tag{2-135}$$

显然 $\boldsymbol{d}_M$ 有偏或无偏取决于 $\boldsymbol{d}_F$。如果拟稳点选择适当，$\boldsymbol{d}_F=0$，则 $\boldsymbol{d}_M$ 无偏。一般情况下拟稳点移动相对较小，因而拟稳平差求得移动量相对真实，这就是拟稳平差在变形测量中应用较多的原因。

2.4.3.3 改正数 V 与未知量函数

改正数 $\boldsymbol{V}$ 与未知量函数的有关性质与秩亏网平差相同。

第3章 变形网变形分析

变形网差与变形分析的目的是利用各种分析手段发现变形，并得到真实变形结果。

平差计算获得监测点两期观测间的坐标差包含点位移动和观测误差两方面。移动量明显大于观测误差时，容易判定点位发生移动；否则，就难以判断点位移动，此时必须借助数理统计假设检验手段判断点位是否移动。变形测量问题同时具有监测性质，要求尽可能及早发现点位移动，以便及时采取相应措施。此时，需要尽可能提高观测精度，并在成果处理时区分观测误差和点位移动。

由此，变形分析包括两项内容：①用合适的方法尽可能排除或减少测量误差干扰，计算不同时间网点位置差异量；②分析两期坐标差是属于误差干扰、坐标位移或地壳形变信息。前者可采用平差方法，后者常用数理统计方法。

3.1 平均间隙法

对两期观测分别进行平差，得出各点两期的坐标值，同名点两期坐标值对各不相同（两期近似坐标应相同）。如果各点（包括原认为不动的基点和可能移动的监测点）在两观测期间没有移动，则同名点间坐标差仅反映观测误差。此时，通过两期观测值改正数求得经验方差 S_0^2 为

$$S_0^2=\frac{(\boldsymbol{V}^{\mathrm{T}}\boldsymbol{PV})_{\mathrm{I}}+(\boldsymbol{V}^{\mathrm{T}}\boldsymbol{PV})_{\mathrm{II}}}{f} \tag{3-1}$$

$$f=n-u+d=n_1-u_1+d_1+n_2-u_2+d_2$$

式中：f 为两期自由度之和。

两期坐标差（即所谓间隙）$\boldsymbol{d}_i(i=1,2,3,\cdots,t)$ 的加权平方平均值构成单位权经验方差 $\overline{S}_0^2$ 为

$$\overline{S}_0^2=\frac{\boldsymbol{d}^{\mathrm{T}}\boldsymbol{P}_{\mathrm{d}}\boldsymbol{d}}{h} \tag{3-2}$$

式中：$h=R(A)$ 为 $\boldsymbol{d}$ 中独立分量个数；$\boldsymbol{d}$ 为同名点第Ⅰ期坐标和第Ⅱ期坐标之差，计算

$$\boldsymbol{d}=[-\boldsymbol{E}_1,\boldsymbol{E}_2]\begin{pmatrix}\boldsymbol{X}_{\mathrm{I}}\\ \boldsymbol{X}_{\mathrm{II}}\end{pmatrix} \tag{3-3}$$

$\boldsymbol{P}_{\mathrm{d}}$ 为 $\boldsymbol{d}$ 的权阵，即

$$\boldsymbol{P}_{\mathrm{d}}=\boldsymbol{Q}_{\mathrm{d}}^{+} \tag{3-4}$$

$\boldsymbol{Q}_{\mathrm{d}}$ 由式（3-3）根据协方差传播定律求得

$$\boldsymbol{Q}_{\mathrm{d}}=[-\boldsymbol{E}_1,\boldsymbol{E}_2]\begin{bmatrix}\boldsymbol{Q}_{\mathrm{X_I X_I}} & \boldsymbol{Q}_{\mathrm{X_I X_{II}}}\\ \boldsymbol{Q}_{\mathrm{X_{II} X_I}} & \boldsymbol{Q}_{\mathrm{X_{II} X_{II}}}\end{bmatrix}\begin{bmatrix}-\boldsymbol{E}_1\\ \boldsymbol{E}_2\end{bmatrix}=\boldsymbol{Q}_{\mathrm{X_I X_I}}+\boldsymbol{Q}_{\mathrm{X_{II} X_{II}}}-2\boldsymbol{Q}_{\mathrm{X_I X_{II}}} \tag{3-5}$$

式（3-5）中，第Ⅰ期、第Ⅱ期单独平差时，$\boldsymbol{Q}_{\mathrm{X_I X_{II}}}=0$。

如果两期观测的设计矩阵和观测方法相同，则

$$\boldsymbol{Q}_{\mathrm{d}}=2\boldsymbol{Q}_{\mathrm{XX}} \tag{3-6}$$

当采用经典平差时，$\boldsymbol{Q}_{\mathrm{d}}$ 满秩为

$$\boldsymbol{P}_{\mathrm{d}}^{1}=\boldsymbol{Q}_{\mathrm{d}}^{+}=\boldsymbol{Q}_{\mathrm{d}}^{-1}=\frac{1}{2}\boldsymbol{Q}_{\mathrm{XX}}^{-1}=\frac{\boldsymbol{A}_0^{\mathrm{T}}\boldsymbol{A}_0}{2} \tag{3-7}$$

式中：$\boldsymbol{A}$ 为经典平差时的误差方程系数阵。

由式（3-7）可知，两期坐标间隙的权阵是法方程系数阵之半。当采用秩亏自由网平差时，因 $\boldsymbol{Q}_{\mathrm{d}}$ 秩亏，故采用其零特征值的特征矢量使其正交化。实际上，自由网平差后未知数协因素阵 $\boldsymbol{Q}_{\mathrm{XX}}$ 的零特征值特征矢量就是 $\boldsymbol{G}$，因为

$$\boldsymbol{Q}_{\mathrm{XX}}\boldsymbol{G}=(\boldsymbol{A}^{\mathrm{T}}\boldsymbol{A}+\boldsymbol{G}\boldsymbol{G}^{\mathrm{T}})\boldsymbol{G}^{-1}-\boldsymbol{G}\boldsymbol{G}^{\mathrm{T}}\boldsymbol{G}=\boldsymbol{G}-\boldsymbol{G}=0$$

于是有

$$\begin{aligned}\boldsymbol{P}_{\mathrm{d}}&=\frac{1}{2}\boldsymbol{Q}^{+}=\frac{1}{2}\{[(\boldsymbol{A}^{\mathrm{T}}\boldsymbol{A}+\boldsymbol{G}\boldsymbol{G}^{\mathrm{T}})^{-1}-\boldsymbol{G}\boldsymbol{G}^{\mathrm{T}}]^{-1}-\boldsymbol{G}\boldsymbol{G}^{\mathrm{T}}\}\\ &=\frac{1}{2}[(\boldsymbol{A}^{\mathrm{T}}\boldsymbol{A}+\boldsymbol{G}\boldsymbol{G}^{\mathrm{T}})^{-1}-\boldsymbol{G}\boldsymbol{G}^{\mathrm{T}}]=\frac{1}{2}\boldsymbol{A}^{\mathrm{T}}\boldsymbol{A}\end{aligned} \tag{3-8}$$

因此，秩亏自由网平差时，与两期坐标间隙的权阵相对应，是自由网平差时法方程系数阵的 1/2。由于

$$\boldsymbol{F}_{\mathrm{h,f}}=\frac{\overline{\boldsymbol{S}}_0^2}{\boldsymbol{S}_0^2}=\frac{\boldsymbol{d}^{\mathrm{T}}\boldsymbol{P}_{\mathrm{d}}\boldsymbol{d}}{h\boldsymbol{S}_0^2} \tag{3-9}$$

统计量服从 F 分布，其自由度分别为 $\overline{\boldsymbol{S}}_0^2$ 的自由度 h 和 $\boldsymbol{S}_0^2$ 的自由度 f。

选用显著水平 $\alpha(\alpha=0.05$ 或 $0.01)$。由上述问题的检验性质可知，主要比较 $\overline{\boldsymbol{S}}_0^2$ 是否大于 $\boldsymbol{S}_0^2$，属右尾检验，即比较计算的 $F_{\mathrm{h,f}}$ 与 F 分布表查出的 $F_\alpha(h,f)$ 分位值，如果

$$F_{\mathrm{h,f}}>F_\alpha(h,f) \tag{3-10}$$

则表明 $\overline{\boldsymbol{S}}_0^2$ 比 $\boldsymbol{S}_0^2$ 大，即

$$P[F_{\mathrm{h,f}}>F_\alpha(h,f)]=\alpha$$

表明变形网有移动发生；否则，没有移动发生。F 检验是整体检验，只能判断整个变形网中有无移动发生，而无法判断移动发生在何点。

有必要数量的固定点时，F 检验可用经典平差；无固定点时，F 检验可用秩亏自由网平差。对同一变形网的观测结果，用两种平差法检验结果相同。根据式（3-9），由于两种平差法的 h 和 S_0^2 相同，当分子相同时，即可推断两种平差法检验结果相同。以水准

网为例，令秩亏自由网平差的误差方程系数阵为 $\boldsymbol{A}_{nt}$，未知数为 $\boldsymbol{X}_{t1}$（t 为未知数个数），n 为观测值个数，并设 $\boldsymbol{A}_{nt}=(\boldsymbol{\alpha}_{n1},\boldsymbol{A}_{t-1}^{0})$，$X_{1t}^{\mathrm{T}}=(X_1,X_{t-1}^{\mathrm{T}})$，式中 $\boldsymbol{A}_0$，$\boldsymbol{X}$ 分别为经典平差时误差方程系数阵及未知数矢量，这里假定第一点（未知数）为固定点（起始点）。

对于经典平差，设两期平差设计阵 $\boldsymbol{A}_0$ 相同，并设两期平差未知数矢量为 $\boldsymbol{X}_{01}$ 和 $\boldsymbol{X}_{02}$，两期未知数值变化为 $\boldsymbol{d}^1=\boldsymbol{X}_{02}-\boldsymbol{X}_{01}$，令 $\boldsymbol{L}_1$，$\boldsymbol{L}_2$ 表示对应于两期的观测值与近似值之差（常数项），式（3-9）中的分子项用 $\boldsymbol{R}_0$ 表示为

$$\begin{aligned}\boldsymbol{R}_0&=\boldsymbol{d}^1\boldsymbol{P}_{\mathrm{d}}^1\boldsymbol{d}^1=(\boldsymbol{X}_{01}-\boldsymbol{X}_{02})^{\mathrm{T}}\left(\frac{\boldsymbol{A}_0^{\mathrm{T}}\boldsymbol{A}_0}{2}\right)(\boldsymbol{X}_{01}-\boldsymbol{X}_{02})\\&=\frac{1}{2}(\boldsymbol{L}_1^{\mathrm{T}}-\boldsymbol{L}_2^{\mathrm{T}})\boldsymbol{A}_0(\boldsymbol{A}_0^{\mathrm{T}}\boldsymbol{A}_0)^{-1}(\boldsymbol{A}_0^{\mathrm{T}}\boldsymbol{A}_0)(\boldsymbol{X}_{01}-\boldsymbol{X}_{02})\\&=\frac{1}{2}(\boldsymbol{L}_1^{\mathrm{T}}-\boldsymbol{L}_2^{\mathrm{T}})\boldsymbol{A}_0(\boldsymbol{X}_{01}-\boldsymbol{X}_{02})\end{aligned}\tag{3-11}$$

对于秩亏自由网平差，有

$$(\boldsymbol{A}^{\mathrm{T}}\boldsymbol{A}+\boldsymbol{G}\boldsymbol{G}^{\mathrm{T}})^{-1}\boldsymbol{A}^{\mathrm{T}}\boldsymbol{A}=\boldsymbol{E}-\boldsymbol{G}\boldsymbol{G}^{\mathrm{T}}$$

可得

$$\begin{aligned}\boldsymbol{R}&=\boldsymbol{d}^{\mathrm{T}}\boldsymbol{P}_{\mathrm{d}}\boldsymbol{d}=\frac{1}{2}(\boldsymbol{L}_1^{\mathrm{T}}-\boldsymbol{L}_2^{\mathrm{T}})\boldsymbol{A}(\boldsymbol{A}^{\mathrm{T}}\boldsymbol{A}+\boldsymbol{G}\boldsymbol{G}^{\mathrm{T}})^{-1}(\boldsymbol{A}^{\mathrm{T}}\boldsymbol{A})(\boldsymbol{X}_1-\boldsymbol{X}_2)\\&=\frac{1}{2}(\boldsymbol{L}_1^{\mathrm{T}}-\boldsymbol{L}_2^{\mathrm{T}})\boldsymbol{A}(\boldsymbol{E}-\boldsymbol{G}\boldsymbol{G}^{\mathrm{T}})(\boldsymbol{X}_1-\boldsymbol{X}_2)\end{aligned}$$

由式（2-60）知

$$\boldsymbol{X}=(\boldsymbol{E}-\boldsymbol{G}\boldsymbol{G}^{\mathrm{T}})\overline{\boldsymbol{X}}$$

有

$$\boldsymbol{X}=(\boldsymbol{E}-\boldsymbol{G}\boldsymbol{G}^{\mathrm{T}})\begin{bmatrix}0\\\boldsymbol{X}_0\end{bmatrix}$$

故

$$\begin{aligned}\boldsymbol{R}&=\frac{1}{2}(\boldsymbol{L}_1^{\mathrm{T}}-\boldsymbol{L}_2^{\mathrm{T}})\boldsymbol{A}(\boldsymbol{E}-\boldsymbol{G}\boldsymbol{G}^{\mathrm{T}})\left(\begin{bmatrix}0\\\boldsymbol{X}_{01}\end{bmatrix}-\begin{bmatrix}0\\\boldsymbol{X}_{02}\end{bmatrix}\right)\\&=\frac{1}{2}(\boldsymbol{L}_1^{\mathrm{T}}-\boldsymbol{L}_2^{\mathrm{T}})(\boldsymbol{\alpha},\boldsymbol{A}_0)\left(\begin{bmatrix}0\\\boldsymbol{X}_{01}\end{bmatrix}-\begin{bmatrix}0\\\boldsymbol{X}_{02}\end{bmatrix}\right)\\&=\frac{1}{2}(\boldsymbol{L}_1^{\mathrm{T}}-\boldsymbol{L}_2^{\mathrm{T}})\boldsymbol{A}_0(\boldsymbol{X}_{01}-\boldsymbol{X}_{02})\end{aligned}\tag{3-12}$$

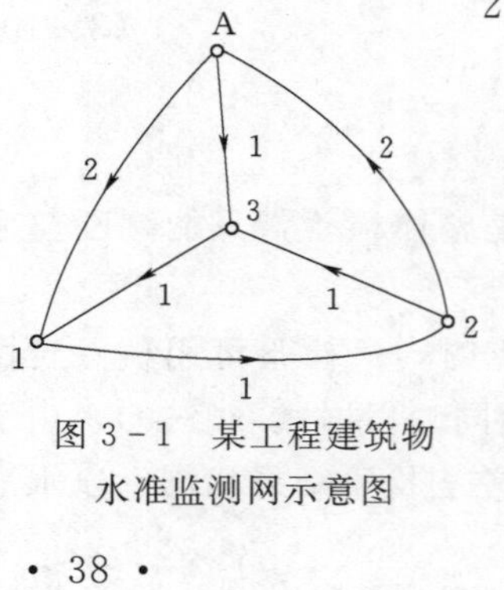

图 3-1　某工程建筑物水准监测网示意图

比较式（3-11）和式（3-12），可知 $\boldsymbol{R}_0=\boldsymbol{R}$，因此经典平差和自由网平差所得检验量与式（3-9）相同，稳定性检验结论也相同。经典平差时所假定的起始点即使已发生移动，两者检验结果仍然相同。

【例 3-1】 图 3-1 所示为某工程建筑物水准监测网，标注值为测段的测站数。已进行两期观测，所测高差见表 3-1，A 点为固定点（$H_{\mathrm{A}}=35.500\mathrm{m}$），检验点 1、点 2、点 3

的稳定性。

表 3-1　　观测高差及权值

高差	观测高差/mm		$P_{ik}=\frac{C}{n_{ik}}$
	第 1 次观测	第 2 次观测	
h_{A1}	+45.2	+44.9	1
h_{12}	+265.8	+265.6	2
h_{2A}	−310.3	−310.2	1
h_{A3}	−26.2	−26.0	2
h_{32}	+70.8	+70.6	2
h_{23}	−336.5	−336.0	2

解：

线路的权 $P_{ik}=\frac{C}{n_{ik}}$，其中 n_{ik} 为 $i-k$ 线路的测站数，取 $C=2$，计算权列于表 3-1 中。假设各点近似高程相等。

$$\boldsymbol{A}_0=\begin{bmatrix}1&0&0\\-1&1&0\\0&-1&0\\0&0&1\\1&0&-1\\0&-1&1\end{bmatrix},\boldsymbol{A}_0^{\mathrm{T}}\boldsymbol{P}_0\boldsymbol{A}_0=\begin{bmatrix}5&-2&-2\\-2&5&-2\\-2&-2&5\end{bmatrix},(\boldsymbol{A}_0^{\mathrm{T}}\boldsymbol{P}_0\boldsymbol{A}_0)^{-1}=\frac{1}{70}\begin{bmatrix}26&16&14\\16&26&14\\14&14&21\end{bmatrix}$$

$$\boldsymbol{H}^{\mathrm{I}}=\begin{bmatrix}\boldsymbol{H}_1^{\mathrm{I}}\\\boldsymbol{H}_2^{\mathrm{I}}\\\boldsymbol{H}_3^{\mathrm{I}}\end{bmatrix}=(\boldsymbol{A}_0^{\mathrm{T}}\boldsymbol{P}_0\boldsymbol{A}_0)^{-1}\boldsymbol{A}_0^{\mathrm{T}}\boldsymbol{P}_0\boldsymbol{L}_1+\begin{bmatrix}35.500\\35.500\\35.500\end{bmatrix}=\begin{bmatrix}35.54479\\35.81046\\35.47392\end{bmatrix}$$

同理

$$\boldsymbol{H}^{\mathrm{II}}=\begin{bmatrix}\boldsymbol{H}_1^{\mathrm{II}}\\\boldsymbol{H}_2^{\mathrm{II}}\\\boldsymbol{H}_3^{\mathrm{II}}\end{bmatrix}=\begin{bmatrix}35.54470\\35.81026\\35.47310\end{bmatrix}$$

$$\boldsymbol{S}_0^2=\frac{(\boldsymbol{V}^{\mathrm{T}}\boldsymbol{PV})_{\mathrm{I}}+(\boldsymbol{V}^{\mathrm{T}}\boldsymbol{PV})_{\mathrm{II}}}{f}=\frac{0.269+0.100}{2(6-3)}=0.0616$$

同期高程变化 $\boldsymbol{d}^1$ 为

$$\boldsymbol{d}^1=\boldsymbol{H}^{\mathrm{II}}-\boldsymbol{H}^{\mathrm{I}}=\begin{bmatrix}-0.09\\-0.26\\+0.18\end{bmatrix}$$

$$\boldsymbol{d}^1\boldsymbol{P}_d^1\boldsymbol{d}^1=\frac{\boldsymbol{d}^1\boldsymbol{A}_0^{\mathrm{T}}\boldsymbol{P}_0\boldsymbol{A}_0\boldsymbol{d}^1}{2}=(-0.09\quad -0.26\quad +0.18)\begin{bmatrix}2.5&-1&-1\\-1&2.5&-1\\-1&-1&3\end{bmatrix}\begin{bmatrix}-0.09\\-0.26\\+0.18\end{bmatrix}=0.366$$

取 $\alpha=0.05$，$h=3$，查表 $F_{h,f}(3,6)=4.8$，而

$$F_{h,f}=\frac{\boldsymbol{d}^1\boldsymbol{p}_d^1\boldsymbol{d}^1}{h\boldsymbol{S}_0^2}=\frac{0.366}{3\times0.0616}=2.0$$

因为 $F_{h,f}\leqslant F_{0.05}(h,f)$，故认为没有移动发生，点 1、点 2、点 3 稳定。

例 3 - 1 如果用秩亏自由网平差进行检验，则统计量 $F_{h,f}$ 分布相同，只需计算分子式是否相同。

自由网平差时，高程差可由经典平差变换求得，即 $\boldsymbol{G}^T=\begin{bmatrix}\frac{1}{2} & \frac{1}{2} & \frac{1}{2} & \frac{1}{2}\end{bmatrix}$

$$\boldsymbol{d}=(\boldsymbol{E}-\boldsymbol{G}\boldsymbol{G}^T)\begin{pmatrix}0\\ \boldsymbol{d}^1\end{pmatrix}=\begin{bmatrix}\frac{3}{4} & -\frac{1}{4} & -\frac{1}{4} & -\frac{1}{4}\\ -\frac{1}{4} & \frac{3}{4} & -\frac{1}{4} & -\frac{1}{4}\\ -\frac{1}{4} & -\frac{1}{4} & \frac{3}{4} & -\frac{1}{4}\\ -\frac{1}{4} & -\frac{1}{4} & -\frac{1}{4} & \frac{3}{4}\end{bmatrix}\begin{bmatrix}0\\ -0.09\\ -0.26\\ +0.18\end{bmatrix}=\begin{bmatrix}+0.0425\\ -0.0475\\ -0.2175\\ +0.2225\end{bmatrix}$$

$$\boldsymbol{A}^T\boldsymbol{P}\boldsymbol{A}=\begin{bmatrix}4 & -1 & -1 & -2\\ -1 & 5 & -2 & -2\\ -1 & -2 & 5 & -2\\ -2 & -2 & -2 & 6\end{bmatrix},\boldsymbol{d}^T\boldsymbol{P}_d\boldsymbol{d}=\frac{1}{2}\boldsymbol{d}^T\boldsymbol{A}^T\boldsymbol{P}\boldsymbol{A}\boldsymbol{d}=0.366$$

因此，计算结果与经典平差结果相同。

以上是整体检验，如需确定移动发生在哪一点或哪一组点，则采用间隙分块法。对某变形测量网（包括基点和可能移动的点），为检验整个网有无移动发生，可用平均间隙法检验。如发现整个网已移动，则将间隙较大的某点或数点（可能已发生移动）作为一组，其余可能稳定的点作为一组，用间隙分块法来检验，从而确定可能移动的点是否已真正移动。

所谓间隙分块法是将观测点分成可能稳定的点组（用下标 F 表示）以及可能移动的点组（用下标 M 表示），则坐标差（间隙）矢量为

$$\boldsymbol{d}^T=[\boldsymbol{d}_F^T \quad \boldsymbol{d}_M^T]$$

相应权矩阵分块成

$$\boldsymbol{P}_d=\begin{bmatrix}\boldsymbol{P}_{FF} & \boldsymbol{P}_{FM}\\ \boldsymbol{P}_{MF} & \boldsymbol{P}_{MM}\end{bmatrix}$$

则

$$\boldsymbol{d}^T\boldsymbol{P}_d\boldsymbol{d}=\boldsymbol{d}_F^T\boldsymbol{P}_{FF}\boldsymbol{d}_F+2\boldsymbol{d}_F^T\boldsymbol{P}_{FM}\boldsymbol{d}_M+\boldsymbol{d}_M^T\boldsymbol{P}_{MM}\boldsymbol{d}_M \tag{3-13}$$

为使式（3 - 13）分成动点和稳定点两部分，令

$$\overline{\boldsymbol{d}}_M=\boldsymbol{d}_M+\boldsymbol{P}_{MM}^{-1}\boldsymbol{P}_{MF}\boldsymbol{d}_F \tag{3-14}$$

$$\overline{\boldsymbol{P}}_{FF}=\boldsymbol{P}_{FF}-\boldsymbol{P}_{FM}\boldsymbol{P}_{MM}^{-1}\boldsymbol{P}_{MF} \tag{3-15}$$

则

$$\boldsymbol{d}^T\boldsymbol{P}_d\boldsymbol{d}=\boldsymbol{d}_F^T\overline{\boldsymbol{P}}_{FF}\boldsymbol{d}_F+\overline{\boldsymbol{d}}_M^T\boldsymbol{P}_{MM}\overline{\boldsymbol{d}}_M \tag{3-16}$$

将式（3－14）、式（3－15）代入式（3－16）即可证明。式（3－16）右边第一项用来检验 F 点组稳定性，第二项用来检验 M 点组稳定性。

实际工作中，一般是通过平均间隙法证实发生移动后，将间隙最大的点作为动点，将余下点作为稳定点，然后计算

$$\overline{S}_{\mathrm{F}}^{2}=\frac{\boldsymbol{d}_{\mathrm{F}}^{\mathrm{T}}\overline{\boldsymbol{P}}_{\mathrm{FF}}\boldsymbol{d}_{\mathrm{F}}}{h_{\mathrm{f}}} \tag{3-17}$$

式中：h_{f} 为 F 组中独立的未知数个数。计算统计量为

$$F_{\mathrm{hf,f}}=\frac{\overline{S}_{\mathrm{F}}^{2}}{S_{0}^{2}} \tag{3-18}$$

将计算值和 F 分布的分位值 $F_{\alpha}(h_{\mathrm{f}},f)$ 比较，如果

$$F_{\mathrm{hf,f}}<F_{\alpha}(h_{\mathrm{f}},f) \tag{3-19}$$

表明 F 点组是稳定的，也就是所剔除的 M 点组确实为动点。

间隙分块法适合对变形测量的基点稳定性检验。由于变形测量一般设有多个基点，如果监测期间有个别基点产生移动，则应将其剔除，否则会影响移动点位移的确定。

3.2 线性假设法

将两期观测统一平差时，可采用线性假设法进行变形分析。此时，通常均有稳定基点存在，但也可没有基点而进行统一平差。线性假设法基本思想是：①将两期观测统一平差，由式（3－1）求经验方差值；②假设条件 H_0：两期观测没有移动发生，同名点坐标差等于零；③加上假设条件 H_0 后，与原方程组一起平差，求得经验方差；④与平均间隙法类似，检验①和②的经验方差，判断两者是否属同一母体。如果是，则两期同名点坐标差等于零，无移动发生；如果不是，则有移动发生。

求两种经验方差，实际上并不需要真正进行两次平差，可通过一定关系式推导。

3.2.1 两期一起平差

令

$$\boldsymbol{X}_{\mathrm{P}}=\begin{bmatrix}\boldsymbol{X}_{\mathrm{I}}\\ \boldsymbol{X}_{\mathrm{II}}\end{bmatrix},\boldsymbol{P}=\begin{bmatrix}\boldsymbol{P}_{\mathrm{I}} & 0\\ 0 & \boldsymbol{P}_{\mathrm{II}}\end{bmatrix}$$

则

$$\begin{bmatrix}\boldsymbol{A}_{\mathrm{I}} & 0\\ 0 & \boldsymbol{A}_{\mathrm{II}}\end{bmatrix}\begin{bmatrix}\boldsymbol{X}_{\mathrm{I}}\\ \boldsymbol{X}_{\mathrm{II}}\end{bmatrix}=\begin{bmatrix}\boldsymbol{l}_{\mathrm{I}}\\ \boldsymbol{l}_{\mathrm{II}}\end{bmatrix}+\begin{bmatrix}\boldsymbol{V}_{\mathrm{I}}\\ \boldsymbol{V}_{\mathrm{II}}\end{bmatrix} \tag{3-20}$$

法方程为

$$\boldsymbol{N}\boldsymbol{X}_{\mathrm{P}}=\boldsymbol{A}^{\mathrm{T}}\boldsymbol{P}\boldsymbol{l}$$

$$\boldsymbol{X}_{\mathrm{P}}=\boldsymbol{N}^{-1}\boldsymbol{A}^{\mathrm{T}}\boldsymbol{P}\boldsymbol{l}$$

则残差的带权平方和 $\boldsymbol{\Omega}_0$ 为

$$\boldsymbol{\Omega}_{0}=(\boldsymbol{A}\boldsymbol{X}_{\mathrm{P}}-\boldsymbol{l})\boldsymbol{P}(\boldsymbol{A}\boldsymbol{X}_{\mathrm{P}}-\boldsymbol{l}) \tag{3-21}$$

于是可求第一个经验方差。

3.2.2 建立假设 H_0

$$d_i = X_{\text{II}i} - X_{\text{I}i} = 0 \tag{3-22}$$

两期同名点坐标等于零，因为是一个线性方差组，故称“线性假设”，线性方程个数为 $\gamma(\gamma=1, 2, \cdots)$，但不大于网中独立未知数的个数。

式（3-22）又可写成

$$C^{\mathrm{T}}\overline{X}_{\mathrm{P}} = W \tag{3-23}$$

其中

$$C_{rt}^{\mathrm{T}} = \begin{bmatrix} 1 & 0 & 0 & 0 & 0 & \cdots & -1 & 0 & 0 & 0 & 0 & \cdots \\ 0 & 1 & 0 & 0 & 0 & \cdots & 0 & -1 & 0 & 0 & 0 & \cdots \\ 0 & 0 & 1 & 0 & 0 & \cdots & 0 & 0 & -1 & 0 & 0 & \cdots \\ 0 & 0 & 0 & 1 & 0 & \cdots & 0 & 0 & 0 & -1 & 0 & \cdots \\ & & \vdots & & & & & & & \vdots & & \end{bmatrix} = (E_{r \cdot r} \vdots E_{r \cdot r})$$

第Ⅰ期　　　　第Ⅱ期

$$\overline{X}_{\mathrm{P}}^{\mathrm{T}} = (X_{\text{II}1} \quad Y_{\text{II}1} \quad X_{\text{II}2} \quad Y_{\text{II}2} \quad \cdots \quad \vdots \quad X_{\text{I}1} \quad Y_{\text{I}1} \quad X_{\text{I}2} \quad Y_{\text{I}2} \quad \cdots)$$

至 $\frac{t}{2}$ 点　　　　至 $\frac{t}{2}$ 点

$$W^{\mathrm{T}} = [0 \quad 0 \quad \cdots]$$

3.2.3 求解

将误差方程式（3-20）和条件式（3-23）组成附有条件的间接平差，求解得法方程

$$N\overline{X}_{\mathrm{P}} + CK = A^{\mathrm{T}}Pl \tag{3-24a}$$

$$C^{\mathrm{T}}X_{\mathrm{P}} = W \tag{3-24b}$$

式中 $R[C] = r \leqslant t - d$（独立未知数个数）。由式（3-24a），求 Moore-Penrose 逆，得

$$\overline{X}_{\mathrm{P}} = N^{+}(A^{\mathrm{T}}Pl - CK) = X_{\mathrm{P}} - N^{+}CK \tag{3-25}$$

代入式（3-24b），得

$$\begin{aligned} C^{\mathrm{T}}X_{\mathrm{P}} - C^{\mathrm{T}}N^{+}CK &= W \\ C^{\mathrm{T}}N^{+}CK &= C^{\mathrm{T}}X_{\mathrm{P}} - W \end{aligned} \tag{3-26}$$

由于 C 满秩，$C^{\mathrm{T}}N^{+}C$ 也满秩，其凯利逆为

$$K = (C^{\mathrm{T}}N^{+}C)^{-1}(C^{\mathrm{T}}X_{\mathrm{P}} - W)$$

代入式（3-25），得

$$\overline{X}_{\mathrm{P}} = X_{\mathrm{P}} - N^{+}C(C^{\mathrm{T}}N^{+}C)^{-1}(C^{\mathrm{T}}X_{\mathrm{P}} - W) \tag{3-27}$$

式（3-27）中 X_{P} 为不加线性假设时，按自由网平差后的点位坐标（坐标改正值）；$\overline{X}_{\mathrm{P}}$ 为加上条件式（3-23）所得相应值。将式（3-27）代入式（3-23），有

$$X_{\mathrm{P}} - \overline{X}_{\mathrm{P}} = N^{+}C(C^{\mathrm{T}}N^{+}C)^{-1}C^{\mathrm{T}}(X_{\mathrm{P}} - \overline{X}_{\mathrm{P}}) \tag{3-28}$$

由平差结果组成加权残差平方和 Ω_{H} 为

$$\Omega_{\mathrm{H}} = (A\overline{X}_{\mathrm{P}} - l)^{\mathrm{T}}P(A\overline{X}_{\mathrm{P}} - l)$$

$$
\begin{aligned}
&=\{\boldsymbol{A}\ [\boldsymbol{X}_{\mathrm{P}}-\boldsymbol{N}^{+}\boldsymbol{C}\ (\boldsymbol{C}^{\mathrm{T}}\boldsymbol{N}^{+}\boldsymbol{C})^{-1}\boldsymbol{C}^{\mathrm{T}}\ (\boldsymbol{X}_{\mathrm{P}}-\overline{\boldsymbol{X}}_{\mathrm{P}})\ ]\ -\boldsymbol{l}\}^{\mathrm{T}}\boldsymbol{P}\\
&\quad\{\boldsymbol{A}\ [\boldsymbol{X}_{\mathrm{P}}-\boldsymbol{N}^{+}\boldsymbol{C}\ (\boldsymbol{C}^{\mathrm{T}}\boldsymbol{N}^{+}\boldsymbol{C})^{-1}\boldsymbol{C}^{\mathrm{T}}\ (\boldsymbol{X}_{\mathrm{P}}-\overline{\boldsymbol{X}}_{\mathrm{P}})\ ]\ -\boldsymbol{l}\}\\
&=\boldsymbol{A}\ (\boldsymbol{X}_{\mathrm{P}}-\boldsymbol{l})^{\mathrm{T}}\boldsymbol{P}\ (\boldsymbol{A}\boldsymbol{X}_{\mathrm{P}}-\boldsymbol{l})\ -\ (\boldsymbol{A}\boldsymbol{X}_{\mathrm{P}}-\boldsymbol{l})^{\mathrm{T}}\boldsymbol{P}\boldsymbol{A}\boldsymbol{N}^{+}\boldsymbol{C}\ (\boldsymbol{C}^{\mathrm{T}}\boldsymbol{N}^{+}\boldsymbol{C})^{-1}\\
&\quad\boldsymbol{C}^{\mathrm{T}}\ (\boldsymbol{X}_{\mathrm{P}}-\overline{\boldsymbol{X}}_{\mathrm{P}})^{\mathrm{T}}\boldsymbol{P}\ (\boldsymbol{A}\boldsymbol{X}_{\mathrm{P}}-\boldsymbol{l})\\
&\quad+\ [\boldsymbol{A}\boldsymbol{N}^{+}\boldsymbol{C}\ (\boldsymbol{C}^{+}\boldsymbol{N}^{+})^{-}\boldsymbol{C}^{\mathrm{T}}\ (\boldsymbol{X}_{\mathrm{P}}-\overline{\boldsymbol{X}}_{\mathrm{P}})^{\mathrm{T}}\boldsymbol{P}\boldsymbol{A}\boldsymbol{N}^{+}\boldsymbol{C}\ (\boldsymbol{C}^{\mathrm{T}}\boldsymbol{N}^{+}\boldsymbol{C})^{-1}\\
&\quad\boldsymbol{C}^{\mathrm{T}}\ (\boldsymbol{X}_{\mathrm{P}}-\overline{\boldsymbol{X}}_{\mathrm{P}})^{\mathrm{T}}]
\end{aligned}
\tag{3-29}
$$

因为

$$
(\boldsymbol{A}\boldsymbol{X}_{\mathrm{P}}-\boldsymbol{l})^{\mathrm{T}}\boldsymbol{P}\boldsymbol{A}=\boldsymbol{X}_{\mathrm{P}}^{\mathrm{T}}\boldsymbol{A}^{\mathrm{T}}\boldsymbol{P}\boldsymbol{A}-\boldsymbol{l}^{\mathrm{T}}\boldsymbol{P}\boldsymbol{A}=(\boldsymbol{A}^{\mathrm{T}}\boldsymbol{P}\boldsymbol{A}\boldsymbol{X}_{\mathrm{P}}-\boldsymbol{A}^{\mathrm{T}}\boldsymbol{P}\boldsymbol{l})^{\mathrm{T}}=0 \tag{3-30}
$$

故第二项为零；由于第三项为第二项的转置阵，故亦为零。将式（3-28）代入第四项，变成

$$
\begin{aligned}
[\boldsymbol{A}(\boldsymbol{X}_{\mathrm{P}}-\overline{\boldsymbol{X}}_{\mathrm{P}})]^{\mathrm{T}}\boldsymbol{P}\boldsymbol{A}(\boldsymbol{X}_{\mathrm{P}}-\overline{\boldsymbol{X}}_{\mathrm{P}})&=(\boldsymbol{X}_{\mathrm{P}}-\overline{\boldsymbol{X}}_{\mathrm{P}})^{\mathrm{T}}\boldsymbol{A}^{\mathrm{T}}\boldsymbol{P}\boldsymbol{A}(\boldsymbol{X}_{\mathrm{P}}-\overline{\boldsymbol{X}}_{\mathrm{P}})\\
&=(\boldsymbol{X}_{\mathrm{P}}-\overline{\boldsymbol{X}}_{\mathrm{P}})^{\mathrm{T}}\boldsymbol{N}(\boldsymbol{X}_{\mathrm{P}}-\overline{\boldsymbol{X}}_{\mathrm{P}})=\boldsymbol{R}
\end{aligned}
\tag{3-31}
$$

即

$$
\boldsymbol{\Omega}_{\mathrm{H}}=\boldsymbol{\Omega}_{0}+\boldsymbol{R} \tag{3-32}
$$

式（3-32）表明加上线性假设后，网形产生变化，所得加权残差平方和 $\boldsymbol{\Omega}_{\mathrm{H}}$ 比不加线性假设时的残差平方和 $\boldsymbol{\Omega}_{0}$ 要大 $\boldsymbol{R}$，即 $\boldsymbol{\Omega}_{\mathrm{H}}$ 由 $\boldsymbol{\Omega}_{0}$ 和 $\boldsymbol{R}$ 两个独立部分组成。

计算 $\boldsymbol{R}$ 要用 $\overline{\boldsymbol{X}}_{\mathrm{P}}$，即加上假设后另外进行平差，很不方便。为简化计算，代入式（3-27）得

$$
\begin{aligned}
\boldsymbol{R}&=[\boldsymbol{N}^{+}\boldsymbol{C}(\boldsymbol{C}^{+}\boldsymbol{N}^{+}\boldsymbol{C})^{-1}(\boldsymbol{C}^{\mathrm{T}}\boldsymbol{X}_{\mathrm{P}}-\boldsymbol{W})]^{\mathrm{T}}\boldsymbol{N}\boldsymbol{N}^{+}\boldsymbol{C}(\boldsymbol{C}^{\mathrm{T}}\boldsymbol{N}^{+}\boldsymbol{C})^{-1}(\boldsymbol{C}^{\mathrm{T}}\boldsymbol{X}_{\mathrm{P}}-\boldsymbol{W})\\
&=(\boldsymbol{C}^{\mathrm{T}}\boldsymbol{X}_{\mathrm{P}}-\boldsymbol{W})^{\mathrm{T}}(\boldsymbol{C}^{\mathrm{T}}\boldsymbol{N}^{+}\boldsymbol{C})^{-1}\boldsymbol{C}^{\mathrm{T}}\boldsymbol{N}^{+}\boldsymbol{N}\boldsymbol{N}^{+}\boldsymbol{C}(\boldsymbol{C}^{\mathrm{T}}\boldsymbol{N}^{+}\boldsymbol{C})^{-1}(\boldsymbol{C}^{\mathrm{T}}\boldsymbol{X}_{\mathrm{P}}-\boldsymbol{W})
\end{aligned}
\tag{3-33}
$$

由 Moore-Penrose 逆的性质，$\boldsymbol{N}^{+}\boldsymbol{N}\boldsymbol{N}^{+}=\boldsymbol{N}^{+}$。

$$
\boldsymbol{R}=(\boldsymbol{C}^{\mathrm{T}}\boldsymbol{X}_{\mathrm{P}}-\boldsymbol{W})^{\mathrm{T}}(\boldsymbol{C}^{\mathrm{T}}\boldsymbol{N}^{+}\boldsymbol{C})^{-1}(\boldsymbol{C}^{\mathrm{T}}\boldsymbol{X}_{\mathrm{P}}-\boldsymbol{W}) \tag{3-34}
$$

上述推导使用 $\boldsymbol{N}^{+}$（伪逆），因此式（3-34）对拟稳平差、经典平差、自由平差均适用。

3.2.4 检验

当 $\boldsymbol{W}=0$ 时，$\boldsymbol{C}^{\mathrm{T}}\boldsymbol{X}_{\mathrm{P}}=\boldsymbol{X}_{\mathrm{II}}-\boldsymbol{X}_{\mathrm{I}}=\boldsymbol{d}$。$(\boldsymbol{C}^{\mathrm{T}}\boldsymbol{N}^{+}\boldsymbol{C})^{-1}$ 为 $\boldsymbol{d}$ 的权阵 $\boldsymbol{Q}_{\mathrm{d}}^{-1}$。因此，$\boldsymbol{R}$ 类似于式（3-1）的分子，可组成两个相互独立的方差，即

$$
\frac{\boldsymbol{\Omega}_{0}}{f}=S_{0}^{2},\frac{R}{r}
$$

式中多余观测数 $f=n-u+d$，f 为 $\boldsymbol{\Omega}_{0}$ 的自由度；$r=R[\boldsymbol{R}]$，r 为 $\boldsymbol{R}$ 的自由度。因此 $\boldsymbol{\Omega}_{0}$，$\boldsymbol{R}$ 分别是自由度为 f 和 r 的 χ^{2} 变量。

由式（3-21）的 $\boldsymbol{\Omega}_{0}$ 和式（3-34）的 $\boldsymbol{R}$，$E(\boldsymbol{A}\boldsymbol{X}_{\mathrm{P}}-1)=0$，及 $E(\boldsymbol{C}^{\mathrm{T}}\boldsymbol{X}_{\mathrm{P}}-\boldsymbol{W})=E(2\boldsymbol{X}_{\mathrm{P}}-\boldsymbol{X})=E(\boldsymbol{d})=0$（当原假设为真时），因此

$$
F_{\mathrm{r,f}}=\frac{\boldsymbol{R}/r}{\boldsymbol{\Omega}_{0}/f}=\frac{\boldsymbol{R}}{rS_{0}^{2}}=\frac{\boldsymbol{d}^{\mathrm{T}}\boldsymbol{Q}_{\mathrm{d}}^{-1}\boldsymbol{d}}{rS_{0}^{2}} \tag{3-35}
$$

属于中心 F 分布，得出和式（3-9）相同结果，可用 F 检验法，如 $F_{\mathrm{r,f}}\leqslant F_{\alpha}(r,f)$，则认为原假设为真，$E(\boldsymbol{d})=0$，点位没有移动。

式（3-22）中，$\boldsymbol{d}$ 可包含所有待检验点，进行逐点检验是否有移动发生。这种方法不一定要整体一次进行检验，可分区进行或逐点进行。

3.3 相对误差椭圆法

根据线性假设法，可逐一对网点作出是否移动的假设，逐点对网点进行检验。例如，对于第 i 点，可假设 H_0 为

$$\boldsymbol{d}_i=\begin{bmatrix}d_{x_i}\\d_{y_i}\end{bmatrix}=\begin{bmatrix}x_i^{\mathrm{II}}-x_i^{\mathrm{I}}\\y_i^{\mathrm{II}}-y_i^{\mathrm{I}}\end{bmatrix}=\begin{bmatrix}0\\0\end{bmatrix}$$

则

$$\boldsymbol{C}^{\mathrm{T}}=\begin{bmatrix}0&0&\cdots&1&0&0&\cdots&-1&0&0&\cdots\\0&0&\cdots&0&1&0&\cdots&0&-1&0&\cdots\end{bmatrix}$$

$$\boldsymbol{W}=[0\quad 0]^{\mathrm{T}},\boldsymbol{Q}_{\mathrm{d}_i}=\boldsymbol{C}^{\mathrm{T}}\boldsymbol{Q}_{\mathrm{xp}}\boldsymbol{C}=\boldsymbol{Q}_{\mathrm{x}i}^{\mathrm{I}}+\boldsymbol{Q}_{\mathrm{x}i}^{\mathrm{II}}$$

构成统计量为

$$T_i=\frac{\boldsymbol{d}_i^{\mathrm{T}}\boldsymbol{Q}_{\mathrm{d}i}^{-1}\boldsymbol{d}_i}{2S_0^2}\sim F(2,f)\tag{3-36}$$

当两期单独平差时，有

$$\boldsymbol{Q}_{\mathrm{d}i}=\boldsymbol{Q}_i+\boldsymbol{Q}_i=2\boldsymbol{Q}_i,\quad \boldsymbol{Q}_{\mathrm{d}i}^{-1}=\frac{1}{2}\boldsymbol{Q}_i^{-1}$$

式中：$\boldsymbol{Q}_i$ 为 $\boldsymbol{Q}_{\mathrm{x}}$ 对角线第 i 个二维子矩阵。

计算 T_i 后，选定显著性水平 α，查出 $F_\alpha(2,f)$，若

$$T_i<F_\alpha(2,f)\tag{3-37}$$

则认为原假设成立，也就是网点没有产生移动，或者说网点移动量 $\boldsymbol{d}_i$ 满足

$$\frac{\boldsymbol{d}_i^{\mathrm{T}}\boldsymbol{Q}_{\mathrm{d}i}^{-1}\boldsymbol{d}_i}{2S_0^2}<F_\alpha(2,f)$$

或

$$\boldsymbol{d}_i^{\mathrm{T}}\boldsymbol{Q}_{\mathrm{d}i}^{-1}\boldsymbol{d}_i<2S_0^2F_\alpha(2,f)\tag{3-38}$$

则认为该点没有产生移动，$\boldsymbol{d}_i$ 值是由误差引起。

式（3-38）可用椭圆在图上表示，椭圆的边界方程为

$$\boldsymbol{d}_i^{\mathrm{T}}\boldsymbol{Q}_{\mathrm{d}i}^{-1}\boldsymbol{d}_i=2S_0^2F_\alpha(2,f)\tag{3-39}$$

按求误差椭圆的方法，求得上述椭圆元素为

$$\left.\begin{aligned}E^2&=2S_0^2F_\alpha\lambda_1\\F^2&=2S_0^2F_\alpha\lambda_2\\\theta&=\frac{1}{2}\arctan\frac{2q_{xyd_i}}{q_{xxd_i}-q_{yyd_i}}\end{aligned}\right\}\tag{3-40}$$

$$\lambda_1=\frac{1}{2}(q_{xxd_i}+q_{yyd_i}+q),\lambda_2=\frac{1}{2}(q_{xxd_i}+q_{yyd_i}-q)$$

$$q=\sqrt{(q_{xxd_i}-q_{yyd_i})^2+4q_{xyd_i}^2}$$

式中：E、F、θ 为椭圆长半轴、短半轴及长半轴方向。

q_{xxd}、q_{yyd}、q_{xyd} 取自 $\boldsymbol{Q}_{d_i}$，即

$$\boldsymbol{Q}_{d_i}=\begin{bmatrix} q_{xxd_i} & q_{xyd_i} \\ q_{yxd_i} & q_{yyd_i} \end{bmatrix}$$

当移动矢量 $\boldsymbol{d}_i$ 满足式（3－38）时，$\boldsymbol{d}_i$ 在式（3－39）表示的椭圆内，因此对任意网点，可作上述椭圆图，两期平差后可作出各点移动矢量图。如果某一网点的移动矢量超出了椭圆范围，则说明式（3－38）不满足，网点产生移动；否则认为式（3－38）满足，网点没有产生移动。这样将变形检验问题化成了几何问题。由于判断是以式（3－39）或式（3－40）表示的椭圆为依据，且该椭圆实际上是第Ⅱ期相对第1期网点的相对误差椭圆，因此称为相对误差椭圆法。其优点是直观全面地表示网点移动情况。相对误差椭圆应用步骤如下：

（1）观测值进行平差，求得 $\boldsymbol{X}_{\mathrm{I}}$、$\boldsymbol{X}_{\mathrm{II}}$、$\boldsymbol{Q}_{x\mathrm{I}}$、$\boldsymbol{Q}_{x\mathrm{II}}$。

（2）求出 $\boldsymbol{Q}_d=\boldsymbol{Q}_{x\mathrm{I}}+\boldsymbol{Q}_{x\mathrm{II}}$，根据对应的 $\boldsymbol{Q}_{d_i}$

$$\boldsymbol{Q}_{d_i}=\begin{bmatrix} q_{xxd_i} & q_{xyd_i} \\ q_{yxd_i} & q_{yyd_i} \end{bmatrix}$$

按式（3－40）可求得各点的相对误差椭圆元素，并按一定比例作出椭圆图。

（3）计算 $\boldsymbol{d}=\boldsymbol{X}_{\mathrm{II}}-\boldsymbol{X}_{\mathrm{I}}$，在网点图上，按相对误差椭圆相同比例展绘各点的移动矢量。

（4）若某一点的移动矢量超出椭圆范围，则认为该点发生移动，否则认为该点没有发生移动。

3.4 变形分析中系统误差的影响与剔除

前述变形分析与检验方法（平均间隙法、线性假设法和相对误差椭圆法）都是假定两期观测间不存在系统误差，是在两期观测间误差独立条件下进行。实际观测中，各期观测值之间往往含有系统性误差，例如测角、测高程，地形地物引起折光误差带有系统性；对测边，气象代表性误差部分是系统性的，如果两次观测使用同一仪器，则某些仪器误差也具有系统性。为消除系统误差影响，通过在观测中采取措施，如尽量使用同样仪器进行各期观测，尽量使各期观测在同样条件下进行等。下面从理论上探讨系统误差对变形分析的影响，以及如何在变形分析中消除系统误差的影响。

3.4.1 系统误差对变形分析的影响

假定对某变形网进行两期观测的方案相同，观测方差也相同，观测向量分别用 $\boldsymbol{L}_{\mathrm{I}}$、$\boldsymbol{L}_{\mathrm{II}}$ 表示，两期观测网点坐标分别用 $\boldsymbol{X}_{\mathrm{I}}$、$\boldsymbol{X}_{\mathrm{II}}$ 表示，两期观测误差分别用 $\Delta\boldsymbol{L}_{\mathrm{I}}$、$\Delta\boldsymbol{L}_{\mathrm{II}}$ 表示，其系统误差（两期观测相同部分）用 $\Delta\boldsymbol{L}_0$ 表示，偶然误差（两期观测不同部分）$\Delta\boldsymbol{L}'_{\mathrm{I}}$，$\Delta\boldsymbol{L}'_{\mathrm{II}}$ 表示，即

$$\Delta\boldsymbol{L}_{\mathrm{I}}=\Delta\boldsymbol{L}'_{\mathrm{I}}+\Delta\boldsymbol{L}'_0,\Delta\boldsymbol{L}_{\mathrm{II}}=\Delta\boldsymbol{L}'_{\mathrm{II}}+\Delta\boldsymbol{L}'_0 \tag{3-41}$$

观测方差为

$$\boldsymbol{D}_{\mathrm{L}}=\boldsymbol{D}'_{\mathrm{I}}+\boldsymbol{D}_0=\boldsymbol{D}'_{\mathrm{II}}+\boldsymbol{D}_0=\sigma^2\boldsymbol{P}^{-1} \tag{3-42}$$

显然

$$\boldsymbol{D}'_{\mathrm{I}}=\boldsymbol{D}'_{\mathrm{II}}=\sigma'^2\boldsymbol{P}^{-1} \tag{3-43}$$

若两期观测网点没有产生移动，则有 $\mathrm{E}(\boldsymbol{L}_{\mathrm{I}})=\mathrm{E}(\boldsymbol{L}_{\mathrm{II}})$，此时有

$$\boldsymbol{X}_{\mathrm{I}}=\boldsymbol{N}^{+}\boldsymbol{A}^{\mathrm{T}}\boldsymbol{P}\boldsymbol{L}_{\mathrm{I}},\boldsymbol{X}_{\mathrm{II}}=\boldsymbol{N}^{+}\boldsymbol{A}^{\mathrm{T}}\boldsymbol{P}\boldsymbol{L}_{\mathrm{II}}$$

$$\boldsymbol{d}=\boldsymbol{X}_{\mathrm{II}}-\boldsymbol{X}_{\mathrm{I}}=\boldsymbol{N}^{+}\boldsymbol{A}^{\mathrm{T}}\boldsymbol{P}\boldsymbol{L}_{\mathrm{II}}-\boldsymbol{N}^{+}\boldsymbol{A}^{\mathrm{T}}\boldsymbol{P}\boldsymbol{L}_{\mathrm{I}}$$

即

$$\boldsymbol{d}=\boldsymbol{N}^{+}\boldsymbol{A}^{\mathrm{T}}\boldsymbol{P}(\boldsymbol{L}_{\mathrm{II}}-\boldsymbol{L}_{\mathrm{I}})=\boldsymbol{N}^{+}\boldsymbol{A}^{\mathrm{T}}\boldsymbol{P}(\Delta\boldsymbol{L}_{\mathrm{II}}-\Delta\boldsymbol{L}_{\mathrm{I}})=\boldsymbol{N}^{+}\boldsymbol{A}^{\mathrm{T}}\boldsymbol{P}(\Delta\boldsymbol{L}'_{\mathrm{II}}-\Delta\boldsymbol{L}'_{\mathrm{I}}) \tag{3-44}$$

相当于观测方差为 $\boldsymbol{D}'_{\mathrm{II}}=\boldsymbol{D}'_{\mathrm{I}}=\sigma'^2\boldsymbol{P}^{-1}$ 的两期独立观测计算的结果，故有

$$\mathrm{E}\left(\frac{\boldsymbol{d}^{\mathrm{T}}\boldsymbol{Q}_{\mathrm{d}}^{\mathrm{T}}\boldsymbol{d}}{\mathrm{h}}\right)=\sigma'^2,\frac{\boldsymbol{d}^{\mathrm{T}}\boldsymbol{Q}_{\mathrm{d}}^{\mathrm{T}}\boldsymbol{d}}{\sigma'^2}\sim\chi^2(h) \tag{3-45}$$

又

$$\frac{\boldsymbol{S}^2 f}{\sigma^2}\sim\chi^2(f) \tag{3-46}$$

故

$$F=\frac{\boldsymbol{d}^{\mathrm{T}}\boldsymbol{Q}_{\mathrm{d}}^{+}\boldsymbol{d}}{h\boldsymbol{S}^2}=\frac{\dfrac{\sigma'^2}{\sigma^2}\cdot\dfrac{\boldsymbol{d}^{\mathrm{T}}\boldsymbol{Q}_{\mathrm{d}}^{+}\boldsymbol{d}}{h\cdot\sigma^2}}{\dfrac{S^2 f}{\sigma^2 f}}$$

即

$$F\sim\frac{\sigma'^2}{\sigma^2}F(h,f) \tag{3-47}$$

取显著性水平 α，则

$$F\leqslant\frac{\sigma'^2}{\sigma^2}F'_{\alpha}(h,f) \tag{3-48}$$

由此可知，用式（3-9）构成的统计量并不服从标准 F 分布，而必须乘因子$\frac{\sigma'^2}{\sigma^2}$，如果用式（3-9）构成的统进行统计检验，则用式（3-48）作为判别式。

比较式（3-10）与式（3-48）可知：如果观测不含系统误差，即 $D_0=0$，则 $\sigma^2=\sigma'^2$，式（3-1）与式（3-8）等价，因而用式（3-10）进行统计检验完全可行；但如果观测中含有系统误差，则 $\sigma'^2<\sigma^2$，此时用式（3-10）会降低检验灵敏性。例如，高精度水平角观测，系统误差占较大比例，有时甚至超过 50%，如果按系统误差占总误差 50% 计算，则式（3-48）可变为

$$F\leqslant 0.5F'_{\alpha}(h,f)$$

比较式（3-10）可知，仍按式（3-10）进行检验将极大降低检验灵敏性。

3.4.2 系统误差的检验

假定两期观测方案相同，观测方差也相同，观测值的改正数（残差）向量分别取

$\boldsymbol{V}_{\mathrm{I}}$、$\boldsymbol{V}_{\mathrm{II}}$，则两期观测协方差为

$$\boldsymbol{S}_{\mathrm{I},\mathrm{II}}=\frac{\boldsymbol{V}_{\mathrm{I}}\boldsymbol{P}\boldsymbol{V}_{\mathrm{II}}^{\mathrm{T}}}{r} \tag{3-49}$$

式中：r 为单期观测的多余观测分量。

若两期观测独立，即两期观测之间不存在系统误差，则协方差 $S_{\mathrm{I},\mathrm{II}}$ 的理论值 $\alpha_{\mathrm{I},\mathrm{II}}$ 应为零。由 $S_{\mathrm{I},\mathrm{II}}$ 可求相关系数为

$$\rho=\frac{\boldsymbol{S}_{\mathrm{I},\mathrm{II}}}{\boldsymbol{S}_{\mathrm{I}}\boldsymbol{S}_{\mathrm{II}}} \tag{3-50}$$

式中：S_{I}^2、S_{II}^2 分别为第Ⅰ期、第Ⅱ期的方差占值；ρ 为样本相关系数（为区别多余观测分量 r，用 ρ 表示样本相关系数）。

根据相关系数，可构成统计量，即

$$F=\frac{\rho^2}{1-\rho^2}(r-2)\sim F(1,r-2) \tag{3-51}$$

若 $F>F_{\alpha}(1, r-2)$，则可认为两期观测相关，即系统误差显著；否则，认为两期观测之间系统误差不显著。

也可直接利用样本的相关系数，通过查取相关系数检验表，根据临界值 ρ_{α} 进行检验。

3.4.3 系统误差的剔除

3.4.3.1 两期观测方案相同

假定第一期观测时网点坐标为 $\boldsymbol{X}$，则第二期观测时网点坐标为 $\boldsymbol{X}+\boldsymbol{d}$，此时误差方程为

$$\boldsymbol{V}_{\mathrm{I}}=\boldsymbol{A}\boldsymbol{X}-\boldsymbol{L}_{\mathrm{I}},\boldsymbol{V}_{\mathrm{II}}=\boldsymbol{A}(\boldsymbol{X}+\boldsymbol{d})-\boldsymbol{L}_{\mathrm{II}} \tag{3-52}$$

因观测方案相同，两式相减，得

$$\boldsymbol{V}_{\mathrm{II}}-\boldsymbol{V}_{\mathrm{I}}=\boldsymbol{A}\boldsymbol{d}-(\boldsymbol{L}_{\mathrm{II}}-\boldsymbol{L}_{\mathrm{I}}) \tag{3-53}$$

即

$$\boldsymbol{V}'=\boldsymbol{A}\boldsymbol{d}-\boldsymbol{L}' \tag{3-54}$$

显然，这是观测值为 $\boldsymbol{L}'$，未知量为 $\boldsymbol{d}$ 的误差方程。考虑式（3-41），有

$$\Delta\boldsymbol{L}'=\Delta\boldsymbol{L}_{\mathrm{II}}-\Delta\boldsymbol{L}_{\mathrm{I}}=\Delta\boldsymbol{L}_{\mathrm{II}}'-\Delta\boldsymbol{L}'$$

$$\boldsymbol{D}_{\mathrm{L}}'=2\sigma'^2\boldsymbol{P}^{-1}$$

按间接平差，由式（3-54）得

$$\boldsymbol{d}=(\boldsymbol{A}^{\mathrm{T}}\boldsymbol{P}\boldsymbol{A})^{+}\boldsymbol{A}^{\mathrm{T}}\boldsymbol{P}\boldsymbol{L}'=\boldsymbol{N}^{+}\boldsymbol{A}^{\mathrm{T}}\boldsymbol{P}(\boldsymbol{L}_{\mathrm{II}}-\boldsymbol{L}_{\mathrm{I}})$$

比较式（3-44）可知，由式（3-52）简化为式（3-54），所得平差结果不变。

由式（3-54）又可求得观测值 $\boldsymbol{L}'$ 的改正数 $\boldsymbol{V}'$ 为

$$\boldsymbol{V}'=\boldsymbol{A}\boldsymbol{d}-\boldsymbol{L}'=(\boldsymbol{A}\boldsymbol{N}^{+}\boldsymbol{A}^{\mathrm{T}}\boldsymbol{P}-\boldsymbol{E})\boldsymbol{L}'$$

方差因子 σ'^2 的估值 S'^2 为

$$2S'^2=\frac{\boldsymbol{V}'^{\mathrm{T}}\boldsymbol{P}\boldsymbol{V}'}{r}$$

则

$$S'^2=\frac{V'^{\mathrm{T}}PV'}{2r} \tag{3-55}$$

式中：r 为单期观测中的多余观测数。

显然，$E(S'^2)=\sigma'^2$，利用 S'^2，代替式（3-9）中的 S^2，构成统计量为

$$F=\frac{d^{\mathrm{T}}Q^{+}d}{hS'^2}\sim F(h,r) \tag{3-56}$$

显然，该统计量服从 $F(h,\ r)$ 分布，选定显著性水平 α，有

$$F<F_{\alpha}(h,r) \tag{3-57}$$

利用式（3-57），可进行统计检验。

由于统计量改造过程中，用 S'^2 代替 S^2，其 F 分布中的第二自由度相应地由 f 变为 r，故适用于平均间隙法、线性假设法及相对误差椭圆法等所有变形分析方法。实际计算时，直接由观值 $\boldsymbol{L}_{\mathrm{I}}$，$\boldsymbol{L}_{\mathrm{II}}$ 构成 L'进行计算，也可用第一期平差结果作为第Ⅱ期平差近似值，则观测值减去观测近似值后，第二期平差的未知量为 $\boldsymbol{d}$，构成 $\boldsymbol{L}'$再进行计算。

考虑到 $\boldsymbol{V}'=\boldsymbol{V}_{\mathrm{II}}-\boldsymbol{V}_{\mathrm{I}}$，由式（3-55），有

$$S'^2=\frac{(\boldsymbol{V}_{\mathrm{II}}-\boldsymbol{V}_{\mathrm{I}})^{\mathrm{T}}\boldsymbol{P}(\boldsymbol{V}_{\mathrm{II}}-\boldsymbol{V}_{\mathrm{I}})}{2r}=\frac{\boldsymbol{V}_{\mathrm{II}}^{\mathrm{T}}\boldsymbol{P}\boldsymbol{V}_{\mathrm{II}}+\boldsymbol{V}_{\mathrm{I}}^{\mathrm{T}}\boldsymbol{P}\boldsymbol{V}_{\mathrm{I}}-2\boldsymbol{V}_{\mathrm{I}}^{\mathrm{T}}\boldsymbol{P}\boldsymbol{V}_{\mathrm{II}}}{2r}$$

$$=\frac{\boldsymbol{V}_{\mathrm{II}}^{\mathrm{T}}\boldsymbol{P}\boldsymbol{V}_{\mathrm{II}}+\boldsymbol{V}_{\mathrm{I}}^{\mathrm{T}}\boldsymbol{P}\boldsymbol{V}_{\mathrm{I}}}{2r}-\frac{\boldsymbol{V}_{\mathrm{I}}^{\mathrm{T}}\boldsymbol{P}\boldsymbol{V}_{\mathrm{II}}}{r}$$

由确定 S^2 的表达式及式（2-184）可知，S'^2 可表示为

$$S'^2=S^2-S_{\mathrm{I},\mathrm{II}}$$

当 $S_{\mathrm{I},\mathrm{II}}>0$，则 $S'^2<S^2$。由于改造后的统计量在统计上仍然严密，所以利用改造后的统计量仍取得较好的效果。

3.4.3.2　两期观测方案不同

若两期观测方案不同，则在两期观测中挑选相同观测，分别组成 $\boldsymbol{L}_{\mathrm{I}}$、$\boldsymbol{L}_{\mathrm{II}}$，然后再求出估值 S'^2，并根据两期全部观测所求得的移动值 $\boldsymbol{d}$，由式（3-56）构成统计量，按式（3-57）进行检验。

3.5　变形测量问题的综合处理

变形测量可利用经典平差、秩亏网平差或拟稳平差等方法进行分析。变形分析可采用平均间隙法、分块间隙法、线性假设法、相对误差椭圆法等等。变形网一般可分为以下几种类型：

（1）网中存在相对稳定点。例如，某些滑坡监测网，大坝、尾矿坝监测网，桥梁监测网及其他一些大型工程建（构）筑物监测网，这些监测网中，可能有一部分点位于应力变化较小区域，地质条件可能也相对较好。

（2）所有网点都可能产生移动。但每次观测总有一部分点移动较小或相对稳定，如北方冻土地带的平面或高程网、库区地形变监测网等，这些网中的网点都可能产生移动，但一次观测中，可能只是其中一部分点产生移动，而另一次观测中又可能是另一部分点产生

移动。

(3) 所有网点产生整体相对位移。例如，监测地震断层的监测网、地震前后的地壳形变监测网。

3.5.1 网中存在相对稳定点

可采用经典平差法、拟稳平差法，也可采用秩亏网平差法进行分析。当采用经典平差法时，变形检验可采用相对误差椭圆法。但如果固定点与变形点之间推算路线太长，则累积误差可能较大，因而相对误差椭圆也可能较大，发现变形能力差，此时可以采用拟稳平差法。当采用拟稳平差法时，变形分析与检验必须分两步进行。

(1) 对选择的拟稳点进行稳定性检验，要求

$$\frac{\boldsymbol{d}_{\mathrm{F}}^{\mathrm{T}}\boldsymbol{Q}_{\mathrm{d_F}}^{-1}\boldsymbol{d}_{\mathrm{F}}}{hS_0^2}<F_{\alpha}(h,f),\frac{\boldsymbol{d}_{\mathrm{F}_i}^{\mathrm{T}}\boldsymbol{Q}_{\mathrm{d_{F_i}}}^{-1}\boldsymbol{d}_{\mathrm{F}_i}}{2S_0^2}<F_{\alpha}(2,f)$$

用平均间隙法进行整体检验，用相对误差椭圆法进行单点检验，如果通过了上述检验，说明这些拟稳点确实较为稳定，可对其他点（动点）进行变形分析。如果发现某点产生了移动，则必须从拟稳点组中去掉该点，重新进行拟稳平差和检验，直到各拟稳点满足要求为止。

重新进行拟稳平差，一般用坐标变换法进行平差计算，即

$$\left.\begin{aligned}\boldsymbol{d}&=\boldsymbol{S}\bar{\boldsymbol{d}}\\ \boldsymbol{S}&=\boldsymbol{E}-\boldsymbol{G}(\boldsymbol{G}^{\mathrm{T}}\boldsymbol{R}\boldsymbol{G})^{-1}\boldsymbol{G}^{\mathrm{T}}\boldsymbol{R}\\ \boldsymbol{Q}_{\mathrm{d}}&=\boldsymbol{S}\boldsymbol{Q}_{\bar{\mathrm{d}}}\boldsymbol{S}^{\mathrm{T}}\end{aligned}\right\}\tag{3-58}$$

式中，矩阵 $\boldsymbol{R}$ 对角线上的元素对应于拟稳点为 1，对应于动点为 0，非对角元素全部为 0，利用式（3-58），可不断求出拟稳平差结果，并进行检验。

(2) 当拟稳点最终确定，利用式（3-58）求出最后的平差结果。对动点 $\boldsymbol{d}_{\mathrm{M}}$，可用相对误差椭圆法作变形分析，即可绘制各动点误差椭圆，并将 $\boldsymbol{d}_{\mathrm{M}}$ 展绘在图上。

如果整个网点都是相对稳定点，就是所谓的基准网，网点的稳定性检验一般称为基准点稳定性检验。这时平差可采用秩亏网平差法，而变形检验也包括两个内容，即

$$\frac{\boldsymbol{d}^{\mathrm{T}}\boldsymbol{Q}_{\mathrm{d}}^{\mathrm{T}}\boldsymbol{d}}{h\boldsymbol{S}_0^2}<F_{\alpha}(h,f),\frac{\boldsymbol{d}_i^{\mathrm{T}}\boldsymbol{Q}_{\mathrm{d}_i}^{-1}\boldsymbol{d}_i}{2\boldsymbol{S}_0^2}<F_{\alpha}(2,f)$$

综上，采用平均间隙法进行整体检验，采用相对误差椭圆法进行单点检验。

3.5.2 所有网点都可能产生移动

3.5.2.1 寻找相对稳定点

寻找相对稳定点方法很多，这里介绍筛选法，其步骤如下：

(1) 用秩亏网平差方法对整个网进行平差，求出第Ⅰ期、第Ⅱ期的坐标及协方差，最后求出移动矢量 $\boldsymbol{d}$ 及 $\boldsymbol{Q}_{\mathrm{d}}$。

(2) 用平均间隙法进行整体检验，用相对误差椭圆法进行单点检验。

(3) 在上述变形检验过程中，若发现某些点产生了移动，则以这些点为动点，以其他点为拟稳点，运用式（3-58）求相应拟稳平差结果。

（4）重复第（2）、（3）两步，直到所选择的拟稳点都能通过检验为止。

3.5.2.2 作相对误差椭圆

用相对误差椭圆法，作出各点的椭圆及移动矢量，直观反映网点移动情况。

3.5.3 所有网点产生整体相对位移

此时可采用秩亏平差进行网的平差，用平均间隙法作整体检验。

3.6 变形检验的灵敏性

当变形网或基点网中某点产生了位移值 δ，能否通过前述检验方法发现，涉及检验灵敏性问题。能及早发现移动，也就是当发生的位移还比较小时能被发现，这时变形检验的灵敏性高；反之，则灵敏性低。

检验灵敏性问题，实际上就是检验的功效问题。检验功效就是将原假设从备选假设中区别出来的概率。如图 3-2 所示，对于式（3-9）的方差比检验参数 $F_{h,f}$满足：

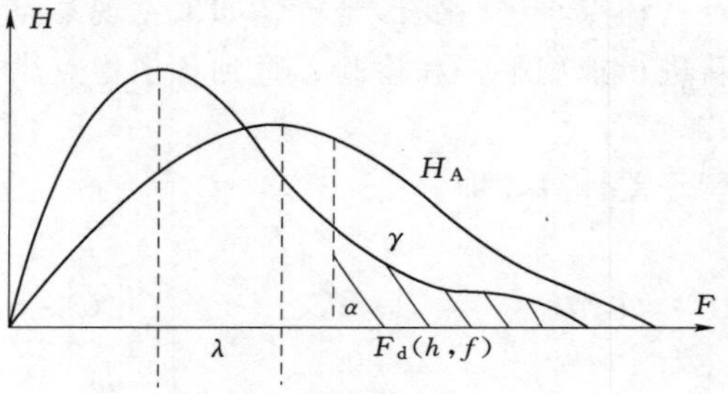

图 3-2 检验功效

（1）当没有发生移动，即 H_0 假设为真时，此参数（即标准化平均间隙）服从中心 F 分布。

（2）当移动已发生，即 H_A 假设为真时，检验参数服从非中心 F 分布，零假设的坐标间隙期望值 $\mathrm{E}(\boldsymbol{d})=0$，而备选假设的期望值 $\mathrm{E}(\overline{\boldsymbol{d}})=\overline{\boldsymbol{d}}\neq 0$，非中心 F 分布的非中心参数 λ 为

$$\lambda=\frac{\overline{\boldsymbol{d}}^{\mathrm{T}}\boldsymbol{Q}_{\mathrm{d}}^{-1}\overline{\boldsymbol{d}}}{\sigma_0^2} \tag{3-59}$$

由图 3-2 可知，检验参数出现大于中心 F 分布位值 $F_{\alpha}(h, h)$ 的概率即为检验功效 γ，也就是说，当一定位移值产生后（H_A 为真），即非中心 F 分布已被确定，此时，能正确接受 H_A 假设而作出已发生移动结论的概率，就是检验功效。因此，检验功效就是能正确辨认出已发生移动的概率，这个概率愈大，表明发现移动的灵敏性也愈高。即在相同概率时，所需的非中心参数 λ 愈小（相应地 $\overline{\boldsymbol{d}}$ 也会愈小），检验灵敏性就愈高。

变形监测网的灵敏性问题与网形设计方案有关，是变形网优化的重要内容。此外，检验功效一定程度上又和检验方法有关。

检验功效大小是分析变形网及检验方法优劣的重要指标。当参数为正态分布时，检验功效计算方便。F 检验的功效近似计算为

$$\gamma=1-\beta \tag{3-60}$$

而

$$\beta=\frac{1}{2\pi}\int_{-x}^{x}\mathrm{e}^{\frac{-t^2}{2}}dt \tag{3-61}$$

其中

$$X=\frac{\left[\frac{hF_{\alpha}(h,f)}{h+\lambda}\right]^{\frac{1}{3}}\left(1-\frac{2}{9f}\right)-\left[1-\frac{2(h+2\lambda)}{9(h+\lambda)^{2}}\right]}{\left\{\frac{2(h+2\lambda)}{9(h+\lambda)^{2}}+\frac{2}{9f}\left[\frac{h}{h+\lambda}F_{\alpha}(h,f)\right]^{\frac{2}{3}}\right\}^{\frac{1}{2}}} \tag{3-62}$$

对于具体网形，需先知道移动值大小 $\overline{\boldsymbol{d}}$ 以及 σ_0^2，然后按网形计算协因素 $\boldsymbol{Q}_{\mathrm{d}}$，用式（3－59）求出，再按 h，f，α 及式（3－62）计算 X，用式（3－61）计算 β 时，可查正态分布表，最后用式（3－60）计算检验功效 γ。

现比较整体检验和单点检验的灵敏性，作为检验功效计算实例。

水准基点网稳定性检验时，可用经典平差（即选一可靠稳定点作起始点）作整体检验，用式（3－9），也可用线性假设法导出单点检验公式，此时

$$\boldsymbol{N}^{+}=\begin{bmatrix}(\boldsymbol{A}_0^{\mathrm{T}}\boldsymbol{A}_0)^{-1} & 0\\ 0 & (\boldsymbol{A}_0^{\mathrm{T}}\boldsymbol{A}_0)^{-1}\end{bmatrix}=\begin{bmatrix}\boldsymbol{Q}_{x_0x_0} & 0\\ 0 & \boldsymbol{Q}_{x_0x_0}\end{bmatrix} \tag{3-63}$$

式中：$\boldsymbol{Q}_{x_0x_0}$ 为经典平差时各点高程未知数的协因素。

则

$$F_{r,\mathrm{f}}=\frac{\boldsymbol{d}^{\mathrm{T}}\boldsymbol{Q}_{\mathrm{d}}^{-1}\boldsymbol{d}}{rS_0^2}=\frac{\boldsymbol{d}^{\mathrm{T}}(\boldsymbol{C}^{\mathrm{T}}\boldsymbol{N}^{+}\boldsymbol{C})^{-1}\boldsymbol{d}}{rS_0^2}$$

因为 $r=1$，$\boldsymbol{C}^{\mathrm{T}}\boldsymbol{N}^{+}\boldsymbol{C}=2\boldsymbol{q}_{\mathrm{ii}}$，$\boldsymbol{q}_{ii}$ 为 $\boldsymbol{Q}_{x_0x_0}$ 中相应于第 i 点高程的协因素，令 $\boldsymbol{d}_i$ 为 i 点的高程间隙，单点检验公式为

$$F_{1,\mathrm{f}}=\frac{\boldsymbol{d}_i^2}{2\boldsymbol{q}_{ii}S_0^2} \tag{3-64}$$

当网中某一点产生移动 $\overline{\boldsymbol{d}}_i$ 后，对于单点检验，其非中心参数 r 为

$$\lambda=\frac{\boldsymbol{d}_i^2}{2\boldsymbol{q}_{ii}S_0^2} \tag{3-65}$$

整体检验可用式（3－59）计算其非中心参数。由于 $\overline{\boldsymbol{d}}$ 矢量中，除一个不为零，其余均为零（因为只有 i 点产生移动 $\overline{\boldsymbol{d}}$），因此，整体检验求得的非中心参数也如式（3－65）。当网中只有一点移动，用多点检验和单点检验，其非中心参数相同，且如式（3－65）。

对于整体检验和单点检验，为计算 r，需先根据式（3－62）计算 X，两者 α，f，λ 值相同，不同的是 h 及 $F_{\alpha}(h, f)$，对于整体检验，$h=t-1$，t 为所有网点数；对于单点检验，$h=1$。

令 $\alpha=0.05$，$f=\infty$，分别取 $h=1$、5、10，计算随 λ 变化的功效曲线，如图 3－3 所示。由图可见，$h=1$ 时（即单点检验）功效最高，随着网点数的增加功效降低。因此，单点检验具有较高灵敏性。

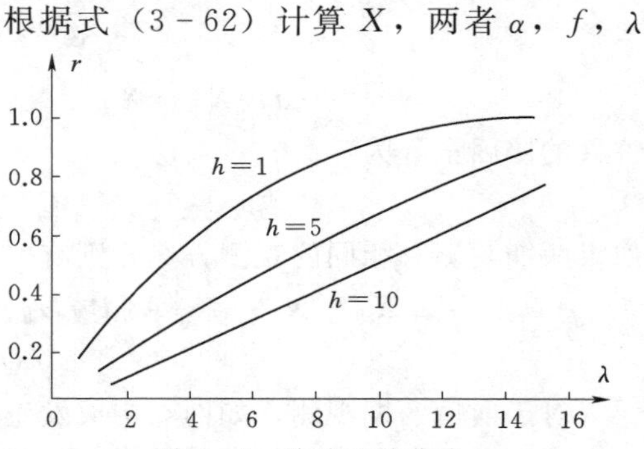

图 3－3　检验功效曲线

3.7 变形网点位移计算方法

平差计算后，通过变形分析可判断网点是否发生了移动变形。确认网点发生移动变形后，必须确定点移动变形的大小。

利用变形前、后两期观测平差后的坐标相减可求得网点在两期之间的位移。假定前后两期观测求得的网点坐标分别为 $\boldsymbol{X}_{\mathrm{I}}$、$\boldsymbol{X}_{\mathrm{II}}$，则网点位移 $\boldsymbol{d}$ 为

$$\boldsymbol{d}=\boldsymbol{X}_{\mathrm{II}}-\boldsymbol{X}_{\mathrm{I}} \tag{3-66}$$

式（3－66）计算位移的前提是两期观测的平差基准必须相同。根据平差方法不同，位移计算的方法也不同。

3.7.1 经典平差基准下的位移计算

前后两期有相同的起算数据（或起算点），根据相同起算数据，分别求得前后两期观测的坐标为

$$\boldsymbol{X}_{\mathrm{I}}=\boldsymbol{N}_{\mathrm{I}}^{-1}\boldsymbol{A}_{\mathrm{I}}^{\mathrm{T}}\boldsymbol{P}_{\mathrm{I}}\boldsymbol{L}_{\mathrm{I}} \tag{3-67}$$

$$\boldsymbol{X}_{\mathrm{II}}=\boldsymbol{N}_{\mathrm{II}}^{-1}\boldsymbol{A}_{\mathrm{II}}^{\mathrm{T}}\boldsymbol{P}_{\mathrm{II}}\boldsymbol{L}_{\mathrm{II}} \tag{3-68}$$

下标Ⅰ和Ⅱ分别表示第一期和第二期或位移过程的前后两期。考虑式（3－66）有

$$\boldsymbol{d}=\boldsymbol{X}_{\mathrm{II}}-\boldsymbol{X}_{\mathrm{I}}=\boldsymbol{N}_{\mathrm{II}}^{-1}\boldsymbol{A}_{\mathrm{II}}^{\mathrm{T}}\boldsymbol{P}_{\mathrm{II}}\boldsymbol{L}_{\mathrm{II}}-\boldsymbol{N}_{\mathrm{I}}^{-1}\boldsymbol{A}_{\mathrm{I}}^{\mathrm{T}}\boldsymbol{P}_{\mathrm{I}}\boldsymbol{L}_{\mathrm{I}} \tag{3-69}$$

位移协因素阵为

$$\boldsymbol{Q}_{\mathrm{d}}=\boldsymbol{N}_{\mathrm{II}}^{-1}+\boldsymbol{N}_{\mathrm{I}}^{-1} \tag{3-70}$$

如果两期观测观测相同，则：

$$\boldsymbol{d}=\boldsymbol{X}_{\mathrm{II}}-\boldsymbol{X}_{\mathrm{I}}=\boldsymbol{N}^{-1}\boldsymbol{A}^{\mathrm{T}}\boldsymbol{P}(\boldsymbol{L}_{\mathrm{II}}-\boldsymbol{L}_{\mathrm{I}}) \tag{3-71}$$

式中：$\boldsymbol{X}$ 为网点坐标；$\boldsymbol{N}$ 为法方程系数矩阵；$\boldsymbol{A}$ 为误差方程系数矩阵（设计矩阵）；$\boldsymbol{P}$ 为观测权矩阵；$\boldsymbol{L}$ 为观测向量；$\boldsymbol{Q}_{\mathrm{d}}$ 为协因素矩阵。

3.7.2 重心基准下的位移计算

重心基准由全部网点的重心构成，对于前后两期观测，在相同网点和相同近似坐标（构成重心基准）下，可分别求得前、后两期观测网点坐标，位移计算为

$$\boldsymbol{X}_{\mathrm{I}}=\boldsymbol{N}_{\mathrm{I}}^{+}\boldsymbol{A}_{\mathrm{I}}^{\mathrm{T}}\boldsymbol{P}_{\mathrm{I}}\boldsymbol{L}_{\mathrm{I}} \tag{3-72}$$

$$\boldsymbol{X}_{\mathrm{II}}=\boldsymbol{N}_{\mathrm{II}}^{+}\boldsymbol{A}_{\mathrm{II}}^{\mathrm{T}}\boldsymbol{P}_{\mathrm{II}}\boldsymbol{L}_{\mathrm{II}} \tag{3-73}$$

$$\boldsymbol{d}=\boldsymbol{X}_{\mathrm{II}}-\boldsymbol{X}_{\mathrm{I}}=\boldsymbol{N}_{\mathrm{II}}^{+}\boldsymbol{A}_{\mathrm{II}}^{\mathrm{T}}\boldsymbol{P}_{\mathrm{II}}\boldsymbol{L}_{\mathrm{II}}-\boldsymbol{N}_{\mathrm{I}}^{+}\boldsymbol{A}_{\mathrm{I}}^{\mathrm{T}}\boldsymbol{P}_{\mathrm{I}}\boldsymbol{L}_{\mathrm{I}} \tag{3-74}$$

位移的协因素阵为

$$\boldsymbol{Q}_{\mathrm{d}}=\boldsymbol{N}_{\mathrm{II}}^{+}+\boldsymbol{N}_{\mathrm{I}}^{+} \tag{3-75}$$

如果两期观测有相同的观测方案，则有

$$\boldsymbol{d}=\boldsymbol{X}_{\mathrm{II}}-\boldsymbol{X}_{\mathrm{I}}=\boldsymbol{N}_{\mathrm{II}}^{+}\boldsymbol{A}_{\mathrm{II}}^{\mathrm{T}}\boldsymbol{P}_{\mathrm{II}}\boldsymbol{L}_{\mathrm{II}}-\boldsymbol{N}_{\mathrm{I}}^{+}\boldsymbol{A}_{\mathrm{I}}^{\mathrm{T}}\boldsymbol{P}_{\mathrm{I}}\boldsymbol{L}_{\mathrm{I}}=\boldsymbol{N}^{+}\boldsymbol{A}^{\mathrm{T}}\boldsymbol{P}(\boldsymbol{L}_{\mathrm{II}}-\boldsymbol{L}_{\mathrm{I}}) \tag{3-76}$$

$$\boldsymbol{Q}_{\mathrm{d}}=2\boldsymbol{N}^{+} \tag{3-77}$$

对于前后两期观测，如网点构成发生了变化，则必须进行基准转换。如图 3－4 所示，变形网由 10 个点构成，第 1 期、第 2 期观测，网点数量不变，重心基准由全部 10 个网点

构成，但第 3 期观测时，点 6 被破坏，网中剩 9 个点。此时计算第 3 期相对第 1 期、第 2 期位移，必须对第 1 期、第 2 期的成果进行基准转换，使之与第 3 期统一。

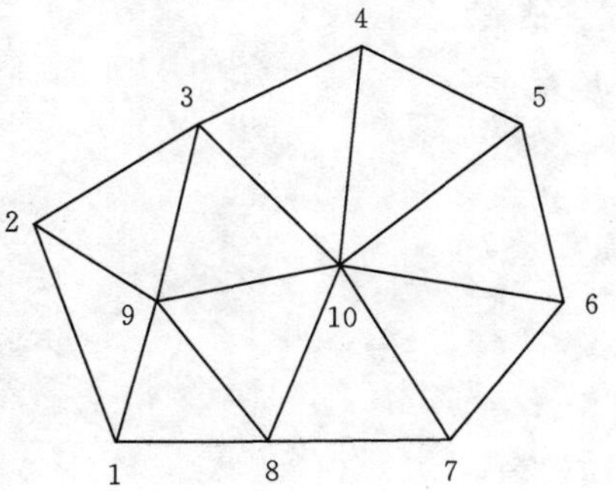

(a) 第 1 期、第 2 期网形

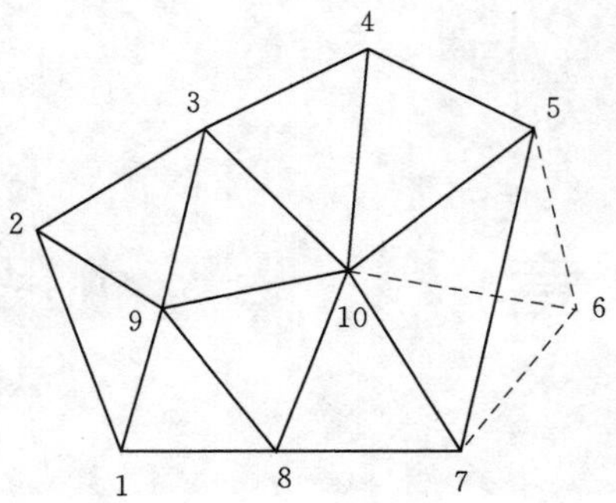

(b) 第 3 期网形

图 3-4 重心基准变换比较

3.7.3 拟稳基准下的位移计算

拟稳基准由拟稳点的重心构成，拟稳点稳定情况下，对于前、后两期观测，采用相同拟稳点进行平差，可求得前后两期观测坐标为

$$\boldsymbol{X}_{\mathrm{F,I}}=\boldsymbol{M}_{\mathrm{I}}^{+}\boldsymbol{H}_{\mathrm{I}}^{\mathrm{T}}\mathrm{L}_{\mathrm{I}},\boldsymbol{X}_{\mathrm{M,I}}=\boldsymbol{N}_{\mathrm{M,I}}^{-1}(\boldsymbol{A}_{\mathrm{I}}^{\mathrm{T}}\boldsymbol{P}_{\mathrm{I}}\boldsymbol{L}_{\mathrm{I}}-\boldsymbol{N}_{\mathrm{MF}}\boldsymbol{X}_{\mathrm{F,I}}) \tag{3-78}$$

$$\boldsymbol{X}_{\mathrm{F,II}}=\boldsymbol{M}_{\mathrm{II}}^{+}\boldsymbol{H}_{\mathrm{II}}^{\mathrm{T}}\boldsymbol{L}_{\mathrm{II}},\boldsymbol{X}_{\mathrm{M,II}}=\boldsymbol{N}_{\mathrm{M,II}}^{-1}(\boldsymbol{A}_{\mathrm{II}}^{\mathrm{T}}\boldsymbol{P}_{\mathrm{II}}\boldsymbol{L}_{\mathrm{II}}-\boldsymbol{N}_{\mathrm{MF}}\boldsymbol{X}_{\mathrm{F,II}}) \tag{3-79}$$

$$\boldsymbol{d}_{\mathrm{F}}=\boldsymbol{X}_{\mathrm{F,II}}-\boldsymbol{X}_{\mathrm{F,I}} \tag{3-80}$$

$$\boldsymbol{d}_{\mathrm{M}}=\boldsymbol{X}_{\mathrm{M,II}}-\boldsymbol{X}_{\mathrm{M,I}} \tag{3-81}$$

其协因素阵分别为

$$\boldsymbol{Q}_{\mathrm{d,F}}=\boldsymbol{M}_{\mathrm{I}}^{+}+\boldsymbol{M}_{\mathrm{II}}^{+},\boldsymbol{X}_{\mathrm{M,I}}=\boldsymbol{N}_{\mathrm{M,I}}^{-1}(\boldsymbol{A}_{\mathrm{I}}^{\mathrm{T}}\boldsymbol{P}_{\mathrm{I}}\boldsymbol{L}_{\mathrm{I}}-\boldsymbol{N}_{\mathrm{MF}}\boldsymbol{X}_{\mathrm{F,I}}) \tag{3-82}$$

$$\boldsymbol{Q}_{\mathrm{d,M}}=\boldsymbol{N}_{\mathrm{M,I}}^{-1}+\boldsymbol{N}_{\mathrm{M,II}}^{-1}+\boldsymbol{M}_{\mathrm{II}}^{+}\boldsymbol{H}_{\mathrm{II}}^{\mathrm{T}}\boldsymbol{L}_{\mathrm{II}},\boldsymbol{X}_{\mathrm{M,II}}=\boldsymbol{N}_{\mathrm{M,II}}^{-1}(\boldsymbol{A}_{\mathrm{II}}^{\mathrm{T}}\boldsymbol{P}_{\mathrm{II}}\boldsymbol{L}_{\mathrm{II}}-\boldsymbol{N}_{\mathrm{MF,II}}\boldsymbol{X}_{\mathrm{F,II}}) \tag{3-83}$$

以上按广义逆平差或拟稳平差确定位移的方法，是使全部或部分网点组成的坐标向量的二级范数最小，具有计算方便、精度高等优点。但由于秩亏，变形网按照这种方法所确定的位移场包含伪位移场（即移动量估值是有偏的）。伪位移场的大小与实际位移场有关，其规律为单个移动产生的伪位移的大小与该移动大小成正比：大的移动引起的伪位移场也大。因此，移动较大时，按广义逆平差或拟稳平差定位的结果不理想。为解决该问题，可采用一级范数法、稳健估计等方法确定移动向量。

第 4 章 变形监测资料分析与整理

监测资料分析与整理是监测工作的重要组成部分，是监测满足诊断、预测、法律和研究四个方面的需求，指导施工和改进设计方法的关键环节之一。

4.1 概述

由于监测对象的特殊性和复杂性，通常无法直接采用原始数据对监测对象的安全稳定状态进行评估与预报，需结合不同时段监测对象特点和要求，选用恰当监测方法，并做好资料整理分析、预报和反馈，具体内容如下：

（1）原始数据和资料的整理、分析。

（2）监测对象的安全稳定状态评估、预报，预防各种失稳安全事故。

（3）依据监测资料分析和安全评估，反馈指导设计、施工和运行方案的修改和优化。

（4）检验设计理论、物理力学模型和分析方法，为改进设计、施工方法和运营管理提供科学依据。

我国在监测资料整理分析和反馈方面取得了丰富成果，积累了宝贵经验。例如，对引大入秦、鲁布革工程、十三陵抽水蓄能电站、小浪底水利枢纽等地下峒室，新滩、链子崖、龙羊峡等工程大型滑坡监测，葛洲坝、隔河岩等大坝安全监测，监测资料整理分析和反馈在确保工程安全、避免恶性事故、指导施工设计及运行方面发挥了重要作用。

但在实际安全监测中，普遍存在重硬件（仪器及埋设）、轻软件（资料整理分析和反馈）现象。一些工程不惜代价引进、埋设大量先进监测仪器，却只对监测资料进行常规的初步整理。例如，法国马尔巴塞（Malpasset）拱坝失事就是因为对观测资料的整理分析重视不足造成的。事故发生前，对该坝设置的三角网进行过测量，数据显示距正常高水位 4.50m 时，坝体中部拱坝最大变形已达 30cm，发生了较大非线性切向位移，由于没能及时整理分析监测数据，错失了发现大坝失稳先兆机会。地下工程安全监测中，对施工安全监测和资料整理分析重视不够，同样十分危险。如某水利枢纽工程导流峒施工，先后发生多起大规模塌方事故，造成严重工程延误和其他损失，其中一个重要原因是承包商对施工期安全监测和资料整理分析重视不够。直至第一次塌方后的第 10 天，承包商才开展施工期安全监测，仅有的 5 处监测断面中，2 处测桩位置不当，2 处未连续监测，未能获取塌方征兆，仅有 1 处正常工作且连续 2 天测量收敛变形速率超常，但因资料整理分析工作失误，未作预报。监测资料整理分析不及时是另一种常犯的错误。如国外某处的一个地下峒室，某天已测量到失稳迹象，但工作人员未分析资料就开始度周末，两天后上班时变形已明显可见。观测人员才发现上周已到变形加速阶段，后由业主果断对危岩进行深锚抢救才抑制了险情。此外，缺乏合格的安全监测队伍，监测资料整理分析长期停留在低水平，达不到安全监测预期效果和目的。

4.1.1 基本内容

各类工程监测资料整理和分析反馈内容，包括监测资料的收集、整理、分析、安全预报和反馈及综合评判和决策 5 个方面。

(1) 收集。监测数据采集、与之相关的其他资料收集、记录、存储、传输和表示等。

(2) 整理。原始观测数据检验、物理量计算、填表制图、异常值的识别剔除、初步分析和整编等。

(3) 分析。通常采用比较法、作图法、特征值统计法和各种数学、物理模型法，分析各监测物理量量值大小、变化规律、发展趋势、各种原因量和效应量的相关关系和相关程度，对工程安全状态和应采取技术措施进行评估决策。其中，数学、物理模型法有统计学模型、确定性模型、混合性模型，还有模糊数学模型、灰色系统理论模型。确定性和混合性模型中，通常要配合反分析方法进行物理力学模式识别和有关参数反演。

(4) 安全预报和反馈。应用监测资料整理和反分析的成果，选用适宜分析理论、模型和方法，分析解决工程面临实际问题，重点是安全评估和预报，补充加固措施和对设计、施工及运行方案的优化，实现对工程系统的反馈控制。

(5) 综合评判和决策。综合评判和决策是反馈工作的深入和扩展。应用系统工程理论方法，综合利用所收集的各种信息资料，在各项监测成果整理、分析和反馈基础上，采用有关决策理论和方法（如风险性决策等），对各项资料和成果进行综合比较和推理分析，评判工程安全状态，制定防范措施和处理方案。

对于不同类别工程监测的不同时段，由于监测资料整理分析反馈目的、要求和实施条件不同，所依据原理和原则也不完全一致，整理分析反馈方法和内容存在较大差别，主要表现如下：

(1) 工作范围不同。如除大坝和坝基的蓄水等关键时段外，对多数工程的评判决策是由技术决策人员根据监测资料整理分析成果直接做出，一般不需引进专门决策理论和方法。另外，地下工程施工期的监测反馈分析作用较大，但其他岩土工程施工期情况则有显著不同，故在一些情况下，反馈分析也可不同程度从简。

(2) 基本内容差异。监测资料分析中，对建筑物地基和地下峒室，如无特殊需要，施工期可不进行数学和物理力学模型模拟分析，或只需采用较简化模型。对大坝和坝基运行期资料，一般只需采用统计学模型分析，而不必引用确定性或混合性模型。施工期大坝和坝基变形、渗流量和渗透压力等重要资料，只在必要时才采用确定性和混合性模型进行分析。

(3) 整理分析反馈方法区别。所依据规则和原理不同，不同类别工程，有时需引进专用方法进行监测资料整理分析和反馈，如边坡安全预报中的斋藤法等。这些专用方法对该类工程是其他通用方法无法替代的，但在其他工程中则没有任何意义。如地下工程常采用反分析方法，在向其他工程推广过程中，仍需进行较大改进，并不是完全通用和简单照抄。

工程监测资料整理分析反馈，必须充分考虑不同类别工程和不同监测时段的特点，因地制宜，灵活掌握。应遵照本类工程有关规程标准，在规程标准难以满足工程需求条件下，可参照相近其他类别工程规程标准或操作方法。

4.1.2 基本要求

监测资料分析反馈是工程安全监测工作的重要组成部分，需将其纳入整体安全监测计划，配置必要软硬件设备，选用称职技术人员，认真执行有关规程标准和技术要求。

(1) 及时性。在地下峒室施工期、大坝汛期、基坑开挖期及边坡滑坡危险期，对监测资料分析反馈成果在数小时内完成计算，任何延误都可能造成灾难性后果。正常时期，观测资料校核、整理和初步分析必须当日完成，每次观测后应立即对原始数据进行检查校核和整理，并及时作出初步分析，发现异常现象或确认有异常值，立即向主管部门报告。

(2) 可靠性。保证数据成果准确可靠，要求现场检校的原始资料不得进行任何修改。粗差辨识和剔除必须慎重，严格按有关规定要求进行；经整理和整编后的监测资料和数据不能再修改；引用分析方法做到基本理论正确、方法步骤合理，经实际工程验证，并得到同行认可；采用通过鉴定软件，并得到同行公认，如需应用新分析方法和软件，则必须对其原理、步骤、做法进行严格考核和论证，并通过工程实例检验后再实际应用。整理分析数据、资料、成果和报告等必须按全面质量管理要求，认真执行验收校审制度，并及时归档。

(3) 实用性。以解决工程实际问题为目的，不片面强调理论、模型和方法先进性，成果报告内容满足有关标准要求。

(4) 全面分析、综合评估。监测资料的收集充实完整，认真对比研究各种监测资料成果，并采用多种分析方法作出比较和印证，克服单项成果和单一方法的片面和不足。

4.2 监测资料的收集与整理

监测资料收集与整理是分析、反馈的基础，主要内容包括：①有关资料收集和表示；②原始观测资料检验和误差分析；③监测物理量计算；④填表和绘图；⑤监测数据平差、光滑、补差等处理；⑥初步分析和异常值判识。

一般情况下，以上工作可依次进行，必要时允许适当交叉，有时还需反复循环。监测资料整理必须坚持：①除当日在现场遇有特殊原因需重测，并履行必要修正的情况外，原始观测数据不得进行任何修改；②数据检验和处理在原始观测数据复印件上操作，整理工作完成后，形成整理整编数据，不得进行任何修改；③为分析和反馈需要，有时仍需对整理整编数据进行必要处理，如统计回归和时序分析，要求光滑和等时间间隔，需在整编数据复印件中进行，并另行建立文件存储。

4.2.1 监测资料收集

监测资料包含观测数据、人工巡视检查记录、其他相关资料。按规程标准频率和技术要求进行观测数据采集记录，是资料收集的一项基本内容。人工巡视检查作为监测资料基本组成部分，必须认真实施和记录。其他相关数据、记录、文件、图表等信息资料，主要包括以下内容：

（1）监测数据详细记录、观测环境说明，同步气象、水文等环境资料及水位资料等。

（2）监测仪器设备及安装考证资料。监测设备考证表、监测系统设计、施工详图、加工图、设计说明书、仪器规格和数量、仪器安装埋设记录、仪器检验和电缆联接记录、竣工图、仪器说明书及出厂证明书、观测设备损坏和改装情况、仪器率定资料等。

（3）监测仪器附近施工资料。如混凝土大坝和坝基埋设仪器附近混凝土的入仓温度、浇筑方法与过程、混凝土材料性能（如弹模、抗压强度等）、接缝灌浆资料、温度和应力计算所必需的其他资料等；土石坝埋设仪器附近筑坝材料级配、物理力学特性、填筑方法和过程、碾压过程及其他有关资料；地下峒室开挖方式、开挖进度、支护型式和支护参数、每次循环进尺、各类支护实施时间、施工质量检查、峒室开挖断面验收图等完整资料。

（4）现场观察巡视资料。如大坝和坝基按大坝安全监测规范开展的现场巡视检查记录、报告及有关资料。与地下峒室监测过程同步的巡视记录资料，重点是仪器埋设位置附近、掌子面附近地质调查、支护状况观察，如岩性、岩相、岩层走向和倾向；岩体风化蚀变、固结程度、硬度；裂隙宽度、走向、倾向、间距、节理状况；断层宽度、走向、倾向、破碎情况和夹泥情况；地下水状况、涌水位置、流量、压力；岩体自稳时间、崩塌破坏形态、机理、深度及扩展范围；衬砌工作状态、裂缝宽度和发展趋势、掉块掉土现象等。

（5）监测工程有关设计资料。如设计图纸、参数、计算书、计算成果、施工组织设计、地质勘测及详查资料报告和技术文件等。

（6）设计、计算分析、模型试验、前期监测工作成果报告、技术警戒值（范围）、安全判据及其他技术指标和文件资料。

（7）有关工程类比资料、规程标准及有关文件等。

监测资料收集主要包括资料采集、记录、誊写、计算机录入、存储、软盘拷贝、向工作站或资料分析中心传输通信等。资料收集必须及时准确，并应尽可能全面、完整；资料录入、誊抄、传输、拷贝等必须按全面质量管理要求校核检验，保证准确可靠，严防数据资料损坏或丢失；监测资料存储和表示方法力求简洁、清晰、直观，尽可能采用图表，存储形式便于保管、归档和查询，避免丢失、损坏，应有备份。监测资料存储和表示可用表格、绘图、文件、计算机数据库和录音录像等多种形式。

4.2.2 原始资料检验与处理

由于人员、仪器设备和各种外界条件（如大气折射影响）等原因，原始观测值不可避免存在误差，监测资料整理分析过程中，应评判原始观测资料可靠性，分析误差大小、来源和类型，采取合理方法对其进行处理和修正。发现当日原始观测数据存在粗差，应立即重测，并修正监测资料，形成整理整编数据。

4.2.2.1 原始观测数据可靠性检验

可靠性检验主要采用逻辑分析法，检验内容包括：①作业方法是否符合规定；②观测仪器性能是否稳定、正常；③各项测量数据物理意义是否合理，是否超过实际物理限值和仪器限值，检验结果是否在限差内；④是否符合一致性、相关性、连续性、对称性等原则。

（1）一致性是指从时间概念出发，分析连续积累资料的变化趋势是否具有一致性：①任一点本次观测值与前次（或前几次）观测值的变化关系；②本次观测值与某相应原因量之间关系和前几次情况是否一致；③本次观测值与前次观测值的差值是否与原因量变化相适应。主要分析手段是绘制“时间—效应量”过程线，以及原因量与效应量的相关图。

（2）相关性检查有内在物理意义联系的效应量间的相关关系，即分析原始测值变化与建筑物及基础特点是否相适应：①将某测点某效应量本测次原始实测值与同一部位（或条件基本一致的邻近部位）的前、后、左、右、上、下邻近部位各测点的本测次同类效应量或，有关效应量的相应原始实测值进行比较；②将各种不同方法量测的同一效应量进行比较，是否符合物理力学关系。其主要手段是绘制不同监测项目间或不同部位测点间“效应量—效应量”相关关系图。

（3）连续性是指在荷载环境和其他外界条件未发生突变情况下，各种观测资料应连续变化，不产生跳动。

（4）对称性是指不存在系统误差的观测数据的特征。

4.2.2.2 误差分析与处理

观测误差有以下三类。

（1）粗差。错误数据，由观测人员过失引起，如读数和记录错误；输入计算机时将数据输错；仪器编号弄错。这类误差往往数据反映出很大异常，甚至与物理意义明显相悖，在资料整理时（相应过程线和其他图表中）较容易发现。遇到这类误差，可直接剔除，并根据历史和相邻资料补差。

（2）偶然误差（又称随机误差）。由于人为不易控制的互相独立的偶然因素作用引起。如观测电缆头不清洁、电桥指针不对零、观测接线时接头拧得松紧不一等。这类误差具有随机性，客观上难以避免，整体上服从正态分布规律，采用误差理论进行分析处理。

（3）系统误差。与偶然误差相反，由观测母体变化引起。系统误差产生原因很多，来自人员、仪器、环境、观测方法等多方面，通常按一定规则变化。其特点总是偏大或偏小，可通过校正仪器消除。系统误差检验较复杂，有剩余误差观察法、剩余误差校核法、计算数据比较法和 F 检验等。

4.2.2.3　粗差判识和处理

粗差指粗大误差，来自过失误差或观测误差，采用人工判断、包络线和统计分析识别和剔除。

(1) 人工判断法。通过与历史或相邻观测数据比较，或通过所测数据的物理意义判断数据合理性。为能在观测现场完成人工判断工作，将以前的观测数据（至少是部分数据）带到现场，观测现场随时校核、计算观测数据。此外，通过作图法绘制观测数据过程线或监控模型拟合曲线，确定可能粗差点。人工判别后，引入包络线或 3σ 法判识。

(2) 包络线法。将监测物理量 f 分解为各原因量（水压、温度、时效等）分效应 $f(h)$、$f(T)$、$f(T)$ 之和，用实测或预估方法确定原因量分效应的极大值、极小值，监测物理量 f 的包络线为

$$\max(f)=\max[f(h)]+\max[f(T)]+\max[f(t)] \tag{4-1}$$

$$\min(f)=\min[f(h)]+\min[f(T)]+\min[f(t)] \tag{4-2}$$

(3) 统计分析法。分“3σ”法和统计检验法。

1)“3σ”法。设进行 n 次观测，所得第 i 次测值为 $\boldsymbol{U}_i(i=1,2,\cdots,n)$，连续 3 次观测值分别为 $\boldsymbol{U}_{i-1}$、$\boldsymbol{U}_i$、$\boldsymbol{U}_{i+1}(i=2,3,\cdots,n-1)$，第 i 次观测的跳动特征定义为

$$\boldsymbol{d}_i=|2\boldsymbol{U}_i-(\boldsymbol{U}_{i-1}+\boldsymbol{U}_{i+1})| \tag{4-3}$$

跳动特征的算术平均值为

$$\overline{d}=\frac{\sum_{i=2}^{n-1}\boldsymbol{d}_i}{n-2} \tag{4-4}$$

跳动特征的均方差为

$$\sigma=\frac{\sqrt{\sum_{i=2}^{n-1}(\boldsymbol{d}_i-\overline{d})^2}}{n-3} \tag{4-5}$$

相对差值为

$$\boldsymbol{q}_i=\frac{|\boldsymbol{d}_i-\overline{d}|}{\sigma} \tag{4-6}$$

2) 统计检验法。相同材料建筑物在相同荷载作用下，结构条件、材料性质及地基性质不变，则其变形量相同。据此，可取历年同一季节、相同荷载观测值作为同一母体的子样。假设以前观测值子样 $\{y_1', y_2', y_3', \cdots, y_{n-1}'\}$，本次测值 y_n'，样本均值和方差为

$$\overline{Y}=\frac{\sum y_i'}{n-1}(i=1,2,3,\cdots,n-1) \tag{4-7}$$

$$S=\sqrt{\frac{\sum(y_i'-\overline{Y})^2}{n-1}}(i=1,2,3,\cdots,n-1) \tag{4-8}$$

(4) 关联分析法。建筑物同一断面布设多个水平位移、竖直位移测点，这些监测点所处地质条件、荷载条件等相近，其位移量、变化趋势密切相连，利用这种相关性检核监测数据是否异常。回归分析是关联分析常用的一种方法，假设测点 A、B 观测值分别为 y_A、y_B，回归方程为

$$y_A=\alpha_0+\alpha_1+\alpha_2 y_B^2+\varepsilon \tag{4-9}$$

式中：α_0、α_1、α_2 为系数；ε 为随机误差。

式（4－9）中系数 α_0、α_1、α_2 可用最小二乘法求其估值，并求出回归中误差 S 为

$$S=\sqrt{\frac{\sum\varepsilon_i^2}{n-3}},(i=1,2,3,\cdots,n-1) \tag{4-10}$$

式中：n 为样本个数。

利用回归方程，根据相邻测点变形值预计相关测点变形值，从而检核监测数据。实际检验中，如异常测点的若干个关联测点在时间、方向等方面发现类似异常情况，则异常由结构变化引起；否则，异常由监测引起。

4.2.2.4　系统误差检验

监测数据除存在偶然误差和粗差外，还可能存在系统误差。若不恰当处理系统误差，势必影响监测成果质量，并对监测对象安全评判产生不利影响。

系统误差产生原因有监测仪器老化、基准点蠕变等，虽对结构安全不产生影响，但对分析结果产生影响。系统误差检验常用 U 检验法、分布检验法等。

（1）U 检验法。将建筑物发生较大事件、监测系统更新改造或出现故障等作为分界点，观测值序列分为两组或若干组，并设 $Y_1 \sim N(\mu_1,\sigma_1^2)$，$Y_2 \sim N(\mu_2,\sigma_2^2)$，选择统计量为

$$U=\frac{Y_1-Y_2}{\sqrt{\frac{S_1^2}{n_1}+\frac{S_2^2}{n_2}}} \tag{4-11}$$

式中：Y_1、Y_2 为两组样本的平均值；n_1、n_2 为两组样本的子样数；S_1、S_2 为两组样本的方差。

当 $|U|>U_{\frac{\alpha}{2}}$ 时，则存在系统误差，在资料分析时设法消除；否则，不存在系统误差。

U 检验法适用于测值周期较长，且建筑物时效变形已基本收敛的情况。当时效变形显著时，该法难以分辨时效变形和系统误差。

（2）分布检验法。从母体中提取子样 x_1，x_2，…，x_n，则 $\frac{1}{n-1}\sum_{i=1}^{n-1}(x_{i+1}-x_i)^2$，作为统计量。若母体为 $N(\varepsilon,\sigma)$，则

$$\left.\begin{aligned}&d_i=(x_{i+1}-x_i)N(0,\sqrt{2}\sigma)\\&E\left(\frac{d_i^2}{2\sigma^2}\right)=1,E(d_i^2)=2\sigma^2\end{aligned}\right\} \tag{4-12}$$

令

$$q^2=\frac{1}{2(n-1)}\sum_{i=1}^{n-1}(x_{i+1}-x_i)^2=\frac{1}{2(n-1)}\sum_{i=1}^{n-1}d_i^2$$

则

$$E(q^2)=\frac{1}{2(n-1)}\sum_{i=1}^{n-1}E(d_i^2)=\sigma^2$$

所以，q^2 为 σ^2 的无偏估计量，而 $\hat{\sigma}^2$ 是 σ^2 的无偏估计量，作统计量为

$$r=\frac{q^2}{\hat{\sigma}^2} \tag{4-13}$$

式中：$\hat{\sigma}^2$ 为观测值方差 σ^2 的无偏估计量。

观测过程中，母体均值逐渐移动（有系统误差），而保持其方差 σ^2 不变，则 $\hat{\sigma}^2$ 会受该移动影响而变得过大，但 q^2 只包含先后连续两观测值之差，会部分消除上述移动的影响，所以 q^2 比 $\hat{\sigma}^2$ 受移动的影响小。进行检验时，利用观测值计算 r 值，若 r 值过小，则认为母体均值的逐渐移动显著。

由于 $n>20$ 时，r 近似正态 $N(1,\sigma_r)$，亦即 $\frac{r-1}{\sigma_r}\sim N(0,1)$。此外，$\sigma_r^2=\frac{1}{1+n}$，所以在检验中，原假设 $H_0: r=1$，备选假设 $H: r<1$，则拒绝域为 $r<r'_a$。当 $n>20$ 时拒绝域为

$$\frac{r-1}{\sqrt{n+1}}<u'_a \tag{4-14}$$

式中：u'_a 为 $N(0,1)$ 分布的左尾分位值。

利用均方连差检验系统误差时，可根据回归模型求得的改正数 v_i 进行检验，各 v_i 的方差 σ_{vi} 均不等，但服从 $v_i\sim N(0,\sigma_{vi})$。在使用均方连差检验时，将其标准化为

$$\frac{v_i}{\sigma\sqrt{1-h_{ii}}}\sim N(0,1) \tag{4-15}$$

大子样时（$n>20$），$\hat{\sigma}$ 为 σ 的无偏估值，以 $\hat{\sigma}$ 代替 σ，则式（4-15）近似正态分布，再构成均方连差统计量，进行系统误差检验。

4.2.3 监测数据转换

某些监测项目受地质条件、监测场地及现有监测技术影响，不能直接对变形体进行监测，必须对原始数据进行换算，从而求得所需变形值。经检验合格原始观测数据，应换算成反映变形体的变形值，如位移、渗流量、应力、应变和温度等。存在多余观测时，先作平差处理，再进行换算。

监测值换算的前提是确定可靠基准值：①初始观测值为基准值，如建筑物水平位移等；②首次观测值为基准值；③某次观测值为基准值，如差阻式仪器应变计、钢筋计等。

部分监测值存在丢失初值问题：如峒室开挖顶拱下沉和洞壁收敛位移，仪器埋设和观测初始值时，已发生的变形在测量时已“丢失”，称为“丢失初值”，需根据计算、试验或工程类比法确定其大小。一般情况下，只有在对丢失初值估算后重新修正的观测数据，才具有实际意义，并可参与资料分析和反馈。初始值估算应注意：①必须查明所丢失初值的各种相关情况，如大坝垂线埋设前已产生的水平、垂直位移，与大坝初期施工、蓄水和温度等荷载条件有关，以上情况均须事先查明；②正确理解不同结构物的性态机理。如地下峒室在工作面上丢失的变形，为该峒室断面形状尺寸不变条件下，贯通后总变形的20%～30%，若取该峒室继续扩挖后断面的总变形进行估算，则丢失初值的比例将大大低于以上数值。

4.2.4 监测数据整理

数据整理阶段，需绘制的曲线有过程线、分布线和相关线三类。分别表征各物理量的空间（线、面和立体）分布情况，各物理量相互关系及随时间变化情况。

过程线是物理量与时间的关系，通常以时间为水平坐标，以物理量（例如位移、应变等）为纵坐标。尽可能把有关物理量的过程线放在同一图中，有时还要把影响物理量变化的量也用相同时间尺度绘在该图上。常见影响因素有温度（气温、混凝土温度等）、降水、施工加载、开挖进尺、库水位（或上下游水位）、地下水位等。

报表可分为定期和不定期。定期报表一般按月、季和年；不定期报表一般在施工或运行的重要时期，作为文字报告的组成部分。常用报表有三类：监测仪器、测点情况表；监测作业情况表；监测数据报表。报告包含如下方面：

（1）工程概况。包括工程基本情况，工程施工或运行情况，在该时段内相关影响因素变化情况。

（2）监测情况。包括监测点布置，仪器型号、用途和工作状态，人工巡视情况。

（3）数据整理。采用的公式和方法，整理中出现的问题和处理方法，包括漏测值的补充、误差估计，便于了解数据精度和可靠性。

（4）监测值变化规律与特征。观测数据特征值，如最大值、最小值、变化率等。特征值和变化过程中的特殊点、特殊线段。变化率加快及发生突变等情况的分析。

（5）计算分析结果。

（6）发展趋势与预测。预测变形发展趋势，指出收敛性及最终收敛值。

（7）比较与判别。利用标准以及行之有效的经验，对原型观测结果所反映出的工程情况进行判断。与其他同类工程类比，与设计要求比较，与有限元和边界元等计算结果比较。

（8）评价与建议。根据监测数据分析和人工巡视结果，给出工程运行状态评价和结论，对存在的问题提出改进建议。

4.2.5 监测数据预处理

监测数据预处理包括：监测数据的平差、补插、修匀及异常值判识。

4.2.5.1 观测数据平差

由于观测不可避免存在随机误差，实际观测时应进行多余观测。对带有随机误差的观测值，采用合理方法消除其不符值，求出未知量最可靠值，并评定测量精度，即观测数据平差。

4.2.5.2 监测数据补插

如出现漏测，或由于剔除粗差而缺少某次观测值，需要补充合理值，即观测资料的补插。补插一般采用拉格朗日插值等方法。

（1）拉格朗日一次插值法。设距待插值测点最近的两个测点为（X_1，Y_1）、（X_2，Y_2），则插补点（X，Y）的 Y 坐标为

$$Y=\frac{X-X_2}{X_1-X_2}Y_1+\frac{X-X_1}{X_1-X_2}Y_2 \tag{4-16}$$

（2）拉格朗日二次插值法。设距待插值测点最近的 3 个测点为（X_1，Y_1）、（X_2，Y_2）、（X_3，Y_3），则插补点（X，Y）的 Y 坐标为

$$Y=\frac{(X-X_2)(X-X_3)}{(X_1-X_2)(X_1-X_3)}Y_1+\frac{(X-X_1)(X-X_3)}{(X_2-X_1)(X_2-X_3)}Y_2+\frac{(X-X_1)(X-X_2)}{(X_3-X_1)(X_3-X_2)}Y_3 \tag{4-17}$$

式中：X 为时间；Y 为观测值。

当 $X_1<X<X_2$ 时为内插，用于插补多次观测之间的测值。当 $X<X_1$ 或 $X_2<X$ 时为外插，用于计算观测范围以外同一对象近似值。

4.2.5.3　监测数据修匀

如果观测数据受偶然因素影响较大，则可通过对这组数据修匀来消除偶然因素影响。修匀方法很多，常用三点移动平均法。当相邻 3 个测点测值分别为（X_{i-1}, Y_{i-1}）、（X_i，Y_i）、（X_{i+1}，Y_{i+1}），则中央 1 个测点的修匀值为$\left(\frac{X_{i-1}+X_i+X_{i+1}}{3},\frac{Y_{i-1}+Y_i+Y_{i+1}}{3}\right)$，而起点（$i=1$）和终点（$i=n$）的修匀值分别为（$X_1$，$2Y_1/3+Y_2/3$），（$X_n$，$2Y_n/3+Y_{n-1}/3$）。剔除粗差的数据作为基本数据保留，修匀只在必要时进行。

4.2.5.4　异常值判识

监测资料整理，应根据所绘制图表和有关资料，及时分析各监测量的变化规律和趋势，判断有无异常值。可视为异常的监测数据如下：

（1）变化趋势突然加剧或变缓、或发生逆转，如从正向增长变为负增长，而从已知原因变化不能作出解释。

（2）出现与已知原因量无关的变化速率。

（3）出现超过最大（或最小）量值、监控限差或数学模型预报值等情况，经比较判断，确信监测量异常。

4.2.6　监测资料整编归档

监测资料整编是定期进行的整理工作，即对收集的监测资料进行检验和审核。

资料审定编印包括资料分类、编组和汇总，报告编写、编印等。整编报告应着重于对工程状况整体性的把握，包括对个别仪器和分散数据的分析，发展的全过程，以及在此过程中诸多因素的影响，从所有仪器、测点在各时期得到数据之间的联系，及从资料中综合反映出来的本质特征。整编资料按内容可划分为：

（1）工程资料。包括勘测、设计、科研、施工、竣工、监理、验收和维护等方面资料。

（2）仪器资料。包括仪器结构、测点布置、仪器埋设原始记录和考证资料，仪器损坏、维修和改装情况等其他文字图表资料。

（3）监测资料。包括人工巡视检查、监测原始记录、物理量计算结果及各种图表；与监测和测点有关的水文、地质、气象及地震资料；不同时期对监测资料分析预测结果。

（4）相关资料。包括文件和批文、合同、总结、咨询、事故及处理、监测资料管理、仪器设备管理等方面。

分类和汇总不限于整编前所获得资料，还应包括整编中所形成资料。分类与汇总后要再次进行审核，以纠正分类与汇总的错误。分类与汇总同时，要建立资料管理数据库。资料整编要求：

（1）整编成果项目齐全，考证清楚，数据可靠，方法合理，图表完整，说明完备。

（2）整编报告反映监测资料系统整理全过程和工程整体安全状况，内容全面，清楚。

审核包括：①资料完整性，是否遗漏资料，是否有遗失和损坏，是否需要补充新资料；②资料正确性和可靠性。根据知识、经验或理论审核资料内容是否合理，是否符合实际情况，从不同资料得到的结果是否存在矛盾，使用的公式和理论是否正确、合理，出现在不同资料中的同一数据是否一致，是否有错误和疏漏。查明所发现的问题，所做的修改要有复核和记录。

4.3 监测资料分析

初步分析，重点判识有无异常观测值，根据特定重点监测时段需要，开展系统全面综合分析。常采用数学物理模型，或地质、结构和渗流等专门知识，分析成果作为安全预报、安全评估、施工或运行反馈、技术决策的基本依据。

工程出现异常和险情时，工程竣工验收和安全鉴定时，需对监测资料进行综合分析，查找安全隐患和原因，分析变化规律和趋势，预测未来安全状态，为工程决策提供技术支持。监测资料分析分为比较法、作图法、特征值统计法和监测值影响因素分析法等四类。

（1）比较法。分析监测值大小及其变化规律是否合理，或建筑物所处状态是否稳定。通常有监测值与警戒值相比较、监测值相互对比；监测成果与理论或试验成果相对照。常与作图法、特征统计法和回归分析法等配合使用，即通过对所得图形、主要特征值或回归方程对比分析作出结论。

（2）作图法。画出相应过程线图、相关图、分布图及综合过程线图，直观了解和分析观测值变化和规律，影响观测值荷载因素和其对观测值影响程度，观测值有无异常。

（3）特征值统计法。揭示监测值变化规律特点的数值称特征值，对特征值统计与比较辨识监测量变化规律是否合理，并得出分析结论。监测统计中常用特征值一般是监测值的最大值和最小值，变化趋势和变幅，地层变形趋于稳定所需时间，以及出现最大值和最小值的工况、部位和方向等。

（4）监测值影响因素分析法。事先收集各因素对监测值的影响，如锚杆、预应力锚索加固等因素，掌握单独作用下对监测值影响的特点和规律，并将其逐一与现有工程监测资料对比分析。

此外，还有数值计算法，如统计分析方法、有限元分析法、反分析方法；数学物理模型分析法，如统计分析模型、确定性模型和混合性模型等；理论方法，如边坡安全预报，边坡和地下工程中常用的岩体结构分析法等监测资料分析方法。

由于影响因素复杂，监测数据不可避免存在观测误差，可当作随机变量处理。监测资料的统计分析方法有统计回归、方差分析、时序分析、模糊数学、灰色系统、神经网络等。其中以统计回归分析应用最为广泛，方差分析往往配合统计回归分析应用，时序分析在考虑周期性函数、趋势分析和残差分析时有明显优越性。

4.4 工程实例

监测数据作为掌握现场工程结构物工作形态的重要信号，其可靠性影响分析评判结果，直接影响工程质量。施工场地有限，且极其复杂，使沉降监测数据时常呈现异常，但异常观测值并不一定是粗差。对观测数据进行参数的置信区间估计，检验并判定异常观测数据，对沉降数据异常类型及出现异常原因进行分析，并通过小波分析模型，将信噪分离，揭示基坑开挖引起周边环境变形发展规律。

4.4.1 工程概况

某地铁站位于两主干道交叉口南侧，原始地貌单元属河流二级侵蚀～堆积阶地，现场地经多次人工改造，地面标高 32.21～35.44m，场形较为平整，周边建筑物密布，地形不开阔，阶地主要由第四系上更新统粉质黏土、砂砾石层组成，具明显的二元结构。地层从上到下分别为：素填土、粉质黏土、细砂、砾砂、圆砾、卵石、粉质黏土、强风化泥质粉砂岩、中风化泥质粉砂岩（KS）、微风化泥质粉砂岩（KS）。场地地下水主要为第四系砂卵石层中的孔隙潜水及强～中风化基岩裂隙水。初见潜水位埋深 1.30～7.30m，标高 26.43～33.26m；稳定水位埋深 1.20～6.10m，标高 27.71～31.82m；基岩裂隙水稳定水位埋深 2.20～5.00m，标高 28.31～32.69m。车站场地地下水位变化主要受气候及湘江水域控制，每年 4—9 月为雨季，大气降水丰沛，是地下水补给期，水位上升明显，而每年 10 月—次年 3 月为地下水消耗期，地下水位下降，升降幅度一般为 5.00～8.00m/年。

4.4.2 监测数据异常类型、检验及成因分析

4.4.2.1 监测数据异常类型

大部分工程监测数据异常由结构形态变化、环境量异常、误读误记、人为疏忽、仪器误差等原因引起。因此，不能孤立处理监测数据，需结合施工环境等对异常值进行系统分析，剔除误差；对于结构形态变化引起的异常则应密切关注。

根据以往经验，可将异常沉降监测数据分 3 种类型：①外界环境无异常情况下，沉降数据与以往数据比较，发生突变，表现为监测点较大上升或者下降；②外界环境无异常情况下，沉降数据连续几期数据时升时降；③外界有异常情况时，沉降变形量与常规相违背。

4.4.2.2 监测数据异常检验

假设观测数据符合检验总体分布函数 $F(x, \theta)$，采用置信区间检验方法对监测数据进行异常值检验。

4.4.2.3 监测数据异常成因分析

沉降监测数据超出置信区间，认为是异常值，根据周边施工进展具体分析异常值；对于观测误差、系统误差等，可根据相关理论模型进行去噪处理，得到可靠值。

（1）外界环境无异常，监测数据与以往数据比较，出现突变，包括监测点上升量或下降量突变。针对这种情况，首先分析周围施工环境变化，如基坑内降水，加减支撑等无异

常变化时，分析如下：监测点都整体上升，分析工作基点或者基点不稳定而下沉，如果工作基点下沉，而监测点稳定，使得监测点出现整体上升现象，或者工作基点比沉降监测点沉降速率更大，也同样出现这种现象；监测时监测点上是否有覆盖物，若工作基点上附有覆盖物，可能导致其监测点整体上升，或者监测点上全部附有覆盖物，同样会产生这种现象，但这种可能性比较小，也可能人为破坏了监测点，或仪器本身问题；监测点整体下沉，且下沉量较大时，应检验工作基点或基点的稳定性；监测时工作基点或者基点上有覆盖物，监测点正常，因此引起监测点呈整体下沉；也可能监测点遭到人为破坏，或有可能仪器本身问题，应及时进行检校。若这些情况都不存在，应从立尺不直，人为碰动仪器等方面寻找原因。

(2) 外界环境无异常时，连续几期数据呈现时升时降，沉降曲线出现波浪起伏现象。首先应分析仪器本身，若沉降数据升降变化不大，可能是仪器本身误差导致或地球曲率、大气折光影响，一般夏天比较突出，因此观测时应及时对仪器采取保护措施。其次，可能监测时测点上附有覆盖物，未及时清除，导致监测数据比上一期观测值大，由此呈上升现象，下期监测时应清除覆盖物。最后，地表变形量小于测量误差，一般在观测初期和后期较突出。若这些情况都不存在，应从立尺不直，人为碰动仪器等方面寻找原因。

(3) 外界有异常时，沉降变形值变化异常。工作基点及监测点都保护完好且稳定情况下：若下雨且上期数据正确，监测数据比上期数据上升 1mm 内，可认为观测正确；人工加强支护，导致监测数据时升时降，如基坑开挖后进行支撑，隧道顶板进行支护，回弹量在 1mm 内可认为正确；基坑、矿山等卸载时，监测点也会发生一定量下沉，但下沉量不大，一般在 2mm 内。如果与上述几种情况均不相符，应分析人为或者仪器因素。

4.4.3 监测数据分析与处理

地铁某车站基坑地表监测点监测结果见表 4-1，对监测数据进行分析及处理。从沉降点埋设开始，共进行了 17 期监测，各期监测时间间隔基本相同。

表 4-1 监测数据统计表

监测周期	本次沉降值/mm	累计沉降值/mm	监测周期	本次沉降值/mm	累计沉降值/mm
1	0	0	10	−0.9	−2.2
2	0	0	11	0	−2.2
3	−0.4	−0.4	12	0.9	−1.3
4	0.7	0.3	13	−0.1	−1.4
5	0.4	0.7	14	−0.4	−1.8
6	−1	−0.3	15	0	−1.8
7	0.5	0.2	16	−2.4	−4.2
8	−1.3	−1.1	17	−1.7	−5.9
9	−0.2	−1.3			

以本次沉降值为样本，取 $\alpha=2\%$，计算得 $\overline{X}=-1.34$，$t_{\alpha/2}(n-1)=t_{0.99}(16)=2.12$，置信区间上限 $\theta_2=0.2$，下限 $\theta_1=-0.9$。比较监测数据和置信区间上限与下限，知第 4

期、第 5 期、第 6 期、第 7 期、第 8 期、第 12 期、第 16 期、第 17 期数据异常。

基坑开挖初期，地表沉降值较小，与基坑开挖前进行围护桩施工，且先支护后开挖的施工程序有直接关联。因此，基坑开挖初期，地表沉降值应为 0，但第 4 期、第 5 期，反而上升，超出置信区间值，归因于系统误差和偶然误差，观测误差与仪器本身误差之和大于监测点的下沉值；第 6 期、第 7 期，基坑开挖及基坑内降水对地表产生影响，沉降值超出置信区间值，是由观测误差、外界温度、仪器本身误差影响所致；第 12 期，监测值上升并超出置信区间值，系因进行基坑支护，使地表稍有上升趋势，但观测误差、外界温度、仪器本身误差影响使上升值偏大；第 16 期、第 17 期，随着基坑开挖深度增加，因基坑降水，引起基坑周边地表下沉增大，超出置信区间值，产生异常，同时观测误差、外界温度、仪器本身误差影响也对观测值也有一定影响。

采用 Daubechiees 小波进行 4 层分解（图 4－1），将原始沉降数据分解为低频和高频部分，通过选择合适的高频系数阈值和低频系数阈值去噪，将信号和噪声分离，去噪前后曲线如图 4－2 所示。

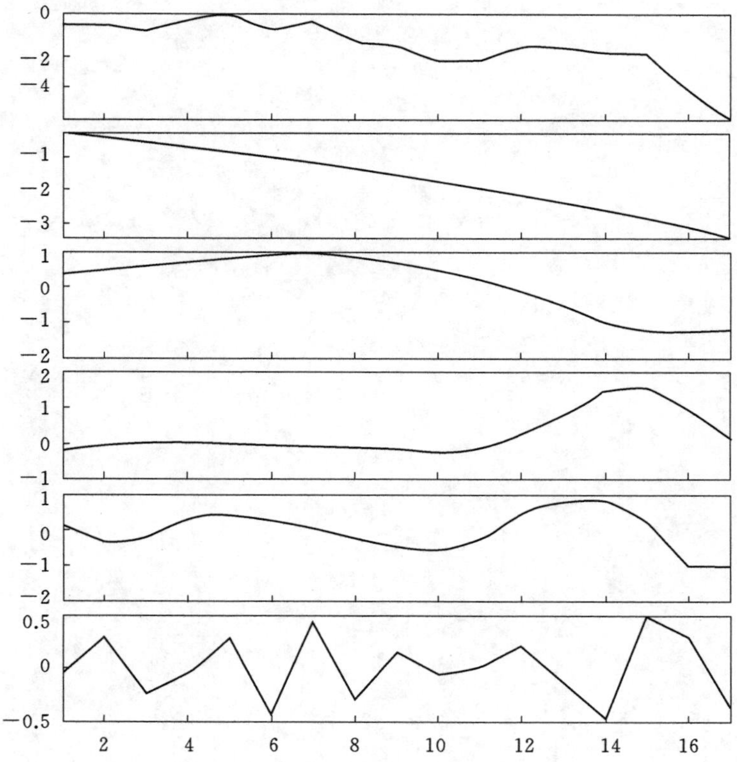

图 4－1　小波分解图

图 4－2 可知，基坑开挖初期，地表沉降值较小，与基坑开挖前围护桩施工、先支护后开挖施工工艺直接相关，因此基坑开挖初期地表沉降值应为 0。此外，原始沉降曲线在 0 上下波动，是由于沉降值比监测误差小，反映偶然误差与系统误差的和。而小波去噪后的曲线，基本是沉降值为 0 直线。应力随着基坑开挖深度增加而增加，围护桩所

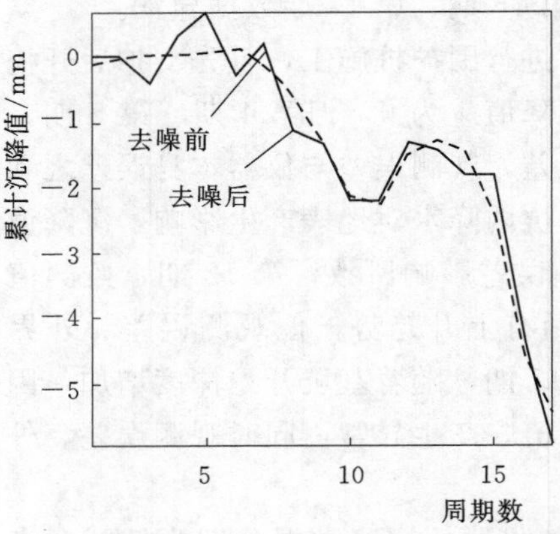

图 4-2　去噪前后沉降曲线图

受侧压力增大，并向基坑内侧移动，从而引起土体向基坑内移动，导致地表下沉。此外，由于基坑降水导致土体疏水固结，引起地表下沉，第5期～第10期反映这种情况。去噪后的沉降曲线与去噪前的原始曲线相比较，更为明显；第10期～第11期，基坑开挖停止，并进行了基坑支护，地表沉降基本停止，与实际情况吻合；第11期～第12期，加强了基坑支护，且这段时间连续降雨，土体饱和导致地表回弹；第12期后，由于基坑开挖与降水，引起周边地表下沉。此外，去噪处理后地表沉降曲线更为光滑，能直观反映出地表的实际沉降规律。

第5章 变形监测预报模型

对变形体的研究既有客观不确定性，也有主观非确定性。客观不确定性包括随机性、模糊性、信息不完备性和信息处理不确定性。客观因素影响和对变形机理认识不足，导致理论分析和模拟的非确定性。针对变形非确定性，许多问题需要做出全局性、综合性分析。因此，系统分析方法已显示出广阔应用前景，包括回归分析理论、Kalman 滤波理论、灰色系统理论、时间序列分析理论、分数维理论、混沌理论、随机介质理论、人工神经网络理论、有限元分析法和反分析法等在内的许多新理论、新方法也被引入到变形监测分析预报中来。

变形监测预计预报主要有三个方面：基于实测数据的预计理论（如回归分析、Kalman 滤波、人工神经网络、时间序列预测、灰色系统、频谱分析）；数值模拟；理论预计模型。

5.1 回归分析法

5.1.1 曲线拟合

曲线拟合是趋势分析法中的一种，又称曲线回归、趋势外推或趋势曲线分析，是研究最多、也最为流行的一种定量预测方法。人们常用各种光滑曲线近似描述事物发展的基本趋势。

$$Y_t = f(t,\theta) + \varepsilon_t$$

式中：Y 为预测对象；ε_t 为预测误差。

根据不同情况和假设，$f(t,\theta)$ 可取不同的形式，其中 θ 代表某些待定参数。典型趋势模型如下：

（1）多项式趋势模型

$$Y_t = a_0 + a_1 t + \cdots + a_n t^n$$

（2）对数趋势模型

$$Y_t = a + b\ln t$$

（3）幂函数趋势模型

$$Y_t = at^b$$

（4）指数趋势模型

$$Y_t = a e^{bt}$$

（5）双曲线趋势模型

$$Y_t = \frac{a+b}{t}$$

（6）修正指数模型

$$Y_t = L - a e^{bt}$$

（7）Logistic 模型

$$Y_t = \frac{L}{1+\mu e^{-bi}}$$

（8）Gompertz 模型

$$Y_t = L\exp[-\beta e^{-\theta t}] \quad \beta>0, \theta>0$$

5.1.2 多元线性回归分析

经典多元线性回归分析法仍广泛应用于变形监测数据处理中。它是研究一个变量（因变量）与多个因子（自变量）之间非确定关系（相关关系）的方法。该方法通过分析所观测的变形（效应量）和外因（原因）之间的相关性，建立数学模型。

$$y_t = \beta_0 + \beta_1 x_{t1} + \beta_2 x_{t2} + \cdots + \beta_p x_{tp} + \varepsilon_t \tag{5-1}$$

$$t = 1, 2, \cdots, n \quad \varepsilon_t \sim N(0, \sigma^2)$$

式中：x 为观测值变量，共有 n 组观测数据；t 为因子个数。

5.1.2.1 建立多元线性回归方程

多元线性回归数学模型见式（5-1），用矩阵表示为

$$\boldsymbol{Y} = \boldsymbol{X\beta} + \boldsymbol{\varepsilon} \tag{5-2}$$

式中：$\boldsymbol{Y}$ 为 n 维变形量的观测向量（因变量），$\boldsymbol{Y} = (y_1 \quad y_2 \quad \cdots \quad y_n)^T$。

$\boldsymbol{X}$ 是一个 $n\times(p+1)$ 维矩阵，其元素可是一般变量的观测值或函数（自变量），其形式为

$$\boldsymbol{X} = \begin{bmatrix} 1 & x_{11} & x_{12} & \cdots & x_{1p} \\ 1 & x_{21} & x_{22} & \cdots & x_{2p} \\ \vdots & \vdots & \vdots & & \vdots \\ 1 & x_{n1} & x_{n2} & \cdots & x_{np} \end{bmatrix}$$

式中：$\boldsymbol{\beta}$ 为待估计参数向量（回归系数向量），$\boldsymbol{\beta} = [\beta_0 \quad \beta_1 \quad \beta_2 \quad \cdots \quad \beta_p]^T$；$\boldsymbol{\varepsilon}$ 为服从同一正态分布 $N(0, \sigma^2)$ 的 n 维随机向量，$\boldsymbol{\varepsilon} = [\varepsilon_1 \quad \varepsilon_2 \quad \cdots \quad \varepsilon_n]^T$。

由最小二乘原理可求估值 $\boldsymbol{\beta}$ 为

$$\hat{\boldsymbol{\beta}}=(\boldsymbol{X}^{\mathrm{T}}\boldsymbol{X})^{-1}\boldsymbol{X}^{\mathrm{T}}\boldsymbol{Y} \tag{5-3}$$

事实上，模型只是对问题初步分析所得的一种假设，在求得多元线性回归方程后，还需对其进行统计检验。

5.1.2.2 回归方程显著性检验

实际上，事先并不能断定因变量 $\boldsymbol{Y}$ 与自变量 x_1，x_2，…，x_p 之间是否具有线性关系。作为一种假设，选用线性回归模型，求得线性回归方程后，需对回归方程进行统计检验，以给出肯定或者否定结论。

如因变量 $\boldsymbol{Y}$ 与自变量 x_1，x_2，…，x_p 之间不存在线性关系，则模型中的 $\boldsymbol{\beta}$ 为零向量，即原假设

$$H_0: \beta_1=0, \beta_2, \cdots, \beta_p=0$$

将此假设作为式（5-1）的约束条件，求得统计量为

$$F=\frac{S_{回}/p}{S_{剩}/(n-p-1)} \tag{5-4}$$

其中 $S_{回}=\sum_{i=1}^{n}(\hat{y}_i-\overline{y})^2$（回归平方和）

$$S_{剩}=\sum_{i=1}^{n}(y_i-\hat{y}_i)^2 \text{（剩余平方和或残差平方和）}$$

$$\overline{y}=\frac{1}{n}\sum_{i=1}^{n}y_i$$

如果原假设成立，统计量 F 应服从 $F(p, n-p-1)$ 分布，在选择显著水平 α 后，用式（5-5）检验原假设，即

$$p\{|F| \geqslant F_{1-\alpha,p,n-p-1} | H_0\}=\alpha \tag{5-5}$$

若式（5-5）成立，即认为在显著水平 α 下，$\boldsymbol{Y}$ 对 x_1，x_2，…，x_p 有显著的线性关系，回归方程显著。

5.1.2.3 回归系数显著性检验

回归方程显著，并不意味着每个自变量 x_1，x_2，…，x_p 对因变量 $\boldsymbol{Y}$ 的影响都显著。要从回归方程中剔除那些可有可无的变量，建立更为简单的线性回归方程。如某个变量 x_j 对 $\boldsymbol{Y}$ 的作用不显著，则式（5-1）的系数 β_j 应该取为零。因此，检验因子 x_j 是否显著的原假设为

$$H_0: \beta_1=0$$

由式（5-1）可估算求得

$$E(\hat{\beta}_j)=\beta_j$$

$$D(\hat{\beta}_j)=c_{jj}\sigma^2$$

式中：c_{jj} 为矩阵 $(\boldsymbol{x}^{\mathrm{T}}\boldsymbol{x})^{-1}$ 的主对角线上第 j 个元素。

在原假设成立时，统计量为

$$\frac{\hat{\beta}_j-\beta_j}{\sqrt{c_{jj}\sigma^2}} \sim N(0,1)$$

$$\frac{(\hat{\beta}_j-\beta_j)^2}{c_{jj}\sigma^2} \sim \chi^2(1)$$

$$S_{剩}/\sigma^2 \sim \chi^2(n-p-1)$$

据此可组成检验原假设的统计量为

$$\frac{\hat{\beta}_j^2/c_{jj}}{S_{剩}/(n-p-1)} \sim F(1, n-p-1)$$

在原假设成立时，统计量服从 $F_{1-\alpha}(1,\ n-p-1)$ 分布。分子 $\hat{\beta}_j^2/c_{jj}$ 通常称为因子 x_j 的偏回归平方和。选择显著水平 α，由表查得分位值 $F_{1-\alpha}$（1，$n-p-1$）；若统计量 $|F|>F_{1-\alpha}(1,n-p-1)$，则认为回归系数 $\hat{\beta}_j$ 在 $1-\alpha$ 的置信度下显著，否则不显著。

在进行回归因子显著性检验时，由于各因子之间的相关性，当从原回归方程中剔除一个变量时，其他变量的回归系数将会发生变化，有时甚至会引起符号的变化。因此，对回归系数进行一次检验后，只能剔除其中的一个因子，然后重新建立新的回归方程，再对新的回归系数逐个进行检验，重复以上过程，直到余下的回归系数都显著为止。

5.1.3 逐步回归计算

逐步回归计算建立在 F 检验的基础上，逐个接纳显著因子进入回归方程。当回归方程中接纳一个因子后，由于因子之间的相关性，会使原已在回归方程中的其他因子变得不显著，需从回归方程中剔除。所以在接纳一个因子后，必须对已在回归方程中的所有因子的显著性进行 F 检验，剔除不显著因子，直到无不显著因子后，再对未选入回归方程的因子，用 F 检验来确定是否接纳进入回归方程（一次只接纳一个）。反复运用 F 检验，进行剔除和接纳，直到获得最佳回归方程。

逐步回归计算过程如下：

(1) 通过定性分析得到因变量 $\boldsymbol{Y}$ 的 t 个影响因子，分别对 t 个影响因子建立一元线性回归方程，求得相应的残差平方和 $S_{剩}$，选择 $S_{剩}$ 中的最小者所对应的因子，作为第一个因子，入选回归方程，对该因子进行 F 检验，当其影响显著时，接纳该因子进入回归方程。

(2) 对余下的（$t-1$）个因子，分别依次选一个，建立二元线性方程［共有（$t-1$）个］，计算其残差平方和及偏回归平方和，选择与 $\max(\hat{\beta}_j^2/c_{jj})$ 对应的因子为预选因子，做 F 检验，若影响显著，则接纳该因子进入回归方程。

(3) 按与 (2) 相同的方法选第三个因子，则共可建立（$t-2$）个三元线性回归方程，计算其残差平方和及各因子的偏回归平方和。同样，选择 $\max(\hat{\beta}_j^2/c_{jj})$ 的因子为预选因子，做 F 检验，若影响显著，则接纳该因子进入回归方程。在选入第三个因子后，对已入选回归方程的因子应重新进行显著性检验，将检验的不显著因子从回归方程中剔除，然后继续检验已入选回归方程因子的显著性。

(4) 确认选入回归方程的因子均为显著因子后，继续从未选入因子中挑选显著因子进入回归方程，方法与步骤 (3) 相同。反复运用 F 检验进行因子剔除与接纳，直至获得所需回归方程。

应用于变形监测据处理与变形预报的多元线性回归分析，主要包括两个方面：①变形成因分析，当式（5-1）中的自变量 x_{t1}，x_{t2}，…，x_{tp} 为因变量的各个不同影响因子时，式（5-1）可用来分析与解释变形因果关系；②变形预测预报，当式（5-1）中的自变量 x_{t1}，x_{t2}，…，x_{tp} 在 t 时刻的值为已知值或可观测值时，式（5-2）可预测变形体在同一时刻的变形大小。

由于式（5-1）中自变量 $x_{ti}(i=1, 2, \cdots, p)$ 是确定性因素，$\{y_t\}$ 的统计性质由 $\{\varepsilon_t\}$ 确定，$\{y_t\}$ 序列彼此独立，都是同一样本的不同次独立随机抽样值；式（5-1）反映了变形值相对于自变量 $x_{ti}(i=1, 2, \cdots, p)$ 在同一时刻的相关性，而没有反映变形观测序列的时序性、相互依赖性及变形的持续性。因此，多元线性回归分析应用于变形监测数据处理是一种静态数据处理方法，所建立模型是静态模型。

5.2 Kalman 滤波模型

5.2.1 数学模型概述

Kalman 滤波技术是一种递推式滤波算法，是一种对动态系统进行实时数据处理的有效方法。就预测预报而言，通俗地讲，就是根据前一时刻系统状态和相关信息建立一个预测函数，对系统下一时刻的状态进行估计，同时用下一时刻的观测值去修正这个预测函数的相关参数以用于后续预测。

对于动态系统，Kalman 滤波采用递推方式，借助于系统本身的状态转移矩阵和观测资料，实时最优估计系统状态，并能对未来时刻系统的状态进行预报。因此，这种方法可用于动态系统的实时控制和快速预报。

Kalman 滤波的数学模型包括状态方程（也称动态方程）和观测方程两部分，其离散化形式为

$$
\begin{aligned}
\boldsymbol{X}_k &= \boldsymbol{\phi}_{k/k-1}\boldsymbol{X}_{k-1} + \boldsymbol{\psi}_{k/k-1}\boldsymbol{U}_{k-1} + \boldsymbol{W}_{k-1} \\
\boldsymbol{L}_k &= \boldsymbol{H}_k\boldsymbol{X}_k + \boldsymbol{V}_k
\end{aligned}
\tag{5-6}
$$

式中：$\boldsymbol{X}_k$ 为 t_k 时刻系统的状态向量；$\boldsymbol{L}_k$ 为 t_k 时刻对系统的观测向量；$\boldsymbol{\phi}_{k/k-1}$ 为时间 t_{k-1} 至 t_k 的系统状态转移矩阵；$\boldsymbol{\psi}_{k/k-1}$ 为状态控制矩阵；$\boldsymbol{U}_{k-1}$ 为状态控制向量；$\boldsymbol{W}_{k-1}$ 为 t_{k-1} 时刻的动态噪声；$\boldsymbol{H}_k$ 为 t_k 时刻的观测矩阵；$\boldsymbol{V}_k$ 为 t_k 时刻的观测噪声。

在很多情况下，状态控制矩阵和状态控制向量可以省略，而噪声有时也是可忽略选项。

例如，将一物体以初速度 v_0 从地面垂直上抛，以在时刻 t_k 物体的瞬时速度为 v_k，观测物体离地面的距离得到观测值 s_k。对于该系统而言，定义系统状态包括物体离地面的距离和物体的运动速度，即

$$
\boldsymbol{X}_k = \begin{bmatrix} s_k \\ v_k \end{bmatrix}
$$

设重力加速度为 g，建立（$k-1$）时刻与 k 时刻物体离地面距离、瞬时速度的关系，即动态方程为

$$
\begin{aligned}
s_k &= s_{k-1} + v_{k-1}(t_k - t_{k-1}) - \frac{1}{2}g(t_k - t_{k-1})^2 \\
v_k &= v_{k-1} - g(t_k - t_{k-1})
\end{aligned}
$$

或者写为

$$X_k=\begin{bmatrix}1 & t_k-t_{k-1}\\0 & 1\end{bmatrix}\begin{bmatrix}s_{k-1}\\v_{k-1}\end{bmatrix}+\begin{bmatrix}\frac{1}{2}(t_k-t_{k-1})^2\\t_k-t_{k-1}\end{bmatrix}(-g)=\phi_{k/k-1}X_{k-1}+\psi_{k/k-1}U_{k-1} \tag{5-7}$$

在 k 时刻，观测到了物体距离地面的距离 s_k，所以观测方程可以写为

$$L_k=s_k+\Delta_k=[1\quad 0]\begin{bmatrix}s_k\\v_k\end{bmatrix}+\Delta_k=H_kX_k+\Delta_k \tag{5-8}$$

所以式（5－7）、式（5－8）就是这个上抛物体运动系统的状态方程与观测方程。

在 Kalman 滤波模型中，若 $\boldsymbol{W}$ 和 $\boldsymbol{V}$ 满足统计特性，则

$$E(W_k)=0,E(V_k)=0$$

$$\text{Cov}(W_k,W_j)=Q_k\delta_{kj},\text{Cov}(V_k,V_j)=R_k\delta_{kj},\text{Cov}(W_k,V_j)=0$$

式中：$\boldsymbol{Q}_k$、$\boldsymbol{R}_k$ 为动态噪声和观测噪声的方差阵；δ_{kj} 为 Kronecker 函数，即

$$\delta_{kj}=\begin{cases}1,k=j\\0,k\neq j\end{cases} \tag{5-9}$$

可推导得到 Kalman 滤波递推公式为

（1）状态预报

$$\hat{\boldsymbol{X}}_{k/k-1}=\boldsymbol{\phi}_{k/k-1}\hat{\boldsymbol{X}}_{k-1}+\boldsymbol{\psi}_{k/k-1}\boldsymbol{U}_{k-1} \tag{5-10}$$

（2）状态协方差阵预报

$$\boldsymbol{P}_{k/k-1}=\boldsymbol{\phi}_{k/k-1}\boldsymbol{P}_{k-1}\boldsymbol{\phi}_{k/k-1}^{\mathrm{T}}+\Gamma_{k-1}Q_{k-1}\Gamma_{k-1}^{\mathrm{T}} \tag{5-11}$$

（3）状态估计

$$\hat{\boldsymbol{X}}_k=\hat{\boldsymbol{X}}_{k/k-1}+\boldsymbol{K}_k(\boldsymbol{L}_k-\boldsymbol{H}_k\hat{\boldsymbol{X}}_{k/k-1}) \tag{5-12}$$

（4）状态协方差阵估计

$$\boldsymbol{P}_k=(\boldsymbol{I}-\boldsymbol{K}_k\boldsymbol{H}_k)\boldsymbol{P}_{k/k-1} \tag{5-13}$$

其中 $\boldsymbol{K}_k$ 为滤波增益矩阵（也称修正矩阵），其具体形式为

$$\boldsymbol{K}_k=\boldsymbol{P}_{k/k-1}\boldsymbol{H}_k^{\mathrm{T}}(\boldsymbol{H}_k\boldsymbol{P}_{k/k-1}\boldsymbol{H}_k^{\mathrm{T}}+\boldsymbol{R}_k)^{-1} \tag{5-14}$$

由式（5－10）可知，当已知 t_{k-1} 时刻动态系统的状态 $\hat{X}_{k-1}$ 时，不考虑动态噪声（$W_{k-1}=0$）的情况下，即可得到下一时刻 t_k 的状态预报值 $\hat{X}_{k/k-1}$。而由式（5－12）知，在 t_k 时刻对系统进行观测 L_k 后，可利用该观测量对预报值进行修正，得到 t_k 时刻系统的状态估计（滤波值）$\hat{X}_k$，如此反复，进行递推式预报与滤波。因此，给定初始值 $\hat{X}_0$、$\hat{P}_0$ 后，可依据式（5－10）～式（5－14）进行递推计算，实现滤波或预测的目的。

5.2.2 Kalman 滤波模型的计算步骤

以前述垂直上抛物体的例子，说明 Kalman 滤波进行预测和计算过程。物体以初速度 51m/s 从地面垂直上抛，在时刻 t_k 观测到物体离地面的距离 s_k，得观测值 L_k 见表 5－1，

设不考虑动态噪声，求各时刻 t_k 物体离地面的距离及其速度的估值。其中观测误差为白噪声，方差 $P_{\Delta_k}=1$，系统初始状态及其先验方差为

$$\hat{\boldsymbol{X}}_0=\begin{bmatrix}\hat{s}_0\\ \hat{v}_0\end{bmatrix}=\begin{bmatrix}0\\ 51\end{bmatrix},\boldsymbol{D}_{X_0}=\begin{bmatrix}15 & 0\\ 0 & 1\end{bmatrix}$$

表 5-1　　　　垂直上抛物体的观测值

t_k/s	0.0	1.0	2.0	3.0	4.0	5.0	6.0	7.0	8.0	9.0
L_k/m	0.0	45.3	80.1	105.8	121.7	127.8	123.9	109.5	85.5	52.3

由式（5-7)、式（5-8）所述建立状态方程与观测方程为

$$\begin{aligned}\boldsymbol{X}_k&=\boldsymbol{\phi}_{k/k-1}\boldsymbol{X}_{k-1}+\boldsymbol{\psi}_{k/k-1}\boldsymbol{U}_{k-1}\\ &=\begin{bmatrix}1 & t_k-t_{k-1}\\ 0 & 1\end{bmatrix}\begin{bmatrix}s_{k-1}\\ v_{k-1}\end{bmatrix}+\begin{bmatrix}\frac{1}{2}(t_k-t_{k-1})^2\\ t_k-t_{k-1}\end{bmatrix}(-g)\\ &=\begin{bmatrix}1 & 1\\ 0 & 1\end{bmatrix}\begin{bmatrix}s_{k-1}\\ v_{k-1}\end{bmatrix}-g\begin{bmatrix}0.5\\ 1\end{bmatrix}\end{aligned}$$

在 k 时刻，观测到了物体距离地面的距离 s_k，所以观测方程可以写为

$$\boldsymbol{L}_k=\boldsymbol{H}_k\boldsymbol{X}_k+\boldsymbol{\Delta}_k=[1\quad 0]\begin{bmatrix}s_k\\ v_k\end{bmatrix}+\Delta_k$$

(1) 计算预报值为（$g=9.81\text{m/s}^2$）

$$\hat{\boldsymbol{X}}_{1/0}=\begin{bmatrix}1 & 1\\ 0 & 1\end{bmatrix}\begin{bmatrix}\hat{s}_0\\ \hat{v}_0\end{bmatrix}-g\begin{bmatrix}0.5\\ 1\end{bmatrix}=\begin{bmatrix}1 & 1\\ 0 & 1\end{bmatrix}\begin{bmatrix}0\\ 51\end{bmatrix}-9.81\begin{bmatrix}0.5\\ 1\end{bmatrix}=\begin{bmatrix}46.095\\ 41.190\end{bmatrix}$$

(2) 计算预报值的方差为（$g=9.81\text{m/s}^2$）

$$\boldsymbol{P}_{k/k-1}=\boldsymbol{\phi}_{k/k-1}\boldsymbol{P}_{k-1}\boldsymbol{\phi}_{k/k-1}^{\mathrm{T}}=\begin{bmatrix}1 & 1\\ 0 & 1\end{bmatrix}\begin{bmatrix}15 & 0\\ 0 & 1\end{bmatrix}\begin{bmatrix}1 & 0\\ 1 & 1\end{bmatrix}=\begin{bmatrix}16 & 0\\ 0 & 1\end{bmatrix}$$

(3) 计算修正矩阵为

$$\begin{aligned}\boldsymbol{K}_k&=\boldsymbol{P}_{k/k-1}\boldsymbol{H}_k^{\mathrm{T}}(\boldsymbol{H}_k\boldsymbol{P}_{k/k-1}\boldsymbol{H}_k^{\mathrm{T}}+\boldsymbol{R}_k)^{-1}\\ &=\begin{bmatrix}16 & 0\\ 0 & 1\end{bmatrix}\begin{bmatrix}1\\ 0\end{bmatrix}\left([1\quad 0]\begin{bmatrix}16 & 0\\ 0 & 1\end{bmatrix}\begin{bmatrix}1\\ 0\end{bmatrix}+1\right)^{-1}\\ &=\begin{bmatrix}0.941\\ 0.059\end{bmatrix}\end{aligned}$$

(4) 基于修正矩阵计算估计值（滤波值）为

$$\begin{aligned}\hat{\boldsymbol{X}}_1&=\hat{\boldsymbol{X}}_{1/0}+\boldsymbol{K}_0(\boldsymbol{L}_0-\boldsymbol{H}_0\hat{\boldsymbol{X}}_{1/0})\\ &=\begin{bmatrix}0\\ 51\end{bmatrix}+\begin{bmatrix}0.941\\ 0.059\end{bmatrix}\left(45.3-[1\quad 0]\begin{bmatrix}46.095\\ 41.190\end{bmatrix}\right)=\begin{bmatrix}45.3\\ 41.1\end{bmatrix}\end{aligned}$$

(5) 计算估值方差，为进行下一次预测作准备，即

$$\boldsymbol{P}_1=(\boldsymbol{I}-\boldsymbol{K}_1\boldsymbol{H}_1)\boldsymbol{P}_{1/0}=\left[\begin{bmatrix}1&0\\0&1\end{bmatrix}-\begin{bmatrix}0.941\\0.059\end{bmatrix}\begin{bmatrix}1&0\end{bmatrix}\right]\begin{bmatrix}16&0\\0&1\end{bmatrix}=\begin{bmatrix}0.91&0.06\\0.06&0.94\end{bmatrix}$$

按以上步骤重复，可求得各时刻的估值及方差。需要说明的是，在上述计算过程中，$\hat{X}_{1/0}$是基于 t_0 时刻得到的 t_1 时刻的预测值，而$\hat{X}_1$ 是在得到了 t_1 时刻的观测值后对系统状态的修正，即估值。所以在变形监测中应用 Kalman 滤波模型，可以基于某一时刻的变形信息预测下一时刻的变形量，同时在下一时刻观测后对其修正，继续延续这个预测过程。

5.3 人工神经网络模型

人工神经网络是由大量简单的处理单元（称为神经元或节点）广泛地互相连接而形成的复杂网络系统，反映人脑功能的许多特征，是一个高度复杂的非线性系统。神经网络具有大规模并行，分布式存储和处理，自组织、自适应和自学习能力的特点，尤其是在包含多因素、不精确和模糊的信息问题处理方面，具有优势。神经网络的发展与神经科学、数理科学、计算机科学、人工智能、信息科学等有关，具有显著的学科交叉特色。

5.3.1 神经网络模型原理概述

人脑由大量神经元组成，神经元是脑组织的基本单元。每个神经元具有 $10^2\sim10^4$ 个突触与其他神经元相互连接，形成错综复杂而又灵活多变的神经网络。如图 5-1 所示，神经元由细胞体、树突和轴突构成。细胞体是神经元的代谢中心，每个细胞体有大量的树突和轴突，不同神经元的轴突与树突连接部分为突触，突触决定神经元之间的连接强度和作用性质，不同神经元胞体是非线性输入、输出单元。

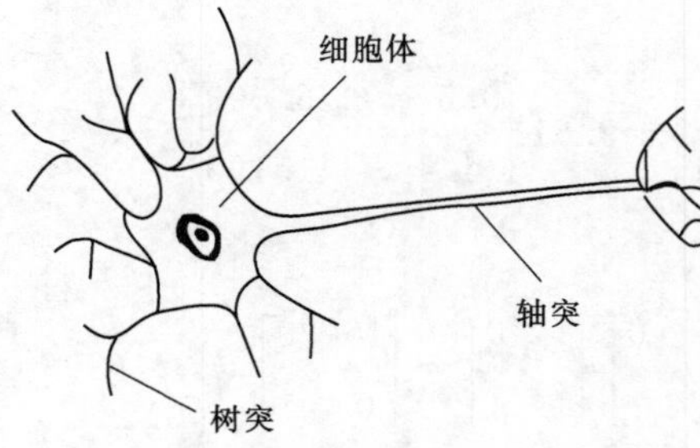

图 5-1 生物神经元示意图

胞体一般生长有很多树突，是神经元的主要接收器。轴突末端有很多末梢，末梢与另一个神经元的树突相连，起传递信息作用。信息经轴突传给末梢，通过突触对后面神经元产生影响。当传入信息使细胞膜电位升高，超过被称为动作电位的阈值时，细胞进入兴奋状态，产生神经冲动，由突触输出，称为兴奋；否则，突触无输出，神经元的工作状态为抑制。由于神经元结构的可塑性，突触的传递作用可增强、减弱和饱和，因此细胞具有相应的学习功能、遗忘或饱和效应。

人工神经网络是通过模仿人脑神经的活动，建立脑神经活动的数学模型。人工神经元是神经网络的基本处理单元，是对生物神经元的简化和模拟。图 5-2 是一种简化的神经元结构。

从图 5-2 可见，它是一个多输入、单输出的非线性单元，其中 $x_i(i=1,2,\cdots,n)$ 是神经元的输入，代表来自前面 n 个神经元的信息；θ 为神经元的阈值，权系数 $\omega_j(j=1,$

$2,\cdots,n$）表示连接强度，说明突触的负载；y_i 是神经元的输出；$f(x)$ 是传递函数或激发函数。其输入输出关系为

$$\left.\begin{aligned} I &= \sum_{j=1}^{n} \omega_j x_j - \theta \\ y &= f(I) \end{aligned}\right\} \tag{5-15}$$

神经元之间传递函数有多种形式，其中最常见的是阶跃型、饱和型和 S 型，如图 5-3 所示。

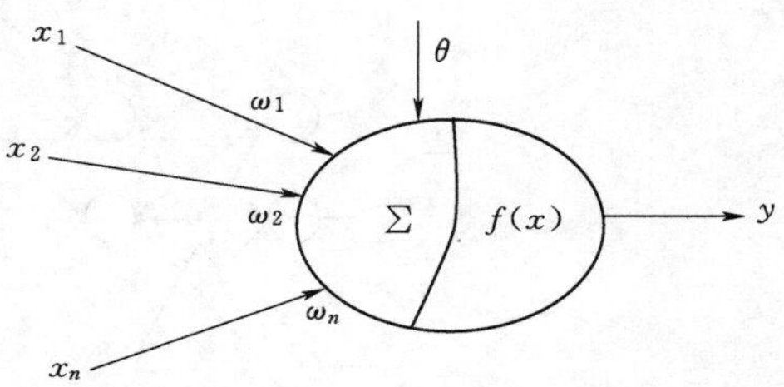

图 5-2　神经元的数学模型

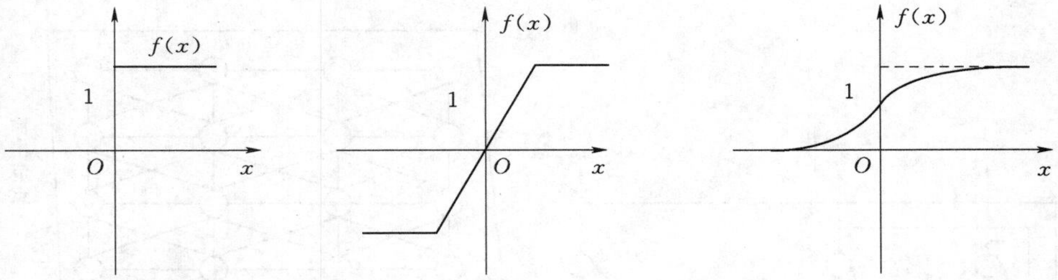

(a) 阶跃型　(b) 饱和型　(c) S 型

图 5-3　常见传递函数形式

（1）阶跃型传递函数，如图 5-3（a）所示。输出是点位脉冲，这种激发函数的神经元称离散输出模型，即

$$f(x)=\begin{cases}1, x\geqslant 0\\ 0, x<0\end{cases} \tag{5-16}$$

（2）饱和型传递函数，如图 5-3（b）所示。在［−1　1］内，其输出与输入的综合作用成正比，这种神经元称饱和型传递模型，即

$$f(x)=\begin{cases}1, & x\geqslant \dfrac{1}{k}\\ kx, & -\dfrac{1}{k}\leqslant x<\dfrac{1}{k}\\ -1, & x<-\dfrac{1}{k}\end{cases} \tag{5-17}$$

（3）S 型传递函数，如图 5-3（c）所示。其输出非线性，故这种神经元称非线性连续型模型，即

$$f(x)=\frac{1}{1+e^{-x}} \tag{5-18}$$

根据连接方式不同，神经网络可分为无反馈的前向神经网络和相互连接型网络。从信息传递规律看，现有神经网络可分为三大类，即前向神经网络、反馈型神经网络和自组织特征映射神经网络，分别如图 5-4、图 5-5 和图 5-6 所示。

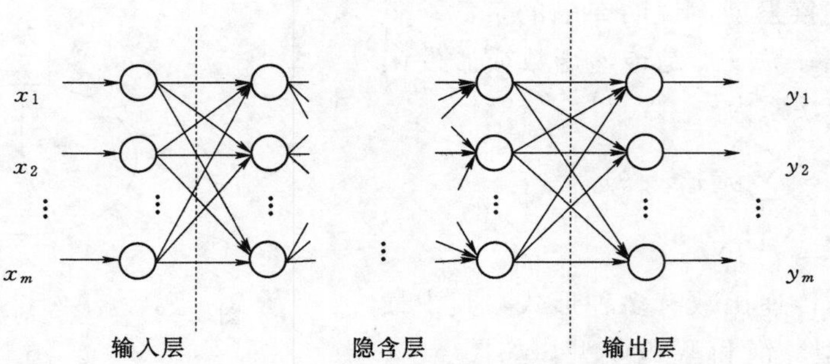

图 5-4　前向神经网络

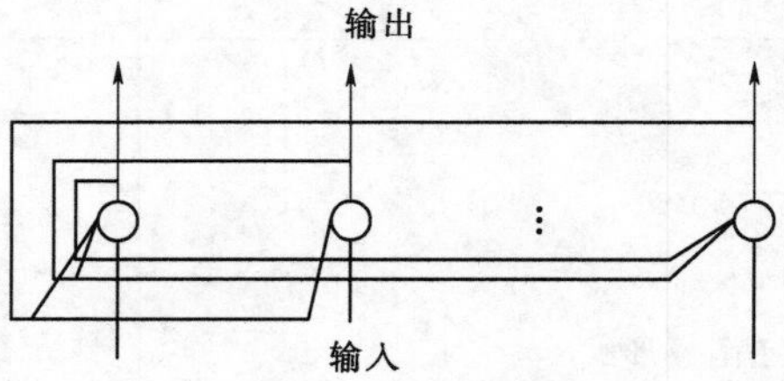

图 5-5　反馈型神经网络

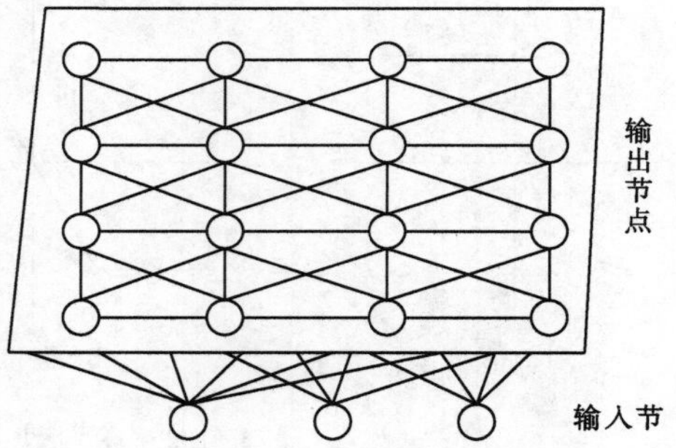

图 5-6　自组织特征映射神经网络

神经网络发展几十年来，已形成了诸多网络模型，其中代表性的有：BP 网络、GMDH 网络、径向基函数 RBF、感知器、Hopfield 神经网络、自适应网络、自组织映射（SOM），以及小波神经网络、概率神经网络等。目前，人工神经网络的实际应用中，绝大部分的神经网络模型采用 BP 网络或其变化形式，它是前向网络的核心部分。

5.3.2　BP 神经网络学习过程

神经网络的学习是为了计算、更新神经网络的权值和阈值，以使得输入相应自变量参数，经过网络处理后能够得到期望的输出。可分为有导师学习和无导师学习。

有导师学习也称监督学习，采用纠错规则，在学习过程中需不断地给网络成对提供输入信号和期望网络正确输出的信号（导师信号）。将实际输出同期望输出进行比较，然后应用学习规则调整权值和阈值，使网络输出接近于期望值。当网络对给定输入能产生所期望的输出时，视为网络在导师的训练下学会了训练数据中包含的知识和规则。

无导师学习也称无监督学习。学习过程中需要不断地给网络提供动态输入信息，网络在输入信息中发现可能存在的模式和规律，同时根据网络的功能和输入信息调整权值和阈值，这个过程称为网络自学习。网络外部指导信息越多，网络学习掌握的知识越多，发现规律的能力越强，解决问题能力也越强。

BP 网络是在多层感知器的基础上增加误差反向传播信号，处理非线性信息。设一个简单的三层 BP 网络如图 5-7 所示，输入层有 M 个节点，输出层有 L 个节点，隐含层只有一层，具有 N 个节点，一般情况下 $N>M>L$。设输入层神经节点的输出为 a_i（$i=1$,

2,…,M)；隐含层神经节点的输出为 a_j ($j=1,2,\cdots,N$)；输出层神经节点的输出为 y_k($k=1,2,\cdots,L$)；期望的网络输出为 y_p。

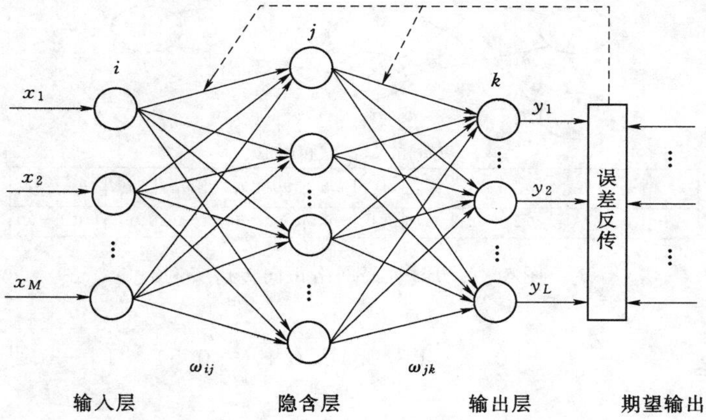

图 5-7 三层 BP 网络

5.3.2.1 正向传播过程

隐含层的第 j 个神经元的输入为

$$net_j=\sum_{i=1}^{M}\omega_{ij}a_i-\theta_j,j=1,2,\cdots,N \tag{5-19}$$

式中：ω_{ij} 为输入层第 i 个神经元到隐含层第 j 个神经元连接的权值；a_i 为输入层第 i 个神经元的输出，这里 $a_i=x_i$，θ_j 为第 j 个节点的阈值。

选择 S 型传递函数，对应的隐含层第 j($j=1,2,\cdots,N$) 个神经元的输出为

$$a_j=f(net_j)=\frac{1}{1+\exp(-net_j)}=\frac{1}{1+\exp\left(-\sum_{i=1}^{M}\omega_{ij}a_i+\theta_j\right)} \tag{5-20}$$

输出层第 k 个节点的输入为

$$net_k=\sum_{j=1}^{N}\omega_{jk}a_j-\theta_k,j=1,2,\cdots,N;k=1,2,\cdots,L \tag{5-21}$$

式中：ω_{jk} 为前一层第 j 个神经元与输出层第 k 个神经元连接的权值；θ_k 为第 k 个节点的阈值。

对应的输出层第 k($k=1,2,\cdots,L$) 个神经元的输出为

$$y_k=f(net_k)=\frac{1}{1+\exp(-net_k)}=\frac{1}{1+\exp\left(-\sum_{j=1}^{N}\omega_{jk}a_j+\theta_k\right)} \tag{5-22}$$

以上为 BP 神经网络的正向传播过程。下面以一个例子（图 5-8）来说明正向传播过程。

该神经网络为 3 层，输入层、隐含层和输出层分别有 3 个、2 个、1 个神经元，具体连接权重与阈值信息如图 5-8 所示。

以隐含层“4”号神经元为例，其输入为

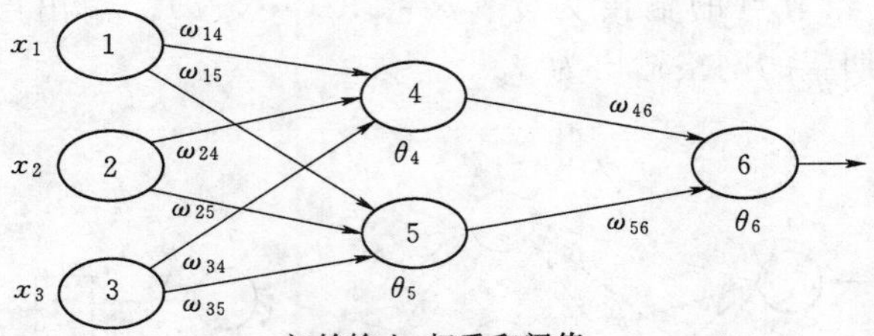

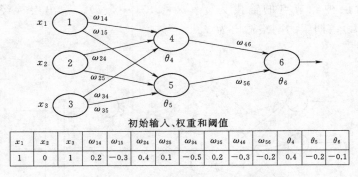

初始输入、权重和阈值

x_1	x_2	x_3	ω_{14}	ω_{15}	ω_{24}	ω_{25}	ω_{34}	ω_{35}	ω_{46}	ω_{56}	θ_4	θ_5	θ_6
1	0	1	0.2	−0.3	0.4	0.1	−0.5	0.2	−0.3	−0.2	0.4	−0.2	−0.1

图 5-8　BP 神经网络正向传播实例

$$net_4 = \sum_{i=1}^{3} \omega_{i4} x_i - \theta_4 = [0.2 \times 1 + 0.4 \times 0 + (-0.5) \times 1] - 0.4 = -0.7$$

其输出为

$$a_4 = f(net_j) = \frac{1}{1+\exp(-net_4)} = 1/(1+e^{0.7}) = 0.332$$

类似的，该神经网络神经元的输入输出情况如图 5-9 所示。

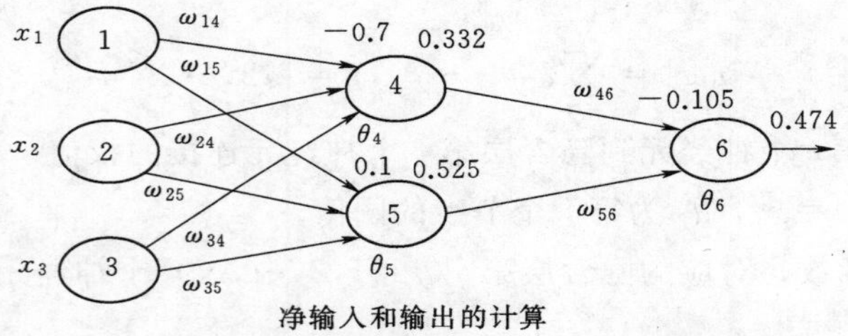

净输入和输出的计算

单元 i	净输入 I_j	净输出 O_j
4	0.2+0−0.5−0.4=−0.7	$1/(1+e^{0.7})=0.332$
5	−0.3+0+0.2+0.2=0.1	$1/(1+e^{0.1})=0.525$
6	−(0.3)(0.332)−(0.2)(0.525)+0.1=−0.105	$1/(1+e^{0.105})=0.474$

图 5-9　神经网络神经元的输入输出情况

对于该实例来说，神经网络输出层的“6”号神经元的输出为 $y=0.474$，如果想让该神经元的输出接近于期望输出 $y_p=1$，那么就要调整该神经网络中的相关参数，BP 神经网络通过反向传播过程来进行参数调整，即平常所说的神经网络的“学习”和“训练”。

5.3.2.2　反向传播过程

所谓反向传播，即把误差信号按原来正向传播的通路反向传回，并对各层间的各神经元连接的权值及各神经元阈值进行修改，以使误差信号趋向最小。这里的误差指的是神经元的输出值与期望输出值之差的函数。

定义每一样本的输入输出模式对应的二次型误差函数为

$$E_p = \frac{1}{2} \sum_{k=1}^{L} (y_{pk} - a_{pk})^2 \tag{5-23}$$

其中 y_{pk} 为期望输出，a_{pk} 为节点实际输出则系统的误差代价函数为

$$E=\sum_{p=1}^{P}E_p=\frac{1}{2}\sum_{p=1}^{P}\sum_{k=1}^{L}(y_{pk}-a_{pk})^2 \tag{5-24}$$

式中：P、L 为样本模式对数和网络输出节点数。

当计算输出层节点时，$a_{pk}=y_k$，网络训练原则使 E 在每个训练循环按梯度下降，则权系数修正公式为

$$\Delta\omega_{jk}=-\eta\frac{\partial E_p}{\partial\omega_{jk}}=-\eta\frac{\partial E}{\partial\omega_{jk}} \tag{5-25}$$

若 net_k 指输出层第 k 个节点的输入网络，η 为按梯度搜索的步长，$0<\eta<1$，则

$$\frac{\partial E}{\partial\omega_{jk}}=\frac{\partial E}{\partial net_k}\frac{\partial net_k}{\partial\omega_{jk}}=\frac{\partial E}{\partial net_k}a_j \tag{5-26}$$

定义输出层的反传误差信号为

$$\delta_k=-\frac{\partial E}{\partial net_k}=-\frac{\partial E}{\partial y_k}\frac{\partial y_k}{\partial net_k}=(y_{pk}-y_k)\frac{\partial f(net_{jk})}{\partial net_k}=(y_{pk}-y_k)f'(net_k) \tag{5-27}$$

于是式（5-25）可改写为

$$\Delta\omega_{jk}=\eta\delta_k a_j \tag{5-28}$$

同理，类似地可得神经元的阈值修正公式为

$$\Delta\theta_k=-\eta\frac{\partial E_p}{\partial\theta_k}=-\eta\frac{\partial E}{\partial\theta_k}=-\eta\delta_k \tag{5-29}$$

对式（5-20）两边求导，有

$$f'(net_k)=f(net_k)[1-f(net_k)]=y_k(1-y_k) \tag{5-30}$$

将式（5-30）代入式（5-27），可得

$$\delta_k=y_k(1-y_k)(y_{pk}-y_k),k=1,2,\cdots,L \tag{5-31}$$

当计算隐含层节点时，$a_{pk}=a_j$，则权系数修正公式为

$$\Delta\omega_{ij}=-\eta\frac{\partial E_p}{\partial\omega_{ij}}=-\eta\frac{\partial E}{\partial\omega_{ij}} \tag{5-32}$$

$$\frac{\partial E}{\partial\omega_{ij}}=\frac{\partial E}{\partial net_j}\frac{\partial net_j}{\partial\omega_{ij}}=\frac{\partial E}{\partial net_j}a_i \tag{5-33}$$

定义隐含层的反传误差信号为

$$\delta_j=-\frac{\partial E}{\partial net_j}=-\frac{\partial E}{\partial a_j}\frac{\partial a_j}{\partial net_j}=-\frac{\partial E}{\partial a_j}f'(net_j) \tag{5-34}$$

$$-\frac{\partial E}{\partial a_j}=-\sum_{k=1}^{L}\frac{\partial E}{\partial net_k}\frac{\partial net_k}{\partial a_j}=\sum_{k=1}^{L}\left(-\frac{\partial E}{\partial net_k}\right)\frac{\partial}{\partial a_j}\sum_{j=1}^{N}\omega_{jk}a_j=\sum_{k=1}^{L}\left(-\frac{\partial E}{\partial net_k}\right)\omega_{jk}=\sum_{k=1}^{L}\delta_k\omega_{jk} \tag{5-35}$$

又由于

$$f'(net_j)=a_j(1-a_j)$$

所以隐含层的误差反传信号为

$$\delta_j=a_j(1-a_j)\sum_{k=1}^{L}\delta_k\omega_{jk} \tag{5-36}$$

于是式（5－32）可改写为

$$\Delta\omega_{ij}=\eta\delta_j a_i \tag{5-37}$$

同理，类似地可得阈值修正公式为

$$\Delta\theta_j=-\eta\frac{\partial E_p}{\partial\theta_j}=-\eta\frac{\partial E}{\partial\theta_j}=-\eta\delta_j \tag{5-38}$$

为更具体地阐述反向传播过程，仍以图5－8的神经网络实例来说明，在正向传播过程得到图5－9的结果后，若期望输出 $y_p=1$，则输出层的误差反传信号为

$$\delta_6=y(1-y)(y_p-y)=0.474(1-0.474)(1-0.474)=0.1311$$

隐含层各节点的误差反传信号为

$$\delta_4=a_4(1-a_4)\delta_6\omega_{46}=0.332(1-0.332)[0.1311\times(-0.3)]=-0.0087$$

$$\delta_5=a_5(1-a_5)\delta_6\omega_{46}=0.525(1-0.525)[0.1311\times(-0.2)]=-0.0065$$

在取 $\eta=0.9$ 且不考虑学习速率系数 α 的情况下，隐含层连接输出层的权值修正值为

$$\Delta\omega_{46}=\eta\delta_4 a_4=0.9\times0.1311\times0.332=0.261$$

$$\Delta\omega_{56}=\eta\delta_5 a_5=0.9\times0.1311\times0.525=0.138$$

修正后的权值为原权值加上修正值。输出层的阈值修正值为

$$\Delta\theta_6=-\eta\delta_6=-0.9\times0.1311=-0.118$$

输入层连接隐含层的权值修正值及阈值修正值计算亦类似，例如

$$\Delta\omega_{14}=\eta\delta_4 a_1=\eta\delta_4 x_1=0.9\times(-0.0087)\times1=-0.008$$

$$\Delta\omega_{25}=\eta\delta_5 a_2=\eta\delta_4 a_1=0.9\times(-0.0065)\times0=0$$

$$\Delta\theta_4=-\eta\delta_4=-0.9\times(-0.0087)=0.008$$

$$\Delta\theta_5=-\eta\delta_5=-0.9\times(-0.0065)=0.006$$

图5－8的实例经过反向传播对连接权值和阈值进行上述修正后，其新值及网络输入输出情况如图5－10所示，结果表明输出值与期望值“1”更加接近了。理论上神经网络隐含层和学习修正次数足够多的情况下，其输出能逼近期望值。

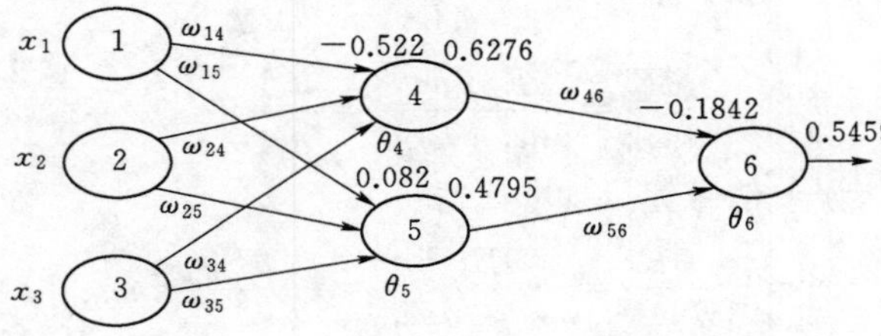

初始输入、权重和阈值

x_1	x_2	x_3	ω_{14}	ω_{15}	ω_{24}	ω_{25}	ω_{34}	ω_{35}	ω_{46}	ω_{56}	θ_4	θ_5	θ_6
1	0	1	0.192	−0.306	0.4	0.1	−0.508	0.194	−0.261	−0.138	0.408	−0.194	−0.218

图5－10　经过修正后的BP神经网络输入输出

假如经过一定反复地学习与修正过程，该神经网络的各参数能使得输入参数经过处理后得到的实际输出与期望输出之差小于一个可以接受的阈值，则认为该网络学习达到了预

期设计。

5.3.3 BP神经网络学习与预测

BP神经网络用于学习与预测，一般分为三个阶段。

(1) 准备阶段。该阶段主要工作是确定训练样本和神经网络设计等。训练样本数量与质量均对学习效果有明显影响，网络结构包括设计网络的层数、每层的节点数、网络结构、初始权值、控制参数等。

(2) 学习阶段。在以上工作的基础上，利用训练样本，按照学习规则，对网络进行训练，训练过程如下：①输入样本：计算隐含层、输出层的输出值以及输出误差；②更新网络权值函数，按照新的权计算各层输出值和总误差。若满足要求则停止训练并转入实用，否则返回到第①步，直到输出满足误差要求为止；若循环已超过最大循环次数，说明学习没有达到预期设计，停止训练，可重新设置网络结构及控制参数等，再返回第（1）步进行训练。

(3) 应用阶段。该阶段就是利用学习的结果，也就是利用学习阶段获得的一个有确定结构和参数的BP神经网络，对某时刻的相关输入参数值进行计算并得到输出，该输出即为需要预计预报的观测值。

为阐述BP神经网络在变形监测中的应用，结合某深基坑开挖变形监测实际工程（表5-2），介绍BP神经网络的学习与预测应用的步骤如下：

表5-2　深基坑开挖水平变形测点实测变形序列

序号	观测日期	开挖总天数/天	开挖深度/m	开挖速率/(m/天)	时段水平位移/mm	累计水平位移/mm
1	09221	10	2.4	0.15	3.60	3.60
2	09224	13	3.1	0.23	3.10	6.70
3	09227	16	4.9	0.60	11.1	17.8
4	09229	18	7.2	1.15	21.6	39.4
5	10206	25	7.8	0.09	3.6	43.0
6	10208	27	8.8	0.5	5.8	48.8
7	10212	31	9.1	0.07	1.3	50.1
8	10214	33	9.5	0.20	2.2	52.3
9	10218	37	9.8	0.08	0.7	53.0
10	10220	39	10.1	0.15	6.8	59.8

首先，确定以一个三层BP神经网络来进行学习与预测，选择开挖总天数、开挖深度和开挖速率作为输入的3个参数，即输入层为3个节点，隐含层包含5个节点，输出层1个节点，即累计水平位移；以1～6期监测数据为训练样本。

然后，通过学习训练，反复修正神经网络的各连接权值与节点阈值，使得学习后的神经网络对于1～6期数据，输入某期观测的3个参数，能得到一个与该期实测累计水平位移值相差在一定允许误差内的累计水平位移模拟值。神经网络训练成功说明该确定的神经网络能够模拟开挖总天数、开挖深度和开挖速率三个因素对累计水平位移的影响，在后续预测中，使用观测到的 3 个因素作为输入便可得到累计水平位移的预计值。

最后，使用学习好的神经网络，以 7～10 期的三个参数作为输入，预测每期的累计水平位移值。

一般在实际工作中往往使用数学软件工具来完成 BP 神经网络的学习与预测，如图 5-11 所示是使用 Matlab 来完成这里所述学习预测任务的代码。图 5-12 为学习与预测结果，图中实线为实测值，“×”号为利用 1～7 期数据训练后，以每期开挖总开数、开挖深度和开挖速率作为参数输入得到的累计水平位移预计值。

```
clc
clear

x1=[10   13    16    18    25    27    31    33    37    39    ]
x2=[2.4  3.1   4.9   7.2   7.8   8.8   9.1   9.5   9.8   10.1  ]
x3=[0.15 0.23  0.6   1.15  0.09  0.5   0.7   0.2   0.08  0.15  ]
y= [3.6  6.7   17.8  39.4  43    48.8  50.1  52.3  53    59.8  ]

%===========第一步 准备数据，设计网络
[x1N,minX1,maxX1,x2N,minX2,maxX2] = premnmx(x1,x2)
[x3N,minX3,maxX3,yN,minY,maxY] = premnmx(x3,y)
%以1-6期数据为训练数据
x1T=x1N(1:7);x2T=x2N(1:7);x3T=x3N(1:7);xT=[x1T;x2T;x3T]
yT=yN(1:7)
%包括5个节点的隐含层和1个节点的输出层，S型传递函数
net=newff(minmax(xT),[5,1],{'tansig','tansig'});
net.trainParam.epochs = 500; %训练的最大次数
net.trainParam.goal = 0.0001; %全局最小误差

%===========第二步 训练学习
%以训练样本进行神经网络学习并得到学习结果
[net,tr]=train(net,xT,yT)

%===========第三步 结果应用预测
xP=[x1N;x2N;x3N]%输入参数
P=sim(net,xP)%得到预测值
p=postmnmx(P,minY,maxY)
plot(y,'r')
hold on
plot(p,'P')
```

图 5-11　基于 Matlab 的神经网络学习与预测

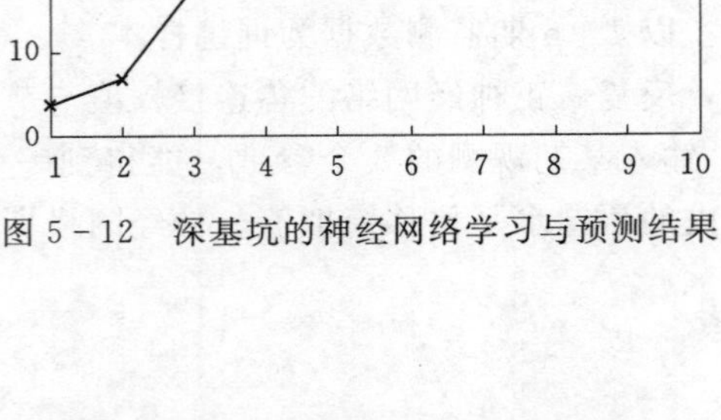

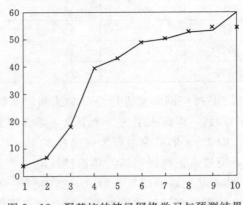

图 5-12　深基坑的神经网络学习与预测结果

5.4 时间序列预测法模型

由于监测数据含有系统的时间序列信息，可利用观测的数据来预测变形趋势，进而反馈设计，指导施工。常用变形监测数据的分析理论有静态形变分析、动态形变分析、形变的力学机理分析等。本节将探讨动态形变分析理论中的时间序列分析法。

5.4.1 时间序列因素分析

时间序列预测法是处理动态数据的一种有效工具，是在时间序列变量分析基础上，运用一定数学方法建立预测模型，根据时间序列所反映的发展过程、方向和趋势，进行类推或延伸，借以预测下一段时间内可能达到的水平。

在时间序列中，每个时刻数值的大小，都受许多不同因素影响。例如，基坑周边建筑物的沉降变化受到地下水位下降、围护结构变形以及周边地表沉降等多种因素影响。将各种因素细分，并做出精确测定比较困难。但是，将各类因素进行归类，按照各种因素可能发生的作用和影响的效果，可分为四大类：长期趋势、季节变动、循环变动、不规则变动。

(1) 趋势成分。在较长持续时间内，按照某种规则稳步增长，或稳步下降，或停留在某一水平上，显示时间序列在较长时间内的变化趋势。

(2) 季节成分。由于自然条件、生活条件以及人们生活习惯的影响，具体现象在一年内某一特定时期或一年作周期性变化，这种现象的本质为周期变化，其特征表现为稳定且可以预见。

(3) 循环成分。与趋势成分有所不同，不是朝一个方向持续变动，而是呈涨落相间的波浪式变动。与季节成分也不一样，其波动时间较长，变动周期长短不一，且变动规律较弱。

(4) 不规则成分。由意外原因、偶然因素所引起的无规则变动，其明显特征是不可预见性。如天灾、战争或原因不明等因素所造成的变动。这种不规则变动，在预测中往往形成随机误差，其精度较差。

5.4.2 时间序列数据的平稳性

假定某时间序列是由某随机过程生成，即 $\{y_t\}$ $(t=1,2,\cdots)$ 的每一个数值都是从某一概率分布中随机得到，满足下列条件：①均值 $E(y_t)=\mu$ 是与时间 t 无关的常数；②方差 $Var(y_t)=\sigma^2$ 是与时间 t 无关的常数；③协方差 $Cov(y_t,y_{t+k})=\gamma_k$ 只与时间间隔 k 有关。则称之为平稳随机时间序列。若一个随机序列是具独立分布序列：$y_t=\mu_t$，$\mu_t\sim N(0,\sigma^2)$，这样的序列称为白噪声，由于 y_t 的方差、均值相同，协方差为零，故可根据定义判断白噪声序列的平稳性。

另一个简单序列由 $y_t=y_{t-1}+\mu_t$ 生成，这样的序列被称为随机游走序列。该序列均值相同，即 $E(y_t)=E(y_{t-1})$，$Var(y_t)=t\sigma^2$，其方差与时间 t 有关但并非常数，故它是一个非平稳序列。但对 $\{y_t\}$ 一阶差分，即 $\Delta y_t=y_t-y_{t-1}=\mu_t$，由于 μ_t 是一个白噪声，

则序列 $\{y_t\}$ 是平稳的。因此，如果一个时间序列是非平稳的，可通过一阶或多阶差分的方法使其形成平稳序列。

5.4.3 时间序列分析模型

时间序列数据的随机过程，也就是生成这些数据的生成过程。对于平稳性随机过程的描述，可建立多种形式的时序模型。这些模型刻画了时序变量的路径。

5.4.3.1 自回归模型（AR）

假设序列 $\{y_t\}$ 是其前期值和随机项的线性函数，可表示为

$$y_t=\varphi_1 y_{t-1}+\varphi_2 y_{t-2}+\cdots+\varphi_p y_{t-p}+\mu_t \tag{5-39}$$

则称该时间序列 $\{y_t\}$ 为自回归序列，该模型为 p 阶自回归模型，记为 AR(p)。参数 φ_1，φ_1，…，φ_p 为自回归参数，是模型的待估参数，随机项 μ_t 为服从均值为 0、方差为的 σ_μ^2 正态分布的白噪声序列，随机项与滞后变量不相关。

一般地，假定 y_t 均值为 0，否则令 $y_t'=y_t-\mu$，记 B^k 为 k 步滞后算子，即 $B^k y_t=y_{t-k}$，则 AR(p) 模型可表示为

$$y_t=\varphi_1 B y_t+\varphi_2 B^2 y_t+\cdots+\varphi_p B^p y_t+u_t \tag{5-40}$$

令

$$\varphi(B)=1-\varphi_1 B-\varphi_2 B^2-\cdots-\varphi_p B^p \tag{5-41}$$

模型可简写成

$$\varphi(B) y_t=u_t \tag{5-42}$$

AR(p) 过程平稳的条件是滞后多项式 $\varphi(B)$ 的根均在单位圆外，即 $\varphi(B)=0$ 的根大于 1。

5.4.3.2 移动平均模型（MA）

假设序列 $\{y_t\}$ 是其前期值和前期随机误差的线性函数，即

$$y_t=u_t-\theta_1 u_{t-1}-\theta_2 u_{t-2}-\cdots-\theta_q u_{t-q} \tag{5-43}$$

式（5-43）称为 q 阶移动平均模型，记为 MA(q)。参数 θ_1，θ_2，…，θ_q 为移动平均系数，是待估参数。

引入滞后算子，并令 $\theta(B)=1-\theta_1 B-\theta_2 B^2-\cdots-\theta_q B^q$，则 MA($q$) 可简写为

$$y_t=\theta(B) u_t \tag{5-44}$$

该移动平均过程无条件平稳，且滞后多项式 $\theta(B)$ 的根在单位圆外，AR 过程与 MA 过程可逆，即

$$(1-w_1 B-w_2 B^2-\cdots) y_t=\left[-\sum_{i=0}^{\infty} w_i B^i\right] y_t=u_t \tag{5-45}$$

式（5-45）为 MA 过程的逆转形式，也就是 MA 过程等价于无穷阶的 AR 过程。当满足平稳条件时，AR 过程等价于无穷阶 MA 过程，即

$$y_t=(1+v_1 B+v_2 B^2+\cdots) u_t=\left[\sum_{j=0}^{\infty} v_j B^j\right] u_t \tag{5-46}$$

5.4.3.3 ARMA 模型

如果时间序列 $\{y_t\}$ 是它当期和前期的随机误差及前期值的线性函数，即

$$y_t = \varphi_1 y_{t-1} + \varphi_2 y_{t-2} + \cdots + \varphi_p y_{t-p} + u_t - \theta_1 u_{t-1} - \theta_2 u_{t-2} - \cdots - \theta_q u_{t-q} \tag{5-47}$$

式（5-47）称为（p，q）阶自回归移动平均模型，记为 ARMA(p，q)。实参数 φ_1，φ_2，…，φ_p 为自回归系数，θ_1，θ_2，…，θ_q 为移动平均系数，都是模型的待估参数。式（5-39）和式（5-43）都是式（5-47）的特殊情形。

引入滞后算子，式（5-44）可简记为

$$\varphi(B) y_t = \theta(B) u_t \tag{5-48}$$

ARMA 过程的平稳条件是滞后多项式 $\varphi(B)$ 的根均在单位圆外，可逆条件是滞后多项式 $\theta(B)$ 的根在单位圆外。

5.4.4 模型识别与建立

需要对一个时间序列运用 ARMA 模型进行建模时，首先应运用序列的自相关与偏相关对序列合适的模型进行识别，确定适当的阶数（p，q）。例如，对于沉降的预测而言，如果想基于前面若干期沉降序列来对之后若干期的沉降进行预测，可以假设这一系列的沉降序列符合 ARMA 模型，但这个模型应该使用的阶数（p，q）要先确定下来，才能继续基于往期数据确定 ARMA 模型中的自回归系数和移动平均系数这些参数。

要确定 ARMA 模型的阶数（p，q），实际上也确定了研究对象序列是属于 AR 模型、MA 模型还是 ARMA 模型，而这个步骤需要使用自相关函数和偏相关函数来进行判断。

5.4.4.1 时序特性的研究工具

（1）自相关。自相关为构成模型的序列值 y_1，y_2，…，y_n 之间的关系。自由自相关系数 γ_k 表示相关程度，与相隔 k 期的数据相关程度。

$$\gamma_k = \frac{\sum_{t=1}^{n-k}(y_t - \overline{y})(y_{t+k} - \overline{y})}{\sum_{t=1}^{n}(y_t - \overline{y})^2} \tag{5-49}$$

式中：n 为样本量；k 为滞后期；$\overline{y}$ 为算术平均值；γ_k 的取值范围是 $[-1, 1]$，且 $|\gamma_k|$ 越接近 1，自相关程度越高。

（2）偏自相关。指对于时间序列 $\{y_t\}$，在给定 y_{t-1}，y_{t-2}，…，y_{t-k+1} 条件下，y_t 与 y_{t-k} 之间的条件相关关系。其相关程度用偏自相关系数 φ_{kk} 度量，$-1 \leqslant \varphi_{kk} \leqslant 1$。

$$\varphi_{kk} = \begin{cases} \gamma_1 & k=1 \\ \dfrac{\gamma_k - \sum_{j=1}^{k-1} \varphi_{k-1,j}, \gamma_{k-j}}{1 - \sum_{j=1}^{k-1} \varphi_{k-1,j}, \gamma_j} & k=2,3,\cdots \end{cases} \tag{5-50}$$

其中 γ_k 是滞后 k 期的自相关系数，$\varphi_{kj} = \varphi_{k-1,j} - \varphi_{kk}\varphi_{k-1,k-j}$（$j=1$，2，…，$k-1$）。

5.4.4.2 自相关函数与偏自相关函数

时间序列不同时点的随机变量之间存在相关关系，这是利用时间序列过去值预测未来值的基础。要对这种相关关系和时序的内部结构有较深入了解，时间序列的自相关函数和偏自相关函数可以提供基本信息，不同随机过程呈现出不同特征形式。下面分别介绍

AR(p)、MA(q) 和 ARMA(p, q) 的自相关函数和偏相关函数的形式。

(1) MA(q) 的自相关与偏相关函数。MA(q) 的自协方差函数为

$$\gamma_k=\begin{cases}(1+\theta_1^2+\cdots+\theta_q^2)\sigma^2, & k=0\\ (-\theta_k+\theta_1\theta_{k+1}+\cdots+\theta_{q-k}\theta_q)\sigma^2, & 1\leqslant k\leqslant q\\ 0, & k>q\end{cases} \tag{5-51}$$

其样本自相关函数为

$$\rho_k=\frac{\gamma_k}{\gamma_0}=\begin{cases}1, & k=0\\ \dfrac{-\theta_k+\theta_1\theta_{k+1}+\cdots+\theta_{q-k}\theta_q}{1+\theta_1^2+\cdots+\theta_q^2}, & 1\leqslant k\leqslant q\\ 0, & k>q\end{cases} \tag{5-52}$$

MA(q) 序列的自相关系数 ρ_k 在 $k>q$ 后均为 0，这种性质称为自相关函数的 q 步截尾性；偏自相关函数随滞期 k 的增加，呈现指数或正弦波衰减，趋向于 0，这种特性称为偏自相关函数的拖尾性。

(2) AR(p) 的自相关与偏相关函数。AR(p) 偏自相关函数为

$$\varphi_{kk}=\begin{cases}\varphi_k, & 1\leqslant k\leqslant p\\ 0, & k>p\end{cases} \tag{5-53}$$

AR(p) 序列的偏自相关函数是 p 步截尾的，自协方差函数 γ_k 满足 $\varphi(B)\gamma_k=0$；自相关函数 ρ_k 满足 $\varphi(B)\rho_k=0$；它们呈现指数或正弦波衰减，具有拖尾性。

(3) ARMA(p, q) 的自相关与偏相关函数。ARMA(p, q) 的自相关与偏相关函数均具有拖尾性。

以上三类模型的自相关与偏相关函数的截尾性和拖尾性为判断一个时间序列符合哪种模型提供了依据，如果该时间序列的自相关函数 q 步截尾，则可以用 MA(q) 来对建模；如果其偏相关函数 p 步截尾，则可以用 AR(p) 来建模；如果自相关与偏相关函数均具有拖尾性，则用 ARMA(p, q) 来建模。

5.4.4.3 模型识别

自相关函数与偏自相关函数是识别 ARMA 模型最主要的工具，主要利用相关分析法确定模型的阶数。B-J 方法（又称 Box 法）主要是利用相关分析法确定模型的阶数。

若样本自协方差函数 γ_k 在 q 步截尾，则判断 $\{y_t\}$ 是 MA(q) 序列；若样本自协方差函数 φ_{kk} 在 p 步截尾，则判断 $\{y_t\}$ 是 AR(p) 序列；若 γ_k、φ_{kk} 都不截尾，而仅是依赖负指数衰减，可初步认为 $\{y_t\}$ 是 ARMA 序列，其阶数要从低阶到高阶逐步增加，再通过检验来确定。

但在实际数据处理中，得到的样本自协方差函数和样本偏自相关函数只是 γ_k 和 φ_{kk} 的估计，要使它们在某一步之后全部为 0，几乎不可能，只能是在某步滞后围绕零值上下波动，故对于 γ_k 和 φ_{kk} 的截尾性，只能借助于统计手段进行检验和判定。

1. γ_k 截尾性判断

对于每一个 q，计算 γ_{q+1}，γ_{q+2}，…，γ_{q+M}（M 一般取$\sqrt{n}$左右），考察其中满足：$|\gamma_k|\leqslant\frac{1}{\sqrt{n}}\sqrt{\gamma_0^2+2\sum_{l=1}^{q}\gamma_l^2}$ 或 $|\gamma_k|\leqslant\frac{2}{\sqrt{n}}\sqrt{\gamma_0^2+2\sum_{l=1}^{q}\gamma_l^2}$ 的个数是否为 M 的 68.3%

或 95.5%。

如果当 $1\leqslant k\leqslant q_0$ 时，γ_k 明显地异于 0，而 γ_{q_0+1}，γ_{q_0+2}，…，γ_{q_0+M} 近似为 0，且满足上述不等式的个数达到相应的比例，则可近似的认为 γ_k 在 q_0 步截尾。

2. φ_{kk} 截尾性判断

做如下假设检验，即

$$M=\sqrt{n}$$

$$H_0: \varphi_{p+k,p+k}=0, k=1,\cdots,M$$

H_1：存在某个 k，使 $\varphi_{kk}\neq 0$，且 $p<k<M+p$，统计量 $\chi^2=N\sum_{k=p+1}^{p+M}\varphi_{kk}^2\chi_M^2$，$\chi_M^2(\alpha)$ 表示自由度为 M 的 $\chi^2>\chi_M^2(\alpha)$ 分布上侧 α 分位数点。对于给定的显著性水平 $\alpha>0$，若 $\chi^2>\chi_M^2(\alpha)$，则认为样本不是来自 AR(p) 模型；$\chi^2<\chi_M^2(\alpha)$，可认为样本来自 AR(p) 模型。实际中，此判断方法比较粗糙，还不能定阶，目前流行的方法是 H. Akaike 信息定阶准则。

3. AIC 准则确定模型的阶数

AIC 准则（A - Information Criterion，最小信息准则）首先由日本学者赤池（Akaike）提出，适用于 AR、MA、ARMA 三类模型的定阶。

假设 $\{y_t\}$（$1\leqslant t\leqslant N$）为一随机时间序列，对其拟合 ARMA(n，m）模型，用极大似然估计方法估计模型的参数，L 是模型的极大似然值，AIC 准则函数定义为

$$\mathrm{AIC}(n,m)=-2\ln L+2r\approx N\ln(\hat{\sigma}^2)+2r+\text{常数} \tag{5-54}$$

其中，$r=n+m$ 为模型独立参数个数；$\hat{\sigma}^2$ 是残差方差的极大似然估计。实际中也常采用如下定义的 AIC 准则函数（用样本大小 N 标准化），即

$$\mathrm{AIC}(n,m)=\ln(\hat{\sigma}^2)+2r/N \tag{5-55}$$

式（5-55）中的 $\hat{\sigma}^2$ 为残差的极大似然估计，实际中采用估计或最小二乘估计计算的残差方差近似代替。

可以看出，AIC 准则函数由模型拟合质量和模型表面参数两部分组成。当模型阶数增高时，AIC 准则函数中的第一项一般是下降的。对给定观测数据的个数 N，第二项随模型阶数而增长。模型拟合的最高阶数 M/N 通常取 $N/3\sim 2N/3$ 之间的某个整数。在尝试确定模型的阶数时，如果增加模型阶数，AIC 值趋于下降，当其值取得最小值时，即

$$\mathrm{AIC}(n_0,m_0)=\min_{1\leqslant n,m\leqslant M(N)}\mathrm{AIC}(n,m) \tag{5-56}$$

模型的最佳阶数便取 n_0 和 m_0。

5.4.4.4 参数估计

在阶数给定情形下，模型参数的估计有矩阵估计法、逆函数法估计法和最小二乘估计法三种基本方法。用矩阵估计法进行分析，包括以下类型：

（1）AR(p) 模型。

$$\begin{bmatrix}\hat{\varphi}_1\\ \hat{\varphi}_2\\ \vdots\\ \hat{\varphi}_p\end{bmatrix}=\begin{bmatrix}1 & \hat{\rho}_1 & \cdots & \hat{\rho}_{p-1}\\ \hat{\rho}_1 & 1 & \cdots & \hat{\rho}_{p-2}\\ \vdots & \vdots & \vdots & \vdots\\ \hat{\rho}_{p-1} & \hat{\rho}_{p-2} & \cdots & 1\end{bmatrix}^{-1}\begin{bmatrix}\hat{\rho}_1\\ \hat{\rho}_2\\ \vdots\\ \hat{\rho}_p\end{bmatrix} \tag{5-57}$$

白噪声序列 μ_t 的方差的矩阵估计为

$$\hat{\sigma}^2=\gamma_0-\sum_{j=1}^{p}\hat{\varphi}_j\hat{\gamma}_j \tag{5-58}$$

(2) MA(q) 模型。

$$\left.\begin{aligned}(1+\hat{\theta}_1^2+\cdots+\hat{\theta}_q^2)\hat{\sigma}^2=\hat{\gamma}_0\\(-\hat{\theta}_k+\hat{\theta}_1\hat{\theta}_{k+1}+\cdots+\hat{\theta}_{q-k}\hat{\theta}_q)\hat{\sigma}^2=\hat{\gamma}_k,k=1,\cdots,q\end{aligned}\right\} \tag{5-59}$$

(3) ARMA(p, q) 模型。其参数估计分为三步。

首先，求 φ_1，φ_2，…，φ_p 的估计，即

$$\begin{bmatrix}\hat{\varphi}_1\\\hat{\varphi}_2\\\vdots\\\hat{\varphi}_p\end{bmatrix}=\begin{bmatrix}\hat{\gamma}_q & \hat{\gamma}_{q-1} & \cdots & \hat{\gamma}_{q-p+1}\\\hat{\gamma}_{q+1} & \hat{\gamma}_q & \cdots & \hat{\gamma}_{q-p+2}\\\vdots & \vdots & & \vdots\\\hat{\gamma}_{q+p-1} & \hat{\gamma}_{q+p-2} & \cdots & \hat{\gamma}_q\end{bmatrix}^{-1}\begin{bmatrix}\hat{\gamma}_{q+1}\\\hat{\gamma}_{q+2}\\\vdots\\\hat{\gamma}_{q+p}\end{bmatrix} \tag{5-60}$$

其次，令 $Y_t=y_t-\hat{\varphi}_1y_{t-1}-\cdots-\hat{\varphi}_py_{t-p}$，则 Y_t 的自协方差函数的矩阵估计为

$$\hat{\gamma}_k^{(Y)}=\sum_{i=0}^{p}\sum_{j=0}^{p}\hat{\varphi}_i\hat{\varphi}_j\hat{\gamma}_{k+j-i},\hat{\varphi}_0=-1 \tag{5-61}$$

最后，把 Y_t 近似看作 MA(q) 序列，即

$$Y_t=a_t-\theta_1a_{t-1}-\cdots-\theta_qa_{t-q} \tag{5-62}$$

利用 MA(q) 模型参数估计方法，以 ARMA(p, q) 模型的滑动移动平均部分参数的矩估计 $\hat{\theta}_1$，$\hat{\theta}_2$，…，$\hat{\theta}_q$ 与 $\hat{\sigma}^2$，求解即可。

5.4.4.5 模型检验

对于给定样本数据 y_1，y_2，…，y_n，通过相关分析法和 AIC 准则确定模型的类型和阶数，用矩估计法确定模型中的参数，从而建立 ARMA 模型，来拟合真正的随机序列。但这种拟合的优劣程度如何，主要通过实际应用效果来检验，也可通过数学方法来检验。

对于 ARMA 模型，应逐步由 ARMA(1, 1)，ARMA(2, 1)。ARMA(1, 2)，ARMA(2, 2) 等依次求出参数估计，对 AR(p) 模型和 MA(q) 模型，先由 γ_k 和 φ_{kk} 的截尾性初步定阶，再求参数估计。

一般地，对 ARMA(p, q) 模型有

$$u_t=y_t-\sum_{i=1}^{p}\hat{\varphi}_iy_{t-i}+\sum_{j=1}^{q}\hat{\theta}_ju_{t-j} \tag{5-63}$$

取其初值 u_0，u_{-1}，…，u_{1-q} 和 y_0，y_{-1}，…，y_{1-p}（可取值为 0，因为它们均值为 0），可递推得到残量估计 $\hat{u}_1$，$\hat{u}_2$，…，$\hat{u}_n$。

现作假设检验为：H_0：$\hat{u}_1$，$\hat{u}_2$，…，$\hat{u}_n$ 是来自白噪声的样本，令

$$\hat{\gamma}_j^{(u)}=\frac{1}{n}\sum_{t=1}^{N-j}\hat{u}_{t+j}\hat{u}_t,j=0,1,\cdots,k \tag{5-64}$$

$$\hat{\rho}_j^{(u)}=\frac{\hat{\gamma}_j^{(u)}}{\hat{\gamma}_0^{(u)}},j=1,\cdots,k \tag{5-65}$$

$$Q_k=\sum_{j=1}^{k}\left[\sqrt{n}\hat{\rho}_j^{(u)}\right]^2=n\sum_{j=1}^{k}\left[\hat{\rho}_j^{(u)}\right]^2 \tag{5-66}$$

其中取 $k\approx\frac{n}{10}$，则当 H_0 成立时，Q_k 服从自由度为 k 的 χ^2 分布。

对于给定的显著水平 α，若 $Q_k>\chi_k^2(\alpha)$，则拒绝 H_0，即模型与原随机序列之间拟合不好，需重新考虑建模；若 $Q_k<\chi_k^2(\alpha)$，则认为模型与原随机序列之间拟合较好，模型检验通过。

5.4.4.6 模型预测

若模型经检验是合适的，也符合实际意义，可用作短期预测。B-J 方法采用 L 步预测，即根据已知 n 期观测值 y_1，y_2，…，y_n，对未来的（$n+L$）期数据作出估计。若 $\hat{Z}_n(L)$ 表示用模型做的 L 步平稳性最小方差预测，那么预测方差为

$$e_n(L)=y_{n+L}-\hat{Z}_n(L) \tag{5-67}$$

并使 $E[e_n(L)]^2=E[y_{n+L}-\hat{Z}_n(L)]^2$ 函数最小。

（1）AR(p) 序列预测模型 $y_t=\varphi_1 y_{t-1}+\varphi_2 y_{t-2}+\cdots+\varphi_p y_{t-p}+u_t$，$L$ 步预测为

$$\hat{Z}_n(L)=\varphi_1\hat{Z}_n(L-1)+\varphi_2\hat{Z}_n(L-2)+\cdots+\varphi_p\hat{Z}_n(L-p) \tag{5-68}$$

其中 $\hat{Z}_n(-j)=X_{n-j}(j\geqslant 0)$

（2）对于 MA(q) 序列预测模型 $y_t=u_t-\theta_1 u_{t-1}-\theta_2 u_{t-2}-\cdots-\theta_q u_{t-q}$，当 $L>q$ 时，由于 $y_{n+L}=u_{n+L}-\theta_1 u_{n+L-1}-\theta_2 u_{n+L-2}-\cdots-\theta_q u_{n+L-q}$，可见所有的噪声时刻都大于 n，故与历史取值无关，从而 $\hat{Z}_n(L)=0$；当 $L\leqslant q$ 时，各预测值可写成矩阵形式为

$$\begin{bmatrix}\hat{Z}_{n+1}(1)\\ \hat{Z}_{n+1}(2)\\ \vdots\\ \hat{Z}_{n+1}(q)\end{bmatrix}=\begin{bmatrix}\theta_1 & 1 & 0 & \cdots & 0\\ \theta_2 & 0 & 1 & \cdots & 0\\ \vdots & \vdots & \vdots & \vdots & \vdots\\ \theta_{q-1} & 0 & 0 & \cdots & 1\\ \theta_q & 0 & 0 & \cdots & 0\end{bmatrix}\begin{bmatrix}\hat{Z}_n(1)\\ \hat{Z}_n(2)\\ \vdots\\ \hat{Z}_n(q)\end{bmatrix}-\begin{bmatrix}\theta_1\\ \theta_2\\ \vdots\\ \theta_q\end{bmatrix}X_{n+1} \tag{5-69}$$

递推时，初值 $\hat{Z}_0(1)$，$\hat{Z}_0(2)$，…，$\hat{Z}_0(L)$ 均取为 0。

（3）ARMA(p，q) 模型预测为

$$\hat{Z}_n(L)=\sum_{i=1}^{p}\varphi_j\hat{Z}_n(L-j)+\sum_{j=1}^{q}\varphi_j\hat{\varepsilon}_n(L-j) \tag{5-70}$$

其中 $\hat{\varepsilon}_n(i)=E(\varepsilon_{n+i}\mid y_n,\cdots,y_1)$

L 步线性预测最小方差预测的方法与预测步长 L 有关,而与预测的时间原点 t 无关。预测步长越大,预测误差的方差也越大,因而预测的准确度就会降低。所以,一般不采用 ARMA(p,q)模型作长期预测。

5.5 灰色系统理论模型

5.5.1 概述

灰色系统理论是邓聚龙在1982年创立的一门新兴学科，是一种处理少数据不确定性问题的理论，少数据不确定性亦称灰性。灰色系统一词由自动控制论中的黑箱引申而来的，黑箱表示人们对系统的内部结构、特征全然不知，只能通过外部的表象对其进行研究，即黑色系统。与之相反，人们把内部结构、特征了解得清清楚楚的系统称为白色系统。然后在现实世界中，遇到的绝大多数社会、经济和管理系统，对其内部结构、特征的了解介于黑色系统和白色系统之间，称之为灰色系统。系统信息不完全的情况分为以下四种：元素（参数）信息不完全、结构信息不完全、边界信息不完全和运行行为信息不完全。

灰色系统理论的研究对象是“部分信息已知，部分信息未知”的“小样本”“贫信息”不确定性系统，主要通过对“部分”已知信息的生成、开发，以及提取有价值的信息等途径，实现对系统运行行为、演化规律的正确描述和有效控制。

5.5.2 灰色系统模型

5.5.2.1 GM模型建模机理

灰色预测法是通过建立灰色预测模型（Grey Model，GM）来进行预测的，该模型简称为GM模型。GM模型是对原始时间数列数据进行一次累加生成后用微分方程来刻画。它可以用阶数 M 和自变量个数 N 表示，记为GM(M,N)，通常应用最广泛的是GM(1,1)模型。

灰色系统理论根据已有信息，通过对历史数据进行一阶累加生成运算，得到一组具有较强规律性的生成数列后，用近似指数曲线拟合的方法，对系统未来进行预测。

5.5.2.2 灰色系统五步建模思想

系统的模型，主要研究系统中各种因素的具体关系——整体性、关联性、因果性。作为系统的数学模型，则是这些性质的量化结果。研究一个系统，应首先建立系统的数学模型，进而才能对系统的整体功能、协调功能和系统各因素之间的整体关系、关联关系、因果关系进行具体的量化研究。这类研究必须以定性分析为先导，以定量为手段和后盾，定量与定性紧密结合，灰色系统作为系统模型的一种，其建模过程必须经历思想开发、因素分析、因素间因果关系量化、因素间因果关系动态化、系统优化五个步骤，简称为五步建模。

第一步：思想开发。开发思想，形成概念，对于所研究的问题作定性分析、研究，明确方向、目标、途径、措施，并用简练的文字加以表达，这便是语言模型。

第二步：因素分析。对语言模型中潜在的各种因素及各因素之间的关系进行深入分析，找出影响事物发展的前因后果，然后用框图将因果关系表示出来（图5-13）。

一对前因后果（或一组前因和一个后果）构成一个环节，一个系统中包含许多这样的环节。有时，同一因素既是上一环节的后果，又是下一环节的前因，将所有这些环节联系起来，便得到一个相互关联的、由多个环节构成的框图（图5-14），即网络模型。

第三步：因素间因果关系量化。对各环节的因果关系进行量化研究，得出低层次的概略

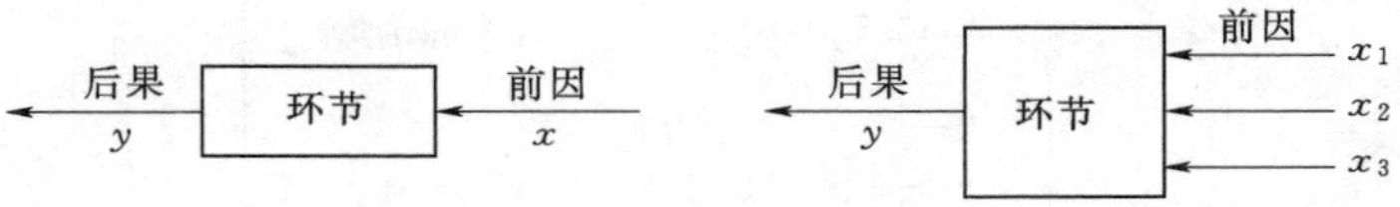

图 5-13　语言模型

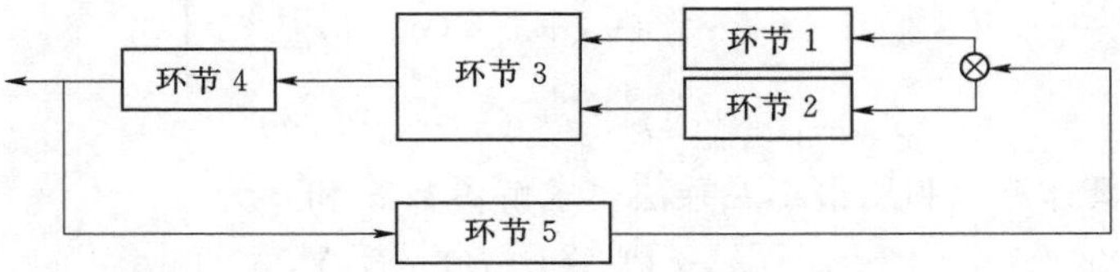

图 5-14　网络模型

量化关系，即为量化模型。

第四步：因素间因果关系动态化。进一步收集各环节的输入、输出数据，利用所得到的数据序列，建立动态的 GM 模型，即为动态模型。动态模型则是高层次的量化模型，它更加深刻地展示了输入和输出之间的数量关系或转换规律，是系统分析和优化的基础。

第五步：系统优化。对动态模型进行系统研究、分析，通过对结构、机理和参数的调整，进行系统的重组，以达到优化配置和改善系统动态品质的目的，所得模型即为优化模型。

5.5.2.3　GM(1,1)模型的建立

(1) 设某系统特征量为等时距序列，建立原始观测数列为

$$x^{(0)}(k)=\{x^{(0)}(1),x^{(0)}(2),x^{(0)}(3),\cdots,x^{(0)}(n)\} \tag{5-71}$$

(2) 对原始数据序列进行级比检验，计算级比为

$$\sigma(k)=\frac{x^{(0)}(k-1)}{x^{(0)}(k)} \tag{5-72}$$

获得级比序列为

$$\sigma=\{\sigma(2),\sigma(3),\cdots,\sigma(n)\} \tag{5-73}$$

检验级比 $\sigma(k)$ 是否满足覆盖序列，即

$$\sigma(k)\in(e^{-\frac{2}{n+1}},e^{\frac{2}{n+1}}) \tag{5-74}$$

若满足即可建立 GM(1，1) 模型；对于级比检验不合格的序列，必须作数据变换处理，使其变换后序列的级比落于可容覆盖中，通常的变换处理途径有平移变换、对数变换、方根变换等。

(3) 对原始数据序列 $x^{(0)}(k)$ 作累加变换，得一次累加数据序列 $x^{(1)}(k)$ 为

$$x^{(1)}(k)=\mathrm{AGO}x^{(0)}(k)=\{x^{(1)}(1),x^{(1)}(2),x^{(1)}(3),\cdots,x^{(1)}(n)\} \tag{5-75}$$

对 $x^{(1)}(k)$ 建立 GM(1，1) 模型白化形式的方程为

$$\frac{\mathrm{d}x^{(1)}(k)}{\mathrm{d}t}+ax^{(1)}(k)=u \tag{5-76}$$

式中：a 为用来控制系统发展态势的大小，称为发展系数；u 为反映数据变化关系的量，称为灰色作用量。

(4) 构造数据矩阵。

$$B=\begin{bmatrix} -\frac{1}{2}[x^{(1)}(2)+x^{(1)}(1)] & 1 \\ -\frac{1}{2}[x^{(1)}(3)+x^{(1)}(2)] & 1 \\ \vdots & \vdots \\ -\frac{1}{2}[x^{(1)}(n)+x^{(1)}(n-1)] & 1 \end{bmatrix} \tag{5-77}$$

$$Y_N=[x^{(0)}(2)\quad x^{(0)}(3)\cdots x^{(0)}(n)]^{\mathrm{T}} \tag{5-78}$$

(5) 参数向量计算。利用最小二乘法，求解参数 a 和 u 为

$$\hat{a}=[a,u]^{\mathrm{T}}=(B^{\mathrm{T}}B)^{-1}B^{\mathrm{T}}Y_N \tag{5-79}$$

(6) 建立模型的时间响应函数为

$$\hat{x}^{(1)}(k+1)=\left[x^{(0)}(1)-\frac{u}{a}\right]e^{-ak}+\frac{u}{a},k=1,2,\cdots,n \tag{5-80}$$

(7) 对式 (5-80) 进行累减还原生成，可得模型的还原模拟值为

$$\hat{x}^{(0)}(k+1)=\hat{x}^{(1)}(k+1)-\hat{x}^{(1)}(k)=(1-e^{a})\left[x^{(0)}(1)-\frac{u}{a}\right]e^{-ak},k=1,2,\cdots,n \tag{5-81}$$

GM(1, 1) 模型的预测流程图如 5-15 图所示。

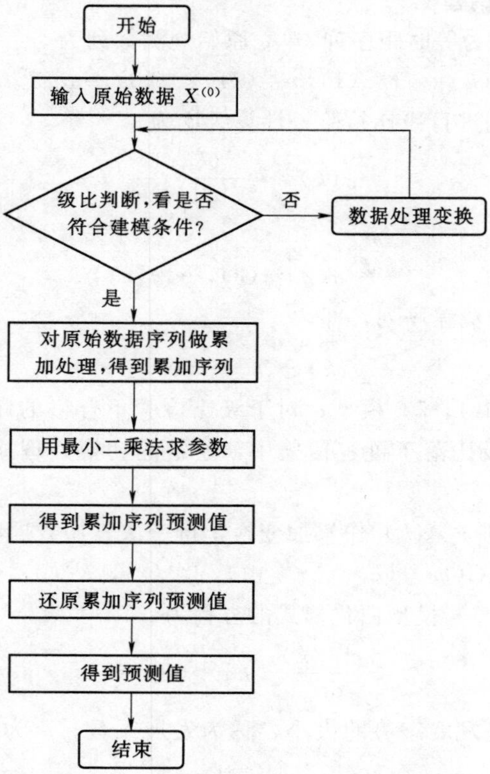

图 5-15 GM(1, 1) 模型的预测流程图

5.5.2.4 精度检验

为分析模型可靠性，必须对模型进行精度检验。灰色预测模型的检验包括残差检验、关联度检验、后验差检验三种形式，一般采用后验差检验法。

(1) 计算残差为

$$e(k)=x^{(0)}(k)-\hat{x}^{(0)}(k),k=1,2,\cdots,n \tag{5-82}$$

(2) 计算原始数据序列 $x^{(0)}(k)$ 的均值和方差为

$$\overline{x}^{(0)}(k)=\frac{1}{n}\sum_{k=1}^{n}x^{(0)}(k) \tag{5-83}$$

$$s_1^2=\frac{1}{n}\sum_{k=1}^{n}[x^{(0)}(k)-\overline{x}^{(0)}]^2 \tag{5-84}$$

(3) 计算残差数列 $e^0=\{e^{(0)}(1),e^{(0)}(2),\cdots,e^{(0)}(n)\}$ 的均值和方差为

$$\overline{e}=\frac{1}{n}\sum_{k=1}^{n}e(k) \tag{5-85}$$

$$s_2^2=\frac{1}{n}\sum_{k=1}^{n}[e(k)-\overline{e}]^2 \tag{5-86}$$

(4) 计算后验差比值为

$$c=\frac{s_2}{s_1} \tag{5-87}$$

(5) 计算小误差概率为

$$p=[|e(k)-\overline{e}|<0.6745s_1] \tag{5-88}$$

(6) 按照后验差比值 c 和小误差频率 p 判别预测精度等级。

后验差比值 c 和小误差概率 p 是进行后验差检验的两个重要指标，主要以残差为基础考察残差较小的点出现的概率，以及校验与预测误差方差有关指标的大小。后验差比值 c 越小越好，因为 c 值越小的话，s_1 越大，s_2 越小。s_1 越大表明原始数据方差越大，离散程度越大，同时 s_2 越小，这就表明残差方差小，离散程度小。尽管原始数据方差大，但是模型所得的预测值与实际值之差即残差并不离散，符合要求。小概率误差 p 越大越好，因为 p 值越大，即表明残差与残差平均值之差小于给定值 $0.6745S_1$ 的点越多。一般将模型的精度分为 4 级，分级标准以及相应的 c 和 p 取值见表 5-3。

表 5-3　　模型检验等级参照表

精度等级	均方差比值 C_0	小概率误差 p_0
一级（好）	<0.35	>0.95
二级（合格）	<0.50	>0.80
三级（勉强）	<0.65	>0.70
四级（不合格）	$\geqslant0.65$	$\leqslant0.70$

5.5.3 GM(1, 1) 模型用于沉降预测实例

为具体阐述使用灰色模型进行变形监测预计预报，针对表 5-4 的某沉降点累计沉降序列使用 GM(1, 1) 模型进行累计沉降预测。

表 5-4　某沉降点变形监测累计沉降序列　单位：mm

点名	第 8 次	第 9 次	第 10 次	第 11 次	第 12 次	第 13 次	第 14 次	第 15 次	第 16 次
BM01JY	15.67	17.15	17.55	17.35	23.65	22.81	26.23	26.70	28.76

本例中每次监测时间间隔基本相等，认为时间因素导致了沉降的发生，现使用第 8 次～第 13 次监测成果来预测后续累计沉降值，步骤如下：

(1) 原始数列为

$$x^{(0)}(k)=\{x^{(0)}(1),x^{(0)}(2),x^{(0)}(3),\cdots,x^{(0)}(n)\}$$
$$=\{15.67,17.15,17.55,17.35,23.65,22.81\}$$

(2) 对原始数列进行级比检验，计算级比为

$$\sigma(k)=\frac{x^{(0)}(k-1)}{x^{(0)}(k)}$$

获得级比序列为

$$\sigma=\{\sigma(2),\sigma(3),\cdots,\sigma(n)\}$$
$$=\{0.913703,0.977208,1.011527,0.733615,1.036826\}$$

经检验，级比 $\sigma(k)$ 满足

$$\sigma(k)\in(e^{-\frac{2}{n+1}},e^{\frac{2}{n+1}})$$

可建立 GM(1，1) 模型。

(3) 计算 1 次累加数据序列为

$$x^{(1)}(k)=\{x^{(1)}(1),x^{(1)}(2),x^{(1)}(3),\cdots,x^{(1)}(n)\}$$
$$=\{15.67,32.82,50.37,67.72,91.37,114.18\}$$

(4) 构造数据矩阵为

$$\boldsymbol{B}=\begin{bmatrix}-\frac{1}{2}[x^{(1)}(2)+x^{(1)}(1)] & 1\\ -\frac{1}{2}[x^{(1)}(3)+x^{(1)}(2)] & 1\\ \vdots & \vdots\\ -\frac{1}{2}[x^{(1)}(n)+x^{(1)}(n-1)] & 1\end{bmatrix}=\begin{bmatrix}-24.245 & 1\\ -41.595 & 1\\ -59.045 & 1\\ -79.545 & 1\\ -102.775 & 1\end{bmatrix}$$

$$\boldsymbol{Y}_N=[x^{(0)}(2)\quad x^{(0)}(3)\cdots x^{(0)}(n)]^{\mathrm{T}}=[17.15\quad 17.55\quad 17.35\quad 23.65\quad 22.81]^{\mathrm{T}}$$

(5) 求解该 GM(1，1) 模型的参数 a 和 u 为

$$\hat{\boldsymbol{a}}=[a,u]^{\mathrm{T}}=(\boldsymbol{B}^{\mathrm{T}}\boldsymbol{B})^{-1}\boldsymbol{B}^{\mathrm{T}}\boldsymbol{Y}_N=\begin{bmatrix}-0.089859\\ 14.180953\end{bmatrix}$$

(6) 建立模型的时间响应函数，得到后推 3 期后的第 8～第 16 次预测 1 次累加序列为

$$\hat{x}^{(1)}(k+1)=\left[x^{(0)}(1)-\frac{u}{a}\right]e^{-ak}+\frac{u}{a}$$
$$=\{15.67,31.98,49.83,69.35,90.71,114.07,139.63,167.60,198.20\}$$

(7) 累减还原得到第 8～第 16 次预测值（图 5-16）为

$$\hat{x}^{(0)}(k)=\{15.67,16.31,17.84,19.52,21.36,23.37,25.56,27.97,30.60\}$$

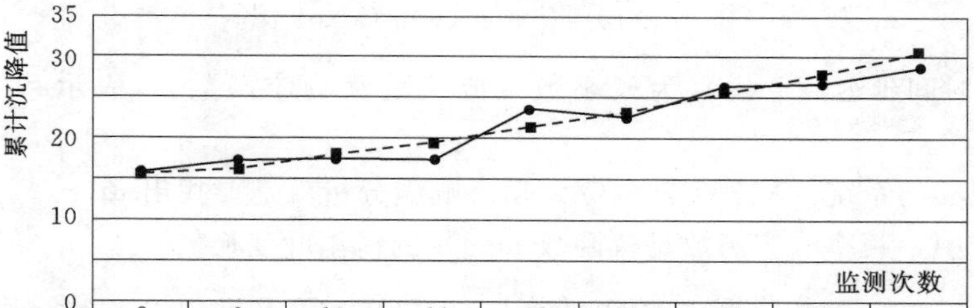

	8	9	10	11	12	13	14	15	16
实测值	15.67	17.15	17.55	17.35	23.65	22.81	26.23	26.70	28.76
预测值	15.67	16.31	17.84	19.52	21.36	23.37	25.56	27.97	30.60

图 5-16　预测值与实测值的比较

（8）对结果进行检验，此处检验结果为二级（合格），具体过程省略。事实上，在使用灰色模型进行监测数据预测，选取数据建模时，数据多少对结果是有影响的，并不是越多其预测结果精度越高，当然过少显然也达不到预测要求。

5.6　频谱分析及其应用

变形按其时间特性可分为静态模式、运动模式和动态模式 3 种。动态模式变形的显著特点是周期性，例如高层建筑物在风力、温度作用下的摆动；桥梁在动荷载作用下的振动；地壳在引潮力、温度、气压作用下的变形等。监测这类变形一般采用连续的、自动的记录装置，所得到的是一组以时间相关联的观测数据序列。分析这类观测数据时，变形的频率和幅度是主要参数。

动态变形分析分为几何分析和物理解释两部分。几何分析主要是找出变形的频率和振幅，而物理解释是寻找变形体对作用荷载（动荷载）的幅度响应和相位响应，即动态响应。本节主要介绍动态变形分析的原理和方法。

5.6.1　线性系统原理

线性系统表示系统的信息过程性质，它把输入信号 $x(t)$ 转换成输出信号 $y(t)$，如图 5-17 所示。在变形监测数据处理中，输入信号可以是多个，输出信号可以是一个或多个（通常处理一个）。在动态变形分析时，用系统代表变形体，输入信号是作用在变形体上的荷载，而输出信号则是观测的变形值。

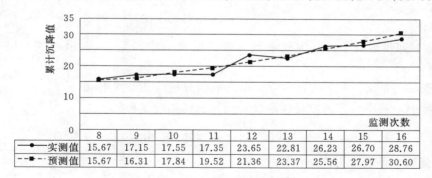

图 5-17　动态变形观测理想化的线性系统

大多数系统可以看成是线性系统，线性系统是指系统的信息变换具有线性的特点，即

$$L\{Cx(t)\}=CL\{x(t)\}\text{（齐次性）}$$

$$L\left\{\sum_{i=1}^{n}C_i x_i(t)\right\}=\sum_{i=1}^{n}[C_i L\{x_i(t)\}]\text{（可加性）}$$

式中：$L\{\cdot\}$ 为线性算子；C_i、C 为任意常数。

一个线性系统的输出信号和输入信号之间可以用卷积积分表示

$$y(t)=\int_{-\infty}^{+\infty} w(\tau)x(t-\tau)\mathrm{d}\tau \tag{5-89}$$

式中：τ 为时间延迟；$w(\tau)$ 为权函数（或叫激励响应函数），表示系统对输入信号的响应。

对于现实的系统，积分下限为零。动态响应分析就是要找出 $w(\tau)$。

在频域中，频率响应函数是权函数 $w(\tau)$ 的傅里叶变换

$$W(f)=\int_{-\infty}^{+\infty} w(\tau)\mathrm{e}^{-i2\pi f\tau}\mathrm{d}\tau \tag{5-90}$$

$W(f)$ 是复数，可表示为极坐标形式，有

$$W(f)=\| W(f)\| e^{i\varphi(f)} \tag{5-91}$$

式中：$\| W(f)\|$ 为模（或幅度）；$\varphi(f)$ 为幅角（或初相位），用 $W(f)$ 的实部 $\mathrm{real}\{W(f)\}$ 和虚部 $\mathrm{imag}\{W(f)\}$ 计算为

$$W(f)=\sqrt{(\mathrm{real}\{W(f)\})^2+(\mathrm{imag}\{W(f)\})^2} \tag{5-92a}$$

$$\varphi(f)=\tan^{-1}(\mathrm{imag}\{W(f)\}/\mathrm{real}\{W(f)\}) \tag{5-92b}$$

对式（5－89）两边施加傅里叶变换，有

$$Y(f)=W(f)X(f)$$

式中：$Y(f)$、$X(f)$ 分别为输出信号和输入信号的傅里叶变换。

类似于式（5－91），该式可进一步写成

$$\begin{aligned}\| Y(f)\| e^{i\varphi(f)} &= \| W(f)\| e^{i\varphi(f)}\ \| X(f)\| e^{i\theta(f)} \\ &= \| W(f)\| \cdot \| X(f)\| e^{i[\varphi(f)+\theta(f)]}\end{aligned} \tag{5-93}$$

或

$$\| W(f)\| e^{i\varphi(f)} = \| Y(f)\| / \| X(f)\| e^{i[\varphi(f)-\theta(f)]} \tag{5-94}$$

可见，$\| W(f)\|$ 是频率为 f 的输出信号和输入信号的幅度比，也叫增益或系统的幅度响应；而 $\varphi(f)$ 是该频率的输出信号的初相位和输入信号的初相位之差，也叫系统的相位响应。

在实际工作中，系统的输入信号和输出信号的取样都包含有测量误差，假设输入信号的测量误差为 $\varepsilon_x(t)$，输出信号的测量误差为 $\varepsilon_y(t)$（图 5－18），那么

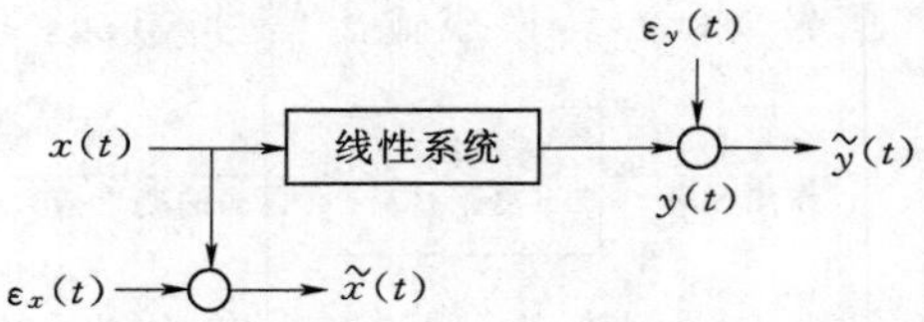

图 5－18　含有测量误差的线性系统

$$\left.\begin{aligned}\tilde{x}(t)&=x(t)+\varepsilon_x(t)\\ \tilde{y}(t)&=y(t)+\varepsilon_y(t)\end{aligned}\right\} \tag{5-95}$$

对测量信号 $\tilde{x}(t)$ 和 $\tilde{y}(t)$ 进行傅里叶变换分别得到 $\tilde{X}(t)$ 和 $\tilde{Y}(t)$，它们也受到测量误差的影响。因此，响应函数

$$\tilde{W}(f)=\frac{\tilde{Y}(f)}{\tilde{X}(f)} \tag{5-96}$$

也受输入信号和输出信号测量误差的影响。

5.6.2 频谱分析法

频谱分析是动态观测时间序列研究的一个途径。该方法是将时域内的观测数据序列通过傅里叶级数转换到频域内进行分析，它有助于确定时间序列的准确周期并判别隐蔽性和复杂性的周期数据。图 5-19 为一个连续时间序列在频域中的图像，表示频率和振幅的关系，峰值大意味着相应的频率在该时间序列中占主导地位。图 5-20 是一个离散时间序列的频谱图，从图中可以找到所含的主频率，振幅数值大所对应的频率便为主频率。

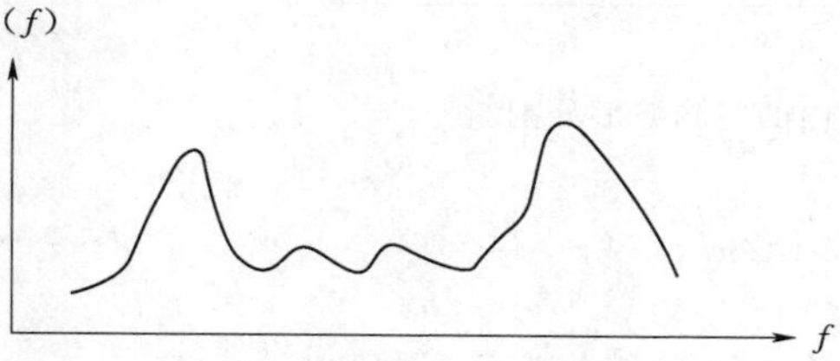

图 5-19　连续时间序列的频谱图

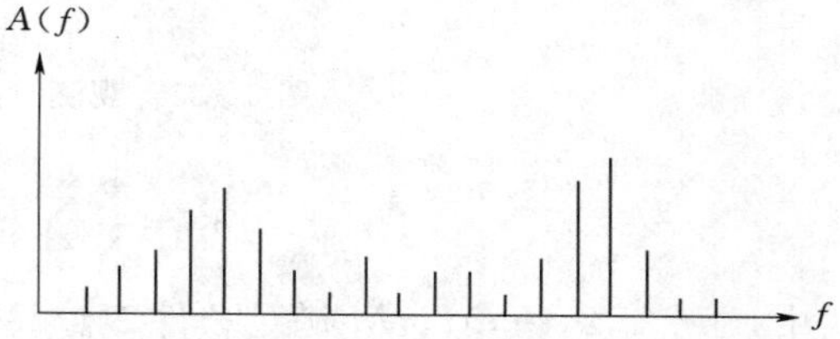

图 5-20　离散时间序列的频谱图

对于时间序列 $x(t)$ 的傅里叶级数展开式为

$$x(t) = A_0 + \sum_{n=1}^{\infty}(a_n\cos 2\pi nft + b_n\sin 2\pi nft) \tag{5-97}$$

其中

$$A_0 = \frac{1}{T}\int_0^T x(t)\mathrm{d}t$$

$$a_n = \frac{2}{T}\int_0^T x(t)\cos 2\pi nft\,\mathrm{d}t$$

$$b_n = \frac{2}{T}\int_0^T x(t)\sin 2\pi nft\,\mathrm{d}t \quad ,n=1,2,\cdots$$

式中：$x(t)$ 的基本频率。

式（5-97）可写成

$$x(t) = A_0 + \sum_{n=1}^{\infty} A_n\sin(2\pi nft + \phi_n) \tag{5-98}$$

$$A_n = \sqrt{a_n^2 + b_n^2}$$

式中：A_n 为傅里叶级数的频谱值；ϕ_n 为傅里叶级数的相位角，即相位谱值中 $\phi_n = \arctan(a_n/b_n)$。

式（5-98）表明了复杂周期数据由一个静态分量 A_0 和无限个不同频率的谐波分重组成。实用上，对于离散的有限时间序列，应用频谱分析法求频率谱值（A_n，ϕ_n）实际上就是求式（5-97）中的傅里叶系数 A_0、a_n 和 b_n。

如图 5-21 所示，设观测时间 T 内的采样数为 N，采样间隔 $\Delta t = T/N$，t_i 时刻的观测值为 $x(t_i)$，$i=0,1,2,\cdots,N-1$，则

$$A_0 = \frac{1}{N}\sum_{i=1}^{N-1} x(t_i) \tag{5-99}$$

$$a_n = \frac{2}{N}\sum_{i=0}^{N-1} x(t_i)\cos 2\pi ni/N \tag{5-100}$$

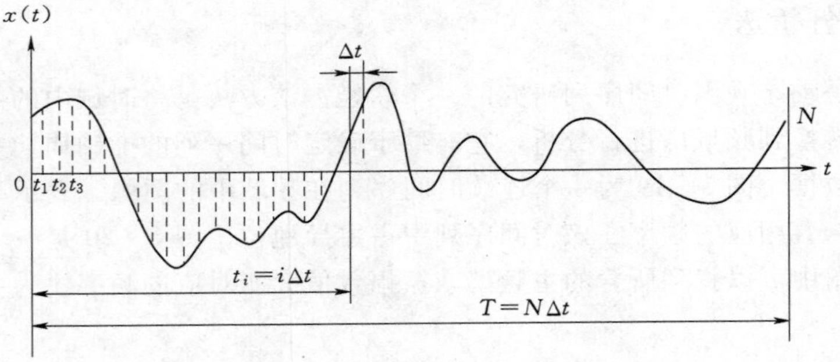

图 5-21　观测时间 T 内的实测波形分割

$$b_n = \frac{2}{N}\sum_{i=0}^{N-1} x(t_i)\sin 2\pi ni/N \tag{5-101}$$

式中，$n=1,2,\cdots,M$，M 满足条件 $N\geqslant 2M+1$。

式（5-99）～式（5-101）为离散的有限傅里叶级数的计算公式。

5.6.3　频谱分析算例

某大坝某点水平位移每月或每半月观测一次，积累了 19 年多的观测资料。由观测资料可绘制图 5-22 之水平位移过程线，试对水平位移变化作频谱分析，并指出其主要频率值。

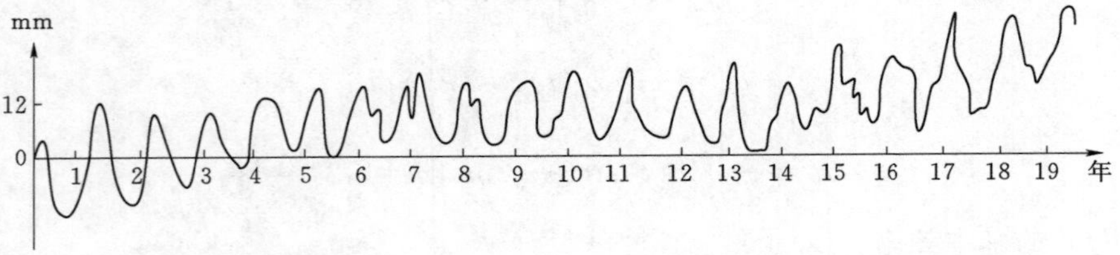

图 5-22　实测位移过程线

（1）将 19 年多的观测时间（化成 19.36 年）对应的水平位移过程线（图 5-22）看成是该坝段的一个周期振动（周期 $T=19.36$ 年），则式（5-98）中的基频 $f=1/T$。

（2）根据观测周期为一个月或半个月，为了使取的 $x(t)$ 有足够的精度，在将 T 分为 N 等份时，可取 N 等于观测值个数，本例中 $N=236$。

（3）对 $i=0,1,2,\cdots,235$，由观测资料求得水平位移值 $x(t_i)$。

（4）对 $n=1,2,3,\cdots,N/2$，按式（5-99）～式（5-100）计算 A_0、a_n 和 b_n。

（5）在进行变形监测的数据处理时，尚需进一步将水平位移的频谱峰值分布与影响水平位移因子（水位、温度等）的频谱峰值分布进行比较，初步确定水平位移的主要频率，最后利用最小二乘法对各谐波参数（幅值与相位）进行估计（方法见后），图 5-23 是由最小二乘法估算求得的水平位移频谱峰值分布图。

5.6.4　最小二乘响应分析

最小二乘响应分析是首先用上述的频谱分析法，分析输入信号 $x(t)$ 中所包含的谐波

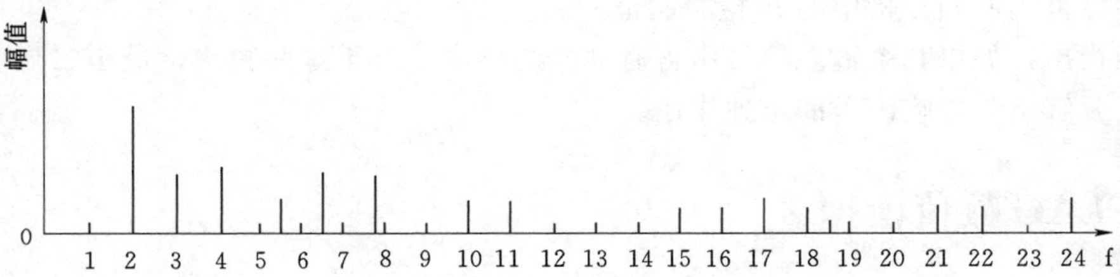

图 5-23　水平位移频谱峰值分布图

分量，并确定其主频率，设其主频率为 $f(s)(s=1,2,\cdots,k)$，然后根据这些频率利用式（5-98）模拟输入和输出信号。

对 N 个观测值（$N>2k+1$），输入和输出信号中每一观测值的误差方程为

$$x(t_i)+v_{x_i}=A_0+\sum_{s=1}^{k}A_s\sin(2\pi f_s t_i+\phi_s) \tag{5-102a}$$

$$y(t_i)+v_{y_i}=B_0+\sum_{s=1}^{k}B_s\sin(2\pi f_s t_i+\psi_s) \tag{5-102b}$$

或

$$x(t)+v_x=A\lambda_x \tag{5-103a}$$

$$y(t)+v_y=B\lambda_y \tag{5-103b}$$

式中：v_x、v_y 为测量误差。

用最小二乘原理，可以估计式（5-102）中的振幅参数 A_s、B_s 和初相位 φ_s、ψ_s。对于每一个频率 f_s，系统的幅度和相位响应分别用下式计算

$$\| W(f_s) \| = B_s/A_s, s=1,2,\cdots,k \tag{5-104a}$$

$$\theta(f_s)=\psi_s-\phi_s \tag{5-104b}$$

当有多个输入信号时，最小二乘响应分析法可以做如下扩展：首先设 l 个输入信号为 $x_1(t)$，$x_2(t)$，…，$x_l(t)$，用频谱分析确定每一个输入信号所包含的主频率，并估计相应的振幅和初相位；然后在模拟输出信号时，将所有输入信号的主频率都包括在式（5-103b）中，估计相应的振幅和初相位；最后用式（5-104）求系统的响应。

对所选频率在模拟输出信号中是否重要的判断，可以用回归分析中因子显著性检验的类似方法。现简述如下：

（1）设由 k 个所选频率对输出信号 $y(t)$ 进行模拟，求得

$$\hat{y}(t_i)=B_0+\sum_{s=1}^{k}B_s\sin(2\pi f_s t_i+\psi_s) \tag{5-105}$$

为了检验频率 f_j 是否显著，可去除 f_j，由（$k-1$）个频率对输出信号 $y(t)$ 进行模拟，则可求得

$$\hat{y}_{(t_i)}^{(j)}=B_0'+\sum_{s=1}^{k-1}B_s'\sin(2\pi f_s t_i+\psi'_s) \tag{5-106}$$

（2）根据模拟值与实测值 $y(t)$ 之差 $\| y(t)-\hat{y}(t) \|$ 与 $\| y(t)-\hat{y}(t)_{(t)}^{(j)} \|$，若有 $\| y(t)-\hat{y}(t) \| \ll \| y(t)-\hat{y}(t)_{(t)}^{(j)} \|$，则说明频率 f_j 对模拟 $y(t)$ 是很重要的。关于 f_j

的显著性也可用回归分析中的 F 检验验证。

应当指出，如果几个输入信号中含有共同的频率，对于这些频率，最小二乘响应分析法将不能分解出各影响因子的单独作用。

5.7 FLAC 数值模拟

FLAC（Fast Lagrange Analysis of Continua，FLAC）是指连续型介质的快速拉格朗日法，是基于拉格朗日差分法的一种显式有限差分程序。它源于流体动力学，主要研究对象为：随着时间的变化，每个流体质点位置的变化，即在不同时刻，某一个流体质点的运动轨迹、压力等。

在 20 世纪 70 年代，离散元法的创始人 Peter Cundall 博士研究开发了该程序。该程序以节点位移为连续条件，可对连续性介质进行变形预测分析，具有极强的前后处理功能；可通过人机对话的交互方式进行；也可通过命令文件/执行数据进行计算。20 世纪 90 年代中期，我国引进 FLAC 及 FLAC3D 等软件。同时，采矿、地质、土建、水利、交通等工业部门应用 FLAC 及 FLAC 3D 系统进行工程设计、计算及科学研究等。

FLAC 算法能模拟土体、岩石及其他材料的大变形、塑性流动或挠曲，特别适用于岩土力学中的不稳定或非线性大变形问题，其计算模型网格能以大变形模式变形，并随着材料流动。

5.7.1 土体本构模型的评估准则

土体本构关系对岩土工程的有限元分析结果有重要的影响。如果选取的本构关系不能如实反映土体的力学性能，即使计算再精确，也不能反映土体的实际力学关系。所以，土体本构模型是进行土体数值模拟和力学分析的基础，是计算土体力学的核心。

以前，土体本构关系建立在线弹性理论基础上，随着理论的深入发展，它逐步建立在非线性弹性、损伤力学、流变学、复合材料力学、断裂力学、弹塑性等理论基础上。但是，在上述本构模型中，弹塑性模型和非线性弹性理论比较完善，其他本构模型仍处于发展阶段，所以在岩土工程领域，弹塑性本构模型和非线性弹性本构模型较为广泛采用。

非线性弹性本构模型同线弹性本构模型相比，有较大进步，但是存在材料屈服后变形规律的描述与塑性流动法则不符的缺点，从而使塑性变形在计算时具有任意性。所以，对于受荷载作用较大的岩土工程问题，通常采用弹塑性本构模型。每种弹塑性模型都有一定的优点和缺点，这在很大程度上取决于其特定的应用。格德赫斯教授提出评估这些模型的基本要求，包括材料加常数、经济性、易处理性和数值上的考虑。在选取模型时，应考虑以下 3 个基本的评估准则：①对于简单模型的数值计算和评估方法，它们在计算中便可进行；②对于实用性模型试验的评定，为现有试验拟合数据；同时，要从标准试验数据中确定各种材料的参数；③对于连续性介质力学模型理论的评估，为查明和唯一性、稳定性、连续性的理论要求相容。

一般而言，模型评估准则需从计算机应用、实验室观察岩体性能实际状况和连续性介质力学的观点来综合考虑它们之间的平衡。1975 年，W. E. Chen 教授评估 Drucker -

Prager 模型，提出该模型选择材料参数适当，计算方法简单，能与 Mohr－Coulomb 屈服准则相匹配；此外，它还反映了土体的一些重要性质，例如剪切时引起的膨胀，接近破坏时的刚度，在较低荷载时的弹性响应等。

隧道的开挖和支护过程是一个分段开挖和支护的过程。在岩体开挖与支护轴线上各点的应力会释放，同时会引起岩体变形和应力场改变，为准确模拟该环境下的施工工况，需在计算过程中，采用增量形式的本构关系。此时，弹塑性模型应变之间的关系可表示为

$$\{d\varepsilon\}=\{d\varepsilon^{e}\}+\{d\varepsilon\}^{p} \tag{5-107}$$

塑性应变的增量应依据塑性模型理论来计算；弹性应变的增量应依据弹性模型来计算；弹性模型的泊松比应依据荷载曲线确定。塑性模型理论主要包括加工硬化定律、流动法则和屈服条件与破坏准则三部分。

5.7.2 Mohr－Coulomb 准则

Mohr－Coulomb 模型在工程中应用普遍，在岩土工程中，Mohr－Coulomb 参数摩擦角和黏聚力比其他特性参数容易得到。Mohr－Coulomb 模型适用于当材料受剪屈服时，屈服应力只取决于最大和最小主应力，而与中间的主应力无关。在传统分析方法中，如极限承载力的计算、土压力的计算和滑移线理论等，都是在该准则基础上建立的。这种模型的破坏包络线等于 Mohr－Coulomb 判据加上拉伸分离点，它与拉应力的流动法则相关，而与剪切流动不相关。

Mohr 强度理论主要是在试验数据统计分析的基础上建立的。在简单应力状态下，岩体不会发生破坏，当不同的剪应力和正应力组合时，它才会丧失承载能力。即当作用在平面上的剪应力大于极限剪应力时，岩体就会发生破坏。而这一极限剪应力值 τ，是指作用在该面上的法向压应力的函数，即

$$\tau=f(\delta) \tag{5-108}$$

岩土体的破坏特征，Mohr 强度理论做了一些假设：岩土体的强度值与中间主应力 δ_2 无关，它的宏观破裂面和中间主应力 δ_2 方向平行。因此，以剪应力 f 为纵坐标，正应力 δ 为横坐标建立直角坐标系，用极限应力 Mohr 圆来描述 Mohr 强度理论。各点在多个极限应力圆上的破坏轨迹线叫做 Mohr－Coulomb 包络线，如图 5－24 所示。按照 Mohr－Coulomb 包络线的形状，可划分为双曲线形、抛物线形和直线形 3 类强度线。

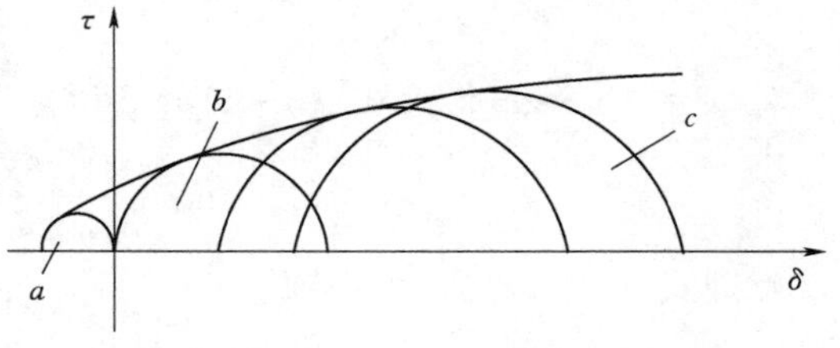

图 5－24　Mohr－Coulomb 强度包络线

上述三类 Mohr－Coulomb 强度包络线中，直线形强度直线与 Coulomb 强度曲线基本一致。数学表达式为

$$\tau=c+\delta\tan\phi \tag{5-109}$$

式中：$\delta\tan\phi$ 为岩土体发生剪切破坏时的摩擦阻力；c 为岩土体的黏聚力；δ 为岩体破坏

面上的正应力；ϕ 为岩土体的内摩擦角；τ 为岩土体的抗剪强度。

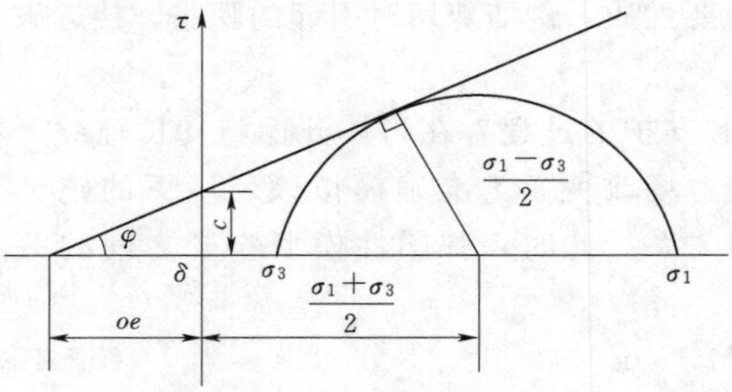

图 5-25 Mohr 圆和 Coulomb 强度直线的关系

在 $\delta-\tau$ 组成的平面坐标系中，Mohr 圆和 Coulomb 强度直线的关系如图 5-25 所示。c 为 Coulomb 强度直线在纵坐标 τ 的截距，内摩擦角 φ 为 Coulomb 强度直线的倾角。Coulomb 强度直线将 $\delta-\tau$ 坐标系分成上、下两个部分，直线上方为不稳定区域，直线下方为稳定区域。根据它们之间的关系，可判定岩土体的破坏情况。

如果某一点的应力 Mohr 圆与 Coulomb 强度直线相割，表明该点位于不稳定区域，已遭到破坏；如果某一点的应力 Mohr 圆与 Coulomb 强度直线相切，则表示该点在 Coulomb 强度直线上，位于临界破坏状态；如果某一点的应力 Mohr 圆位于 Coulomb 强度直线下方，则表示该点位于稳定区域，不会遭到破坏。因此，应力 Mohr 圆与 Coulomb 强度直线相切与否，是判别岩体破坏的唯一标准。同时，在应用该准则时，还需深入理解图 5-24 中特殊点代表的力学意义。

(1) 用 $\delta_1-\delta_3$ 表示 Mohr-Coulomb 强度准则。

(2) 曲线在受压区域开放，表示曲线在受压区域不可能与 δ 轴相交。当岩体处于三向等压状态时，Mohr 圆缩小为 δ 轴上的一点，这一点位于强度曲线之外，所以，在三向等压的情况下，岩体不会遭到破坏。

(3) Coulomb 直线在受拉区域闭合，且和 δ 轴交于某一点。这一点为负值，当 $\tau=0$ 时，表示在三向等力拉伸时，岩体遭到破坏。

依据图 5-25 可得

$$\sin\varphi=\frac{\dfrac{\delta_1-\delta_3}{2}}{\dfrac{\delta_1+\delta_3}{2}+oe} \tag{5-110}$$

将 $oe=c\times\mathrm{ctg}\varphi$ 代入式 (5-110) 可得

$$\sin\varphi=\frac{\delta_1-\delta_3}{\delta_1+\delta_3+2c\times\mathrm{ctg}\varphi} \tag{5-111}$$

整理式 (5-111)，可得到

$$\frac{1-\sin\varphi}{1+\sin\varphi}=\frac{\delta_3+c\times c\tan\varphi}{\delta_1+c\times c\tan\varphi}=\tan^2\left(45°+\frac{\varphi}{2}\right) \tag{5-112}$$

$$\delta_1=\frac{1+\sin\varphi}{1-\sin\varphi}\delta_3+\frac{2c\times\cos\varphi}{1-\sin\varphi} \tag{5-113}$$

令

$$\frac{1+\sin\varphi}{1-\sin\varphi}=\varepsilon,\frac{2c\times\cos\varphi}{1-\sin\varphi}=\delta_{\mathrm{cmass}}$$

则式 (5-113) 可写为

$$\delta_1=\varepsilon\delta_3+\delta_{\mathrm{cmass}} \tag{5-114}$$

式中：δ_{cmass}为岩体单轴抗压强度的理论值。

根据三轴试验实测数据，以δ_1为横坐标、δ_3为纵坐标建立直角坐标系，同时绘制出的 Mohr－Coulomb 强度包络线（如图 5－26 所示），表示当岩体破坏时，最大主应力和最小主应力之间是线性相关的。

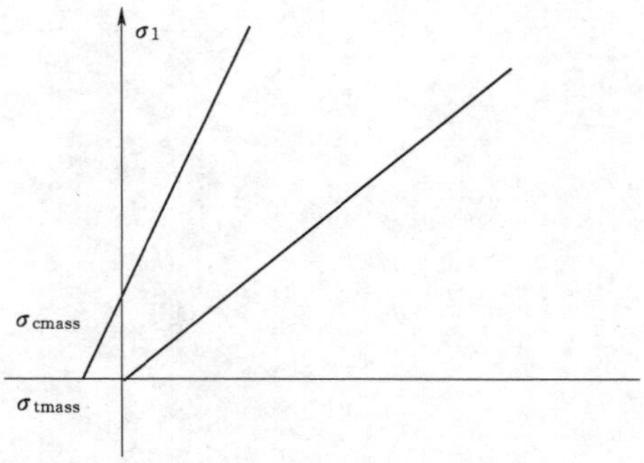

图 5－26　δ_1、δ_3表示的 Mohr－Coulomb 强度包络线

用最小二乘法对试验数据进行处理，可得到直线的截距δ_{cmass}和斜率ε，由定义的关系，可计算出岩体的内摩擦角φ和黏聚力c。直线与横坐标负方向的交点，为岩体的单轴抗拉强度δ_{cmass}的理论值，计算为

$$\delta_{cmass}=\frac{2c\cdot\cos\varphi}{1+\sin\varphi} \tag{5-115}$$

第二篇

变形测量基本方法与技术

第6章 变形监测基本方法

本章介绍变形监测中的沉降监测（水准测量、静力水准测量、三角高程测量）、全站仪监测、GNSS监测、InSAR监测、点云监测、高精度测量机器人系统、光纤监测法、变形监测方法集成。

6.1 沉降监测方法

沉降监测按使用仪器和施测方法分为水准测量、静力水准测量、三角高程测量。

6.1.1 水准测量

几何水准测量是沉降类变形监测最常用方法，数字水准仪和条码式水准标尺最常用。几何水准测量误差来源于：①仪器误差，通过加强仪器检定、限定前后视距差和前后视距累积差降低仪器误差；②观测误差，主要包括精平误差、调焦误差、估读误差和水准尺倾斜误差。可通过精平严格，读数快速，保持前后视距相等措施，避免在测站中重复调焦，限制视线长度，在水准尺上安装圆水准器，确保水准尺铅垂减弱；③外界环境的影响误差，包括水准仪和水准尺下沉误差，消除办法是仪器安置在坚实地面，踩实脚架，快速观测，采用“后—前—前—后”的观测顺序；④大气折光影响，要求观测时应尽量使视线保持一定高度，一般规定视线须高出地面0.2m；⑤日照及风力引起的误差，要求选择好的天气测量，给仪器打伞遮光。

采用水准测量进行沉降观测时，仪器型号和标尺类型、沉降观测作业、观测视线长度、前后视距差、视线高度、重复测量次数、观测限差应满足相应监测工程要求。每期观测开始前，应测定数字水准仪的 i 角。当其值对一等、二等沉降观测超过15″，对三等、四等沉降观测超过20″时，应停止使用，立即送检。当观测成果出现异常，可能与仪器有关时，应及时检验仪器。

水准监测作业应符合规定：在标尺分划线成像清晰和稳定条件下进行观测，不得在日出后或日落前约半小时、太阳中天前后、风力大于四级、气温突变时，以及标尺分划线的成像跳动而难以照准时进行观测；观测前半小时，应将数字水准仪置于露天阴影下，使仪器与外界气温趋于一致。观测前，应进行不少于 20 次单次测量的预热。晴天观测时，使用测伞遮蔽阳光，避免望远镜直接对着太阳，避免观测视线被遮挡，并在生产厂家规定的温度范围内工作。遇临时振动影响时，暂停作业，当长时间受振动影响时，增加重复测量次数。各期观测过程中，当发现相邻监测点高差变动异常或附近地面、建筑基础和墙体出现裂缝时，及时记录。对超出规范规定限差的成果，在分析原因基础上进行重测，测站观测限差超限时，在本站观测时发现的应立即重测；迁站后发现超限，从稳固可靠点开始重测。

6.1.2 静力水准测量

静力水准测量有连通管式静力水准、压力式静力水准两种。一等、二等沉降观测采用连通管式静力水准；二等及以下等级沉降观测采用压力式静力水准。静力水准仪主要由位移传感器、浮球、储液罐等组成。储液罐间由连通管连通，基准点置于相对测点稳定的水平点，其他储液罐置于不同位置，当其他储液罐相对于基准罐发生升降时，将引起该罐内液面上升或下降。通过测量液位变化，监测测点相对水平基点的升降变形。用于地铁、高铁、隧道、危楼、建筑、桥梁等沉降位移监测，精度高（<±0.5mm）、可靠性强、安装方便、可长期连续工作。

静力水准仪结构简单、稳定性好、无须通视等特点，能简单和有效实现自动化沉降观测。其基本原理如图 6－1 所示，相连接的两容器 1、2 分别安置在欲测平面 A、B 上，相连接的两容器中液体均匀（即同类液体并具有同样参数），液体自由表面处于同一水平面上，A、B 高差 Δh 可用液面高度 H_1 和 H_2 计算：$\Delta h=H_1-H_2$，或

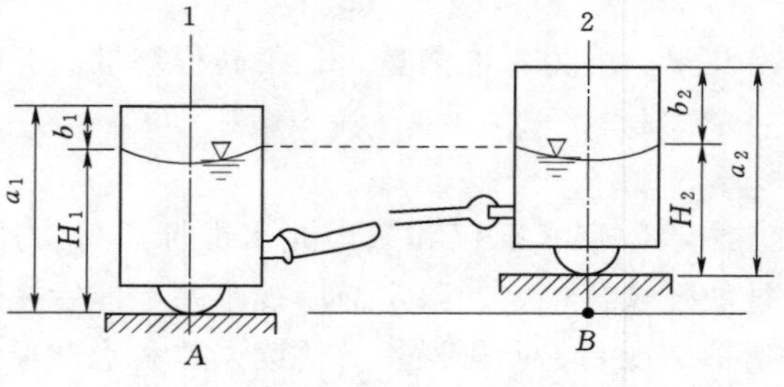

图 6－1　静力水准原理图

$$\Delta h=(a_1-a_2)-(b_1-b_2) \qquad (6-1)$$

式中：a_1、a_2 为容器高度或读数零点相对于工作底面位置；b_1、b_2 为容器液面位置读数值，亦即读数零点至液面距离。

由于容器零点具有制造误差，直接读取液面读数计算的不是两平面绝对高差。将两容器互换位置，有

$$\Delta h=(a_1-a_2)-(b_1'-b_2') \qquad (6-2)$$

式中：b_1'、b_2'为互换位置后容器中液面的新读数值。

则

$$\Delta h=(b_1-b_2)-(b_1'-b_2'),c=a_2-a_1=\frac{1}{2}[(b_1-b_2)-(b_1'-b_2')] \qquad (6-3)$$

式中：c 为仪器常数，即两个液体静力容器的读数零点差数，取决于制造误差。

因而，监测头零点差，即仪器常数，可通过监测头互换位置并进行两次读数求得。对于固定设置的液体静力仪器，不需要监测头零点位置误差。

液体静力水准测量主要误差来源于外界温度变化，特别是监测头附近局部温度变化。为削弱温度影响，使连接软管下垂力小；减少监测头中的液面高度；液体静力仪尽量远离强大热辐射源。为消除温度影响产生误差，采用测定监测头中液体温度，并对测量结果施加相应改正数方法。液体水平面测量误差不超过0.1mm，温度读数精度要求不低于0.5℃。

图6－2为采用静力水准测量进行沉降观测，传感器稳固安装在待测结构上。监测轨道交通、大坝、大型建筑底板、大型设备安装时，连通管式液体静力水准测量量程多为20～200mm；压力式传感器量程较大，一般大于500mm。量程和精度是静力水准的两个重要指标，量程越大，精度越低，因此根据观测精度要求和预估沉降量，选取适合精度和量程的静力水准传感器。连通管式静力水准系统要求所有测点液面位于一个水准面上，初始安装时要求各传感器安装在同一高度，安装高度偏差直接影响沉降测量量程。

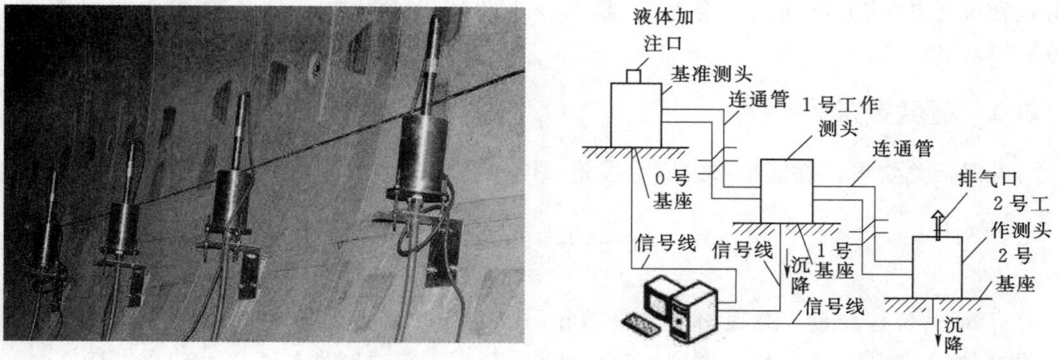

图6－2　高精度静力水准测量仪

静力水准测量系统在长期运营期间，难免发生液体蒸发引起液面下降、个别传感器损坏、局部管路渗漏等情况，需定期对其进行维护。

6.1.3　三角高程测量

利用高精度全站仪配合专门觇牌、棱镜组及配件进行三角高程测量，特定条件下可代替三等、四等甚至二等水准测量。当采用常规水准测量作业困难、效率较低时，可利用高精度全站仪进行三角高程测量变形测量作业。考虑变形测量特点，三角高程测量可用于沉降基准点网观测、基准点与工作基点联测，某些监测点（如边坡、建筑场地、市政工程等）监测。

中间设站观测方式是在两监测点上分别架设棱镜，在中间适当位置架设全站仪。此时，棱镜高可固定，一般也无须测定仪器高，从而提高测量成果精度和作业效率。规定中间设站方式下前后视线长度差是为了有效消减地球曲率与大气垂直折光的影响，全站仪三角高程可进行自动化测量。

6.2　全站仪测量法

除全站仪三角高程测量进行沉降观测外，常用全站仪边角测量法、小角法、极坐标法、前方交会法和自由设站法等。其中边角测量法主要用于位移基准点网的施测，其他几种方法可用于测定监测点位移，包括水平位移、倾斜、挠度等。全站仪自动监测系统（机器人自动监测系统）用于日照、风振等变形测量，而传统纯测角网、测边网已被边角同测网取代。变形测量中基准点之间的距离相对较短，精度要求高，全站仪边角测量大量应用于变形观测。

6.2.1 观测标志

测点和控制点的标石、标志按《建筑变形测量规范》（JGJ 8—2016）规定。建筑物上的观测点，采用墙上或基础标志；土体观测点，采用混凝土标志；地下管线观测点，采用窨井式标志；膨胀土等特殊性土地区的固定基点，采用深埋钻孔桩标石，但必须用套管桩与周围土体隔开。各种标志的形式及埋设，根据点位条件和观测要求设计确定。

6.2.2 精度要求

根据相关要求，确定位移观测中误差；以位移观测中误差估算单位权中误差 μ 为

$$\mu=\frac{m_s}{\sqrt{2Q_X}},\mu=\frac{m_{\Delta s}}{\sqrt{2Q_X}} \tag{6-4}$$

式中：m_s 为位移分量 s 的观测中误差，mm；$m_{\Delta s}$ 为位移分量差 Δs 的观测中误差，mm；Q_X 为网中最弱观测点坐标权倒数；$Q_{\Delta X}$ 为网中待求观测点间坐标差 ΔX 的权倒数。

求出观测值测站高差中误差后，选择位移测量的精度等级。

6.2.3 观测措施

（1）使用精密仪器，并采用强制对中。设置强制对中固定观测墩（图 6-3），一般采用钢筋混凝土观测墩，观测墩各部分尺寸达到相关标准的要求，观测墩底座部分直接浇筑。在观测墩顶面设置强制对中装置，该装置能使仪器及觇牌偏心误差小于 0.1mm。

（2）照准觇牌。目标点设置成觇牌，觇牌图案可自行设置。视准线法主要误差来源是照准误差，觇牌形状、尺寸及颜色影响视准线法观测精度。此外，觇牌也要求强制对中。

图 6-3　观测墩

6.2.4 观测方法

全站仪用于监测时的主要方法有前方交会法、精密导线测量法、基准线法等，基准线法又包括视准线法（测小角法和活动觇牌法）、激光准直法、引张线法等。可根据需要与现场条件选用（表 6-1）。

表 6-1　　水平位移观测方法选用

序号	具体情况或要求	方法选用
1	测量地面观测点在特定方向的位移	基准线法（包括视准线法、激光准直法、引张线法等）
2	测量地面观测点任意方向的位移	视观测点分布情况，采用前方交会法或方向差交会法、精密导线测量法或近景摄影测量等方法
3	观测内容较多的大测区或观测点远离稳定地区的测区	采用三角、三边、边角测量与基线法相结合的综合测量方法
4	测量土体内部侧向位移	采用测斜仪观测方法

6.2.4.1　平面控制的网点布设

(1) 位移观测一般按两个层次：控制点组成控制网；观测点及所联测控制点组成扩展网。对单个建筑物上部或构件位移观测，将控制点连同观测点按单一层次布设。

(2) 控制网采用测角网、测边网、边角网或导线网，扩展网和单一层次布网采用测角交会、测边交会、边角交会、基准线或附合导线等。各种布网均考虑网形强度，长短边长不宜悬殊过大。

(3) 基准点（包括控制网基线端点、单独设置基准点）、工作基点（包括控制网工作基点、基准线端点、导线端点、交会法测站点等）以及联系点、检核点和定向点，根据不同布网方式与构网形式设置，基准点不少于 2 个，工作基点不少于 2 个。

(4) 特级、一级、二级及有需要的三级位移观测控制点，建造观测墩或埋设专门观测标石，并根据使用仪器和照准标志类型，顾及观测精度，配备强制对中装置。

(5) 照准标志具有明显几何中心或轴线，图像反差大、图案对称、相位差小和本身不变形等要求。

6.2.4.2　水平位移监测方法

水平位移监测方法主要有：极坐标法、视准线法（觇牌法、小角度法）、前方交会法、单站改正法、引张线法、后方交会法、导线测量法等。其中前方交会法、导线测量法和后方交会法用于工作基点稳定性检查；小角度法、极坐标法、单站改正法用于监测点的观测。

(1) 极坐标法。以两个已知点为坐标轴，其中一个点为极点建立极坐标系，测定观测点到极点距离，以及观测点与极点连线和两个已知点连线夹角的方法（图 6-4）。

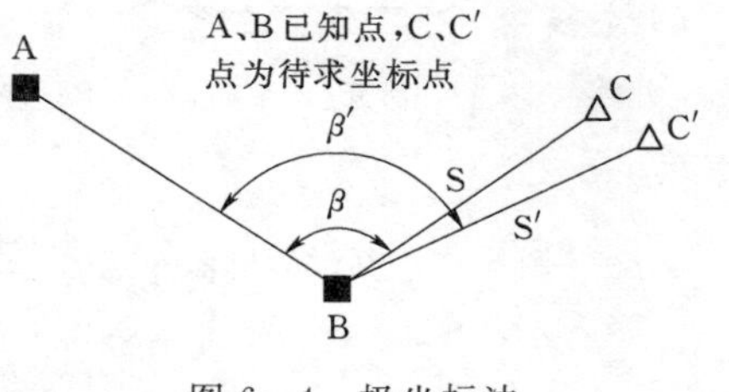

图 6-4　极坐标法

A 点、B 点的方位角为

$$\alpha_{BA}=\tan^{-1}\frac{Y_A-Y_B}{X_A-X_B}\times 180°/\pi \qquad (6-5)$$

测定角度 β 和边长 BC，计算 BC 方位角 $\alpha_{BC}=\alpha_{BA}+\beta\pm 360°$

C 点坐标为

$$X_C=X_B+S\cos\alpha_{BC}$$
$$Y_C=Y_B+S\sin\alpha_{BC} \qquad (6-6)$$

采用观测墩时，误差主要来源于测角误差、测距误差。取视距长度 100m，用全站仪观测（1″，1＋1.5ppm）2 测回。

测角中误差为

$$m_{角}=\frac{m_{\theta}}{\rho}S=\frac{1''}{206265}\times100\times1000=0.48\text{mm}$$

测距中误差为

$$m_{S}=a+bD=1+1.5\times10^{-6}\times100\times1000=1.15\text{mm}$$

点位中误差为

$$m=a+b\cdot D, m_{点}=\sqrt{m_{角}^{2}+m_{s}^{2}}=1.25\text{mm}$$

两次观测同一点水平位移变化量中误差为

$$m_{\Delta cc'}=\frac{1}{\sqrt{2}}m_{点}=0.9\text{mm}$$

垂直于基坑方向的位移量为敏感量。因此，选择基坑长边方向为 x 轴，垂直基坑长边方向为 y 轴，建立假定坐标系，即矩形基坑变化量仅是 y 方向或是 x 方向变化量，则

$$m_{\Delta cc'}=\sqrt{m_{\Delta x}^{2}+m_{\Delta y}^{2}}\rightarrow m_{\Delta x}=m_{\Delta y}=\frac{1}{\sqrt{2}}m_{\Delta cc'}=\pm0.65\text{mm}$$

由此，两次观测基坑某方向水平位移观测变化量中的误差为±0.65mm。

（2）视准线法。按使用工具和作业方法，分活动觇牌法和小角度法。

活动觇牌法是将活动觇牌安置于位移标志点，使觇牌图案的中线与视准线方向一致，利用觇牌上的分划尺及游标读取偏离值（图 6－5）。

小角度法是将仪器安置于工作基点，测定视准线位移点间的微小夹角和水平距离（图 6－6）。主要用于观测监测点水平位移。利用全站仪或经纬仪（J1 型）精确测量基准线与置镜点到观测点视线间的微小角度 α_{P}，计算偏离值为

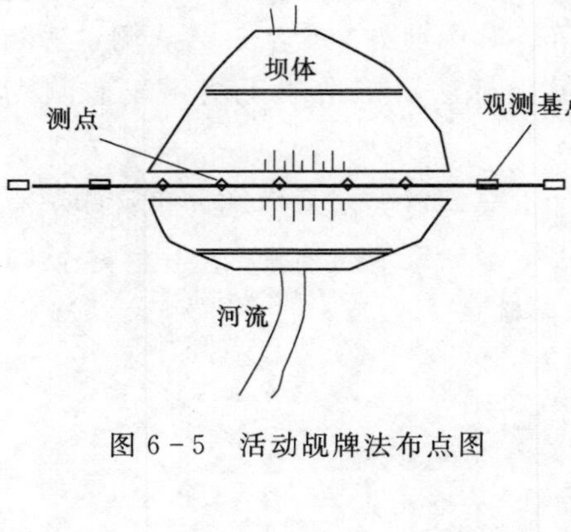

图 6－5　活动觇牌法布点图

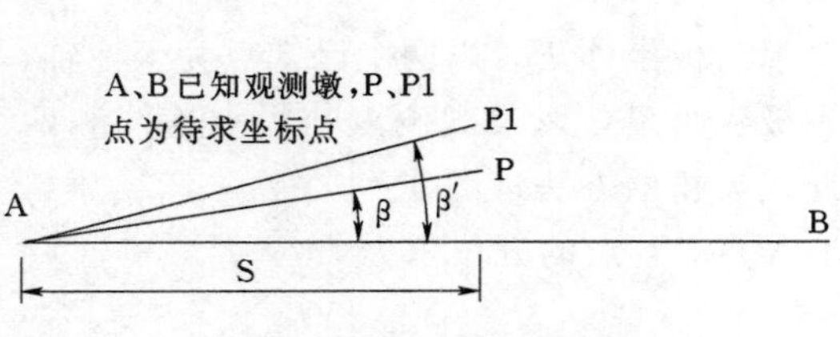

图 6－6　小角度法示意

$$L_{P}=\frac{\alpha_{P}}{\rho}\cdot S_{P} \tag{6-7}$$

式中：S_{P} 为测站至观测点距离；ρ 为换算常数，$\rho=3600\times180°/\pi=206265''$。

小角度法观测要求基准点采用强制对中设备，即建立观测墩。计算偏离值精度时，相对于测角误差影响而言，测距引起的误差可忽略。基坑监测中，由于沿基坑方向的变化量

较小，即 S 可认为不变。偏移量中误差为

$$m_{L_P}=\frac{m_{\alpha_P}}{\rho}S_P,m_{L_{P'}}=\frac{m_{\alpha_{P'}}}{\rho}S_{P'}$$

变形监测两期观测变化量中误差：

$$m_{\Delta pp'}=\sqrt{m_{L_p}^2+m_{L_{p'}}^2}=\sqrt{2}\times m_{L_p}$$

设基坑两观测墩长度为 500m，观测墩 P 离 A 点距离为 50m，测角中误差取 1″（J1 型仪器 2 测回），则

$$m_{L_P}=0.24\text{mm},m_{\Delta pp'}=\sqrt{2}m_{L_P}=\pm0.34\text{mm}$$

小角度法观测时，尽量将观测墩埋设于两端基点连线上，使观测角度微小，以减小正弦函数泰勒级数展开的舍入误差。

（3）前方交会法。选择较远的稳固目标作为定向点，测站点与定向点距离一般要求不小于交会边长度，观测点埋设在适于不同方向观测位置。为减小测角误差对位移量的影响，交会角度须满足 $30°\leqslant\alpha\leqslant150°$，检查工作基点 C 点进行稳定性时，在稳定区埋设 2～3 个基点，用前方交会法检查 C 点的稳定性（图 6－7）。

公式为

$$X_C=\frac{S_{AB}\sin\beta\sin\alpha}{\sin(\alpha+\beta)},Y_C=\frac{S_{AB}\sin\beta\cos\alpha}{\sin(\alpha+\beta)} \tag{6-8}$$

（4）单站改正法。如图 6－8 所示，设 M、N 为基准点，A、B、C 是水平位移监测点。在 A 点架设仪器，后视 M 作为起始方向，依次观测 A 到 M、B、C 和 N 的初始方向角及距离 S_{MA}，S_{AB}，S_{AC} 和 S_{NA}。重复观测各方向角，求∠MAN、∠MAB 和∠NAC 的变化值，记为 $\Delta\beta_a$，$\Delta\beta_b$ 和 $\Delta\beta_c$。

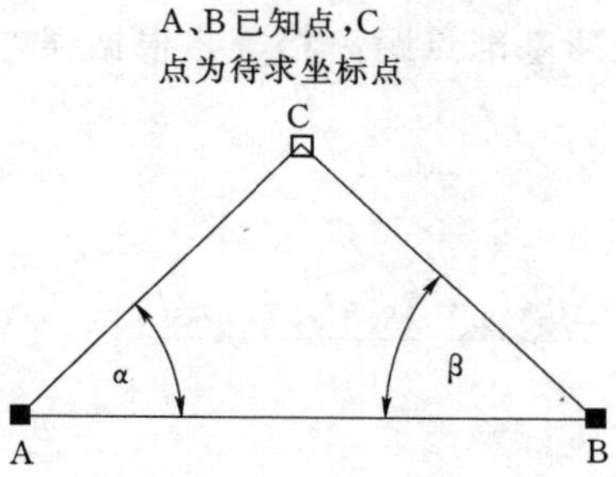

图 6－7 前方交会法

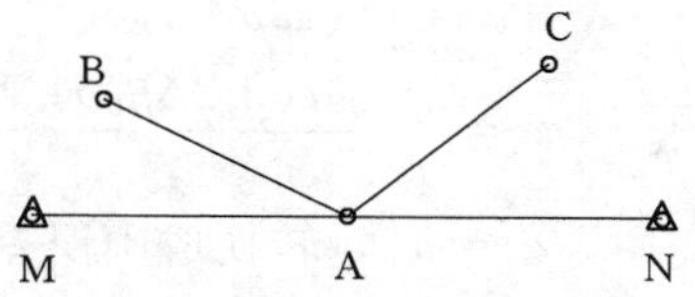

图 6－8 单站改正法观测示意图

设 A 点的横向位移 Δ_A 为

$$\Delta_A=\frac{S_{MA}S_{NA}}{S_{MA}+S_{NA}}\frac{\Delta\beta_a}{\rho} \tag{6-9}$$

假设 A 点不动，求 B、C 两点的横向位移 Δ_B' 和 Δ_C' 为

$$\Delta_B'=\frac{S_{AB}\Delta\beta_b}{\rho} \tag{6-10}$$

$$\Delta_C'=\frac{S_{AC}\Delta\beta_c}{\rho} \tag{6-11}$$

计算由于A点移动，引起B、C两点水平位移的改正数 φ_B 和 φ_C，监测点的横向位移与其改正数之和即为水平位移量。

如图6-9，以求B点改正数为例，设 Δ_A 为点A两期观测间的移动量，α 和 α' 为 $\angle MAB$ 的两期观测角，在 Δ_{ABM} 和 $\Delta_{A'BM}$ 中有

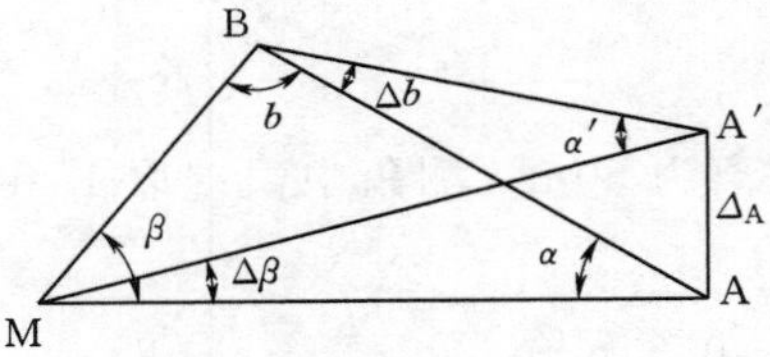

图6-9　B点改正数求法示意图

$$a+\Delta\beta=a'+\Delta b \tag{6-12}$$

其中

$$\Delta b=\frac{\Delta_A\rho}{S_{AB}},\Delta\beta=\frac{\Delta_A\rho}{S_{MA}}$$

由于A点移动，导致B点位移的改正值为

$$\varphi_B=\frac{-(\Delta b-\Delta\beta)S_{AB}}{\rho}=\left(\frac{S_{AB}}{S_{MA}}-1\right)\cdot\Delta_A \tag{6-13}$$

由式（6-10）和式（6-13），求B点水平位移值为

$$\Delta_B=\Delta B'+\varphi_B=\frac{S_{AB}\cdot\Delta\beta_b}{\rho}+\left(\frac{S_{AB}}{S_{MA}}-1\right)\Delta_A \tag{6-14}$$

同理，可求C点水平位移。

推广到任一点 i 的水平位移，设A点为设站点，M、N是基准点，i 为测点编号。令

$$K_A=\frac{S_{MA}\cdot S_{NA}}{S_{MA}+S_{NA}}\frac{1}{\rho},K_{i1}=\frac{S_{iA}}{\rho},K_{i2}=\frac{S_{iA}}{S_{AM}}-1$$

整理式（6-9）和式（6-12），得

$$\Delta_A=K_A\Delta\beta_a,\Delta_i=K_{i1}\Delta\beta_i+K_{i2}\Delta_A \tag{6-15}$$

式中：Δ_A 为设站点水平位移值；Δ_i 为任一点水平位移值。

若不考虑仪器对中误差影响，假设设站点距两基准点距离相等，根据误差传播定律，式（6-9）和式（6-12）取微分，得

$$\left.\begin{aligned}d_A&=\frac{S_{MA}d_a+\Delta\beta_a d_S}{2\rho}\\d_B&=\frac{2S_{AB}d_b+2\Delta\beta_b d_S+S_{AB}d_a+\Delta\beta_a d_S-S_{MA}d_a-\Delta\beta_a d_S}{2\rho}\end{aligned}\right\} \tag{6-16}$$

式（6-14）中，$d_a=d_b$，转换成中误差为

$$\left.\begin{aligned}m_A&=\pm\frac{1}{2\rho}\sqrt{\Delta\beta_a^2m_S^2+S_{AM}^2m_a^2}\\m_B&=\pm\frac{1}{2\rho}\sqrt{(4\Delta\beta_b^2+2\Delta\beta_a^2)m_S^2+(5S_{AB}^2+S_{AM}^2)m_a^2}\end{aligned}\right\} \tag{6-17}$$

式中：m_A，m_B 为水平位移中误差；m_a，m_b 为测角中误差。

（5）引张线法。常用于大坝监测中（图6-10），在大坝两端工作基点间拉紧一根钢丝作为基准线，观测坝体上各测点相对该基准线的距离变化量，计算水平位移。为防止风力等外界环境因素影响，引张线套在保护管内。

引张线法的观测精度达0.1～0.3mm。一般采用浮托式，当线长不足200m或分段引张线法时，也可采用无浮托式，主要由引张线垂径大小及观测要求决定（图6-11），垂

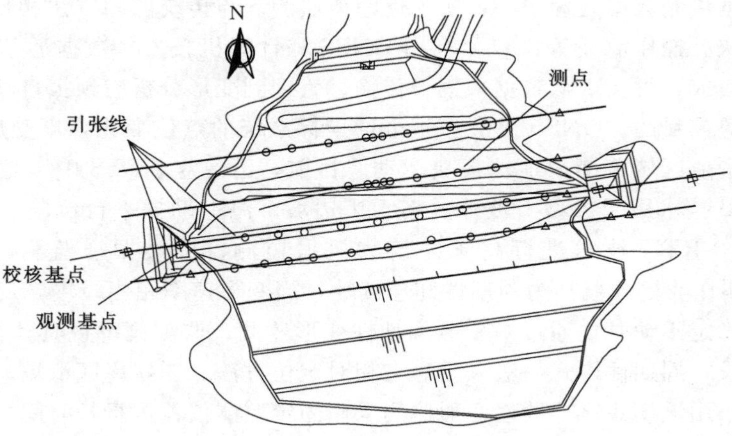

图 6-10　引张线法

径计算为

$$Y=\frac{S^2W}{8H} \tag{6-18}$$

式中：Y 为引张线垂径，m；S 为引张线长度，有浮托时为两浮托间长度，m；W 为引张线钢丝的单位量，kg/m；H 为水平拉力，近似于所挂重锤质量，N。

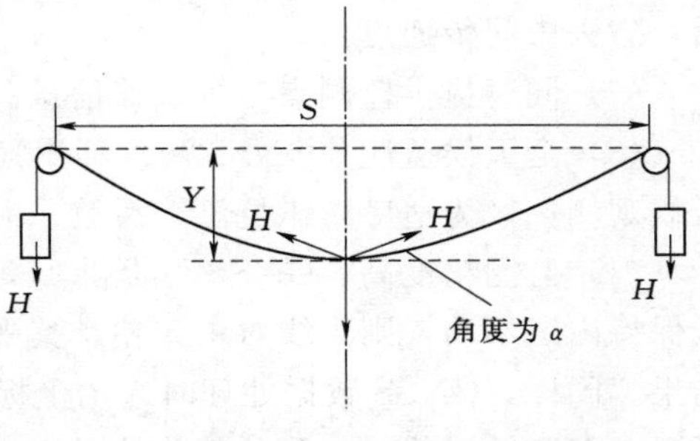

图 6-11　引张线垂径计算示意图

测线一般采用直径 0.8～1.2mm 高强度不锈钢丝，极限强度不小于 1500N/mm²，钢丝直径选择保证极限拉力为所受拉力的 2 倍。引张线设备包括端点装置、测点装置、测线及保护管。端点装置一端固定、另一端加拉力。有浮托引张线的缺点是只能观测单向水平变形，无浮托引张线则可同时观测水平和垂直的双向变形。

(6) 后方交会法。在工作基点墩稳定性检查中，观测目标利用周边稳定的基点。

(7) 导线测量法。在工作基点墩稳定性检查中，前方交会法和后方交会法均难以实现时，布设导线，并通过导线测量法测定工作基点稳定性。

6.3　GNSS 监测法

基于北斗导航系统（BDS）、全球定位系统（GPS）等全球导航卫星系统（GNSS）进行卫星导航定位测量，分静态测量模式和动态测量模式等。

地球上任何地点，任何时刻，高度角 20°以上至少能同时观测到 4～5 颗卫星，在地面上用 GNSS 接收机接收 4 颗以上卫星发射的信号，测定接收机天线至卫星距离，经技术处理后，得到待测点三维坐标。监测站点之间无需通视，大大减少了工作量。利用无线通信技术将观测数据传到数据处理中心，实现远距离监测。与传统监测方法相比，GNSS具有精度高、速度快、操作简便等优点，利用GNSS和计算机技术、数据通信技术、数据处理与分析技术集成，可实现从数据采集、传输、管理到变形分析与预报自动化，达到远程在线网络实时监控目的。GNSS提供基于全球坐标系统的点位变化，不受局部变形影响，可监测全球范围或区域范围内地球板块运动。目前，已建立GNSS中国地壳运动观测网络。静态GNSS技术用于大型滑坡体、露天矿边坡、海上勘探平台沉陷、城市地面沉陷等大范围监测，RTK技术进行高耸建筑物风振监测、桥梁振动监测、滑坡监测等。GNSS变形监测作业模式概括为周期性和连续性，当变形速率相当缓慢，局部时间域和空间域内可认为稳定不动时，通过GNSS周期性变形监测，监测频率视具体情况可为数月、一年或甚至更长，周期性模式一般采用静态相对定位方法，三峡库区滑坡、李家峡水电站滑坡等监测均采用该模式；连续性变形监测采用固定监测仪器进行长时间数据采集，获得变形数据系列，具有较高时间分辨率，适用于自动化要求高、数据采集周期短的监测项目。

6.3.1 特点

（1）测站间无需通视。GNSS测量只需测站上空开阔，使变形监测点位布设方便而灵活，省去中间传递点。

（2）同时提供监测点三维位移信息。GNSS可同时精确测定监测点三维位移信息。

（3）全天候监测。GNSS测量不受气候条件限制，配备防雷电设施后，可实现长期全天候观测，极为适应防汛抗洪、滑坡、泥石流等地质灾害监测。

（4）监测精度高。GNSS可提供1×10^{-6}甚至更高相对定位精度，若GNSS接收机天线保持固定不动，则天线对中误差、整平误差、定向误差、天线高测定误差等不影响监测结果。同样，GNSS数据处理时起始坐标误差、卫星信号传播误差（电离层延迟、对流层延迟、多路径误差）中公共部分的影响也可消除或削弱，可获得$\pm(0.5\sim2)$mm的变形监测精度。

（5）操作简便，易实现监测自动化。接收机自动化程度高，体积越来越小，重量越来越轻，便于安置和操作。同时，接收机预留有必要接口，方便建成无人值守自动监测系统，实现从数据采集、传输、处理、分析、报警到入库的自动化。

（6）GNSS大地高用于垂直位移测量。GNSS定位获得大地高，用户需要的是正常高或正高，两者关系为

$$h_{正常高}=H_{大地高}-\xi \tag{6-19}$$

$$h_{正高}=H_{大地高}-N \tag{6-20}$$

式中：ξ为高程异常；N为大地水准面差距。当ξ与N的确定精度较低时，导致转换后正常高或正高精度不高。但垂直位移监测关注高程变化，对工程局部范围，完全可用大地高变化进行垂直位移监测。

变形监测要求具有实时性，GNSS连续性监测可采用静态相对定位和动态相对定位两种数据处理。例如，超水位蓄洪必须时刻监视大坝变形状况，要求监测系统具有实时数据传输、分析方法与处理能力；桥梁静动载试验和高层建筑物振动监测，在于获取变形信息

及其特征，可事后进行数据分析与处理；建在滑坡体上城区、厂房，需实时掌握其变化状态，及时采取安全措施，采用全天候实时监测方法，建立GNSS自动化监测系统，系统精度可按要求设定，监测精度可达亚毫米级，系统响应速度快，从控制中心可掌握监测点实时变化情况。

动态监测方面，采用加速度计、激光干涉仪等测量设备测定建筑结构的振动特性，随着建筑物高度增加，监测工作连续性、实时性和自动化程度要求提高，利用GNSS技术对加拿大卡尔加里（Calgary）塔在强风作用下的结构动态变形测量；大跨度悬索桥和斜拉桥（如虎门大桥）GNSS实时动态监测系统；GNSS监测深圳地王大厦风力振动特性等，为获得监测对象动态特征，进行连续、高频率数据采样，研究工程建构筑物动态变形特性。

当变形频率较小时（称静态变形，如上部水平位移、倾斜等），采用静态测量模式；当变形频率较大时（称动态变形，如日照变形、风振变形等），采用动态测量模式。从精度和可靠性出发，二等位移观测采用静态测量模式，三等、四等位移观测采用静态测量模式或动态测量模式。根据变形测量精度要求选用接收机，实时动态测量时，为保证基准点稳定，确保接收天线性能符合相应技术要求。变形监测点站可选用不具备RTK功能接收机，但需完整地接收观测数据并传输给数据处理中心。

6.3.2 作业要求

GNSS变形测量要求同一时段观测值数据采用率大于85%。应用卫星导航定位动态测量模式进行变形观测一般都是连续不间断或高频次测量，为进行数据实时采集、处理和分析，需建立参考点站、监测点站，并通过通信网络和数据处理系统组成实时监测系统。建筑变形测量监测范围较小，一般1个参考点站就可满足作业要求。当监测范围较大，或为提高监测成果可靠性，增加1个参考点站。对多个参考点站，要保证其位置间相对稳定。

（1）一般检验。接收机及天线型号应与标称一致，外观应良好；各种部件及其附件匹配、齐全和完好，紧固部件不得松动和脱落；设备使用手册和后处理软件操作手册及磁（光）盘齐全。

（2）常规检验。天线或基座圆水准器和光学对点器符合标准规定；天线高量尺完好，尺长精度符合标准规定；数据传录设备及软件齐全，传输性能完好；数据后处理软件通过实例计算测试和评估确认结果满足要求。

（3）通电检验。电源及工作状态指示灯、按键和显示系统工作正常；测试利用自测试命令进行；检验接收机锁定卫星时间，接收信号强弱及信号失锁情况。

（4）实测检验。接收机内部噪声水平测试、相位中心稳定性测试；接收机野外作业性能及不同测程精度指标、高低温性能测试与综合性能评价等。

（5）GNSS定位测量对点周边环境有一定要求，为保障测量成果可靠性，选择基准点、工作基点及监测点的点位时予以考虑。同时，测量监测点时可能采用全站仪或其他方法，因此要保证相邻点间通视，为后续作业提供便利。

6.3.3 数据处理

二等变形测量由于精度要求高，对高精度解算软件提出要求。数据处理主要分：①对GNSS原始数据进行处理，获得同步观测网基线解；②对各同步观测网的解进行整体平差和分析，获得GNSS网整体解。数据处理重点在于同步网基线处理，而网的平差分析，特别是多个子网的系统误差、粗差分析及随机误差处理。武汉大学的科傻系列平差处理软件和同济大学静态定位后处理软件，主要用于商用GNSS软件基线处理后的三维和二维GNSS网平差。

通过数据处理获取监测点站和参考点站间的相对位置关系，参考点站设置在变形区域以外，具备通信、供电和固定场所等限制条件，变形测量要求在1km内为最佳，不能超过3km。为节约成本，观测数据连续性要求不高时，在监测点站上可采用多个天线配置一台接收机进行数据采集，通过时分多址的天线切换技术，按设定次序顺序接收各天线数据。

6.3.4 存在问题

高山峡谷、地下、建筑物密集地区和密林深处，受卫星信号被遮挡及多路径效应影响，监测精度和可靠性不高或无法进行监测；用GNSS技术只能获取形变体上部分离散点的位移信息。另外，GNSS监测水平位移精度较高，而监测垂直位移精度较低，使高精度变形监测中难以利用GNSS同时精确测定平面位移和垂直位移。因此GNSS无法完全替代其他监测技术，必要时集成其他变形监测技术（RS、InSAR、点云监测法和其他监测技术）。

目前，GNSS动态变形监测数据处理主要采用整周模糊度动态解算方法，只能达到厘米级精度，不能满足高精度动态变形监测需要。另外动态变形监测，监测点在短时间内变形微小，表现为一种弱信号，而误差却成为强噪声，从受强噪声干扰序列观测数据中提取微弱特征信息，提高监测精度是GNSS动态监测系统的关键技术问题。通常采用数据平滑或Kalman滤波方法在时域内进行处理，对变形频率和幅值等主要变形特征分析，则采用频谱分析法将时域内数据序列通过傅里叶级数转换到频域内分析，由于方法本身存在缺陷，对于非平稳、非等时间间隔观测信号变形特征提取存在局限性。

6.3.5 发展趋势

（1）GNSS变形监测在线实时分析系统。对大坝、大型桥梁、高层建构筑物、滑坡和地区性地壳变形监测，建立技术先进实用的GNSS变形监控在线实时分析系统是重要发展趋势。这种系统由数据采集、传输和处理与分析等部分组成，保证监测数据及时分析和处理，实时评价变形现状并预测发展趋势，对处于活跃阶段滑坡体变形及断层相对运动监测具有重要意义。

（2）“3S”（GNSS、GIS、RS）集成变形监测系统。为分析研究各种灾变信息的相互关系提供技术支撑，特别是时态GIS（Temporal GIS，TGIS）技术，描述四维空间地质现象，除具有一般GIS功能外，记载研究区域内各种地质现象演绎过程，对地质灾害监测预报具有重要作用，是变形监测技术重要发展趋势之一。

(3) GNSS 与其他变形监测技术集成监测系统。为克服 GNSS 监测局限性，根据监测对象和目的，将 GNSS 与其他监测技术（如 InSAR、点云监测法和特殊监测技术等）集成形成综合变形监测系统，实现不同监测技术优势互补。例如，将 GNSS 与 InSAR 集成 GNSS/InSAR 变形监测系统，实现离散点位测定到四维形变场（x，y，z，t）的整体动态精确测定；融入 GNSS 的空间测地技术应用于大坝及滑坡精密监测和板块运动、亚板块运动等研究，极大提高地壳形变观测在空间域控制能力和分辨能力。

(4) 小波分析理论用于 GNSS 动态变形分析。克服经典傅里叶分析不能描述信号时频特征缺陷，利用小波变换多分辨率特性，实现 GNSS 动态监测数据滤波、变形特征信息提取，以及不同变形频率分离，适应非平稳信号消噪。

6.4 InSAR 监测法

InSAR 技术融合成孔径雷达（SAR）和干涉测量，利用传感器飞行时轨道参数、地面点位置坐标、天线与地面点间几何关系、合成孔径雷达复数数据所采集的相位信息测量地表形变的技术，具有成本低、无需建立监测网、覆盖范围广等优点，可全天时、全天候工作。在城区形变、矿山形变、地震形变、火山活动、基础设施形变、冰川运动、冻土变化过程、滑坡灾害识别等监测等诸多方面成功应用（图 6-12），表明 InSAR 技术正在朝实用化方向发展，并不断拓展应用领域。

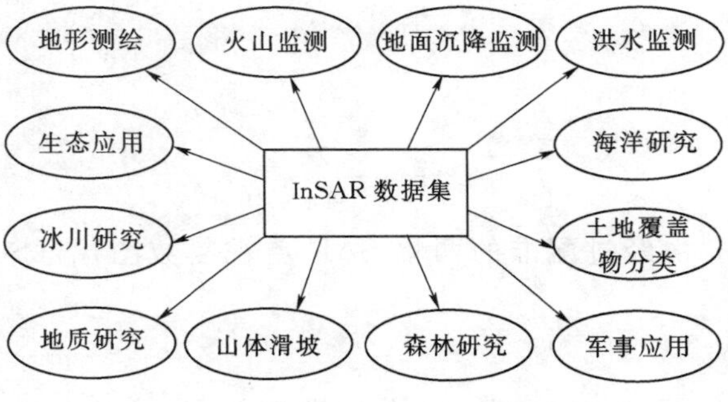

图 6-12　InSAR 技术的应用

6.4.1 基本原理

合成孔径雷达成像（SAR）是一种相干主动微波成像，根据干涉模式不同，分为 3 种类型：交轨干涉、顺轨干涉、重复轨道干涉测量。InSAR 融合高分辨率 SAR 和干涉测量，利用储存在雷达影像中的相位信息进行测高、点目标定位及大面积地表形变监测。InSAR 技术通过利用至少两景不同时间段内获取的覆盖同一地表区域的雷达卫星影像，进行系列处理，探测地表位移。目前大多数星载雷达卫星系统均采用重复轨道干涉测量模式，即单天线平台在不同时刻不同轨道上获取干涉影像对方式。一般是用不同时刻对覆盖同一研究地区获取的影像进行干涉处理。

图 6-13 为重复轨道干涉测量模式下，卫星轨道与地面目标的相对几何位置。T_1 和 T_2 为两次卫星飞行位置（卫星天线位置），地面 P 点高程为 h，H 为雷达天线飞行高度。假设地球表面为平面且未发生形变，天线 T_1 的星下点 O 为坐标原点，则 Y 轴表示距离方向，而 SAR 平台沿垂直于纸面的方向飞行，则该方向为方位向。两天线 T_1 与 T_2 之间的距离为基线 B。基线与距离向的夹角为 α，θ 为雷达波的入射角，基线 B 在斜距 T_1P 方向的投影为平行基线 $B_{//}$，而在垂直于斜距方向的投影为垂直基线，用 $B_{\perp}$ 表示。T_1、T_2 与地面目标 P 点间的距离分别为 r_0 和 $r_0+\Delta r$。

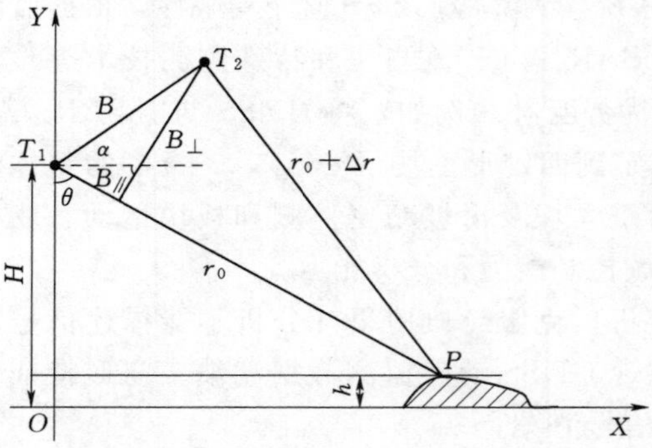

图 6-13　InSAR 成像几何位置

则 T_1 和 T_2 关于目标 P 点的相位可分别表示为

$$\varphi_1=-\frac{4\pi}{\lambda}(r_0+\Delta r) \tag{6-21}$$

$$\varphi_2=-\frac{4\pi}{\lambda}(r_0) \tag{6-22}$$

则 T_1 和 T_2 关于目标 P 点的相位差为

$$\phi=\varphi_1-\varphi_2=-\frac{4\pi}{\lambda}(r_0+\Delta r-r_0)=-\frac{4\pi}{\lambda}\Delta r \tag{6-23}$$

计算

$$\Delta r=-\frac{\lambda}{4\pi}\phi \tag{6-24}$$

式中：ϕ 为干涉相位，由经过配准的两幅 SAR 单视复数图像（Single Look Complex, SLC）共轭相乘得到。

根据几何关系知

$$B_{\perp}=B\cos(\theta-\alpha) \tag{6-25}$$

$$B_{//}=B\sin(\theta-\alpha) \tag{6-26}$$

在 ΔT_1T_2P 内，利用余弦定理可得

$$\sin(\theta-\alpha)=\frac{(r_0+\Delta r)^2-r_0^2-B^2}{2r_0B} \tag{6-27}$$

由于 $r_0\gg\Delta r$，$r_0\gg B$，式（6-27）可简化为

$$\Delta r\approx B\sin(\theta-\alpha)\approx B_{//} \tag{6-28}$$

P 点高程为

$$h=H-r_0\cos\theta \tag{6-29}$$

雷达天线的飞行高度 H、基线 B、倾角 α 可从雷达系统参数信息中获取，因此根据上述方程可解算出 θ，将其代入式（6-28），可计算得到目标 P 点的精确高程。

6.4.2 D-InSAR 监测技术

差分雷达干涉测量技术（D-InSAR）是通过外部 DEM 或三轨/四轨差分实现地表形变监测。图 6-14 表示随着时间的变化，D-InSAR 技术测量地表形变反映在两次 SAR 成像中的斜距差 $\delta R(\delta R=R_2-R_1)$。

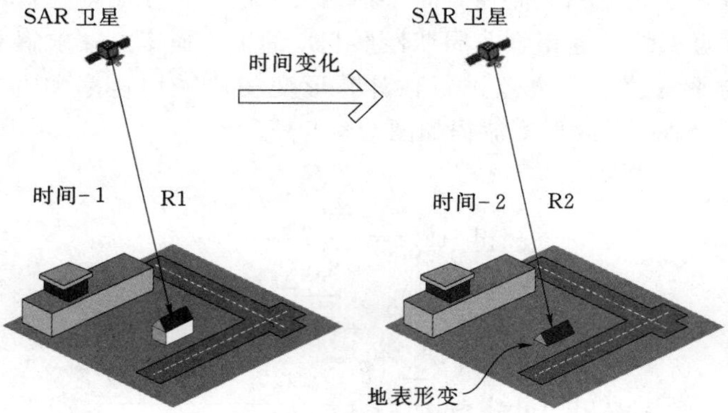

图 6-14　D-InSAR 技术测量地表形变基本原理示意

根据干涉测量原理，InSAR 干涉相位表示为

$$\varphi_{\mathrm{m}}=-\frac{4\pi}{\lambda}(R_2-R_1)=-\frac{4\pi}{\lambda}\delta R=\varphi_{\mathrm{flat}}+\varphi_{\mathrm{top}}+\varphi_{\mathrm{def}}+\varphi_{\mathrm{atm}}+\varphi_{\mathrm{noi}} \tag{6-30}$$

式中：φ_{flat}、φ_{top}、φ_{def}、φ_{atm} 和 φ_{noi} 分别为平地相位、地形相位、形变相位、大气延迟相位以及随机相位噪声；λ 为雷达波长；R_1、R_2 分别为主从影像斜距。

根据轨道信息并结合外部 DEM（如 SRTM、ASTER GDEM 等），计算平地相位和地形相位为

$$\phi_{\mathrm{flat}}=-\frac{4\pi}{\lambda}B\sin(\theta_0-\alpha)=-\frac{4\pi}{\lambda}B_{\parallel}^{0} \tag{6-31}$$

$$\phi_{\mathrm{top}}=-\frac{4\pi}{\lambda}\frac{B_{\perp}^{0}h}{R_1\sin\theta_0} \tag{6-32}$$

式中：B 为干涉空间基线长度；α 为基线的与水平方向的夹角；θ_0 为雷达视线的名义侧视角（即相对于参考椭球面的侧视角）；$B_{\parallel}^{0}$、$B_{\perp}^{0}$ 分别为名义平行基线和垂直基线；h 为地面点高程。

大气延迟相位 φ_{atm} 通过外部水汽数据进行校正，或通过空间维低频滤波方法进行估计，得到估计值 $\hat{\varphi}_{\mathrm{atm}}$ 并去除。而随机相位噪声 φ_{noi} 则采用空间维相位降噪方法去除。减去 φ_{flat}、φ_{top}、φ_{atm} 和 φ_{noi}，得到形变相位的估计结果，并通过

$$\Delta r=-\frac{\lambda}{4\pi}\phi_{\mathrm{def}} \tag{6-33}$$

计算得到地表形变引起的斜距差。基于 D-InSAR 的影像堆叠形变提取（又称 Stacking 方法）是 InSAR 时序处理中一种简单有效方法。其应用需满足 3 个基本条件：①高程误差残留非常小；②没有明显受大气影响的干涉对；③避免周期性的变化趋势。它

选用更为严格的时间与空间阈值进行干涉对组合选择，在每幅干涉对成功解缠基础上，将解缠相位转化为地表面形变，即

$$D=-\frac{4\pi}{\lambda}\varphi \tag{6-34}$$

式中：D 为形变量；φ 为形变相位；λ 为雷达数据波长。

由于大气效应在空间上相关而在时间上不相关，通过干涉图堆叠，可有效削弱大气影响，并运用于估算近似线性速率（非周期性形变）的平均速率，在求解平均速率同时，对每幅干涉对结果与平均值残差方差进行估计。形变相位平均速率和方差如式（6-35）、式（6-36），D-InSAR 提取形变流程如图 6-15 所示。

$$\text{ph\_rate}=\frac{\sum_{j=1}^{N}\Delta t_j\varphi_j}{\sum_{j=1}^{N}\Delta t_j^2} \tag{6-35}$$

$$\text{var(ph\_rate)}\approx\frac{\sum_{j=1}^{N}\left(\varphi_j-\frac{4\pi}{\lambda}\text{ph\_rate}\ \Delta t_j\right)^2}{\Delta t_j^2} \tag{6-36}$$

6.4.3 SBAS-InSAR 时序形变提取方法

SBAS 方法通过选择合适的空间基线和时间基线组成差分干涉对，选取相干目标点利用形变模型进行计算，减少 DInSAR 处理中的去相关影响及高程、大气误差，获取地表时间形变序列。

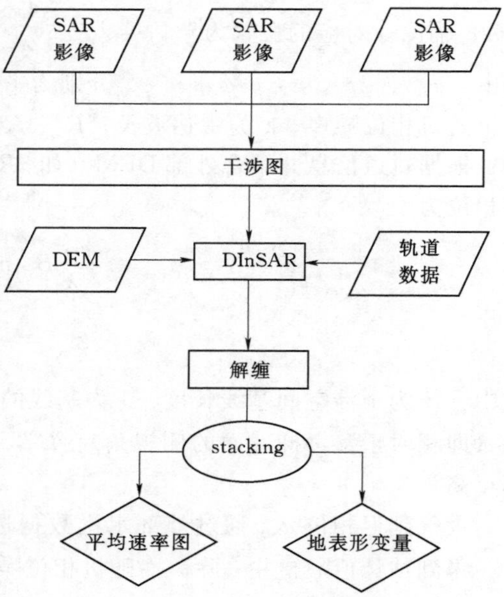

图 6-15 D-InSAR 提取形变流程图

6.4.3.1 基本原理

（1）形变解算方程。假设在（t_0，…，t_N）时间获取同一区域 $N+1$ 幅 SAR 图像，根据干涉条件组合，得到 M 个差分干涉图，其中 M 满足

$$\frac{N+1}{2}\leqslant M\leqslant N\left(\frac{N+1}{2}\right) \tag{6-37}$$

假设从 t_A，t_B 两个时间获得的 SAR 图像产生第 j 幅干涉图，并假设 $t_B>t_A$，去除地形相位后，则干涉图在像元 x 处的干涉相位表示为

$$\delta\phi_j(x)=\phi(t_B,x)-\phi(t_A,x)\approx\frac{4\pi}{\lambda}[d(t_B,x)-d(t_A,x)] \tag{6-38}$$

式中：λ——雷达中心波长；$d(t_B,x)$、$d(t_A,x)$ 为相对于参考时间 t_0 的雷达视线

向（LOS）累计形变，$d(t_0, x)=0$。

为简化模型，式（6-38）中相位 $\delta\boldsymbol{\phi}(x)$ 未考虑大气相位、残余地形相位及失相关噪声；假设相位 $\delta\boldsymbol{\phi}(x)$ 为解缠后的相位，所有干涉图已经配准到同一个坐标系中，并选取相同的解缠起始点（形变已知的点或稳定点）。

假设 $\boldsymbol{\phi}^{\mathrm{T}}$ 为各时间点上 SAR 影像中高相干点对应的相位（相对于参考点）组成的向量，即待求参数

$$\boldsymbol{\phi}^{\mathrm{T}}=[\phi(t_1),\cdots,\phi(t_N)] \tag{6-39}$$

$\delta\boldsymbol{\phi}^{\mathrm{T}}$ 干涉图解缠后相位组成的向量，为观测量：

$$\delta\boldsymbol{\phi}^{\mathrm{T}}=[\delta\phi_1,\cdots,\delta\phi_M] \tag{6-40}$$

主影像（$\boldsymbol{IE}$）和从影像（$\boldsymbol{IS}$）对应的时间序列分别为

$$\boldsymbol{IE}=[\boldsymbol{IE}_1,\cdots,\boldsymbol{IE}_{\mathrm{M}}] \quad \boldsymbol{IS}=[\boldsymbol{IS}_1,\cdots,\boldsymbol{IS}_{\mathrm{M}}] \tag{6-41}$$

假设主从影像是按照时间顺序排列的，即 $\boldsymbol{IE}_j>\boldsymbol{IS}_j$，其中 $j=1, \cdots, M$，则第 j 幅干涉图对应的相位可表示为

$$\delta\boldsymbol{\phi}_{\mathrm{j}}=\boldsymbol{\phi}(t_{\mathrm{IE_j}})-\boldsymbol{\phi}(t_{\mathrm{IS_j}}),j=1,\cdots,M \tag{6-42}$$

对于所有干涉图，将线性模型表示为矩阵形式为

$$\delta\boldsymbol{\phi}=\boldsymbol{A\phi} \tag{6-43}$$

式中系数矩阵 $\boldsymbol{A}_{\mathrm{M}\times\mathrm{N}}$ 每一行对应于一个干涉图，每一列对应于一景 SAR 图像。因此，当干涉图主从影像编号 $\mathrm{IE_j}$、$\mathrm{IS_j}$ 不为 0 时，每一行只有两个元素不为 0，主图像对应的位置为 +1，辅图像对应的位置为 -1；当主从影像编号 $\mathrm{IE_j}$、$\mathrm{IS_j}$ 为 0 时，因 $\boldsymbol{\phi}_0$ 为参考时间 t_0 时刻的相位全为 0，系数矩阵 $\boldsymbol{A}$ 不考虑参考时刻 t_0 对应相位的影响。假设 $\delta\boldsymbol{\phi}_1=\boldsymbol{\phi}_4-\boldsymbol{\phi}_2$ 和 $\delta\boldsymbol{\phi}_2=\boldsymbol{\phi}_3-\boldsymbol{\phi}_0$，对应系数矩阵 $\boldsymbol{A}$ 为

$$\boldsymbol{A}=\begin{bmatrix} 0 & -1 & 0 & +1 & \cdots \\ 0 & 0 & +1 & 0 & \cdots \\ \vdots & \vdots & \vdots & \vdots & \vdots \\ \vdots & \vdots & \vdots & \vdots & \vdots \end{bmatrix} \tag{6-44}$$

对于式（6-43），如果 $M\geqslant N$，且 $\boldsymbol{A}$ 的秩是 N，利用最小二乘法可得

$$\phi=(\boldsymbol{A}^{\mathrm{T}}\boldsymbol{A})^{-1}\boldsymbol{A}^{\mathrm{T}}\delta\phi \tag{6-45}$$

不考虑空间基线和时间基线限制，任意两幅 SAR 图像均可组成干涉对，在时间维上组成闭合环而造成各干涉对之间不独立。因此，各观测方程间有可能线性相关，系数矩阵 $\boldsymbol{A}$ 为关联矩阵。当 $M\geqslant N$，$\boldsymbol{A}$ 的秩 N，利用最小二乘法来求解。方程个数 M 和 N 相差很小，求解矩阵 $\boldsymbol{A}$ 的秩有可能小于 N，而 M 个方程不独立（干涉图间存在相关性），矩阵的秩可能小于 N；不同基线集之间组合时引起的矩阵秩亏，假设有 L 个不同的基线集，则矩阵的秩为 $N-L+1$。当矩阵 A 的秩小于 N 时，相应法方程系数阵 $\boldsymbol{A}^{\mathrm{T}}\boldsymbol{A}$ 秩亏，根据最小二乘法得到的解不唯一。为解决系数阵关联和不同基线集间的连接引起法方程秩亏，采用奇异值分解法，附加最小范数条件求解方程。

（2）奇异值分解（SVD）。SVD 的定义。若矩阵 $\boldsymbol{A}\in\boldsymbol{R}^{m\times n}$，则有

$$\boldsymbol{U}^{\mathrm{T}}\boldsymbol{AV}=diag(\delta_1,\cdots,\delta_{\mathrm{P}}) \tag{6-46}$$

式中：$\boldsymbol{U}$ 为 $M\times M$ 的正交矩阵，由 $\boldsymbol{A}^{\mathrm{T}}\boldsymbol{A}$ 的特征向量 u_i 组成；$\boldsymbol{V}$ 为 $N\times N$ 的正交矩阵，

由 $\boldsymbol{A}^{\mathrm{T}}\boldsymbol{A}$ 的特征向量 v_i 组成；δ_i 为 $\boldsymbol{A}$ 的奇异值（AA^{T} 的特征值）；P 为奇异值个数，$\boldsymbol{A}=\boldsymbol{U}\sum\boldsymbol{V}^{\mathrm{T}}$，则奇异矩阵 $\boldsymbol{A}$ 的广义逆可表示为

$$\boldsymbol{A}^{+}=\boldsymbol{V}\sum{}^{-1}\boldsymbol{U}^{\mathrm{T}} \tag{6-47}$$

其中 $\sum{}^{-1}=\begin{bmatrix}\sum_r^{-1} & 0\\ 0 & 0\end{bmatrix}$，$\sum_r^{-1}=\mathrm{diag}\left(\frac{1}{\delta_1}\cdots\frac{1}{\delta_r}\right)$

方程 $\boldsymbol{AX}=\boldsymbol{b}$ 在最小范数意义上的最小二乘解为 $\boldsymbol{X}=\boldsymbol{A}^{+}\boldsymbol{b}$，代入式（6-47），得

$$\boldsymbol{X}=\boldsymbol{V}\sum{}^{-1}\boldsymbol{U}^{\mathrm{T}}\boldsymbol{b} \tag{6-48}$$

式（6-48）即为基于 SVD 分解法的参数估值公式。然而，采用奇异值分解法直接对相位进行求解，得到相位（形变）在时间上表现为不连续性，即出现上下跳跃，显然不符合形变的物理规律。为获得具有物理意义的形变序列，将式（6-45）中相位转化为两个获取时间之间的平均相位速度，即

$$\boldsymbol{v}^{\mathrm{T}}=\left[v_1=\frac{\phi_1}{t_1-t_0},\cdots,v_N=\frac{\phi_N-\phi_{N-1}}{t_N-t_{N-1}}\right] \tag{6-49}$$

可得

$$\delta\phi_j=\sum_{k=IS_j+1}^{IE_j}(t_k-t_{k-1})v_k \tag{6-50}$$

式（6-50）即为第 j 幅干涉图的相位值等于各时段速度在主从影像时间间隔上的积分，写成矩阵形式，可得到一个新的矩阵方程，即

$$\delta\boldsymbol{\phi}=\boldsymbol{Bv} \tag{6-51}$$

与式（6-45）的矩阵 $\boldsymbol{A}$ 一样，$\boldsymbol{B}$ 也是 $M\times N$ 矩阵。对第 j 行，位于主辅图像获取时间之间的列 $\boldsymbol{B}(j,k)=t_{k+1}-t_k$，否则 $\boldsymbol{B}(j,k)=0$。将 SVD 分解应用于矩阵 $\boldsymbol{B}$，得到速度矢量 v 的最小范数解。根据各个时间区间的形变速度，对各时段速度在时间域上进行积分，即可得各个时间段形变量。通过引入不同线性相位贡献参数（DEM 引起的误差，轨道误差等），可精确地估计各参数，使形变估计更准确。

6.4.3.2 技术流程

SBAS 方法步骤为干涉对组合、干涉对相位解缠、高质量相干目标点选择、形变信息提取。实际处理中，形变模型并不能完全描述形变信号，常有部分形变信号与大气延迟相位、噪声相位混在一起，归于残余相位。通过空间域低通滤波和时间域高通滤波，分离出非线性形变。最终形变模型拟合得到形变和非线性形变的总和，SBAS 法基本流程如图 6-16 所示。

6.4.4 PS-InSAR 时序形变提取方法

为克服时空失相干影响，引入多景 SAR 影像，在时间域判定每个点的相位稳定性，获取稳定点目标进行多时相雷达干涉分析。这些稳定点目标能保留 D-InSAR 形变场特征，但不会受到失相干因素影响，甚至在干涉空间基线超过极限基线后，这些点目标依然能够保持很好相干性。PS-InSAR 处理过程，主要考虑大气相位屏（Atmospheric Phase Screen，APS）对两个主要形变参数（形变速率和高程误差）估算模型影响。因此，采用振幅离差选点后，PS-InSAR 算法首先估算两个主要形变参数以及 APS。去除 APS 后，

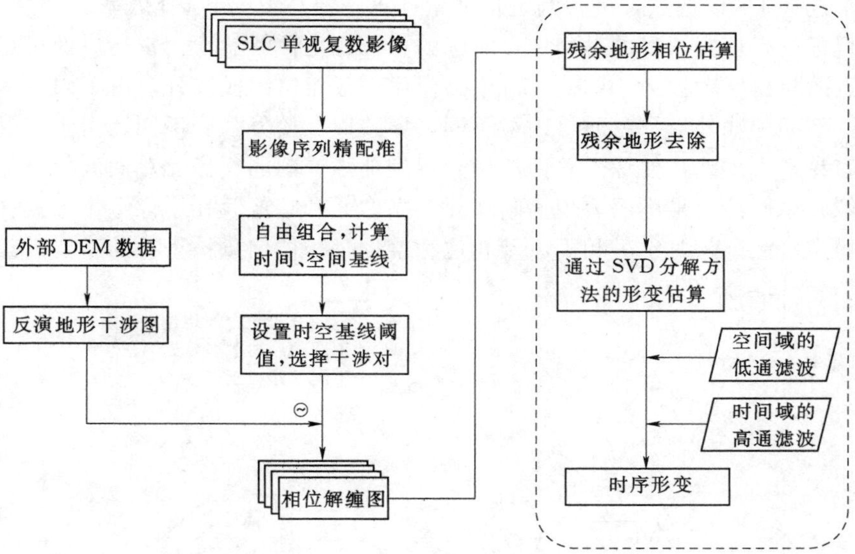

图 6-16 SBAS 形变提取技术流程

进一步迭代，选取真正的 PS 点，并对 PS 点的形变参数进行二次解算。

PS-InSAR 算法采用振幅离差指数（Amplitude Dispersion Index，ADI）寻找在时间序列上具有稳定相位点，只针对这些点进行建模分析，保证不会在前期引入建模误差。建模过程中，综合考虑相位整体偏移量，大气和轨道带来的相位坡度，高程误差，地表形变，残差等等因素，因此未知量非常多。为解决未知量比观测数多的矛盾，解算过程中引入了周期图法，给定的解空间中搜索使目标函数最大化解。

6.4.4.1 基本原理

1. 主影像选择

从 $N+1$ 幅影像中，根据一幅主影像，形成 N 幅干涉图。选择主影像原则是最小化干涉图的非相干之和，最大化干涉图的相干性之和。相干性取决于时间基线，空间垂直基线，多普勒中心基线和热噪声。可用如下全相关简单模型表示，即

$$\rho_{\text{total}}=\rho_{\text{temporal}}\rho_{\text{spatial}}\rho_{\text{doppler}}\rho_{\text{thermal}}\approx\left[1-f\left(\frac{T}{T^{c}}\right)\right]\left[1-f\left(\frac{B_{\perp}}{B_{\perp}^{c}}\right)\right]\left[1-f\left(\frac{F_{\text{DC}}}{F_{\text{DC}}^{c}}\right)\right]\rho_{\text{thermal}} \tag{6-52}$$

$$f(x)=\begin{cases}x & (x\leqslant 1)\\ 1 & (x>1)\end{cases}$$

式中上标 c 表示其为是临界参数，当超过该值时干涉图就会完全不相干，不同的数据临界值不同，得分最高的影像选为主影像。

为识别更多 PS 点，不要求所有干涉图必须参照一幅主影像，只要是配准到主影像上的干涉图，这样当图像相干性较差时，可使用多幅主影像生成干涉图来提高总相干性。

2. 永久散射体（PS 点）探测

信噪比较高时，亮度离散度约等于相位方差。如果数据质量较好，可通过设置较低亮

度离散度来选择 PS 候选点，进行判定标准量计算，提高 PS 点选择效率。

对点目标进行探测，目的是判定点目标的相位稳定性。然而，雷达成像斑点噪声影响严重，使点的相位波动性大。图 6－17 给出像元内部相位组成成分，由于同一像元内存在多种地物，不同地物外形、材质等因素不同，导致回波信号强弱不同。由于信号频率相同或相近，容易产生干涉，使像元总回波信号得到加强或削弱。像元总回波信号加强表现为亮像元；像元总回波信号削弱表现为暗像元，亮像元和暗像元在影像上像椒盐一样，一般称为椒盐噪声，此外，时空失相干以及相位缠绕也是相位信息被干扰的重要因素。

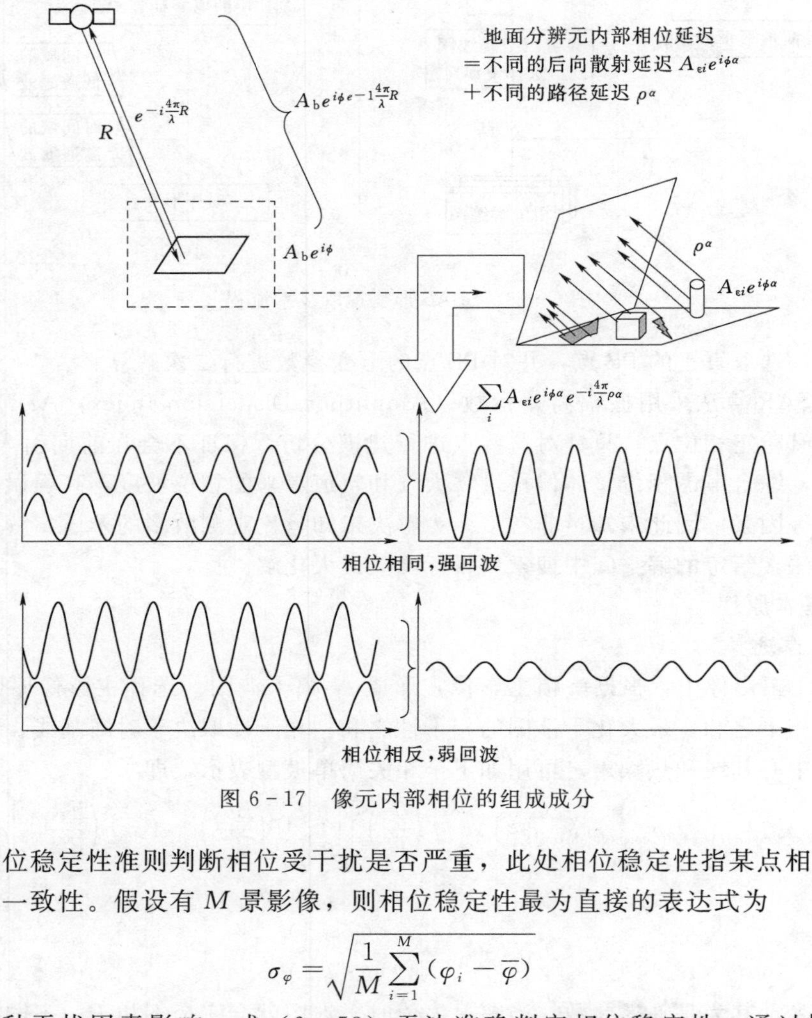

图 6－17　像元内部相位的组成成分

使用相位稳定性准则判断相位受干扰是否严重，此处相位稳定性指某点相位在给定时间范围内的一致性。假设有 M 景影像，则相位稳定性最为直接的表达式为

$$\sigma_{\varphi}=\sqrt{\frac{1}{M}\sum_{i=1}^{M}(\varphi_i-\overline{\varphi})} \tag{6-53}$$

由于各种干扰因素影响，式（6－53）无法准确判定相位稳定性。通过振幅离差指数（ADI）法和时域相干系数法两种相位稳定性判定方法，给出两相位稳定性判定准则及其他分析常用参数之间关系。

（1）振幅离差指数（ADI）法。常用的一种相位稳定性判定方法，使用振幅稳定性替代相位稳定性。假定某一点 P 的振幅为 g，幅角为 0，受到随机噪声 n 的实部 n_R 和虚部 n_I 的能量均为 σ_n^2，那么受信号干扰的 P 点振幅 A 将服从米散射，即

$$f_A(a)=\frac{a}{\sigma_n^2}I_0\left(\frac{ag}{\sigma_n^2}\right)e^{-(a^2+g^2)/2\sigma_n^2},a>0 \tag{6-54}$$

式中：I_0 为 Bessel 公式。米散射概率密度函数取决于 P 点的信噪比（Signal - to - Noise Ratio，SNR）。信噪比较低时，米散射将趋近于瑞利散射；信噪较高（高于 4）时，米散射趋近于高斯分布。雷达影像中的像素虽然受噪声影响严重，但依然存在高信噪比的点，对于这些点，n 的振幅远小于 g 的振幅，因此其信噪比较高。此时，A 的振幅期望值 m_A 等于 g 的振幅；A 的标准差约等于噪声实部的标准差，即虚部标准差。

$$\sigma_\varphi\approx\frac{\sigma_{nR}}{g}=\frac{\sigma_A}{m_A}=D_A \tag{6-55}$$

相位稳定性可表达为振幅稳定性，式（6－55）成为判定相位稳定性的可靠标准。振幅离差较小情况下，相位离散度等同于振幅离散度。因此，普遍选取 0.25 作为振幅离差阈值，小于 0.25 的点，相位离散度较小，选为 PS 备选点。

（2）时域相干系数法。采用时域相干系数来判定点位的相位稳定性，建模时采用更为一般的信号模型，不再假设有效信号的幅角为 0，估值 $\hat{g}$ 与 A 的关系为

$$\hat{g}=\frac{1}{M}\sum_{i=1}^{M}A_i\cos\varphi_i \tag{6-56}$$

噪声的能量表达为

$$\hat{\sigma}_n^2=\frac{\sum_{i=1}^{M}n_{I,i}^2+n_{R,i}^2}{2M}=\frac{\sum_{i=1}^{M}[A_i^2\sin^2\varphi_{n,i}+(A_i\cos\varphi_{n,i}-g)^2]}{2M} \tag{6-57}$$

将式（6－56）代入式（6－57），得到

$$\hat{\sigma}_n^2=\frac{1}{2}\left[\frac{\sum_{i=1}^{M}A_i^2}{M}-\left(\frac{\sum_{i=1}^{N}A_i\cos\phi_{n,i}}{M}\right)\right] \tag{6-58}$$

联合式（6－56）与式（6－58），计算每个像素点 SNR 为

$$SNR=\frac{\hat{g}^2}{\hat{\sigma}_n^2} \tag{6-59}$$

事实上，噪声信息的相位值一直是未知量，因此式（6－59）不能直接解算。获取噪声信息的相位值，成为时域相干系数计算过程中最复杂一步。计算时域相干系数为

$$\gamma=\frac{1}{M}\left|\sum_{i=1}^{M}e^{j\phi_{n,i}}\right|=\frac{1}{M}\left|\sum_{i=1}^{M}e^{j\phi_{n,i}}\right| \tag{6-60}$$

阈值采用给定的非 PS 点所占备选点总数目的比例 q（一般设为 20%）计算为

$$\frac{[1-\alpha(\hat{D}_A)]\int_{\gamma\text{thresh}}^{1}p_B(\gamma_x)\mathrm{d}\gamma_x}{\int_{\gamma\text{thresh}}^{1}p(\gamma,D_A)\mathrm{d}\gamma}=q \tag{6-61}$$

ADI 较低时，可直接表达为相位标准差。时域相干系数与相位标准差之间的关系可以表达为

$$\sigma_\phi\approx\sqrt{-2\ln|\gamma|} \tag{6-62}$$

SNR 与时域相干系数间存在关系

$$|\gamma| \approx \frac{SNR}{1+SNR} \tag{6-63}$$

时域相干系数与空域相干系数计算方式相似，需要对像素进行逐点分析。两者差异在于，空域相干系数计算过程中用到振幅信息，而时域相干系数则只用到相位信息。然而在SNR足够大情况下两者相同。因为SNR足够大时，$E[|M|^2] \approx |M|^2$，$E[|S|^2] \approx |S|^2$。如果PS点质量非常好，且基本符合计算过程中给出的形变模型，那么PS点 $\gamma \geqslant 0.95$，对应 $ADI \leqslant 0.32$。然而PS分析过程中，为保证点位密度，在点位质量上做出让步。后续模型必须具有较强抗差性或能够准确剔除计算中误差点，以便保证最终形变速率场不受低质量点影响。

永久散射体以及分布式散射体，都为形变场提供可靠点目标。不论使用何种判定依据，都是获取具有稳定相位点。点的质量较高，受噪声影响较小，在后续建模过程中就可减少误差观测量，解算过程中也可使用较为宽松的求解算法。永久散射体是某些后向散射强度较大，且在一定时间范围内，其位置信息和相位信息都能够保持相对稳定的散射体。这些散射体尺寸一般较小，在单个像元中，其信息占据有效信息的绝大比例，典型的永久散射体包括岩石、楼体、树桩、铁栅栏、路灯等。

3. 网络模型构建

相位中含有整周未知数，导致观测量数目小于未知数数目，无法直接对未知参数进行解算。在二维相位解缠过程中，相位解缠对象是所有像素点，像素点在空间上彼此只相差一个分辨单元，可采用相位解缠算法进行真实相位反演。然而针对点目标进行相位解缠，由于点位间的空间距离较大，无法保证点之间的真实相位差。应尽量避免相位解缠算法，减少相位解缠带来的解算误差。由于两PS点的相位在时间序列上没有明显的分布规律，相位离散度大，但其差分相位在时间序列上波动相对较小，因此针对差分相位的建模，比针对单点相位的建模简单。

4. 形变参数反演

PS点的相位构成主要包括高程误差、形变、大气和噪声等。前两项为感兴趣信息，后两项为噪声，其中大气为空间域低频，时间域高频信号；噪声为空间域高频，时间域高频信号。两者时空分布有很大差异。

在Delaunay三角网任意弧段上，两PS点（x，y）在某干涉对 k 上的差分相位表达为

$$\Delta\varphi^k_{(x,y)} = \Delta\varphi^k_{\text{lin}(x,y)} + \Delta\varphi^k_{\text{hgt}(x,y)} + \Delta\varphi^k_{\text{non}(x,y)} + \Delta\varphi^k_{\text{atm}(x,y)} + \Delta\varphi^k_{\text{noi}(x,y)} \tag{6-64}$$

式（6-64）右边项分别对应线性形变，高程误差，非线性形变，大气和噪声。其中，大气在空间上属于低频信息，差分处理会使得大气误差变小；此外，非线性形变和噪声对总相位的贡献也较小。因此PSI算法中会将后3项合并成模型残差处理。如果点目标的形变符合线性形变模型，式（6-64）改写为

$$\Delta\varphi^k_{(x,y)} = -\frac{4\pi}{\lambda}\Delta v_{(x,y)} T^k - \frac{B^k_{\perp}}{R\sin\theta}\Delta\varepsilon_{(x,y)} + w^k_{(x,y)} \tag{6-65}$$

式中：$\Delta\varphi^k_{(x,y)}$ 为第 k 景差分干涉图中两点之间的差分相位；λ 为传感器的波长；$\Delta v_{(x,y)}$ 为

两点之间的相对形变速率；T^k 为第 k 景差分干涉图的时间基线；$B_{\perp}^k$ 为第 k 景差分干涉图的垂直空间基线；R 为参考点的斜距；θ 为参考点的雷达侧视角；$\Delta\varepsilon_{(x,y)}$ 为两点之间的相对高程误差；$w_{(x,y)}^k$ 为第 k 景差分干涉图中的模型残差。

对每一景差分干涉图，未知数包括 $\Delta\varphi_{(x,y)}^k$、$\Delta v_{(x,y)}$ 及 $\Delta\varepsilon_{(x,y)}$ 3 项，其中 $\Delta\varphi_{(x,y)}^k$ 的相位主值是已知量，而整周未知数未知。那么 N 景差分干涉图可提供 N 个观测方程，未知数数目为 $N+2$，观测方程数目少于未知数数目，无法通过最小二乘直接求解，可采用周期图法求解方程。

5. 非线性形变分量分解

去除线性形变分量和高程误差后，残余相位中将主要包含非线性形变、大气和噪声 3 个分量，即

$$\Delta\phi_{w(x,y)}^k=\Delta\phi_{(x,y)}^k-\Delta\phi_{\mathrm{lin}(x,y)}^k-\Delta\phi_{\mathrm{hgt}(x,y)}^k=\Delta\phi_{\mathrm{non}(x,y)}^k+\Delta\phi_{\mathrm{atm}(x,y)}^k+\Delta\phi_{\mathrm{noi}(x,y)}^k \quad (6-66)$$

使用时空滤波计算非线性形变分量。非线性形变，大气相位及噪声相位在时空范围内分布均不相同。在空间范围内，非线性形变和大气是低频信息，噪声是高频信息；在时间范围内，非线性形变是低频信息，大气和噪声是高频信息。因此在空间范围内进行低频滤波可消除噪声影响；在时间范围内进行低频滤波则可消除大气影响。

由于 PS 点之间相位残差较小，可使用相位解缠算法针对稀疏点目标进行相位解缠。解缠之后，进行多次时空滤波，分离大气和非线性形变。分离后的非线性分量可提供与季节、温度、降雨量等自然地理条件相关的形变信息。

6.4.4.2 技术流程

利用预处理后的时间序列 SAR 影像开展地表形变反演监测分析，依次进行高相干点目标提取、TIN 三角网建立、线性形变估计、非线性形变和大气相位的分离与估计、时间序列形变解算等处理。形变反演流程图如图 6-18 所示。

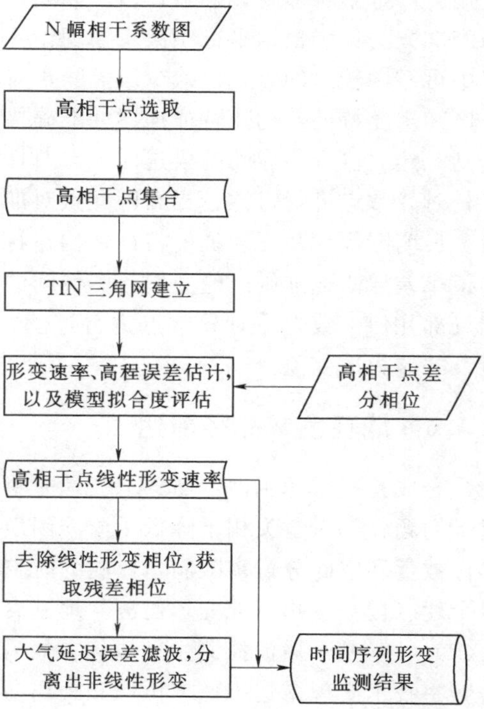

图 6-18 PS-InSAR 时序形变反演流程图

6.4.5 Offset-tracking 提取形变方法

6.4.5.1 基本原理

偏移量跟踪技术（offset-tracking）是将前后两个时相的 SAR 影像以一定窗口大小进行互相关计算，得到地表形变和卫星轨道引起偏移量总和，并根据卫星轨道数据减去偏移量中卫星轨道引起偏移量，得到地表形变引起形变量。根据相关计算采用到的信息，偏移量跟踪技术可分为两种实现方式。

(1) 强度追踪法利用 SAR 影像强度信息，需要两幅影像具有一定对比度，由于没有利用 SAR 影像相位，可避免 SAR 影像时

间去相干现象。该算法核心是利用两幅影像窗口内的互相关系数峰值位置确定两幅影像的偏移量，根据观测到的偏移量拟合一个多项式。

(2) 相干性追踪法利用SAR影像干涉相位信息，需图像保持一定相干性，与强度追踪法原理类似，在窗口内搜索两幅影像的相干性峰值位置来确定前后时相偏移量。

计算互相关系数时，将图像窗口矩阵通过二维傅里叶变换转换到频率域，根据傅里叶变换的平移原理，频率域中相关功率谱的相位差就是时域中两幅图像的像元偏移量。

假设两幅图像 f_1 和 f_2 只存在位移关系，平移量为 $(\mathrm{d}x, \mathrm{d}y)$，在时域可使用式 (6-67) 表示两幅图像之间的关系，即

$$f_2(x,y)=f_1(x-\mathrm{d}x,y-\mathrm{d}y) \tag{6-67}$$

进行傅里叶变换后，得

$$F_2(u,v)=e^{-j2\pi(u\mathrm{d}x+v\mathrm{d}y)}F_1(u,v) \tag{6-68}$$

通过解算上式确定两幅图像的相对位移。

6.4.5.2 处理过程

通常研究区域地形陡峭，易产生局部影像扭曲偏移，在进行特征点配置的形变偏移量计算前，采用高精度DEM辅助，将所有SAR影像重采样到统一格网，消除轨道不重合及地形起伏导致的整体偏移和局部偏移。在此基础上，采用基于特征点匹配的方法计算滑体形变偏移量，主要包括特征点检测、构建特征描述符、建立匹配点、计算偏移量。常见特征点检测算子包括SIFT算法和Harris角点检测算子。由于SAR影像存在斑点噪声，往往造成初始特征点中包含许多由斑点噪声引起虚假点，一定程度上对特征匹配具有负面作用，严重影响形变偏移量计算。因此，采用基于多尺度图像块特征和稀疏表示SAR图像配准方法：①根据平稳小波变换理论，基于空间相关策略选取特征点，仅保留初始特征点中可靠性较强的点，以减少斑点噪声对SAR图像特征提取影响；②基于多尺度图像块灰度和梯度特征，构建特征描述并准确描述特征点属性；③基于稀疏表示的最小差异匹配准则，建立输入图像间的候选匹配点对，同时根据匹配点与其最近邻点间的局部几何一致性，对异常点进行过滤，提高匹配点对准确性；④计算匹配点间偏移量，并将其转为形变值。尺度图像块灰度和梯度特征，构建特征描述并准确描述特征点属性；⑤基于稀疏表示的最小差异匹配准则，建立输入图像间的候选匹配点对，同时根据匹配点与其最近邻点间的局部几何一致性，对异常点进行过滤，提高匹配点对准确性；⑥计算匹配点之间偏移量，并转为形变值。

6.4.6 地基合成孔径雷达

合成孔径雷达干涉（InSAR）是形变监测前沿技术和研究热点。但其工程化应用存在以下问题：①时空失相干降低了干涉图质量，影响变形监测可靠性和可行性；②受可获取影像数量和空间分辨率限制，监测的时空分辨率难以满足实际工程需要，特别是难以实现单个建（构）筑物精准变形监测。地基合成孔径雷达干涉（ground based InSAR，GBIn-SAR）技术基于微波探测主动成像方式获取监测区域二维影像，通过合成孔径技术和步进频率技术实现雷达影像方位向和距离向的高空间分辨率，克服了星载SAR影像受时空失相干严重和时空分辨率低缺点，通过干涉技术可实现优于毫米级微变形监测。采用

GBInSAR 技术能精确测定被测物表面沿雷达视线向（LOS）的微量变形信息立。

基本原理为：通过合成孔径雷达技术获取监测区域的二维影像，利用 SF－CW 技术提高雷达的距离向分辨率，通过比较影像中目标点的电磁波相位信息，采用干涉技术求取监测区域的变形量。

图 6－19 为意大利 IDS 公司基于 GBInSAR 技术研制的微变形测量系统（IBIS－FL），系统由传感器模块、定位模块、PC 控制终端和供电模块组成。传感器模块负责产生、发射和接收微波信号，安装在定位模块上，用 USB 接口连接 PC 数据处理终端，通过传感器在定位模块上的滑动产生合成孔径效果，使 IBIS－L 系统获取监测区的二维影像。定位模块由 1 个 2.5m 长的铝制滑轨构成，利用该滑轨以及安装在一侧的步进马达装置推动传感器的滑动。PC 控制终端拥有管理软件，提供数据采集参数控制、测量过程管理和数据处理结果实时可视化功能。

图 6－19　IDS 公司 IBIS－FL 系统

6.5　点云监测法

6.5.1　基本原理

点云（X，Y，Z，A）是继矢量地图和影像数据后的第三类重要时空数据源，具有二维矢量地图和影像无可比拟的优越性，是三维地理信息获取的主要来源，对三维空间的精细化描述具有无可替代的作用。随着传感器技术、芯片技术和无人化平台飞速发展，以激光扫描和倾斜摄影为代表性的点云大数据现实采集装备在稳定性、精度、易操作性、智能化等方面取得了长足进步，形成星载、有人/无人机载、车载、地面、背包、手持等多平台、多分辨率的系列化装备，为点云大数据获取提供便捷手段。

激光扫描装备通过集成 GPS/IMU 和不同性能扫描仪，在不同搭载平台实现激光发射器位置、姿态信息和到目标区域距离的联合解算，获取目标区域的三维点云。测深雷达则通过发射蓝绿两种不同波段的激光束对水域进行测深，在水底地形，在海洋测绘、水下测量等领域发挥重要作用。倾斜摄影测量快速发展，分别从垂直与侧面对地观测，同时获取地面目标顶面与侧面纹理，通过专业化处理软件（如 INPHO，nFrame 等）生成具有颜色信息的密集影像点云，与激光扫描点云（包括当前各种背包、手持终端等获取点云）形成有益互补。另外，消费级深度相机，通过结构光相机或 TOF（time of flight，TOF）

也可获取点云数据。点云智能通过提供精准有效的三维信息、对关键结构精细化建模及多目标精准识别与空间关系计算，在变形监测领域广泛应用。

6.5.2 三维激光扫描

三维激光扫描仪采用非接触测量方式，通过激光扫描获得数据真实可靠，最直接地反映客观事物实时、真实形态特性，是一种集成多种高新技术测绘仪器，并应用于变形监测。激光扫描仪测量通过激光扫描和距离传感获取被测目标表面形态，由激光脉冲发射器、接收器、时间计数器等组成。激光脉冲发射器周期地驱动激光二极管发射激光脉冲，通过接受透镜接收目标表面后向反射信号，利用稳定的石英时钟对发射信号与接收信号的时间差进行计数，经计算机处理，显示或存储输出距离和角度资料，并与距离传感器获取数据相匹配，并经系列数据处理，获取目标表面三维坐标，进行各种量算或建立立体模型。地面三维激光仪主要由激光扫描仪、PC 机、电源和三脚架组成。激光测距系统、激光扫描系统、集成 CCD 摄像机和仪器内部控制与校正系统，共同组成激光扫描仪系统。

激光测距系统测距方法有三种。

（1）脉冲测距法。该方法是一种高速激光测时测距技术，测距范围几百米到几千米，随着扫描测距范围增大，点位测量精度会相应变低。

（2）相位测量测距法。与脉冲测距法相比，该方法扫描范围最大为 100m，精度可达毫米级，适合中等距离扫描测量。

（3）激光三角测距法。该方法扫描距离仅几米到几十米，精度可达亚毫米级，在工业测量和逆向工程中广泛应用。

地面三维激光扫描技术获取数据后，可准确获取目标体模型几何与纹理信息。同时，激光光束能够量测得到目标体表面的反射强度信息，但是激光光束波长对强度信息有所限制，因此点云只能描述实体表面信息。考虑单独扫描缺陷，实际工程中，激光扫描测量同时利用高分辨率数码相机获取扫描实体影像数据，对扫描目标体纹理信息进行相应补充，而扫描实体的模型重建输出必须在点云数据及纹理数据的融合下才能实现。地面激光扫描仪和 CCD 技术结合应用，弥补单一扫描不足，目前绝大多数地面三维扫描系统是地面激光扫描仪与 CCD 技术的集成。具有真彩色信息的三维空间的点云数据就是有这种集成扫描系统获取。

激光雷达通过发射红外激光直接测量雷达中心到地面点的角度和距离信息，获取地面点的三维数据。激光雷达属于无合作目标测量技术，直接对物体测量，能够快速获取高密度的三维数据，又称三维激光扫描技术。根据承载平台不同，三维激光扫描分机载型、车载型、站载型，其中车载型和站载型属地面三维激光扫描。

三维激光扫描主要特点是数据采集高密度、高速度、无合作目标测量。设置测点间隔密度为 0.1～2.0m，以每秒几十点、几千个点乃至上万个点的速度测量，具有强大数字空间模型信息获取能力。地面三维激光扫描仪测程从几米到 2km 以上，其中 10m 内测程为超短程，10～100m 为短程，100～300m 为中程，300m 以上为远程。由于三维激光扫描测量受步进器测角精度、仪器测时精度、激光信号信噪比、激光信号反射率、回波信号强度、背景辐射噪声强度、激光脉冲接收器灵敏度、测量距离、仪器与被测目标面所形成角度等方面影响，一般中远程三维激光扫描仪单点测量精度几毫米到数厘米，模型精度远高于单点精度，可达 2～3mm。常见地面三维激光扫描仪及主要技术参数见表 6-2。

表 6-2　　常见的地面三维激光扫描仪及主要技术参数

型号	厂家	最大范围	扫描视场	测量精度	测量速度
ILRIS-3D	Optech	1500m	40°×40°	模型化精度：±3mm	2000 点/s
ILRIS-3_6D	Optech	1500m	360°×360°	模型化精度：±3mm	2000 点/s
Cyrax2500	Leica	100m	40°×40°	模型化精度：±2mm	1000 点/s
HDS3000	Leica	100m	360°×270°	单点精度：±4mm/50m	1800 点/s
HDS4500	Leica	25.2m	360°×310°	单点精度：±3mm+160ppm	50 万点/s
LMS-Z210i	Riegl	400m	360°×80°	单点精度：±15mm	旋转棱镜 8000 点/s
LMS-Z420i	Riegl	1000m	360°×80°	单点精度：±10mm	振荡棱镜 12000 点/s

地面三维激光扫描技术主要特点：快速性；非接触性；穿透性；实时、动态、主动性；高密度、高精度特性；数字化、自动化；自动聚焦功能；集成性。作为非接触式高速激光测量方式，与数字摄影测量相比，降低了对地表纹理要求，无需像控点，能反映对象细节信息。目前，Riegl、Trimble、Leica 等主要仪器生产厂商提供仪器型号众多，如 Riegl 公司 VZ-4000 扫描仪的最大有效扫描距离可达 4000m，150m 测量精度 15mm，重复测量精度 10mm，水平扫描范围 360°，垂直扫描范围 60°，扫描速度每秒 30000 点，能够满足一般变形监测需求。

6.5.3　倾斜摄影测量

6.5.3.1　倾斜影像预处理

倾斜影像数据采集过程中，飞行平台挂载传感器采集测区倾斜影像数据，其搭载的 POS 系统用来获取拍摄瞬间正摄像机位置、姿态。受多种干扰因素影响，采集到的倾斜影像存在一定畸变、颜色失真及像点噪声等现象，影像预处理就是为了削弱这些现象对后期处理的影响，即先将影像的 POS 数据转换到设定摄影测量坐标系，然后对影像进行格式转换、影像旋转、对比度调整、畸变差校正、噪声消除及图像增强等操作，突出影像的纹理细节，具体流程如图 6-20 所示。影像预处理可有效降低点云后处理误差，经过预处理后影像较未处理影像，在细节特征、纹理、影像整体纯净度方面均有较大改善，对后期特征点提取、影像匹配，甚至三维建模的质感均有所提升。因此，影像预处理是整个倾斜摄影测量技术的关键步骤。

6.5.3.2　多视影像联合平差

多视影像联合平差解决多视影像中正射影像和斜视影像绝对与相对关系优化问题。由于同时包含垂直影像和其他方位影像数据，传统空三系统无法对倾斜摄影测量系统获得的多方位、多数量影像数据的空间相对位置和遮挡关系进行有效判断。因此，需要利用其获

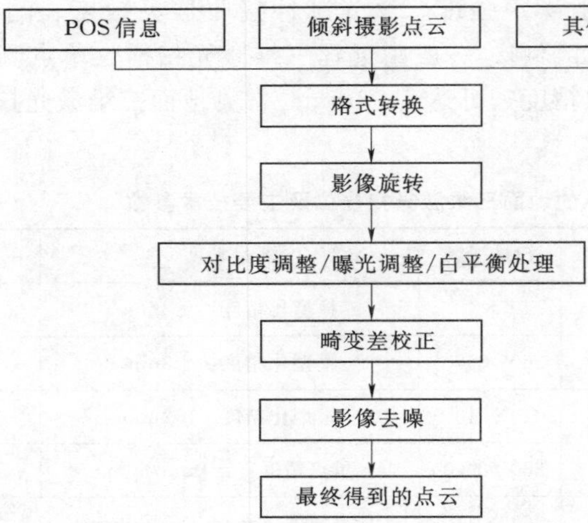

图 6-20　倾斜摄影预处理流程

取的 POS 信息（影像外方位元素信息），通过构造多层影像金字塔，逐影像逐层进行影像特征点的寻找与同名点的匹配，然后利用相关平差处理软件计算同名点匹配结果。进行平差同时，将空三系统生成的参考影像和匹配影像间的连接点和连接线参与联合平差解算，确保平差结果可靠性。

6.5.3.3　多视影像密集匹配

无论传统摄影测量还是倾斜摄影测量，影像匹配均是基本问题。传统摄影测量影像匹配是在影像定向基础上进行，利用该技术来生成测区的 DEM。由于倾斜摄影来包含许多具有重叠关系的影像数据，因此需充分考虑影像间的冗余信息，避免浪费过多的匹配时间。基于计算机三维图像技术发展起来的多基元影像匹配方法，逐渐成为该技术研究焦点。

6.5.3.4　倾斜摄影点云的生成

在上述基础上，将多个密集匹配的立体像对结果融合，可得到整体区域三维点云。经过密集匹配后，对同名点的加密使得倾斜摄影点云可达到较高密度，如果将点云尺度缩小到一定程度并进行投影，其结果可以和真实影像相媲美。

6.5.4　技术流程

6.5.4.1　点云数据拼接与坐标转换

地面三维激光仪扫描获取的点云数据是以测站为中心的局部坐标系下，在不同测站获取的点云数据坐标系并不统一。如果扫描过程中布设了多个测站，则需对多站扫描数据进行拼接，统一到同一坐标系。同时，变形监测是对获取的多期点云进行比较分析，因此各期扫描数据也必须统一到同一坐标系：①将多个测站的数据配准，测得 3 个以上标靶的大地坐标，将配准后点云数据直接转换到大地坐标系；②对每一测站分别布设 3 个以上标靶，并测得标靶大地坐标，将每一测站数据直接转换到大地坐标系。变形监测范围较大时，布设标靶满足每个测站都能观测较为困难，在每一测站布设 3 个以上标靶，直接进行大地坐标转换。

6.5.4.2 点云数据滤波

实际测量过程中由于测量设备、测量环境、表面光洁度、表面涂层对光线的反射率以及人为操作等因素影响，不可避免地引入不合理测量数据（噪声），这些噪声点对点云数据处理影响较大，为保证监测准确性，必须对原始数据进行去噪滤波处理。点云噪声滤波主要根据点云局部属性，以点云局部的法向量变化、K 邻域数目以及点到局部拟合曲面的距离等约束属性，判断某点是否属于孤立噪声或随机噪声，然后采用对应滤波方法进行滤波处理。对于孤立点噪声，由于其一般具有邻域点较少或不存在邻域特征，因而在滤波过程中，可较为简单地在点云 K－D 树索引基础上，通过判断该点一定邻域范围的邻近点个数是否小于判定阈值来判断。算法如下：①点云数据构造 K－D 树，建立点云拓扑关系；②求点云中任意一点邻域范围内邻近点个数；③判断邻近点个数是否小于判定阈值，若小于则认为该点为噪声点并去除；④重复上述步骤，直至所有点处理完毕。

地面三维激光扫描技术通过提取监测对象在不同时相的点云数据加以比较，获得发生变化的信息量，并据此加以分析。与 GNSS 或者全站仪测量等传统变形监测方式不同，地面三维激光扫描监测并没有明确的变形监测点用于直接计算变形程度，需要通过间接计算提取变形信息。变形信息提取方法：模型和模型比较，将不同时相下的点云数据分别建立各自的模型，通过模型求差或模型参数比较方式，检测形变并提取相关变形量。地形数据直接从生成的 DEM 模型提取：①对两期点云数据进行滤波处理，去除噪声点和非地形数据；②对滤波后的点云数据，分别构建 DEM 模型；③统一 DEM 模型坐标系和精度，以第 1 期 DEM 为基准，对第 2 期 DEM 进行内插，统一格网点坐标；④计算相同格网点高程变化值，分析变形大小。

6.5.5 发展趋势

随着传感器、芯片、物联网、运载平台等高速发展，需要不断提高点云大数据获取效率与质量，降低数据采集成本，从而更加高效地对物理世界进行三维精细数字化。因此，数据容量将以指数级增加，点云大数据的存储管理、计算分析等将面临更大挑战。同时边缘计算、深度学习、人工智能等将为点云智能提供更多支撑和机会。大规模城市点云场景乃至全球精细尺度的点云场景时代即将来临，点云智能作为点云大数据这一继矢量地图和影像之后的第三类重要基础数据的智能处理与分析的科学支撑。

三维激光扫描技术能快速准确地生成监测对象的三维数据模型，已在桥梁、文物、滑坡体、泥石流、火山等领域快速面监测中应用。激光扫描技术发展趋势为：①建立先进、高效校准技术标准；②处理数据采集过程中盲区（如水域、黑色区域等）；③研发高精度、小型一体化硬件系统，降低硬件设备费用；④减少点云数据处理时间。

激光扫描系统得到海量数据，点云具有一定散乱性、没有实体特征参数，直接利用三维激光扫描数据比较困难。必须建立针对三维激光扫描技术的整体变形监测概念，研究与之相适应的变形监测理论及数据处理方法。现有基于监测点的变形监测模式不适用于基于三维激光扫描仪的变形监测，须探讨无监测点的监测对象测量方法；研究监测对象三维模型建立和模型匹配；研究基于三维监测对象模型的变形分析理论及方法；建立基于激光三维扫描技术的监测数据和模型精度的评价体系等。

6.6 高精度变形测量机器人系统

测量机器人是能进行自动搜索、跟踪、辨识和精确照准目标，并获取角度、距离、三维坐标及影像等信息的智能型电子全站仪。具有自动目标识别传感装置和提供照准部转动的马达。内置于全站仪中的CCD阵列传感器可识别被测量棱镜返回的红外光，CCD判别接受后，马达驱动全站仪自动转向棱镜，实现自动精确照准。CCD识别不可见红外光，能够在夜间、雾天甚至雨天进行监测，实现监测自动化。测量机器人与能制定测量计划、控制测量过程、进行测量数据处理与分析的软件系统相结合，完成监测任务。

以三边交会法确定监测点三维坐标，实现全自动观测为例说明测量机器人的工作原理：建立3个观测站，安装3套自动测距系统，在被监测对象上设置多个监测点并安置反光镜，通过计算机控制对各监测点自动监测。第一次测得各点坐标作为初始值，以后每测次得到一组坐标值，然后将全部数据自动存入数据库，实时显示观测点的位移过程线、安全状态等，并按预设参数作超限报警。

变形测量机器人系统（图6-21）由3套高精度自动测距系统、数据通信设备、反射棱镜组、系统软件、中央控制室主计算机、频率校准仪、高精度通风温度计、数字气压计、数字湿度计等组成。设3个基准点的坐标分别为（x_1，y_1，z_1）、（x_2，y_2，z_2）、（x_3，y_3，z_3），监测点坐标为（x_p，y_p，z_p），三个基准点与同一监测点的距离分别为s_1、s_2、s_3，则

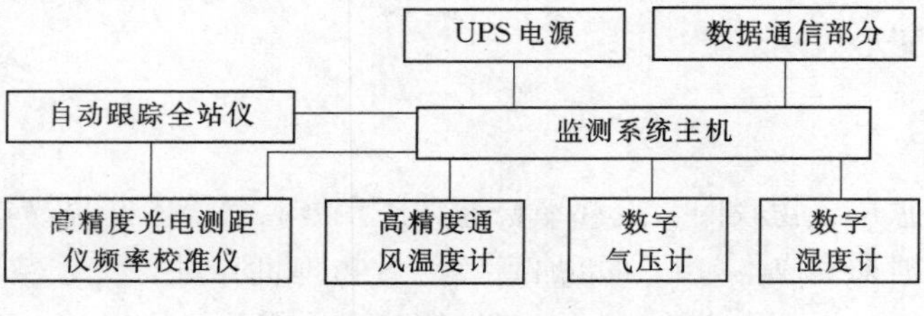

图6-21 变形测量机器人系统

$$\left.\begin{aligned} s_1&=\sqrt{(x_1-x_p)^2+(y_1-y_p)^2+(z_1-z_p)^2}\\ s_2&=\sqrt{(x_2-x_p)^2+(y_2-y_p)^2+(z_2-z_p)^2}\\ s_3&=\sqrt{(x_3-x_p)^2+(y_3-y_p)^2+(z_3-z_p)^2}\end{aligned}\right\} \tag{6-69}$$

设初次观测p点的坐标为（x_p^0，y_p^0，z_p^0），第i期观测p点的坐标为（x_p^i，y_p^i，z_p^i），则p点在x、y、z方向上的位移分量分别为

$$\left.\begin{aligned} \Delta x_p&=x_p^i-x_p^0\\ \Delta y_p&=y_p^i-y_p^0\\ \Delta z_p&=z_p^i-z_p^0\end{aligned}\right\} \tag{6-70}$$

则p点的总位移为

$$\Delta s=\sqrt{\Delta x_p^2+\Delta y_p^2+\Delta z_p^2} \tag{6-71}$$

进行自动连续观测时，每次观测可得到一个位移值，从而获得移动速度及移动变化规律，并通过设定极限值来判断是否超限而报警。

6.6.1 固定式全自动持续监测

在野外测站上建立监测房，将测量机器人长期固定在测站上，通过供电通信系统与计算机相连，实现无人值守、全天候连续监测、自动数据处理、自动报警、远程监控等。该类系统有单台极坐标模式、多台空间前方交会模式、多台网络模式等。单台极坐标模式配置设备利用率高，监测范围较小，无法组网测量，要达到亚毫米级精度，必须采取合理的测量方案和数据处理，适用于小区域（约 $1km^2$ 内）实时自动化监测的变形体。空间前方交会主要采用距离空间前方交会，以三边或多边交会法确定监测点三维坐标，该模式利用高精度边长，获得亚毫米点位精度，但系统配置庞大，成本较高，设备利用率较低。多台网络模式是将多台测量机器人和多台控制计算机通过网络、通信供电电缆连接起来，组成监测网络系统。该模式通过组网解算各测站点坐标，并对变形观测数据进行统一差分处理。该模式实现控制网测量、变形点测量及数据处理完全自动化，适合较大区域变形监测。自动化数据处理软件的功能菜单如图 6-22 所示。

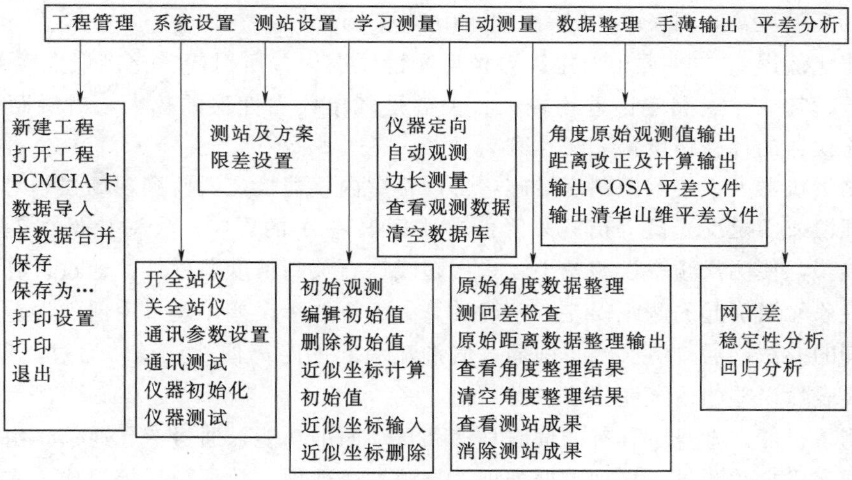

图 6-22 自动化数据处理软件主要菜单功能图

固定式全自动变形监测系统缺点：没有多余观测量，测量精度随着距离增长而显著降低，不易检查发现粗差；系统所需测量机器人、棱镜、计算机等设备因长期固定，需采取特殊的保护措施；需要雄厚资金做保证，测量机器人等昂贵仪器设备方能在监测项目中专用。

6.6.2 移动式半自动变形监测系统

基于常规的搬站方式，利用内置程序自动控制全站仪进行测量。在各观测墩上安置仪器，进行必要测站设置，定向后测量机器人将按预置参数，自动寻找目标，精确照准，记录观测数据，计算限差，超限重测或等待人工干预等。完成一个测点工作后，将仪器搬到下一测点，重复上述工作，直至所有外业工作完成。该方式简单灵活、成本低，常用仪器如图 6-23 所示。

徕卡 TCA2003　　徕卡 TM30　　索佳 NET

图 6-23　常用监测仪器

在测站位置选择恰当情况下，监测点精度取决于测距仪的测距精度。测距精度为

$$m_D = \pm(A + BD) \tag{6-72}$$

式中：A 为与所测距离长短基本无关的部分，mm；B 为比例误差系数，mm/km 或 10^{-6}；D 为所测距离，m；m_D 为一次测距中误差，mm。

其中非比例误差 A 主要由对中误差及反光镜照准误差所引起。比例误差系数 B 中调制频率误差、气象元素测定误差均较大，关键是气象代表性误差较大，对测距影响不稳定，有时连仪器的标称精度都无法达到。

提高测量机器人系统测距精度措施：①严格室内仪器检定，监测现场强制对中、反光镜上设照准镜或固定反光镜等措施来降低非比例误差 A 的影响；②对比例误差，通过采用频率校准仪，使测尺频率误差减小，采用超线性石英高精度温度计，通过计算机采集数据，测定气象元素引起的测距误差，精确计算大气折射率误差；③采用偶然误差与系统误差分别处理的办法，通过多次测距削弱大气湍流引起的距离偶然波动，通过周期性观测，消除气象代表性误差的系统变化值。

利用测量机器人本身所具有的伺服马达和自动照准功能，通过蓝牙通信，由计算机程序控制仪器完成自动测量、自动数据处理、自动发送数据、数据预警等操作，实现自动化与智能化的完美结合。测量机器人还支持计算机远程控制，相当于一个传感器，由计算机上控制软件通过串口或者蓝牙通信方式向机器人发送指令，机器人响应指令并将响应结果返回计算机。

6.7　光纤监测法

利用光在光纤中的反射及干涉原理，开发出各种各样的光纤传感器，其中包括多种用于变形监测的传感器。采用光纤传感器可进行面状监测，由于测点输入是光源，因此系统不受电磁干扰，稳定性好，且因其本身是信号传输线，可进行远程监测。采用光纤监测技术需将传感器布置到监测部位，不能布点的监测部位无法使用。

6.7.1 光纤传感原理

光纤传感技术主要包括光纤光栅、布里渊光时域分析和低相干干涉等。

6.7.1.1 光纤光栅技术

光纤光栅技术利用布拉格光栅对特定波长光的反射原理进行传感，工作原理及解调方案如图 6-24 所示。当宽带入射光进入光纤时，布拉格光栅会反射特定波长的光，该反射光的中心波长值 λ_B 与布拉格光栅所受的轴向应变和温度值存在线性关系，即

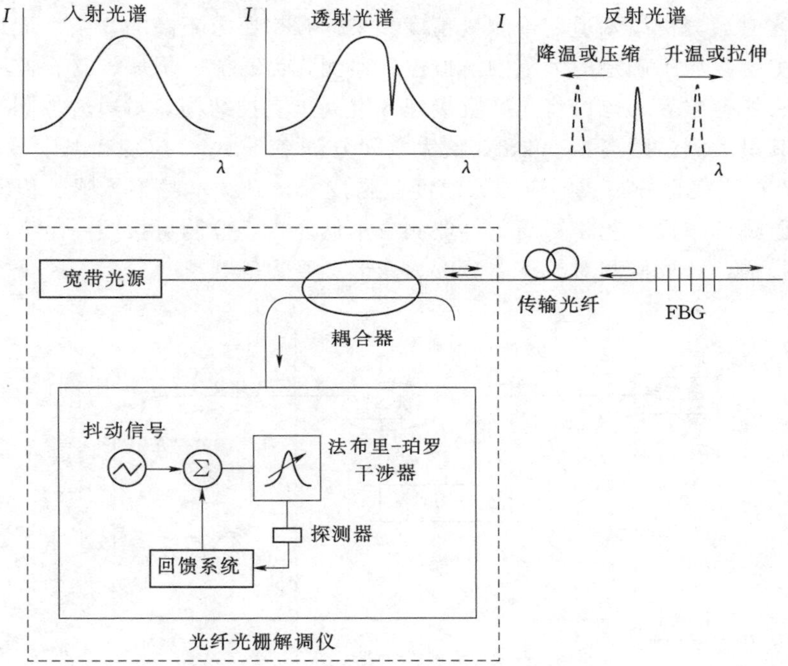

图 6-24 光纤光栅传感原理和解调方案

$$\frac{\Delta\lambda_B}{\lambda_B}=c_\varepsilon\Delta\varepsilon+c_T\Delta T \tag{6-73}$$

式中：λ_B、$\Delta\lambda_B$ 分别为反射光的初始中心波长和中心波长的漂移量；$\Delta\varepsilon$ 和 ΔT 分别为光纤所受的应变温度变化量；c_ε、c_T 分别为布拉格光栅的应变系数和温度系数，其取值约为 $0.78\times10^{-6}\mu\varepsilon^{-1}$ 和 $6.67\times10^{-6}℃^{-1}$。

光纤光栅技术优势在于检测精度高（温度和应变精度高达 0.1℃和 1$\mu\varepsilon$）、可集成性高、数据采集频率高（5kHz 以上）等，光纤光栅对应变、温度极为敏感，根据光纤光栅技术特点，将准分布式光纤光栅传感序列粘贴或埋入边坡支护结构中进行长期应力、应变监测时，需进行温度补偿。此外，光纤光栅测缝计、测斜仪、沉降仪，甚至测力计、土压力盒、孔隙水压力计等，具有精度高、稳定性好等特点。

6.7.1.2 布里渊光时域分析技术

布里渊光时域分析技术基于受激布里渊散射原理，利用光纤中的布里渊散射光频率变

化量（频移量）与光纤轴向应变或环境温度间的线性关系实现传感。

$$v_B(\varepsilon,T)=v_B(\varepsilon_0,T_0)+\frac{\partial v_B(\varepsilon,T)}{\partial\varepsilon}\times(\varepsilon-\varepsilon_0)+\frac{\partial v_B(\varepsilon,T)}{\partial T}\times(T-T_0) \quad (6-74)$$

式中：$v_B(\varepsilon, T)$、$v_B(\varepsilon_0, T_0)$ 分别为测试前后光纤中布里渊散射光的频移量；ε、ε_0 分别为测试前后的轴向应变值；T、T_0 分别为测试前后的温度值，比例系数 $\frac{\partial v_B(\varepsilon,T)}{\partial\varepsilon}$ 和 $\frac{\partial v_B(\varepsilon,T)}{\partial T}$ 分别为 0.05MHz/$\mu\varepsilon$ 和 1.2MHz/℃。

布里渊光时域分析技术适用于测量精度和采样频率要求不高的复杂、大型边坡大变形监测，实现关键区域不确定的大范围滑坡位移监测，泥石流、坍塌、落石监测预警，边坡潜在滑裂面在线搜索等，也可将光纤直接埋入混凝土支护结构，对边坡加固体系进行施工质量检测。其最大测试距离为 50km，最大空间分辨率 0.5m，应变和温度最高分辨率 2$\mu\varepsilon$ 和 1℃。优势在于完全分布式的应变、温度监测技术，光纤本身集传感、传输于一体，易于实现网状监测，布设工艺相对简单，监测成本低。现场监测可按照一定空间分辨率对光路进行逐段扫描，获取监测对象整体温度、变形、受力等状况。

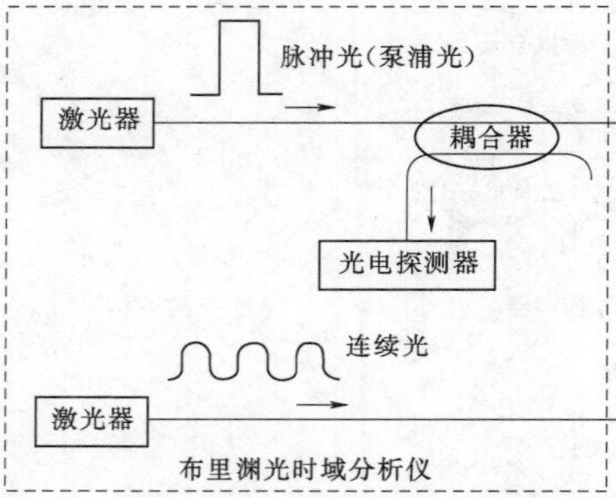

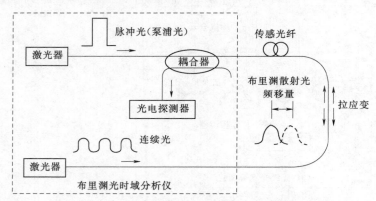

图 6-25　布里渊光时域分析技术传感原理和解调方案

6.7.1.3　低相干干涉技术

低相干干涉（LCI）技术基于 Michelson 干涉仪原理，利用光干涉特性进行位移量监测。当宽带白光入射时，传感光纤（信号臂）中串联的每个传感器均可反射具有一定带宽的光，即构成光路中的多个反射点。解调系统由有限相干长度的白光光源、双迈克森（Michelson）干涉仪、参考光纤、带光学反射镜的高精度扫描平台和光电探测设备组成（图 6-26）。当参考光纤与传感光纤返回光的光程差低于光源相干长度时，发生干涉现象，即

$$n_0b_1+T-n_0b_2-n_0L_i\leqslant L_c \quad (6-75)$$

式中：L_c 为光源的最小相干长度；T 为扫描平台长度；n_0 为光纤纤芯折射率；L_i 为传感光纤上反射点的间距；b_1、b_2 分别为参考光纤和光纤尾纤长度。

当传感光纤所受应变、温度变化时，传感光纤的光程发生相应变化。解调系统一方面通

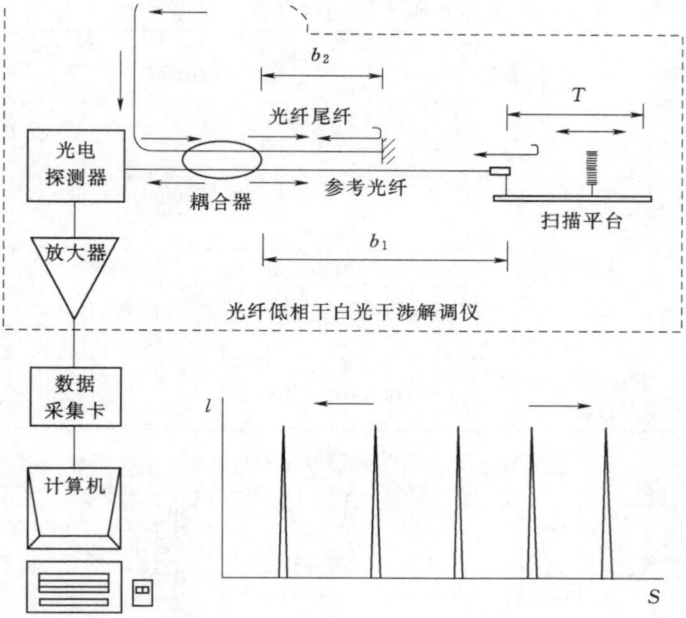

图 6-26　低相干干涉技术传感原理和解调方案

过扫描平台上反射镜的来回平移，实现参考光纤光程动态变化；另一方面对两条反射光产生的干涉条纹进行实时探测。每次干涉现象出现时，计算机自动记录反射镜的位移量，通过计算得到传输光纤各段的长度变化量 ΔL_i。其监测精度主要取决于扫描平台的平移精度（1～10μm）。由于反射点间距离 L_i 已知，每两个相邻反射点之间（即标距）的平均应变为

$$\varepsilon_i=\frac{\Delta L_i}{L_i} \tag{6-76}$$

低相干干涉技术位移、应变检测精度高，测量范围大。只要传感光纤本身不发生断裂就能持续测量，极限拉升应变达 10000με。应变计、位移计标距可根据精度需要自行灵活控制（0.1～1.0m）。传感光纤可安装在结构体表面，也可进行封装后埋入混凝土，适用于恶劣工程条件，具一定价格优势，但只能做静态监测，且同一根光纤上不能串联过多反射点。

6.7.2　光纤监测仪器的布设

变形监测光纤传感器主要形式和指标见表 6-3。

边坡监测与预警工作是一项长期、艰巨任务。适用于测量精度要求较高、监测对象明确的应变、位移静态监测，如边坡主滑裂面附近的锚杆、锚索、抗滑桩沿轴向的应变分布和岩石、混凝土表面的裂缝宽度等。由于高危边坡一般在山区野外，边坡监测自动化、集成化、远程监控非常重要。分布式光纤监测系统（图 6-27）具备高精度、良好耐久性和重复性，在变形监测领域克服了传统边坡监测方式的点式监测和难以获得斜坡整体变形的缺陷。

表 6-3　　光纤变形监测传感器主要形式及指标

方　式	面　状		点　状	
光纤监测技术	BOTDR	BOCDA	FBG	MDM
精度	$1\times10^{-4}\sim1\times10^{-5}$	7×10^{-4}	4×10^{-6}	1mm
测量时间	5～15min	不详	高速实时	高速实时
测量范围/测点数	10～50km/分布式	1km/分布式	10km/数百点	10km/数十点
长度分辨率	1m	10cm	点	点
优点	长距离、分布式	高空间分辨率、分布式	高速高精度	高速高精度
缺点	高速监测性能差光纤性能影响监测	光纤两端测量长距离监测不可	点式、监测距离及点数与光源强度有关	点式监测、测点多时测定时间长
适用工程	堤防、隧道、边坡，不适合激烈变化的边坡	结构物如桥梁的监测	适合激烈变化的边坡工程，桥梁振动	结构物监测

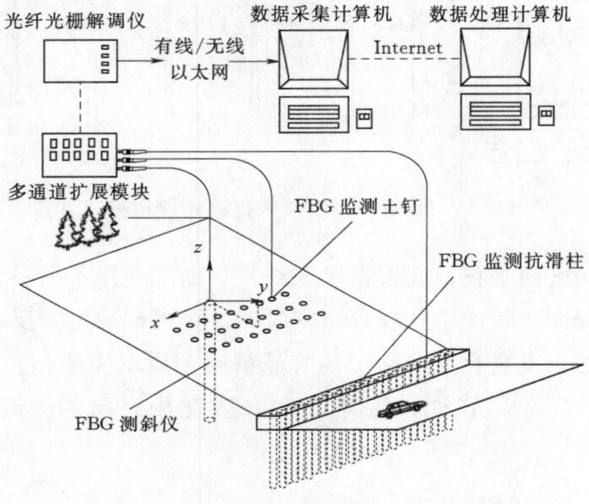

图 6-27　分布式光纤监测系统示意

6.8　变形监测集成

变形监测技术有 3 个发展趋势。

（1）监测自动化。虽然目前变形监测仍以人工巡检、全站仪和水准仪等为主，但应用于变形监测的各类传感器和自动监测设备越来越多，变形监测方式由传统的人工监测趋向于全自动监测。

（2）监测实时化。由于传感器设备的发展和普及，特别是全自动监测设备（如预埋应力应变传感器、倾角传感器等），监测频率由定时向实时监测发展。

（3）监测集成化。监测工具由单一监测仪器趋向于综合变形监测系统，可实现一次监测多种变形指标（如搭配数码相机的隧道综合检测设备或基于三维激光扫描的隧道新型检测设备）。

全断面扫描法一般采用全站仪按预定间距对监测断面进行扫描，评价测量断面与结构设计断面及前期扫描断面的几何尺寸变化，目前在软土地区运营期轨道交通长期健康监测中广泛应用，结构健康监测内容见表 6-4。激光扫描法采用地面激光扫描仪对空间表面进行高密度扫描，快速自动连续获取海量点云数据，通过解算获得结构变形情况。全断面扫描法、激光扫描法收敛变形观测成果能表达断面内或测量空间范围内多方位的净空变形，解析数据能导出多个监测点相对于基准点（线）的距离及其变化或多组对应监测点间矢量长度及其净空变形。

表 6-4　　结构健康监测内容

监测类别	监测内容	监测类别	监测内容
几何形变类	水平位移、沉降、倾斜、挠度等	外部荷载类	车辆、风载等
结构反应类	应变、内力、速度、加速度等	材料特性类	锈蚀、裂缝、疲劳等
环境参数类	温度、湿度、风速、地震等		

6.8.1　监测集成系统

采用远程无线传输自动化监测集成平台，现场数据无线即时发送到处理平台，实现综合自动化监测技术集成应用。远程无线传输自动化监测集成系统包括数据自动采集系统和监测信息处理系统两部分。数据自动采集系统由感应传感器、全站仪、水准仪等数据采集设备、数据采集智能无线传输模块、监控主机、管理计算机、自动化数据采集处理平台构成，具有监测、显示、操作、数据存储、综合信息管理、系统自检、远程控制、防电、抗干扰能力强及测量精度高等特点。监测信息系统由数据处理信息化网络平台和监测成果网络发布平台构成，功能包括监测数据分析处理、工程安全信息管理与反馈、数据库管理（图 6-28）。

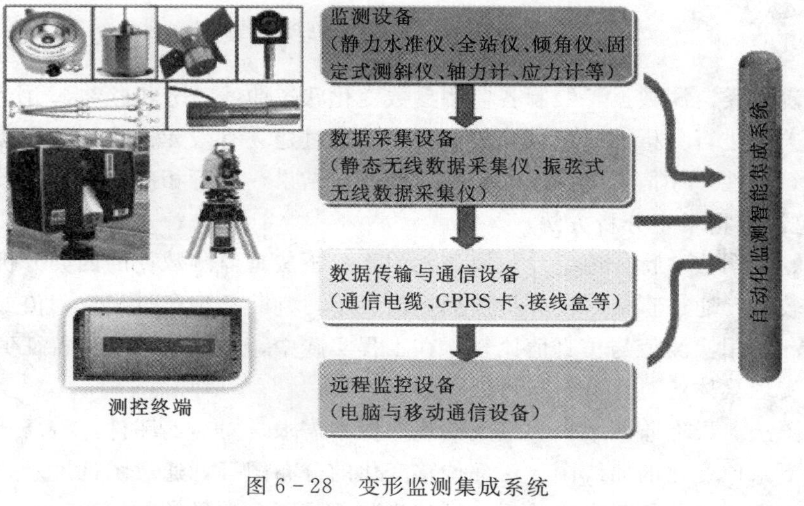

图 6-28　变形监测集成系统

工程变形监测集成系统传感器应布置在能充分反映结构及环境特性位置上。具体位置为：

（1）布置在结构受力最不利处或已损伤处；利用结构对称性原则，优化传感器数量；对重点部位增加传感器；能缩短信号传输距离；便于安装和更换传感器。

（2）结构健康监测频率以能反映被监测结构行为和结构状态，满足分析评价要求为准则。当需要对各监测点数据做相关分析时，同步采集其数据。

（3）对传感器采集数据进行降噪处理，剔除由监测系统自身引起的异常数据。沉降、水平位移、倾斜、挠度监测符合标准规定。

6.8.2 监测集成系统的数据处理

人工监测或半自动化监测，数据处理通常由专业人员利用相关软件实施，如常见的Excel、SPSS、MATLAB及R等软件。操作步骤为：判识有无异常观测值的初步分析；监测数据综合分析。大多分析采用监测数据综合分析，成果作为稳定评价、应急决策主要依据。另外，通过利用设备测量获取的信息通常是一系列电信号，因此，根据对应监测仪器物理量纲转换公式，将电信号转化成具有物理含义的监测量值。

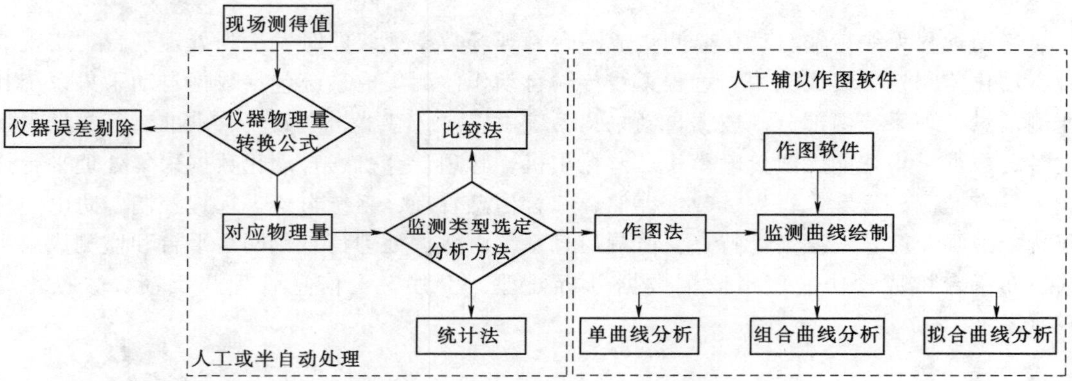

图6-29　变形监测数据常规处理流程与方法

通过整理各类监测数据，绘制各监测参数变化状态曲线，分析趋势，并对应力、变形等参数的相关性进行分析。对于风险较大工程，通过建立有限元模型，根据实测参数反算其他参数的符合性，评估安全状况。根据安全评估结果，进行相应安全预警。

6.8.2.1 监测数据常规分析方法

比较法、作图法、特征值统计法及诱发因素分析法是监测数据的四类分析方法。

（1）比较法。通过直接对比分析监测量值大小，判断是否超过规定阈值或标准值的一种简便方法。利用实测值与仿真值比较，在工程实践中，常与作图法、特征值统计法等配合使用，以实现具体的对比分析与可视化显示效果。

（2）作图法。根据监测数据类型及其规律探索需求，对应的图件进行展示，如降雨量直方图、地下水位变化的曲线图、深部位移变化的分布图等，通过图件展示，直观反应监测数据的量值变化及其相互影响关系，可初步判断是否存在异常数据等。

（3）特征值统计法。通过特征信息与监测对象的对比分析，判断是否符合变化规律的方法。

（4）诱发因素分析法。变形的形成可能是由某一因素或者多种因素综合影响造成。为识别变形诱发因素，需通过较长时间监测，掌握每一种因素单独作用对监测值的影响特点与规律，并进行综合分析。如边坡工程中，位移变化与爆破、降雨、抗滑桩施工等多种因素间可能存在关联，因此需要进行长期、周期性监测对比分析，查明诱发变形主要因素。

6.8.2.2 监测数据常规曲线绘制与分析

监测数据通常为一串时间序列数值，通过监测过程线图形，查看监测值随时间变化规律及其变化趋势。通过叠加多个监测点数据，分析影响因素之间的相互作用关系。

（1）单指标监测曲线。该曲线指针对某种单一因素进行监测曲线的绘制与规律分析，包括降雨、土壤含水率、渗透压力、地表变形曲线等。

（2）多指标监测组合曲线。灾害产生通常是多种诱发因素的作用，因素之间存在着密切的相互作用关系，即某一因素的变化会导致另一因素随之产生一定动态响应。通常以两两相关因素监测曲线进行有效组合，构建多指标监测组合曲线，分析因素之间相互作用关系，确定影响灾害主控因素，建立科学预警模型。

6.8.3 变形监测数据可视化

由于基坑监测信息化管理起步较晚，信息化建设及管理水平较低，主要表现在：

（1）专业技术人员较少，信息化意识不强，监测信息化管理方面资金投入不足，很大程度上制约了基坑监测信息化建设。

（2）报表和报告信息化处于人工处理阶段，施工现场采集的数据主要依赖于 Excel 计算或其他有计算功能软件，监测进度数据整理、统计和分析等能力差，耗时长，集成度低，资源共享不足。

（3）监测结果沟通延迟，传递中引起信息缺失和偏差，影响工作效率。

近年来，电子信息及装备的快速发展，极大促进了变形监测数据可视化水平。

6.8.3.1 AR 技术的应用

AR（Augmented Reality，AR）技术被称为增强现实技术，利用计算机生成一种逼真的视、听、力、触和动等感觉的虚拟环境，通过各种传感设备（智能手机、平板电脑）实现用户和环境直接进行自然交互。利用该技术可模拟真实现场景观，工程师不仅能够通过虚拟现实系统感受到“身临其境”的逼真性，而且能够突破空间、时间及其他客观限制。在增强现实环境中，看到真实环境的同时，还可看到便携设备产生的增强信息。由于增强现实在虚拟现实与真实世界的沟壑上架起了桥梁，因此，增强现实的应用在工程建设中潜力相当巨大。

基于已建立的 BIM 模型，管理者可在真实环境中不用翻阅报表，仅通过智能手机或者平板电脑中的 AR 技术查看所有监测数据，例如某一时间段的基坑水位、支护结构变形、管线变形情况等，而这些在自然场景下是看不到的，极大地方便管理者对变形详细情况的了解。

6.8.3.2 GIS 技术的应用

GIS 作为一种基于计算机工具，可对空间信息进行分析和处理（地球上存在的现象和发生的事件进行成图和分析）。GIS 技术把地图这种独特的视觉化效果和地理分析功能与一般的数据库操作（如查询和统计分析等）集成在一起。GIS与其他信息系统最大的区别是对空间信息的存储管理分析，使其在广泛公众和个人企事业单位中解释事件、预测结果、规划战略等中具有实用价值。

GIS可实现空间图形显示与空间信息查询与分析。变形监测所牵涉到的数据类型多样，既有测定变形观测数据，又有测点布置图这类图形数据。通过空间图形的显示及信息查询，可方便快捷、直观清楚地了解变形情况。

6.8.3.3 Google Project Glass 技术的应用

Google Project Glass是一款增强现实型穿戴式智能眼镜。眼镜集智能手机、GPS、相机于一身，在工程师眼前展现实时信息，只要眨眨眼就能将施工现场拍照上传、收发邮件、查询基坑BIM模型、查询基坑支护结构变形情况、调取监测报表、调取基坑应急预案相关信息等操作。与目前常用便携电子设备不同的是工程师无需动手便可进行操作，同时戴上这款拓展现实眼镜，用户可用自己的声音控制拍照、视频通话和辨明方向，还可同任一款支持蓝牙的智能手机同步。

6.8.3.4 基于BIM的监测信息化新技术应用的前景

BIM技术（建筑信息模型）是数字技术在工程中的直接应用，解决工程在软件中的描述问题，使设计人员和工程技术人员能够对各种建筑信息做出正确应对，并为协同工作提供坚实基础。建筑信息模型同时是一种应用于设计、建造、管理的数字化方法，该方法支持建筑工程的集成管理环境，可使建筑工程在整个进程中显著提高效率和减少风险。

例如将BIM技术引入基坑工程监测工作，解决在基坑支护结构变形监测过程中不能直观表现变形情况和变形趋势的缺点。通过BIM技术将基坑形状、支护结构、周边环境及各类监测点建立模型，在模型中导入监测数据并采用4D技术（三维模型＋时间轴）＋变形色谱云图的表现方式，方便工程师、管理人员、业主、施工人员等查看基坑支护结构变形情况。

基于BIM技术的基坑监测优势如下：

(1) 直观表现基坑支护结构变形情况，通过添加时间轴4D变形动画可准确判断基坑变形趋势。

(2) 快速确定基坑支护结构危险点，根据变形趋势及现状及时作出应急预案。

(3) 辅助施工管理，非监测专业人员同样可看懂基坑变形情况。

(4) 结合其他监测数据如水位变化、管道沉降、管线变形、周边建筑物变形等辅助，判断基坑变形原因及主要影响因素。

(5) 结合已有基坑支护结构变形历史判断变形趋势，提前预警重点监测，利于施工决策。

实施基坑监测过程中，每一步都会产生大量数据信息，海量信息中包含项目进展的丰富内容，是管理人员实施监测管理的重要依据。基于BIM的信息化管理新技术应用可让管理者不必再翻阅纸质报表，仅需带一部手机，或带一部Google Project Glass就可在现场调取所有监测点，并能掌握整个基坑变形情况，打破常规监测信息化管理方法，将计算机技术及新的信息管理技术应用于基坑监测中，不仅将监测成果更直观表现出来，而且对整个监测成果有整体分析和处理，使管理人员，尤其是非专业管理人员更易了解基坑安全情况以及变形趋势。新技术充分发挥基坑监测作用，实现各类监测数据和信息快速准确分析与反馈，实现监测成果在各部门间共享与沟通，以及对各类数据和相关信息的综合管理。在此基础上进行深层次分析与处理，指导施工实践与优化工程设计，便于参建单位及建设行政主管部门监管。

第 7 章　变形监测基本内容

随着工程建构筑物（如大坝、桥梁、隧道、高层建筑、结构工程、矿山工程）等大量兴建，地震、溃坝、滑坡等地质灾害频繁发生，促进变形监测理论和技术朝多学科交叉联合的边缘学科方向发展，并成为相关学科研究人员合作领域。通常，按照变形性质，变形一般可以分为：沉降、位移、挠度、倾斜、裂缝、日照变形、风振变形、爆破振动等动态变形。监测内容包括：位移监测，主要包括垂直位移（沉降）、水平位移、挠度、裂缝、收敛等监测；环境量监测，一般包括气温、气压、降水量、风力、风向等；渗流监测，主要包括地下水位监测、渗透压力监测、渗流量监测、扬压力监测等；应力、应变监测等。

7.1　沉降监测

测定建筑的沉降量、沉降差及沉降速率，并根据需要计算基础倾斜、局部倾斜、相对弯曲及构件倾斜。要求沉降监测点的布设能反映建筑及地基变形特征，并顾及建筑结构和地质结构特点。当建筑结构或地质结构复杂时，应加密布点。

（1）建筑物沉降监测点宜布设在下列位置：建筑四角、核心筒四角、大转角处及沿外墙每 10～20m 处或每隔 2～3 根柱基上；高低层建筑、新旧建筑和纵横墙等交接处两侧；建筑裂缝、后浇带两侧、沉降缝两侧、基础埋深相差悬殊处、人工地基与天然地基接壤处、不同结构分界处及填挖方分界处，地质条件变化处两侧；对宽度大于或等于 15m、宽度虽小于 15m，但地质复杂以及膨胀土、湿陷性土地区建筑，应在承重内隔墙中部设内墙点，并在室内地面中心及四周设地面点；邻近堆置重物处、受振动显著影响部位及基础下暗浜处；框架结构及钢结构建筑每个或部分柱基上或沿纵横轴线上；筏形基础、箱形基础底板或接近基础的结构部分之四角处及其中部位置；如重型设备基础和动力设备基础四角、基础型式或埋深改变处；超高层建筑或大型网架结构的每个大型结构柱监测点数不宜少于 2 个，且设置在对称位置。

（2）电视塔、烟囱、水塔、油罐、炼油塔、高炉等大型或高耸建筑，监测点设在沿周边与基础轴线相交的对称位置上，点数不应少于 4 个。

（3）城市基础设施监测点的布设符合结构设计及结构监测要求。

沉降监测点标志可根据待测建筑结构类型和墙体材料等情况选择，并符合下列规定：标志的立尺部位加工成半球形或有明显突出点，并涂上防腐剂。标志埋设位置避开雨水管、窗台线、散热器、暖水管、电气开关等有碍设标与观测的障碍物，并视立尺需要离开墙面、柱面或地面一定距离；标志美观，易于保护；当采用静力水准测量进行沉降观测时，标志型式及其埋设方式，根据所用静力水准仪型号、结构、安装方式及现场条件等确定。

沉降观测应根据现场作业条件，采用水准测量、静力水准测量或三角高程测量等方法进行。沉降观测精度等级符合相关规定。对建筑基础和上部结构，沉降观测精度不低于三等水准测量要求。

沉降观测周期和观测时间如下：

（1）建筑施工阶段，在基础完工后或地下室砌完后开始观测；观测次数与间隔时间视地基与荷载增加情况确定。民用高层建筑宜每加高 2～3 层观测 1 次，工业建筑按回填基坑、安装柱子和屋架、砌筑墙体、设备安装等不同施工阶段分别进行观测。若建筑施工均匀增高，至少在增加荷载的 25%、50%、75%和 100%时各测 1 次；施工过程中若暂时停工，在停工时及重新开工时各观测 1 次，停工期间可每隔 2～3 月观测 1 次。

（2）建筑运营阶段的观测次数，视地基土类型和沉降速率大小确定。除特殊要求外，在第 1 年观测 3～4 次，第 2 年观测 2～3 次，第 3 年后每年观测 1 次，至沉降达到稳定状态或满足观测要求为止。观测过程中，若发现大规模沉阵、严重不均匀沉降或严重裂缝等，或出现基础附近地面荷载突然增减、基础四周大量积水、长时间连续降雨等情况，需提高观测频率，并实施安全预案。

建筑沉降稳定状态可由沉降量与时间关系曲线判定。当最后 100 天的最大沉降速率小于 0.01～0.04mm/天时，可认为已达到稳定状态。对具体沉降观测项目，要求最大沉降速率取值结合当地地基土压缩性能确定。

每期观测后，计算各监测点沉降量、累计沉降量、沉降速率及所有监测点的平均沉降量。根据需要，计算基础或构件倾斜度 α 为

$$\alpha=\frac{S_A-S_B}{L} \tag{7-1}$$

式中：S_A、S_B 为基础或构件倾斜方向上 A、B 两点沉降量，mm；L 为 A、B 两点间距离，mm。

沉降观测提交的成果资料：监测点布置图、观测成果表、时间—荷载—沉降量曲线、等沉降曲线。

7.2 水平位移监测

水平位移分为横向水平位移、纵向水平位移及特定方向水平位移。横向水平位移和纵向水平位移，通过监测点坐标测量获得，特定方向水平位移可直接测定。

水平位移基准点应选择在建筑变形外的区域。水平位移监测点选在建筑的墙角、柱基

及一些重要位置，标志可采用墙上标志，根据现场条件和观测要求确定具体型式及埋设方法。观测根据现场作业条件，采用全站仪测量、卫星导航定位测量、激光测量或近景摄影测量等方法，观测精度等级满足相应规程或设计要求，观测周期符合下列规定：施工期间，建筑每加高 2～3 层观测 1 次；主体结构封顶后，每 1～2 月观测 1 次；使用期间，在第一年观测 3～4 次，第二年观测 2～3 次，第三年后每年观测 1 次，直至稳定为止，若在观测期间发现异常或特殊情况，需提高观测频率。

水平位移观测提交成果资料包括：监测点布置图、观测成果表、水平位移图。

7.3 挠度测量

建（构）筑物在应力作用下产生弯曲和挠曲，要求进行挠度监测。正垂线法和倒垂线法是测量坝体挠度的方法。

7.3.1 挠度计算

对于平置构件，在两端及中间设置 3 个沉降点进行沉降监测，测得某段内 3 个点的沉降量。

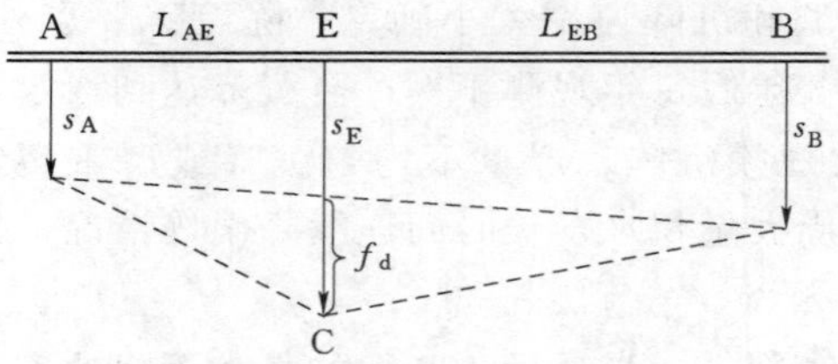

图 7-1 挠度示意图

如图 7-1 所示，挠度值 f_d 计算公式为

$$\left.\begin{aligned} f_d &= \Delta s_{AE} - \frac{L_{AE}}{L_{AE}+L_{EB}}\Delta s_{AB} \\ \Delta s_{AE} &= s_E - s_A \\ \Delta s_{AB} &= s_B - s_A \end{aligned}\right\} \tag{7-2}$$

式中：s_A、s_B 分别为基础上 A、B 点的沉降量或位移量，mm；s_E 为基础上 E 点的沉降量或位移量，mm；L_{AE} 为 A、E 点之间的距离，m；L_{EB}为 E、B 点间距离，m。

当 E 为 A、B 中点时，跨中挠度值 $f_{中}$ 按式（7-3）计算为

$$f_{中} = s_E - s_A - \frac{1}{2}(s_A + s_B) \tag{7-3}$$

对直立构件，需设置上、中、下 3 个位移监测点，进行位移监测，利用 3 点的位移量计算挠度大小。此时，建（构）筑物垂直面内不同高程点相对于底点的水平位移称为挠度。

7.3.2 正垂线法

如图 7-2 所示，从建（构）筑物顶部悬挂一根铅垂线，直通至底部，在铅垂线不同高程上设置测点，借助光学式或机械式坐标仪表量测各点与铅垂线最低点间的相对位移。

$$S_N = S_0 - S \tag{7-4}$$

式中：S_0 为正垂线悬挂点与最低点间的相对位移；S_N 为任一点 N 与悬挂点间观测的相对位移。

支持点法是在垂线的最低点建立观测站安置仪器，而在各测点处安置支持点，观测时将垂线分别加在各支持点上，所得观测值减去首次观测值，获得各测点与最低点观测站间的相对挠度。

7.3.3 倒垂线法

观测混凝土坝和砌石坝挠度的一种设备。由浮体组、垂线、观测平台和锚固点等组成。利用液箱中液体对浮子的浮力，将锚固在基岩深处的不锈钢丝拉紧，成为一条铅垂线，用此垂线测定建筑物的绝对变位。因垂线支点在下，故名倒垂线法。观测方法和变形值计算与正垂线法相同。因是一条位置不变的铅垂线，故坝体不同高度处设置的观测点与倒垂的偏离值为点的位移值。将铅垂线底端固定在基岩深处，依靠另一端施加的浮力将垂线引至坝顶或某一高程处保持不动，故只能采用多点观测站法（图 7-3）。

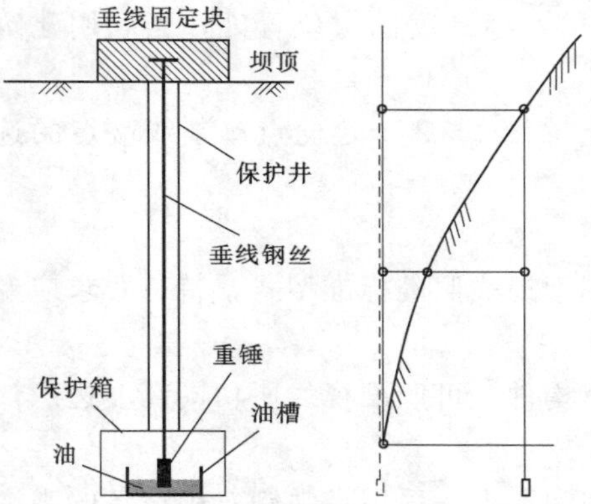

图 7-2　正垂线法

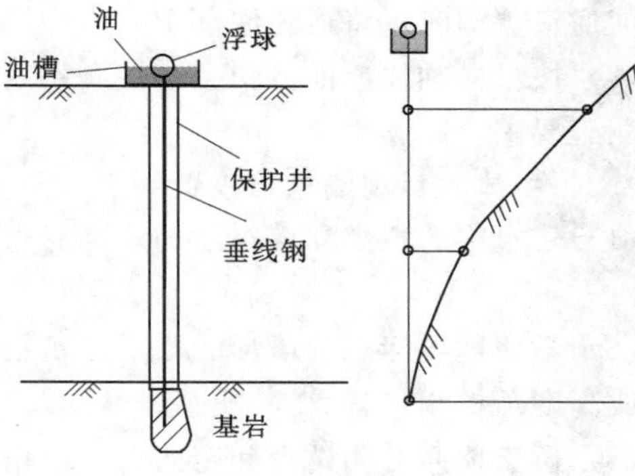

图 7-3　倒垂线法

挠度观测提交图表包括：挠度观测点布置图、观测成果表、挠度曲线图。

7.4 倾斜测量

倾斜测量是用全站仪、水准仪或其他专用仪器测量建（构）筑物倾斜度随时间而变化的工作。

7.4.1 倾斜观测

由于地基承载力不均匀、建筑物体型复杂（部分高重、部分低轻）形成不同荷载、施工未达到设计承载力、受外力作用（如风荷载、地下水抽取、地震等）导致建（构）筑物产生倾斜。

建筑物主体倾斜观测测定建筑物顶部相对于底部，或各层间上层相对于下层水平位移和高差，分别计算整体或分层倾斜度、倾斜方向以及倾斜速度。

7.4.2 测点布设

一般在建（构）筑物设置上、下两个监测标志，高差为 h，用全站仪将上标志中心位置投影到下标志附近，量取与下标志中心之间的水平距离 x，则 $x/h=i$ 就是两标志中心联线的倾斜度。定期重复监测，可获得特定时间内建（构）筑物倾斜度的变化。测定建筑物倾斜方法有两类：①直接测定建筑物倾斜；②测量建筑物基础沉降，计算建筑物倾斜。

对于烟囱等独立构筑物，从附近一条固定基线出发，用前方交会法测量上、下两处水平截面中心坐标，推算独立构筑物在两个坐标轴方向的倾斜度。也可在建筑物基础上设置沉降点，进行沉降监测。设 Δh 为某两沉降点在某段时间内沉降量差数，s 为平距，则 $\Delta h/s=\Delta i$ 就是该时间段内建筑物在该方向上的倾斜度变化。

7.4.2.1　主体倾斜观测点的布设

（1）观测点沿对应测站点的某主体竖直线，整体倾斜按顶部、底部，分层倾斜按分层部分、底部上下对应布设。

（2）从建筑物外部观测时，测站点或工作基点点位选在与照准目标中心连线呈接近正交或呈等分角的方向线上，距照准目标 1.5～2.0 倍目标高度固定位置处；当利用建筑物内竖向通道观测时，将通道底部中心作为测站点。

（3）按纵横轴线或前方交会布设测站点，每点选设 1～2 个定向点；基线端点的选设顾及测距要求。

7.4.2.2　主体倾斜观测标志设置

（1）建筑物的顶部和墙体上的观测标志，采用埋设式照准标准型式，特殊要求应专门设计。

（2）不便埋设标志的塔形、圆形建筑物及竖直构件，可照准视线所切同高度边缘认定位置或高度角控制位置。

（3）位于地面的测站点和定向点，根据不同观测要求，采用带强制对中设备的观测墩或混凝土标石。

（4）对一次性倾斜观测项目，观测点标志采用标记形式，或直接利用符合位置与照准要求的建筑物特征部位，测站点可采用小标石或临时性标准。

7.4.3　测定方法

7.4.3.1　直接测定倾斜法

直接测定建筑物倾斜的最简单方法是悬吊垂球，根据偏差值可直接确定建筑物倾斜，但由于有时在建筑物上部无法固定悬托垂球的钢丝，因此，对高层建筑、水塔、烟囱等建筑物，常采用全站仪投影或测水平角方法测定倾斜。

图 7-4，设 A 点与 B 点位于同一竖直线上，建筑物高度为 h，当建筑物发生倾斜时，A 点相对于 B 点沿水平力向移动了某一距离 e，则该建筑物的倾斜为

$$i=\tan\alpha=\frac{e}{h} \tag{7-5}$$

为确定建筑物的倾斜，必须测量 e 和 h。其中 h 为已知；当 h 未知时，可在地面上设两条基线，用三角测量法测定。全站仪设置在离建筑物较远处（距离大于 1.5h），以减少仪器纵轴不垂直影响。设 A、B 两点无法摆设仪器做点的投影，则计算高点 B 偏移平点 A 的移动值 e：设 a 为在地面上选定基线 1-2、2-3，在 1、2、3 三点间用前方交会法。按

5″小三角精度要求测定A、B′平面坐标（假设 $X_1=0$，$Y_1=0$，$\alpha_{1\text{-}2}=0°$，$H=0$）（X_A、Y_B、X'_A、Y'_B）和高程 H_A、H_B，则

$$h=H_B-H_A, e=\sqrt{(Y'_B-Y_A)^2+(X'_B-X_A)^2} \tag{7-6}$$

另外，还可用测量水平角方法来测定倾斜（图7-5），例如，在距烟囱50～100m处的互相垂直方向上，标定两个固定标志作为测站，并在烟囱上标出作为观测用的标志点1、2、3、4、5、6、7、8，同时选择通视良好的稳定点 M_1 和 M_2 作为方向点，然后在测站1架设经纬仪测量水平角（1）、（2）、（3）和（4），并计算角 $\frac{(2)+(3)}{2}$ 和 $\frac{(1)+(4)}{2}$。角值 $\frac{(1)+(4)}{2}$ 表示烟囱的下部勒脚中心 b_1 的方向，根据a和b的方向差，计算偏歪量 a_1，$\frac{(2)+(3)}{2}$ 表示烟囱上部中心点 a_1 的方向，已知测点1到烟囱中心距离 S_1 就可根据 a_1、b_1 的方向差 $\delta_1=a_1-b_1$ 计算偏斜值 $e_1=\delta'_1 S_1/\rho''$，$\rho''=206265$。

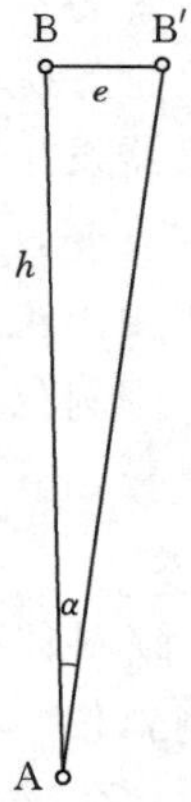

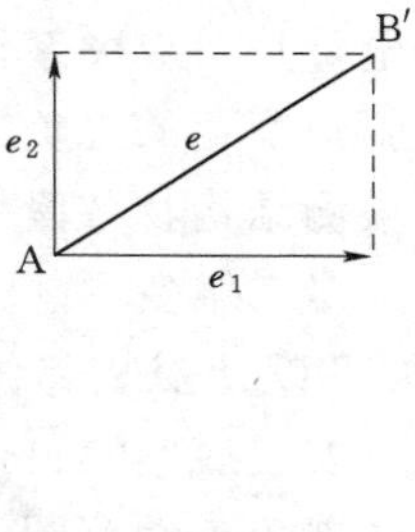

图7-4　倾斜测量原理

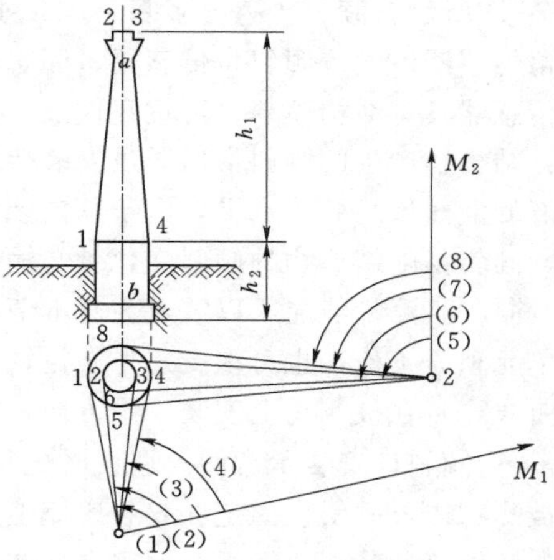

图7-5　烟囱倾斜观测方法

在测站2上观测水平角（5）、（6）、（7）、（8），同理可求烟囱在另一方向的偏移值 e_2，用矢量叠加法求烟囱上部相对于勒脚偏歪值 e，并利用式（7-5）计算烟囱倾斜。

大坝等水工建筑物，各坝段基础地质条件不同，部分坝段位于坚硬岩石处，或位于软岩处，或位于岩石破碎带，各坝段重量不同，蓄水后库区地表承受较大静水压力，地基失去原有平衡，均可导致坝体产生不均匀沉降，需测定坝体倾斜。

7.4.3.2　测定基础相对沉降法

建筑物沉降量不大，短期内一般不会产生显著变化，因而需进行长期精密的沉降监测。一般始于基础施工完毕后或基础垫层浇筑后，至沉降稳定为止。

为使系统误差保持不变，以便系统误差在沉降值中得以消除，沉降监测采取如下措施：

（1）尽量固定沉降监测路线、测站点、立尺点，使往返测或复测能在同一路线上进行。

（2）尽量缩短水准环线和路线长度，缩短监测时间。

（3）不同周期监测固定所使用的仪器、标尺，并尽可能由同一监测员进行相应测段监测。

(4) 从沉降量较大地区开始，应在短时间内完成一个闭合环的监测，确保监测数据可靠。

建筑物施工或安装重型设备期间，以及仓库进货阶段进行沉降监测时，必须做好监测记录（如施工进度、进货数量、分布情况等），以便计算各相应阶段作用在地基上的压力。

建筑物主体倾斜观测是测定建筑物顶部相对底部或各层相对下层的水平位移与高差，分别计算整体或分层的倾斜度、倾斜方向及倾斜速度。监测采用差异沉降方法，分别测出待监测的倾斜方向两端沉降点的沉降值，通过沉降差值与测点间的距离计算建筑物倾斜。

建筑物倾斜 α 为

$$\alpha=\frac{s_i-s_j}{L} \tag{7-7}$$

式中：s_i 为建筑物一端沉降点的沉降值，mm；s_j 为建筑物另一端沉降点的沉降值，mm；L 为建筑物两端沉降点之间距离，m。

7.4.3.3 倾斜传感器测量法

如图 7-6 所示，倾斜传感器多基于 MEMS 技术全固态微传感器，倾斜角传感器包括液态倾斜角传感器、气体倾斜角传感器、固态倾斜角传感器、光学倾斜角传感器。其中固态倾斜角传感器具有结构简单、可重复性强、反应快、适应性强、价格便宜等优点。其工作原理为：结构物产生的倾斜变形通过安装架传递给倾斜传感器，当传感器发生倾斜变化时，电解液的液面始终处于水平，由于其内装的液体面相对触点部位发生改变，引起输出电量改变，倾斜仪随结构物的倾斜变化量与输出的电量呈对应关系，据此测出被测结构物倾斜角度，同时其测量值显示以零点为基准值的倾斜角变化的正负方向。倾斜仪可布设为一个测量单元独立工作，也可多支连点布设，测出被测结构物各段的倾斜量，并绘制结构物的变形曲线，若在被测物上安装二维方向，则可测量二维变形。

图 7-7 为倾斜计安装示意图。埋设时先尽量整平设计安装部位，将倾斜仪的安装底座固定于被测物体，倾斜仪固定在安装底座上，调整安装底座螺钉，使测斜仪轴线安装垂直，并调整倾斜仪使其测值接近出厂零点，或自定倾斜角正负范围。倾斜仪安装后及时测量仪器初值作为基准值，记录并存档仪器编号和设计编号，严格保护仪器引出电缆。测量读数仪接入线与倾斜传感器输出线颜色一致，倾斜仪可回收反复使用，并方便实现倾斜测量自动化。

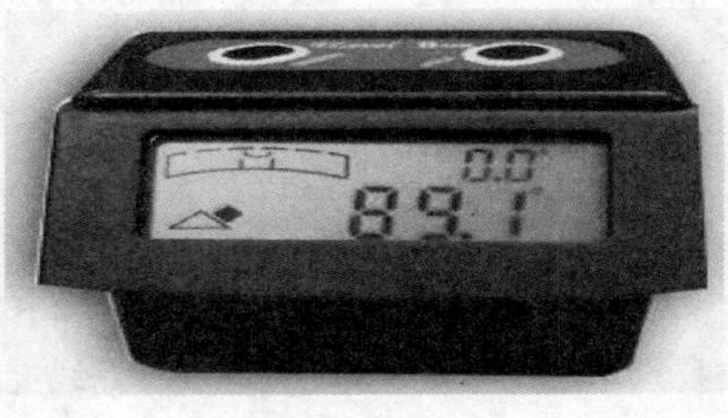

图 7-6 角度倾斜仪

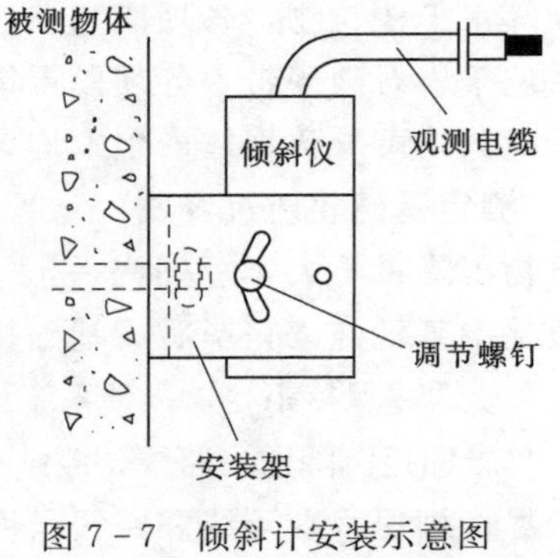

图 7-7 倾斜计安装示意图

7.5 裂缝测量

建筑物的允许倾斜值与建筑物结构，结构、构件的联接构造，建筑物的使用、荷载、自振周期等有关。当发现建筑物有裂缝现象，为观察其现状和变化趋势，先对裂缝进行编号，然后分别监测裂缝位置、定向、长度、宽度等。对于混凝土建筑物裂缝的位置、走向及长度的监测，在裂缝两端用油漆画线作标志，或在混凝土表面绘制方格坐标，用钢尺丈量。根据裂缝分布情况，对重要裂缝，选择代表性位置，于裂缝两侧各埋设一个直径为20mm，长约80mm的金属棒标点，埋入混凝土内60mm，外露部分为标点，标点上各有一个保护盖，两标点的距离不少于150mm，用游标卡尺定期地测定两个标点之间距离变化值，掌握裂缝发展情况（图7-8）。在墙面上裂缝的两端设置石膏薄片，使其与裂缝两侧固连牢靠，当裂缝增大时，石膏片裂开，以测定裂口大小及变化。还可用两铁片平行固定在裂缝两侧，一片搭在另一片上，保持密贴，密贴部分涂红色，露出部分涂白色，如图7-9所示，通过定期测量两铁片移开的距离，监视裂缝变化。对较整齐的裂缝（如伸缩缝），则可用千分尺直接量取裂缝变化。

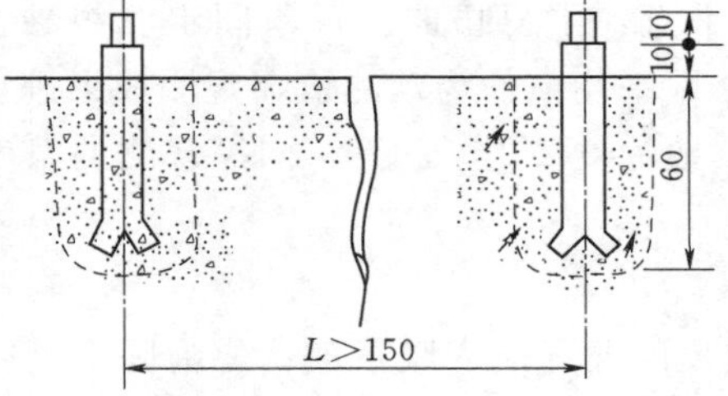

图7-8 建筑物裂缝布点

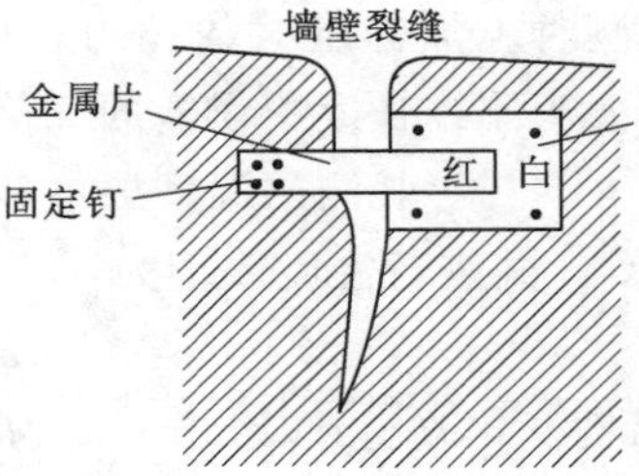

图7-9 铁片监测裂缝布点

图7-10（a）为表面裂缝宽度检测的裂缝测宽仪。检测时系统自动对被测裂缝进行摄像，并在显示屏上，实时显示裂缝图形以及裂缝宽度数值，并保存裂缝图像及数据，可测量混凝土、桥梁、隧道、墙体表面的裂缝宽度。图7-10（b）为裂缝测深仪，特点是无需波速测量，操作简便，防尘防水。

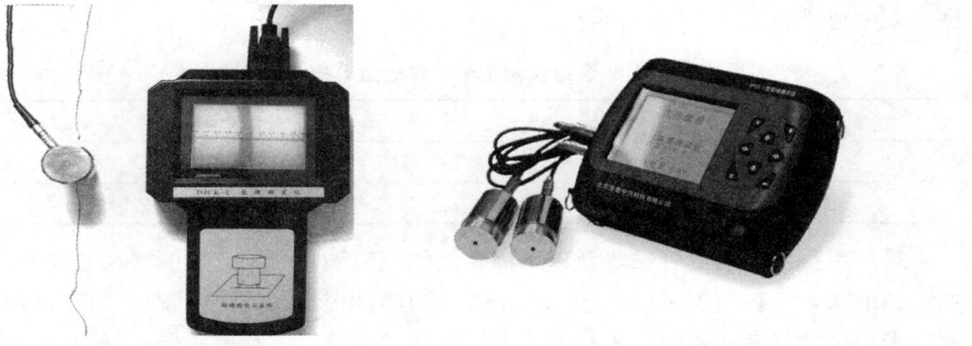

(a) 裂缝测宽仪　　(b) 裂缝测深仪

图7-10 裂缝测量仪器

7.6 收敛测量

矿山井巷围岩和衬砌结构、盾构法施工的隧道拼装环管片、其他地下坑道或结构等，进行收敛变形观测。收敛测量的方法为：测量特定位置的净空对向相对变形时，采用固定测线法；测量净空断面的综合变形时，采用全断面扫描法；测量连续范围的净空收敛变形时，采用激光扫描法。收敛变形观测以测线长度测量中误差作为精度衡量指标。一等和二等精度观测，采用固定测线法；三等和四等精度观测，采用固定测线法、全断面扫描法或激光扫描法。当采用收敛尺进行固定测线收敛测量时，固定测线两端的监测点应安装牢固，监测点的测头与收敛尺的挂钩匹配，安装后进行监测点与收敛尺接触点符合性检查，并独立观测 3 次，观测较差不应大于测线长度中误差的 2 倍。各等级固定测线的长度规定见表 7-1。

表 7-1　　收敛观测级固定测线长度

等级	一等	二等	三等、四等
最大视线长度/m	≤20	≤30	≤50

收敛尺观测时施加标定时的拉力，尺面平直，不得扭曲。每条固定测线独立观测 3 次，较差不应大于测线长度中误差的 2 倍，并取平均值作为观测值，观测成果进行尺长和温度改正。一等、二等观测的温度测量最小读数为 0.2℃，三等、四等观测的温度测量最小读数为 1.0℃，并进行温度改正为

$$\delta_L = kL\delta_T \tag{7-8}$$

式中：δ_L 为温度变化改正数，mm；k 为收敛尺的温度线膨胀系数；L 为固定测线的长度读数，m；δ_T 为温度变化量，℃。

采用全站仪对边测量法收敛测量时，固定测线两端布设棱镜或反射片等观测标志。二等及以下固定测线采用免棱镜观测时，可布设简易定位标志。一等观测全站仪标称精度不应低于 1″和（1mm+1ppm）；二等及以下观测，采用基于无合作目标激光测距功能全站仪观测时，标称精度不低于 2″，测定无合作目标测距加常数，并对观测边长进行加常数改正。对边测量时，依次照准固定测线的两端点，通过测定其三维坐标，计算固定测线长度。观测要求按表 7-2 的规定。

表 7-2　　全站仪固定测线收敛测量技术要求

等　级	测　回　数	较差及测回差/mm
一等	2	1
二等及以下	1	2

采用手持测距仪进行二等及以下固定测线收敛测量时，固定测线两端应分别设置对中点、瞄准点，标称精度不应低于 1.5mm，并有对中装置，观测前检测测距仪加常数。

采用全站仪断面扫描法进行二等及以下收敛测量时，在同一竖向剖面内设置仪器对中点、定向点和检核点，收敛断面垂直于结构中线。采用免棱镜激光测距功能、自动驱动型

全站仪，标称精度不低于 2″和（2mm＋2ppm），按 0.2～0.3m 步长等密度采集，采集点包含起点、终点、拼装缝等特征点，断面上每段线形（直线或圆弧）监测点不少于 5 点，并采用全站仪机载数据采集软件自动采集。根据结构表面特点建立数据处理模型，处理后输出特征点径向长度等断面变形数据，并进行不同期数据比较。此外，收敛变形观测也可采用激光扫描法进行。

图 7－11 所示激光位移传感器利用激光相位法测量传感器与被测物之间距离，并应用于隧道拱顶沉降、隧道收敛、桥墩沉降、激光测距等。

图 7－11　激光位移传感器

收敛测量提交成果资料包括：固定测线或收敛断面布置图、观测成果表、收敛变形观测成果图。

7.7　日照变形测量

高度大于 100m 的超高层建筑，高度较大、横断面相对较小的高耸构筑物，在温度变化时，容易变形而影响其安全性。日照变形测量是通过测定建筑或结构上部受阳光照射受热不均引起的偏移量及变化轨迹，获取建筑或结构变形与时间、温度变化关系。从建筑内部进行日照变形观测时，需建筑内部具备竖向通视条件。采用激光垂准仪进行观测时，在通道顶部或适当位置安置激光接收靶，并在其垂线下方安置激光垂准仪；采用正垂仪进行观测时，需在通道顶部或适当位置安置正垂仪，并在垂线下方安置坐标仪。从建筑或结构外部进行日照变形观测时，监测点设在建筑或结构顶部或其他适当位置。采用全站仪自动监测系统进行观测时，在监测点上安置棱镜或激光反射片。采用卫星导航定位测量动态测量模式观测时，在监测点上安置卫星导航定位接收机天线。

日照变形观测选在夏季日照充分、昼夜温差较大时，不少于 24h 连续观测，观测频率为 1～2 次/h。每次观测测定建筑向阳面与背阳面温度，测定风速和风向。并根据观测对象、目的和所用方法确定日照变形观测精度，主要成果形式为日照变形曲线图。采用正垂仪时，垂线直径为 0.6～1.2mm 的不锈钢丝或铟瓦丝，使用无缝钢管保护，垂线上端可锚固在通道顶部或待测处设置的支点上，用于稳定重锤的油箱中装有阻尼液，监测时安置坐标仪测定水平位移。

日照变形观测提交的成果资料包括：监测点布置图、观测成果表、日照变形曲线。

7.8　风振测量

风振观测目的是获得超高层建筑或高耸结构顶部在风荷载作用下的位置振动特征。测定水平位移、风速和风向，为风振影响分析和计算风振参数等提供资料。一般选在受强风影响时间段进行观测，具体测定时间段长度取决于观测目的和要求，且观测时间超过 1h，风速和风向应采用风速计或风速传感器测定，观测频率宜为1次/min。

卫星导航定位动态测量模式可实时测定监测点的坐标时间序列，是风振观测最合适方法。选择监测点位置需考虑监测成果代表性，并能安置接收机天线，满足卫星导航定位测量作业要求。观测数据经处理，将获得监测点在两个方向上的平面坐标时间序列，以最初监测时点的平面坐标为起始值，计算水平位移分量时间序列。

风振测量提交的成果资料包括：测点布置图、观测成果表、两坐标方向的位移—时间曲线、风速—时间曲线及风向变化图等。

7.9 土体分层垂直位移监测

土体分层垂直位移通常使用分层沉降仪进行监测。图7-12，分层沉降仪是通过电感探测装置，根据电磁频率变化观测埋设在土体不同深度内磁环的确切位置，再由其所在位置的深度变化计算地层不同标高处的沉降变化。分层沉降仪可用来监测周围深层土体的垂直位移（沉降或隆起）。

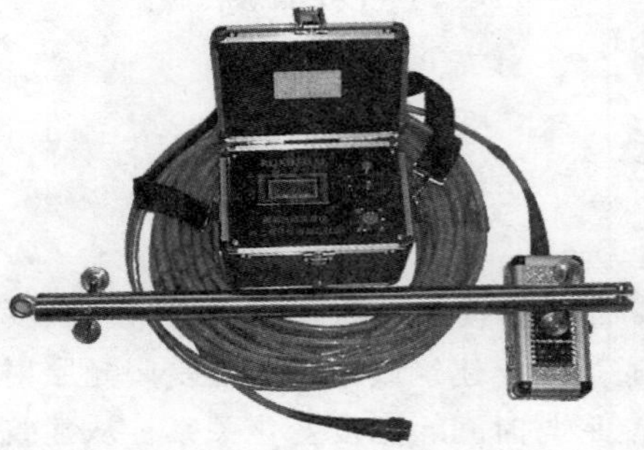

图7-12 分层沉降仪

7.9.1 组成

分层沉降仪由埋入地下部分、地面测试仪器、管口水准测量3部分组成。

（1）埋入地下部分包括：沉降导管、底盖和沉降磁环等。

（2）地面测试仪器主要有分层沉降仪，包括测头、测量电缆、接收系统和绕线盘等。

（3）管口水准测量部分包括水准仪、标尺、脚架、尺垫等三部分组成。

其中：①导管为PVC塑料管，管径53mm或70mm；②磁环由注塑制成，内置稀土高能磁性材料，形成磁力圈，外安弹簧片，磁环套于导管处，弹簧片与土层接触，随土层移动而位移；③测头内部安装磁场感应器，当遇外磁场作用时，接通接收系统，当外磁场不作用时，自动关闭接收系统；④测量电缆是钢尺和导线采用塑胶工艺合二为一，既防止钢尺锈蚀，又简化操作过程，钢尺电缆一端接入测头，另一端接入接收系统；⑤接收系统由蜂鸣器和峰值指示组成；⑥绕线盘由绕线圆盘和支架组成。

7.9.2 使用方法

测量时拧松绕线盘后面螺丝，绕线盘转动自由，按下电源按钮，手持测量电缆，将测头放入沉降管中，缓慢向下移动。测头穿过土层中磁环时，接收系统的蜂鸣器发出连续不断的蜂鸣声。若在噪声较大的环境中测量，不能听清蜂鸣声时可用峰值指示，只需将仪器面板上的选择开关拨至电压挡。

7.9.3 沉降管（磁环）埋设

将分层垂直位移监测孔。布置在邻近保护对象处，竖向监测点（磁环）布置在土层分界面，厚度较大土层中部应适当加密，监测孔深度宜大于2.5倍基坑开挖深度。

将坑底回弹监测孔。按剖面布置在基坑中部，剖面间距30～50m，数量不少于2条，监测点间距10～20m，数量不少于3个。

沉降管与磁环埋设方法如下：

(1) 预定孔位上钻孔，孔深由沉降管长度确定，孔径以能恰好放入磁环为宜。为不影响磁环上、下移动，沉降管需用内接头或套接式螺纹。沉降管和孔壁间用膨润土球充填并捣实，至底部第一个磁环处，用专用工具将磁环套在沉降管外，送至填充黏土面，施加一定压力，使磁环的3个铁爪插入土中，再用膨润土球充填，并捣实至第二个磁环处，按上述方法安装第二个磁环，直至完成整个钻孔磁环埋设。

(2) 将磁环按设计距离安装在沉降管上，磁环间利用沉降管外接头隔离，将带磁环的沉降管插入孔内，并随沉降管送至设计标高，然后将沉降管上拔起1m，可使磁环上、下各1m范围内移动时不受阻，然后用细砂填充。

7.9.4 土体分层垂直位移监测相关计算

用水准仪测量管口高程，将分层沉降仪探头缓缓放入沉降管中，磁环位置为接收仪发生蜂鸣或指针偏转最大时。第一响声时测量电缆在管口处的深度，磁环两次响声间隔为十几厘米。由上向下测量至孔底，称为进程测读；收回测量电缆时，测头再次通过磁环，并发出蜂鸣声，如此测至孔口，称为回程测读。磁环距管口深度取进、回程测读数平均数。分层沉降标（磁环）位置以绝对高程表示为

$$D_c = H_c - h_c \tag{7-9}$$

式中：D_c为分层沉降标（磁环）绝对高程，m；H_c为沉降管管口绝对高程，m；h_c为分层沉降标（磁环）距管口的距离，m。

由式（7-10）可分别算出磁环前后两次位置变化，即本次垂直位移量和累计垂直位移量为

$$\Delta h_c^i = D_c^i - D_c^{i-1} \tag{7-10}$$

$$\Delta h_c = D_c^i - D_c^0 \tag{7-11}$$

式中：D_c^i为第i次绝对高程，m；D_c^{i-1}为第$i-1$次绝对高程，m；D_c^0为初始绝对高程，m；Δh_c^i为本次垂直位移，mm；Δh_c为累计垂直位移，mm。

7.10 深层水平位移测量

通过测斜仪测量土体、临时或永久性地下结构（如桩、连续墙、沉井等）的深层水平位移。测斜仪分为固定式和活动式。固定式是将测头固定埋设在结构物内部固定点上；活动式先埋设带导槽的测斜管，间隔一定时间将测头放入管内，沿导槽滑动测定斜度变化，计算水平位移。

活动式测斜仪按测头传感器不同，分为滑动电阻式、电阻应变片式、钢弦式及伺服加速度计式4种，其中电阻应变片式和伺服加速度计式测斜仪应用较多。电阻应变片式测斜仪价格便宜，但量程有限，耐用时间短；伺服加速度计式测斜仪精度高、量程大、可靠性

好，缺点是抗震性能较差，但当测头受到冲击或受到横向振动时，传感器容易损坏。

如图 7-13 所示，测斜系统由四部分组成。

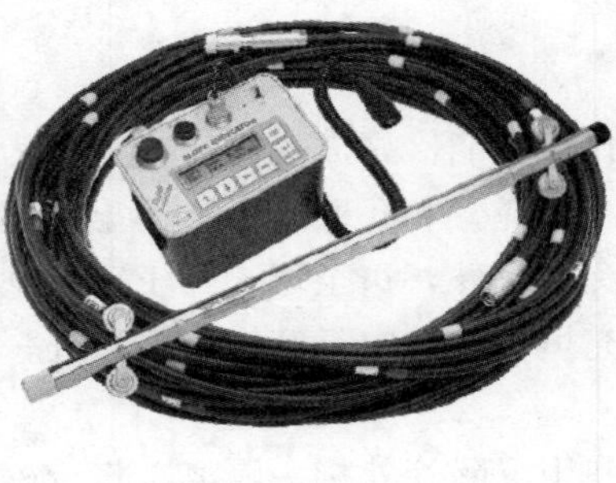

(a) 测斜仪

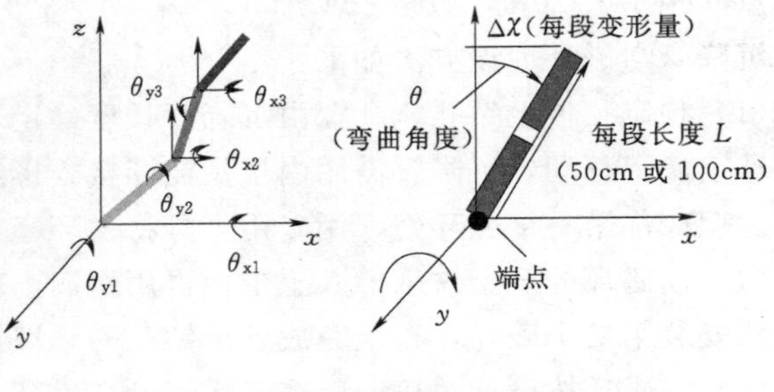

(b) 柔性测斜仪原理图

图 7-13 测斜系统及其原理

(1) 探头。装有重力式测斜传感器。

(2) 测读仪。测读仪是二次仪表，需和测头配套使用，其测量范围、精度和灵敏度根据工程需要而定。

(3) 电缆。连接探头和测读仪，向探头供给电源和给测读仪传递监测信号，收放探头，测量探头所在测点与孔口距离。

(4) 测斜管。一般由塑料管或铝合金管制成，常用直径为 50～75mm，每节长度 2～4m，管口接头有固定式和伸缩式两种，测斜管内有两对相互垂直的纵向导槽，测量时，测头导轮在导槽内可上下自由滑动。

7.10.1 测斜管安装

测斜管安装过程如下：

(1) 地下连续墙内测斜管安装包括：测管连接、接头防水、内槽检验、测管固定、端口保护、吊装下笼、圈梁施工、检验。

(2) 混凝土灌注桩内测斜管安装的基本步骤同上，需要特别注意，上段测斜管要有一定的自由度，可与下段测斜管对接。

(3) 型钢水泥土复合搅拌桩内测斜管安装。型钢水泥土复合搅拌桩（SMW 工法桩）围护形式的测斜管的安装有两种方法：一是安装在 H 型钢上，随型钢一起插入搅拌桩内；二是在搅拌桩内钻孔埋设。

(4) 土体内测斜管安装包括：钻孔、接管、下管、封孔、保护。

7.10.2 深层水平位移监测相关计算

测斜管应在工程开挖前 15～30 天埋设，开挖前 3～5 天内复测 2～3 次，待判明测斜管处于稳定状态后，取其平均值作为初始值。监测时将探头导轮对准与所测位移方向一致的槽口，缓缓放至管底，待探头与管内温度基本一致、显示仪读数稳定后开始监测。一般以管口作为确定测点位置的基准点，每次测试时管口基准点必须是同一位置，按探头电缆上的刻度分划，均速提升。每隔 500mm 读数一次，并做记录。待探头提升至管口处，旋转 180°后，再按上述方法测量测，以消除测斜仪自身的误差。

通常使用活动式测斜仪采用带导轮的测斜探头，探头两对导轮间距 500mm，以两对导轮之间的间距为一个测段。每一测段上、下导轮间相对水平偏差量 δ 为

$$\delta = l\sin\theta \tag{7-12}$$

式中：l 为上、下导轮间距；θ 为头敏感轴与重力轴夹角。

测段 n 相对于起始点的水平偏差量 Δ_n，由从起始点起连续测试得到的 δ_i 累积而成，即

$$\Delta_n = \sum_{i=0}^{n}\delta_i = \sum_{i=0}^{n} l\sin\theta_i \tag{7-13}$$

式中：δ_0 为起始测段的水平偏差量，mm；Δ_n 为测点 n 相对于起始点的水平偏差量，mm。

测斜仪单次测试得到的是测斜仪上、下导轮间相对水平偏差量，按式（7-13）计算得到的是测点 n 相对于起始点的水平偏差量，如果将起始点设在测斜管的一端（孔底或孔口），以上、下导轮间距（0.5m）为测段长度，则将每个测段 Δ_n 沿深度连线，构成测斜管形状曲线。

若将测段 n 第 j 次与第 $j-1$ 次的水平偏差量之差表示为 ΔX_{nj}（$\Delta X_{nj} = \Delta_n^j - \Delta_n^{j-1}$），则 ΔX_{nj} 即为测段 n 本次水平位移量，ΔX_{nj} 沿深度连线构成测斜管本次水平位移曲线。

若将测点 n 第 j 次与初次的水平偏移量之差表示为 ΔX_n（$\Delta X_n = \Delta_n^j - \Delta_n^0$），为测段 n 累计水平位移量，ΔX_n 沿深度连线构成测斜管累计水平位移曲线为

$$\Delta X_n = \Delta_n^j - \Delta_n^0 = l\sum_{i=0}^{n}(\sin\theta_i - \sin\theta_0) \tag{7-14}$$

式（7-14）为测斜管底部测斜仪下导轮为固定起算点（假设不动）的深层侧向变形计算公式。因测量是以测斜管顶部上导轮为起算点，如果以测斜管顶部为固定起算点，深层侧向变形计算还要叠加上导轮（管口）水平位移量 X_0。计算公式为

$$\Delta X_n = X_0 + l\sum_{i=0}^{n}(\sin\theta_i - \sin\theta_0) \tag{7-15}$$

在实际计算时，因读数仪显示的数值一般是经计算转化而成的水平量，因此只需按仪器使用说明书计算即可，不同厂家的测斜仪，计算公式不同。要注意的是，读数仪显示的数值一般取 l=500mm 作为计算长度。

近年来，柔性测斜仪（shape accel arry，SAA）开始逐步应用于工程建设与高精度变形监测中。柔性测斜仪基于 MEMS（微电子机械系统）传感器原理，内部由 MEMS 加速度计、温度模块和动态模块组成。每段节为一个固定的长度，一般为 50cm、100cm。SAA 是刚性传感阵列被柔性接头分开，一个绳状阵列式的传感器和微处理器，阵列中所有的微处理器共用同一条数字通信线路。如图 7-13（b）所示，柔性测斜仪基本原理是通过检测各部分的重力场，计算出各段轴之间的弯曲角度 θ，利用计算得到的弯曲角度和已知各段轴长度 L（50cm 或 100cm），每段 SAA 的变形 $\Delta\chi$ 便可完全确定（即 $\Delta\chi = \theta L$），再对各段求和 $\sum\Delta\chi$，得到距固定端点任意长度的变形量 χ。SAA 通常被安装在钻孔中，变形体变形带动仪器倾角变化，从而监测变形体变形。柔性测斜仪因其传感器密度高，耐

水（土）压力强，柔性节可 360°转动，适应变形能力大，可动态感知三维变形。柔性测斜仪既可安装于钻孔中监测沿地层深度的土体变形，也可安装于建筑物表面监测其变形特性：如大坝、边坡的变形；隧洞、地下空间断面收敛；油罐地基、轨道沉降；桥梁、挡土墙、轨道扭曲等三维建筑物的变形特征。SAA 在钻孔中安装时，无需使用传统导槽型测斜管，使用普通 30mm 小直径 PVC 导管加以保护，相较传统固定测斜仪，可大幅减少钻孔与测斜管成本，安装简便。同时，SAA 每个三维连续型变形测量单元长度为 500mm 或 1000mm，相较于传统固定式测斜仪 2～3m 的测量标距，测点数量增加了 4～6 倍，提高了变形监测精度。

7.11 孔隙水压力测量

饱和土受荷载后产生孔隙水压力的变化而固结变形，孔隙水压力变化是土体运动的前兆。静态孔隙水压力监测相当于水位监测，潜水层的静态孔隙水压力通过测量孔隙水压力计上部的水头压力，可计算出水位高度。在微承压水和承压水层，孔隙水压力计可直接测出水的压力。结合土压力监测，进行土体有效应力分析，作为土体稳定计算的依据。

7.11.1 孔隙水压力计安装

孔隙水压力计有钢弦式、气压式等，基坑工程监测中常用钢弦式孔隙水压力计，属钢弦式传感器。如图 7－14 所示，孔隙水压力计由两部分组成，第一部分为滤头，由透水石、开孔钢管组成，主要起隔断土压的作用；第二部分为传感部分，其基本原理同钢筋计。

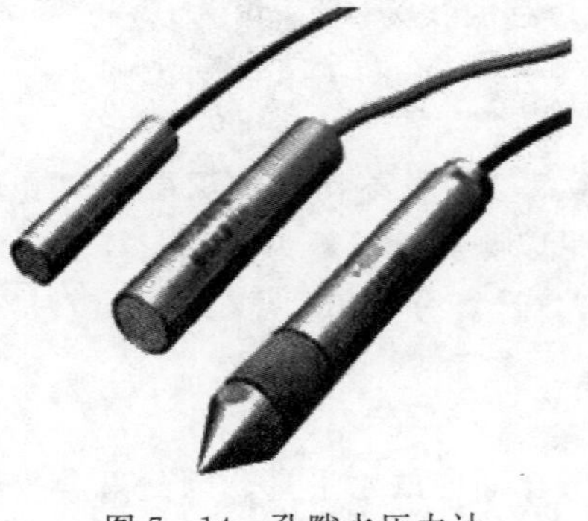
图 7－14 孔隙水压力计

将孔隙水压力计前端的透水石和开孔钢管卸下，放入盛水容器中热泡，以快速排除透水石中的气泡，然后浸泡使透水石饱和，为严禁与空气接触，安装前透水石应浸泡在水中。孔隙水压力计钻孔埋设有两种方法。

（1）一孔埋设多个孔隙水压力计，其间距大于 1.0m，以免水压力贯通。优点是钻孔数量少，适合于提供监测场地不大的工程，缺点是孔隙水压力计间封孔难度大，封孔质量直接影响孔隙水压力计埋设质量，封孔材料一般采用膨润土泥球。其步骤为：钻孔到设计深度；放入第一个孔隙水压力计，可采用压入法至要求深度；回填膨润土泥球至第二个孔隙水压力计位置以上 0.5m；放入第二个孔隙水压力计，并压入至要求深度；回填膨润土泥球，以此反复，直到最后一个。

（2）单孔法，即一个钻孔埋设一个孔隙水压力计。优点是埋设质量容易控制，缺点是钻孔数量多，适合于能提供监测场地或对监测点平面要求不高的工程。其步骤为：钻孔到设计深度以上 0.5～1.0m；放入孔隙水压力计，采用压入法至要求深度；回填 1m 以上膨润土泥球封孔。

7.11.2 孔隙水压力监测

孔隙水压力计测试方法相对较简单，用数显频率仪测读、记录孔隙水压力计频率。计算为

$$u=k(f_i^2-f_0^2) \tag{7-16}$$

式中：u 为孔隙水压力，kPa；k 为标定系数，kPa/Hz^2；f_i 为测试频率，Hz；f_0 为初始频率，Hz。

7.12 土压力监测

结合孔隙水压力监测，可以进行土体有效应力分析，作为土体稳定计算的依据。不同深度土压力监测可为水压、土压力计算提供依据。

7.12.1 监测仪器

土压力盒有钢弦式、差动电阻式、电阻应变式等多种，目前常用钢弦式。土压力盒又有单膜和双膜两类，单膜一般用于测量界面土压力，配有沥青压力囊；双膜一般用于测量自由土体土压力，如图 7-15 所示。

图 7-15 土压力盒

7.12.2 土压力计（盒）安装

土压力计（盒）安装分钻孔法和挂布法。

(1) 钻孔法是通过钻孔和特制安装架将土压力计压入土体内，将土压力盒固定在安装架内，钻孔，放入带土压力盒的安装架，逐段连接安装架压杆，土压力盒导线通过压杆引到地面，然后将土压力盒压到设计标高，回填封孔。

(2) 挂布法用于量测土体与围护结构间接触压力，用帆布制作一幅挂布，在挂布上缝有安放土压力盒的布袋，布袋位置按设计深度确定，将包住整幅钢笼的挂布绑在钢筋笼外侧，并将带有压力囊的土压力盒放入布袋内，压力囊朝外，导线固定在挂布上通到布顶，挂布随钢筋笼一起吊入槽（孔）内，混凝土浇筑时，挂布受侧向压力而与土体紧密接触。

7.12.3 土压力监测相关计算

土压力测试方法相对简单，用数显频率仪测读、记录土压力计频率。土压力计算为

$$P=k(f_i^2-f_0^2) \tag{7-17}$$

式中：P 为土压力，kPa；k 为标定系数，kPa/Hz^2；f_i 为测试频率；f_0 为初始频率。

7.13 应力监测

通常对钢结构、大型施工项目应力、结构健康、基坑、轨道、码头等采用监测仪器，开展对受力结构的应力变化监测，在监测值接近控制值时发出报警，也可用于检查施工过程是否合理。

传感器在施工前或施工阶段埋设于地层及结构物中，用以监测其在施工阶段的受力和变形。按工作原理可分成差动电阻式（卡尔逊式）、钢弦式、电阻应变式、电感式等。以下主要介绍钢弦式传感器。

7.13.1 钢弦式传感器基本原理

钢弦式传感器是利用钢弦的振动频率将物理量转换为电信号，并通过二次测量仪表（频率计）读取频率变化。钢弦在外力作用下产生变形，其振动频率改变，当激振发生器向线圈内通入脉冲电流时钢弦振动，并在电磁线圈内产生交变电动势，利用频率计测量交变电动势，即钢弦振动频率。根据预先标定的频率—应力曲线或频率—应变曲线，换算所需测定的压力值或变形值。钢弦式传感器具有稳定性、耐久性特点，适应相对较差的监测环境和远程遥测，在工程实践中应用广泛。计算为

$$P=K(f_i^2-f_0^2) \tag{7-18}$$

式中：P 为待测物理量；K 为与待测物理量匹配的标定系数；f_i、f_0 分别为测试频率和初始频率。

钢弦式传感器可制作成不同监测参数的传感器，如应变计、钢筋应力计、轴力计、孔隙水压力计、土压力盒等。

（1）应变计。如图 7-16 所示，用于监测结构承受荷载、温度变化引起的变形。与应力计不同，应变计中传感器刚度远小于监测对象刚度。根据布置方式分为表面应变计和埋入式应变计。

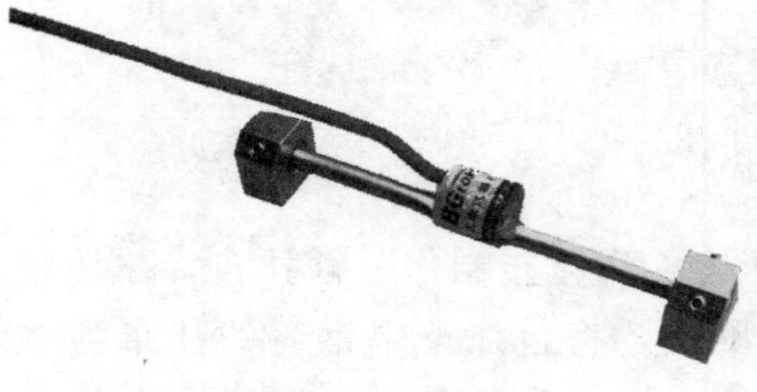

图 7-16 应变计

1）表面应变计用于钢结构和混凝土表面，由两块安装钢支座、微振线圈、电缆组件和应变杆组成，微振线圈可从应变杆卸下，以增加可变度，方便安装、维护，并可调节测量范围（标距），特点是安装快捷、成活率高，可在测试开始前安装，避免前期施工造成损坏。

2）埋入式应变计在混凝土结构浇筑时直接埋入，用于地下工程长期应变测量。其两端有两个不锈钢圆盘，之间用柔性铝合金波纹管连接，中间放置张拉钢弦。混凝土变形（即应变）使两端圆盘相对移动，改变应变计张力，使电磁线圈激振钢弦，通过监测钢弦频率变化求得混凝土变形。埋入式应变计稳定性、耐久性好，使用寿命长。

（2）钢筋应力计。该应力计用于测量钢筋混凝土内的钢筋应力，可根据被测钢筋直径选配。

（3）轴力计。用于测量钢支撑轴力，外壳为经热处理的高强度钢筒，内装有测读钢筒上荷载的应变计，如图 7－17 所示。

7.13.2　频率仪

用来测读钢弦振动频率值的二次接收仪表。现场常用单片计算机技术，测量范围在 500～5000Hz，分辨率 0.1Hz。操作时应先安装电池，连接测量导线并通电测读。

图 7－17　轴力计

7.13.3　应力监测

钢弦式传感器测试分手动和自动两类。工程中常用手持式数显频率仪现场测试传感器频率。测试时频率仪发出高脉冲电流，必须保证测试接头干燥，并使接头处的两根导线相互分开，否则影响测试结果。现场原始记录采用专用格式记录纸，除记录传感器编号和对应测试频率外，还要充分反映现场环境和施工信息。

根据材料力学基本原理，轴向受力为

$$N=\sigma A=E\varepsilon A$$

对钢筋混凝土杆件，在钢筋与混凝土共同工作、变形协调条件下，轴向受力为

$$N=\varepsilon(E_cA_c+E_sA_s)$$

（1）钢筋混凝土支撑内力计算方法。

$$N_c=\sigma_s\left(\frac{E_c}{E_s}A_c+A_s\right)=\overline{\sigma}_js\left(\frac{E_c}{E_s}A_c+A_s\right) \tag{7-19}$$

$$\overline{\sigma}_{js}=\frac{1}{n}\sum_{j=1}^{n}[k_j(f_{ji}^2-f_{j0}^2)/A_{js}] \tag{7-20}$$

其中
$$A_C=A_b-A_S$$

式中：N_c 为支撑内力，kN；σ_s 为钢筋应力，kN/mm^2；$\overline{\sigma}_{js}$为钢筋计监测平均应力，kN/mm^2；k_j 为第 j 个钢筋计标定系数，kN/Hz^2；f_{ji}为第 j 个钢筋计监测频率，Hz；f_{j0}为第 j 个钢筋计安装后的初始频率，Hz；A_{js}为第 j 个钢筋计截面积，mm^2；E_c 为混凝土弹性模量，kN/mm^2；E_s 为钢筋弹性模量，kN/mm^2；A_c 为混凝土截面积，mm^2；A_b 为支撑截面积，mm^2；A_s 为钢筋总截面积，mm^2。

（2）钢支撑轴力计算方法。

轴力计为

$$N=k(f_i^2-f_0^2) \tag{7-21}$$

式中：N 为钢支撑轴力，kN；k 为轴力计标定系数，kN/Hz^2；f_i 为轴力计监测频率，Hz；f_0 为轴力计安装后的初始频率，Hz。

表面应变计为

$$N=\left[\frac{1}{n}\sum_{j=1}^{n}k_{j\varepsilon}(f_{ji}^{2}-f_{j0}^{2})\right]E_{s}A \tag{7-22}$$

式中：N 为钢支撑轴力，kN；A 为钢支撑截面积，mm^2；E_s 为钢弹性模量，kN/mm^2；$k_{j\varepsilon}$为第 j 个表面应变计标定系数，$10^{-6}/Hz^2$；f_{ji}为第 j 个表面应变计监测频率，Hz；f_{j0}为第 j 个表面应变安装后的初始频率，Hz。

（3）围护墙内力计算方法。

$$N_{q}=\sigma_{s}\left(\frac{E_{c}}{E_{s}}A_{c}+A_{s}\right)=\overline{\sigma}_{j}s\left(\frac{E_{c}}{E_{s}}A_{c}+A_{s}\right) \tag{7-23}$$

$$\overline{\sigma}_{js}=\frac{1}{n}\sum_{j=1}^{n}\left[k_{j}(f_{ji}^{2}-f_{j0}^{2})/A_{js}\right] \tag{7-24}$$

其中 $$A_{C}=A-A_{S}$$

式中：N_q 为围护墙内力，kN；σ_s 为钢筋应力，kN/mm^2；$\overline{\sigma}_{js}$为钢筋计监测平均应力，kN/mm^2；k_j 为第 j 个钢筋计标定系数，kN/Hz^2；f_{ji}为第 j 个钢筋计监测频率，Hz；f_{j0}为第 j 个钢筋计安装后的初始频率，Hz；A_{js}为第 j 个钢筋计截面面积，mm^2；E_c 为混凝土弹性模量，kN/mm^2；E_s 为钢筋弹性模量，kN/mm^2；A_c 为混凝土截面面积，mm^2；A 为围护墙截面面积，mm^2，连续墙为每延米，灌注桩以单桩计；A_s 为钢筋总截面面积，mm^2。

立柱内力、围檩内力计算、锚杆拉力同支撑轴力计算方法。此外，目前在山体滑坡裂缝、管道位移、钢结构应力、混凝土裂缝、安全监测、危险预警等领域开发了位移—应力无线监测系统（图 7-18），用于实时监测应力和位移的微小变化量，实现了有线应力监测系统和无线应力监测系统的应力一体化监测。

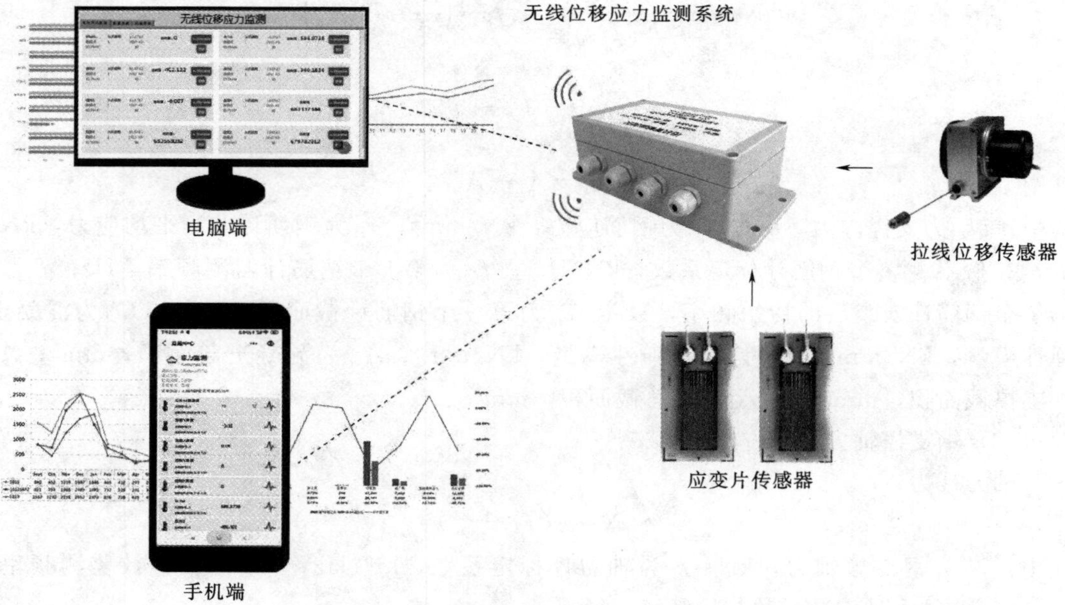

图 7-18　位移—应力无线监测系统

7.14 地下水位监测

7.14.1 监测装置

水位计用于监测由降水、开挖及其他地下工程施工作业等引起的地下水位变化。水位测量系统由三部分组成：地下埋入材料——水位管；地表测试仪器——钢尺水位计，包括探头、钢尺电缆、接收系统、绕线架等；管口水准测量部分。

(1) 水位管。如图 7-19 所示，潜水水位管由 PVC 工程塑料制成，包括主管和束节及封盖。埋设时应在主管管头滤孔外包土工布，起滤层作用。

(2) 钢尺水位计。探头外壳由金属车制而成，内部安装水阻接触点。当触点接触水面时，接收系统蜂鸣器发出蜂鸣声，同时峰值指示器的电压指针发生偏转，如图 7-20 所示。

图 7-19 水位管

图 7-20 水位计

水位孔布置在降水区内，采用轻型井点管时布置在总管的两侧，采用深井降水时布置在两孔深井之间。潜水水位观测管埋设深度应超过基坑开挖深度 3m。微承压水和承压水层水位孔的深度应满足设计要求。水位孔一般用小型钻机成孔，孔径略大于水位管直径，孔径过小会导致下管困难，孔径过大会使观测产生滞后效应。

7.14.2 地下水位监测相关计算

用水位计测出水面距管口的距离，通过水准测量管口绝对高程，计算水位管内水面的绝对高程。计算为

$$D_s = H_s - h_s \tag{7-25}$$

式中：D_s 为水位管内水面绝对高程，m；H_s 为水位管管口绝对高程，m；h_s 为水位管内水面距管口的距离，m。

由式 (7-25) 可分别算出前后两次水位变化，即本次变化和累计水位变化为

$$\Delta h_s^i = D_s^i - D_s^{i-1} \tag{7-26}$$

$$\Delta h_s = D_s^i - D_s^0 \tag{7-27}$$

式中：D_s^i 为第 i 次水位绝对高程，m；D_s^{i-1} 为第 $i-1$ 次水位绝对高程，m；D_s^0 为水位初始绝对高程，m；Δh_s 为累计水位差，m。

7.15 爆破振动监测

公路、铁路、水电、城建、矿山、采石场的工程爆破，都可能会因爆破振动影响周边建（构）筑物整体结构稳定。因此要求：

（1）控制振动。炸药爆炸产生巨大能量，完成破碎的同时不可避免对周边地层产生振动，振动达到一定限值，会导致岩体上方建筑物伤害，因而需限制单段最大药量和延长药包起爆时差，降低振动效应。

（2）爆破实施前需对可能受影响的房屋监测取证，对房屋原有裂缝、破损部位进行测量、照相、预留监测点，并建立相应档案，实施过程中，对特定部位进行连续变形观测。

（3）需要对爆破振动进行监测（图 7－21），若单次爆破振幅未超过控制值，且裂缝在爆破前后无变化，表明爆破未对保护物造成影响，若单次爆破振幅超过控制值，或裂缝在爆破前后有变化，表明该次爆破对保护物造成影响，需采取多种方式，及时掌握动态，化解矛盾，并做好险情应急预案。

图 7－21 爆破振动监测

爆破振动监测项目和设备见表 7－3，爆破振动监测参数见表 7－4。监测依据和控制标准为《爆破安全规程》（GB 6722—2014）、《建筑物容许振动标准》（GB 50868—2013）、《建筑变形测量规范》（JGJ 8—2016）、《铁路工程爆破振动安全技术规程》（TB 10313—2019）、《危险房屋鉴定标准》（JGJ 125—2016）等。

表 7－3　　监测项目和设备

序号	监测项目	监测设备	部　位
1	结构振动	爆破测振仪	地基基础和顶层楼面处
2	沉降/不均匀沉降	静力水准仪	建筑物承重外墙或承重柱
3	倾斜	倾角计	建筑物顶部/边墙
4	表面裂缝/伸缩缝	裂缝计	裂缝发育处/伸缩缝处

表 7-4　　爆破振动监测参数

监测参数	监测结果	评价结论
裂缝	爆破前后无变化	无影响，严格按设计施工
	爆破前后有变化且未超警戒值	有影响，提出整改措施
	爆破前后有变化且超过警戒值	有影响，提供整改
沉降\倾斜	沉降速率小于稳定状态速率	无影响，严格按设计施工
	沉降速率大于稳定速率且未超过限值	有影响，提出整改措施
	沉降速率大于稳定速率且超过限值	有影响，严格按设计施工

第 8 章　建筑物变形监测

建筑变形测量的目的是获取建筑场地、地基、基础、上部结构及周边环境在建筑施工期间和使用期间的变形信息，为建筑施工、运营及质量安全管理提供信息支持与服务，并为工程设计、管理及科研等积累和提供技术资料。受各种因素影响，建筑物在施工和使用过程中，都会发生不同程度沉降与变形。建筑物（或构筑物）变形的量——变形量，通常指建筑物的沉降、倾斜、位移、弯曲及由此可能产生的裂缝、挠曲、扭转等。对于不同的建筑物，其允许变形值大小不同。在一定限度之内，变形可认为是正常现象，但如果变形量超出了建筑结构的允许限度，就会影响建筑物正常使用，或者预示建筑物使用环境产生了某种不正常变化，当变形严重时，将会危及建筑物安全。因此，为确保建筑物安全和正常使用，在建筑物施工和使用过程中，需进行变形监测。

8.1　移动与变形量指标

所谓变形是指建（构）筑物在建设和使用过程中，原有设计形状、位置或大小发生变化，或建筑引起周围地表及其附属物发生变化的现象。建筑物变形监测是指对所监视的建筑物进行测量，以确定其空间位置随时间的变化特征。建筑物变形监测的作用如下：

（1）掌握建筑物在施工和使用过程中的变形情况，及时发现异常变化，对建筑物的稳定性、安全性作出判断，以便及时采取必要的补救措施，防止事故发生，确保建筑施工质量和建筑物的安全使用。

（2）积累监测成果和分析资料，以便科学地解释变形机理，验证变形预测，为灾害预报理论和方法研究服务。

（3）检验工程设计的理论是否正确，设计是否合理，为修改设计、制定设计规范提供依据。特别是当工程采用新结构、新施工方法或新工艺时，通过变形测量可验证其安全性。

变形监测的结果用变形量来表示，其内容则由变形测量对象的性质、目的等因素决定。表达移动变形的常用指标分为移动指标，即下沉 W_j、水平移动 U_j；变形指标，即倾

斜 i、曲率 K、水平变形 ε 等。

8.1.1 移动指标

设 j 为监测点的编号，如图 8-1 所示。某点的沉降 W_j 和水平移动 U_j 计算为

$$W_j = H_j - H_{0j} \tag{8-1}$$

式中：H_j 为第 j 点计算时刻的高程；H_{0j} 为第 j 点初始高程。

$$U_j = L_j - L_{0j} \tag{8-2}$$

式中：L_j 为第 j 点到控制点 B 的计算时刻的长度；L_{0j} 为第 j 点到控制点 B 的初始长度。

8.1.2 变形指标

图 8-1 中各点的下沉、水平移动各不相同，点位间发生相对变化，于是产生了变形，变形指标如下。

(1) 倾斜。可用相邻工作点 2 和点 3 的下沉差除以两点间的距离 S_{23} 求得，即

$$i = \frac{W_3 - W_2}{S_{23}} \tag{8-3}$$

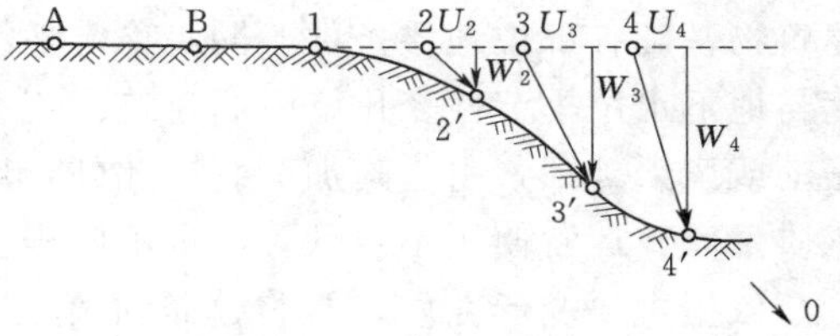

图 8-1 点位移动剖面图

(2) 曲率。根据两曲线线段的倾斜 i_{23} 和 i_{34} 求得两曲线段中点的切线，用切线的倾斜差，即两切线的交角 Δi 除以两曲线段中点之间距离，可求得此段距离内的平均倾斜变化——地表弯曲的平均曲率 K（mm/m^2 或 $10^{-3}/m$），如图 8-2 所示。

$$K_{234} = \frac{i_{34} - i_{23}}{(l_{23} + l_{34})/2} \tag{8-4}$$

地表曲率也可以用其倒数，即曲率半径 $\rho = \frac{1}{K}$ 表示。

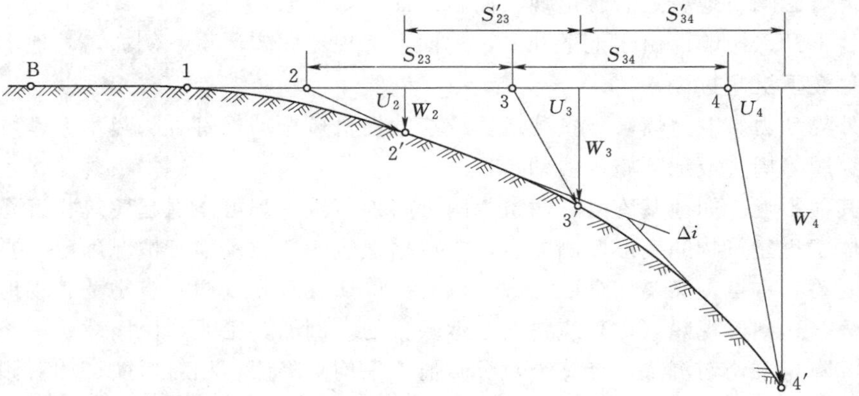

图 8-2 曲率计算原理

地表曲率有正负之分，正曲率表示地表呈上凸形弯曲；负曲率表示地表呈下凹形

弯曲。

(3) 水平变形。地表水平变形是由于相邻两点的水平移动量不相等引起，则

$$\pm\varepsilon=\frac{U_3-U_2}{S_{23}} \tag{8-5}$$

水平变形实际上是测点间距内每米伸长或压缩变形。正值表示拉伸变形，负值表示压缩变形。

8.2 建筑物沉降与变形机理

8.2.1 影响沉降与变形的因素

引起建筑物沉降与变形的主要原因为：自然因素、与建筑物密切相关因素、人为因素。自然因素主要指建筑物地基工程地质、水文地质及土壤物理性质、大气温度等。由于建筑物基础各部位地质条件不同，稳定性不一致，产生不均匀沉降，导致建筑物倾斜；温度与地下水位季节性变化，引起建筑物规律性变形等；建筑物本身荷重、结构及动荷载、振动或风力等因素引起附加荷载。此外，地质勘察不充分、设计错误、施工方法不当、施工质量差、运营使用不合理等，也不同程度引起建筑变形。

依据主要变形性质，常将建筑沉降与变形分为沉降、位移两类。沉降类包括：建筑物（基础）沉降、基坑回弹、地基土分层沉降、建筑场地沉降等；位移类包括：建筑物水平位移、建筑物主体倾斜、裂缝、挠度、日照变形、风振及场地滑坡等。

各种工程建筑物都要求坚固稳定，以延长其使用年限，但在压缩性地基上和采空区地表建造建筑物时，从施工开始地基逐渐下沉。沉降原因如下：

(1) 荷载影响。沙土或黏土地基兴建大型厂房、高炉、水塔及烟囱，随荷载逐渐增加，土层逐渐压缩，地基下沉，引起建筑物沉降。

(2) 地下水影响。地下水的升降对建筑物沉降影响较大。

(3) 地震影响。地震之后会出现大面积地面升降现象。

(4) 地下开采影响。由于地下开采，地面下沉现象比较严重。例如，某地下采煤造成个别地区地表下沉超过 2m。

(5) 外界动力影响。爆破、重载运输或连续性机械振动；打桩、降水、基坑开挖、盾构或顶管穿越等周边或地下施工活动。

(6) 其他影响。如地基冻融，建筑物附近附加荷重，都可能引起建筑物沉降。

对具体工程建筑物的变形监测内容，应根据建筑物性质及地基情况确定。要求有明确针对性，既要有重点，又要作全面考虑，以便能确切反映建（构）筑物及其场地实际变形程度与趋势，达到监视建（构）筑物安全运营目的。例如，工业与民用建筑，对基础主要观测均匀沉降与不均匀沉降，计算绝对沉降值、平均沉降值、相对弯曲、相对倾斜、平均沉降速度，绘制沉降分布图；对建筑物本身，则主要是倾斜与裂缝观测。建在江河下游冲积层的城市，由于大量抽取地下水，引起土层结构变化，导致地面沉降，因此，必须定期监测，掌握其沉降与回升规律，及时采取防护措施。

8.2.2 沉降与变形机理

监测针对新建、扩建或改造、设计到期但继续使用、已出现危险前兆、受周围施工影响的建筑物开展。对建筑物地基施加一定外力，必然引起地基及其周围地层变形；建筑物本身及其基础，由于地基变形及其外部荷载与内部应力作用而产生变形。对于基础而言，主要监测内容是均匀沉降与不均匀沉降。由沉降监测资料可计算基础的绝对沉降值、平均沉降值。由不均匀沉降值，可计算相对倾斜、相对弯曲（挠度）。基础不均匀沉降可导致建筑物扭转。当不均匀沉降产生的应力超过建筑物容许应力时，可导致建筑物产生裂缝。因此，建筑物本身产生的倾斜与裂缝，其起因是基础不均匀沉降；均匀沉降不会使建筑物出现断裂、裂缝、缺口等，但绝对值过大的均匀沉降会引起不利影响。例如，建筑物地下部分的地面可能会沉降至地下水位以下，导致建筑物地下部分被淹。

沉降速度主要取决于地基土的孔隙间外排出空气和水的速度，砂及其他粗粒沉降完成较快；而饱水的黏土沉降完成较慢。沉降速度一般分为加速沉降、等速沉降及减速沉降 3 种，后者是建筑物趋向稳定的标志。因此，监测应贯穿工程建筑物全生命周期，即建筑之前、之中及运行期间。

8.2.2.1 地基不均匀沉降

地基不均匀沉降而导致结构裂缝，尤其是建筑在软土地基上的建筑物，虽经长期使用，地基不均匀沉降仍可能继续，以至建筑物工作状态不断恶化，甚至引起严重事故。地基不均匀沉降原因，涉及地基本身性质、上部结构质量分布和刚度分布，同时还有周围环境条件，例如：上海软土地基箱基的建筑允许变形量为 50～60cm，而对建筑物的结构无太大影响；北京第四纪土层上的建筑，其允许沉降量不大于 8～10cm，否则就可能产生裂缝。影响地基不均匀沉降主要有如下六方面因素。

（1）地基软弱影响。建筑物重量一般均匀分布，但其对地基的作用力却集中在建筑物中央处，导致地基的不均匀沉降。建筑物重量导致地基沉降量，由压密沉降、瞬时沉降、徐变沉降确定。压密沉降指地基体积压缩产生沉降，地基大部分沉降由此产生；瞬时沉降指地基在非排水状态下，地基体积未改变，而形状发生改变所引起，一般只有压密沉降的 15%左右；徐变沉降是因地基黏土颗粒间发生流变变位而产生，沉降值更小。地层软弱时，地基沉降量大而不均匀现象明显，且随时间发展导致建筑物损伤或破坏。

（2）地基不均匀。软土层厚度不均匀，或跨建在不同类型地基上，如未固结地基上、松砂土层地基上的建筑物，荷重作用下，各部分地基变形性能不同造成不均匀沉降。

（3）地基状况改变。地下水位下降引起较大区域地基状况改变。地下水过量开采区内，常出现大批房屋开裂。如城市因开采过量地下水，一些沉降早已稳定的建筑物，突然大幅度沉降；相反，地下水位上升，建筑物上抬。因局部开采地下水过量，造成地下水降落漏斗，建筑物向漏斗中心倾斜。地下采掘区，特别是采空塌陷区，对支承地基造成影响。

（4）地基侧移。当建筑物附近有深挖基础工程，或建筑物靠近江、河、湖、海岸边时，在建筑物重量作用下，地基会发生沉降，而且黏土层还会出现向某一方向滑动的现象。这种滑动过程缓慢持续，年代越久越明显，其结果是地基倾斜。

（5）地基干燥收缩。有较大热源的建筑物，例如锅炉房等，持续热量传导到地基，使地基黏土层水分大量蒸发，体积收缩较其他部分大，而发生较大沉降。使用功能变更，使用失误时，都会使建筑物上部作用发生变化，上部作用变化大、作用时间长时，影响基础结构和上部结构：不同基础结构，如一部分支承桩，另一部分加固地基支承，则基础结构沉降不一致，引起整体结构不均匀沉降；建筑物各部分重量显著不同或不同改造、扩建工程；基础差异较大，同一种基础结构形式，基础底面积、桩长度、桩间距、基础埋深等明显不同；大面积堆载作用，厂房柱将向堆放重物侧倾斜，造成吊车卡轨、无法正常运行。设备更新、重大设备增多时，地面作用增大；建筑物改扩建，上部荷载增加，基础荷载局部增加，或局部拆除，减少基础荷载，均产生不均匀沉降。

（6）人为改变房屋结构周围建筑。建筑物附近开挖基坑，排水方法处理地下水，局部地下水下降，地基失去浮力，土有效重量增加，导致地基不均匀沉降，地下水位下降，已有建筑物木桩、钢桩等基础暴露，造成地下水位临界处桩头腐蚀，基础功能损坏；已有建筑物附近建造新建筑物，地基应力互相重叠，地基荷载加大，新建建筑物地基和基础倾斜现象；车辆荷载或工厂内机械动力设备等震动，可能使建筑物产生不均匀沉降，特别是砂质土地基或地基液化情况下会比较突出。

8.2.2.2 负摩擦力影响

较厚冲积层平原上的大多数建筑物，每年发生地基沉降。主要原因如下：

（1）原埋土和回填土重量压缩下部软土层，引起沉降。

（2）软土层下部砂层或砂卵石层中抽取地下水，由于抽水，使空隙水压减少，黏土颗粒间压缩应力增加，主要由支承建筑物的桩基基体及墩式基础有较大负摩擦引起。

沿海沿江地区使用桩基或深基，支撑桩通过软土地基后尖桩达到持力层，桩周围有动摩擦阻力 F 和桩尖阻力 Q 支撑建筑物，单桩承载力 $P=F+Q$。然而，沿海沿江回填地基，由于没有压紧的黏土层，或取水过多，或回填土地基正规压密黏土层，因压密而产生地基沉降，这时桩在持力层上坚固不动，而桩周地基沉降，桩周表面上有向下作用的摩擦力，当地基不下沉时，桩周摩擦力为阻力，地基沉降时，摩擦力因反方向作用而成为附加外力，作用在桩上。摩擦力引起不均匀沉降的损伤事故，都是桩尖压入持力层中，支撑地基屈服、桩截面强度不足等原因引起。当支持层为坚硬岩基时，将造成桩体破坏。

8.2.2.3 地基土膨胀作用

山区建筑工程一般利用山土作为回填土。膨胀土、黏土矿物质岩石吸水膨胀，产生膨胀地压，降低地基强度。地基冻胀也产生相同效果，如地基吸水膨胀，矿物化学变化，天然地基荷载或破坏及由此的应力释放，地基冻膨胀等。地基膨胀主要原因是吸水膨胀，黏土矿物中有蒙脱石、高岭土等，含蒙脱石不多的土，随吸水量变化而产生不同程度的膨胀和收缩。膨胀量越大，膨胀速度越快，蒙脱石含量不同，其体积膨胀也不一样。

8.2.2.4 地基冻土作用

温度下降使地基中液体由液相变成固相的膨胀过程称为地基冻胀，在土壤中是水分冻结现象。冻胀现象由地表向地下深处发展，由于冻结作用，土层中形成冻结层和非冻结层，分界面形成霜柱，随着温度降低，分界面逐渐向下移动，霜柱层加厚，引起地层隆起。冻胀现象多发生在寒冷地区，一般现象是门窗完好而墙壁产生裂缝和倾斜，或者地下桩逐年抬高。

土壤温度降至零度以下时，较大空隙中的水冻结成冰，相互联接形成较大冰层，冻胀原主要与土质，土层中水和土的含水量及透水性，地下水、霜柱生成过程，地面温度等因素相关。

地基上部荷载越大，其冻胀量越小。土粒空隙越小，冰的冻胀力越大。对于冻胀性较强的土，冻结面的冻胀力可达 0.5～0.7MPa，但也随地面约束力的不同而异。所以，建筑物基础或地下梁等受冻胀时，将会受到较大的冻胀力作用，使建筑物受到损伤。

处于寒冷地区的建筑物，在已被冻结的基础周围，因冻结土融化时冻胀，而被浮起的基础下部处于悬空状态，当砂土挤入后，基础不能恢复到原来位置。如果这种冻胀或融解反复进行，基础就会被逐年抬高。其次，冻胀严重时，因地基软弱，地耐力下降较大，容易引起不均匀沉降，基础悬空现象会更严重。相反，大型冷藏库、液化天然气地下贮罐等规模较大建筑物，人工冻结时，中部沉降可达几厘米，导致地板开裂。

8.2.2.5　建筑物结构裂缝和变形

建筑物结构裂缝和变形是指由于建筑设计不合理及施工不当等原因，建筑物及其地基基础在自重和外力作用下，发生不均匀下沉，产生倾斜、裂缝等变形。当墙体受水平力作用时，产生剪切变形（呈棱形状态），墙内产生斜向拉力和压力，当主拉力应力大于混凝土抗拉强度时，墙体产生裂缝。地基不均匀沉降也会使建筑物产生这种变形，主要是由于竖向引起的强制变形，使建筑物外墙产生裂缝。

建筑物弯曲导致部分基础悬空，使荷载转移到其余部分。地基相对上凸时，两端部分悬空，荷载向中央集中。如图 8－3 所示，地表相对上凸的正曲率作用区，建筑物形成正“八”字形破裂；在相对下凹的负曲率区，中央部分悬空，荷载向两端集中，此区房屋常见倒“八”字形破裂。

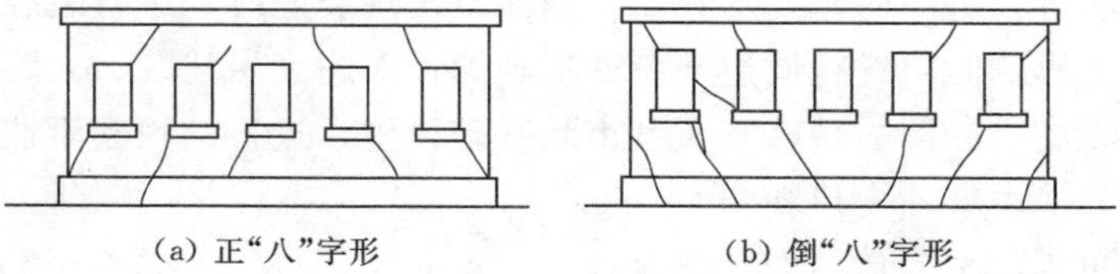

(a) 正“八”字形　　(b) 倒“八”字形

图 8－3　墙体裂缝

地下开采时，地面水平变形出现在开采边界上方，矿柱一侧呈现拉伸，采空区一侧呈现压缩。建筑物对地表拉伸变形较敏感，拉伸区的基础底面受来自基础的外向摩擦力，基础侧面受来自地基外向水平推力作用。一般建筑物抵抗拉伸作用能力很小，即使不大的拉伸也足以使建筑物开裂。采动地表压缩变形对房屋的作用是通过地基对基础的推力与底面摩擦力来施加，但作用力方向与拉伸时相反。一般砖式建筑物对压缩变形有较大抗力，也就是说，建筑物受拉比受压敏感。但当压缩变形过大时，照样可损害建筑物，而且，过量的压缩作用将使建筑物发生挤碎性破坏，其破坏程度比拉伸破坏更严重。这种破坏往往集中在结构薄弱处，如夹在两坚固建筑物间的建筑。

8.3 监测内容与方法

工程建（构）筑物变形监测量——变形量，主要有沉降（垂直位移）、水平位移、倾斜、挠度和扭转。根据变形量及观测对象将工程建（构）筑物的变形测量分为：滑坡观测、基坑回弹观测、沉降观测、倾斜观测、裂缝观测、日照与风振观测等。

一项具体的变形监测工作，监测内容根据监测对象的性质、监测目的决定，一般要求：①有明确针对性；②要全面考虑，以便能正确反映出建（构）筑物的变形情况，了解其规律，达到观测目的。

8.3.1 监测内容

建筑变形包含建筑物本身（基础与上部结构）、建筑地基及场地变形。对地基基础设计等级为甲级的建筑；软弱地基上的地基基础设计等级为乙级的建筑；加层、扩建建筑或处理地基上的建筑；受邻近施工影响或受场地地下水等环境因素变化影响的建筑；采用新型基础或新型结构的建筑；大型城市基础设施；体型狭长且地基土变化明显的建筑进行监测。此外：

（1）施工期间。对各类建筑，进行沉降监测，包括场地沉降观测、地基土分层沉降观测和斜坡位移观测；对基坑工程，进行基坑及其支护结构变形观测和周边环境变形观测；对一级基坑，进行基坑回弹观测；对高层和超高层建筑，进行倾斜观测；当建筑出现裂缝时，对裂缝进行观测；建筑施工需要时，进行其他类型的变形观测。

（2）使用期间。对各类建筑，进行沉降观测；对高层、超高层建筑及高耸构筑物，进行水平位移观测、倾斜观测；对超高层建筑，进行挠度观测、日照变形观测、风振变形观测；对市政桥梁、博览（展览）馆及体育场馆等大跨度建筑，进行挠度观测、风振变形观测；对隧道、涵洞等，进行收敛变形观测；当建筑出现裂缝时，进行裂缝观测；当建筑运营对周边环境产生影响时，进行周边环境变形观测；对超高层建筑、大跨度建筑、异型建筑以及地下公共设施、涵洞、桥隧等大型市政基础设施，进行结构健康监测；建筑运营管理需要时，进行其他类型的变形观测。

从变形监测角度，主要包括如下内容：

（1）沉降监测。建筑物沉降是地基、基础和上部结构共同作用的结果。沉降监测资料的积累是研究地基沉降问题和改进地基设计的基础。同时通过监测分析相对沉降是否有差异，监视建筑物的安全。

（2）倾斜监测。高大建筑物上部结构和基础的整体刚度较大，地基倾斜（差异沉降）反映上部主体倾斜，监测目的是验证地基沉降的差异和监视建筑物的安全。

（3）水平位移监测。指建筑物整体平面移动，其主要原因是基础受水平应力影响，如地基处于滑坡地带或受地震影响。测定其平面位置随时间变化的移动量，监视建筑物安全或采取加固措施。

（4）裂缝监测。当建筑物基础局部产生不均匀沉降时，其墙体往往出现裂缝，系统地进行裂缝变化监测，根据裂缝和沉降监测资料，分析变形特征和原因，采取措施保证建筑物安全。

(5) 挠度监测。测定建筑物构件受力后的弯曲程度。对于平置构件，在两端及中间设置沉降点进行沉降监测，根据测得某时间段内这3点的沉降量，计算挠度；对于直立构件，设置上、中、下3个位移监测点，进行位移监测，利用3点的位移量，计算挠度。

(6) 摆动和转动观测。测定高层建筑物顶部和高耸建筑物在风振、地震、日照，以及其他外力作用下的摆动和扭曲程度。

为了解变形整个过程，大型工程建（构）筑物在设计阶段就已开始考虑变形测量工作，并作出相应设计，并在建筑物的施工及整个运营期间进行定期观测，延续至整个过程，但也有在后期补设标志点进行观测，如大坝、高层建筑等，工矿区地表移动范围内各种建筑物的变形测量。将观测结果进行整理，以荷载或时间为横坐标，累积变形作为纵坐标，绘制各种变形过程曲线，掌握变形幅度、趋势，预估变形稳定时间及建筑物安全状况，并提供可靠的预测预报。

8.3.2 监测精度和监测周期

8.3.2.1 监测精度

矿山地表移动监测、大坝变形监测等工作，有相应的标准可供参考，有些即使没有严格的标准，也可借鉴同类工程的其他监测。工业与民用建（构）筑物的变形监测，由于对象非常广泛，情况各不相同，因此虽有规程，但无法制订出统一的精度标准，一般根据工程建筑物的设计允许变形值的大小及观测目的来确定，在具有研究性质的变形测量中，精度往往要求更高一些。国际测量工作者联合会（FIG）第13届会议提出：如果变形测量的目的是为了使形变值小于允许变形值的数值而确保建筑物的安全，则其观测的中误差应小于允许变形值的1/20～1/10；如果观测目的是为了研究变形的过程，则其中误差应比这个数值小得多。FIG第16届会议认为：为实用的目的，观测中误差应不超过允许变形值的1/100～1/20，或0.02mm。我国明确要求按建筑地基变形允许值来确定精度等级，或对需要研究分析变形过程的建筑变形测量项目，根据变形测量类型和《建筑地基基础设计规范》（GB 50007—2011）规定，或工程设计给定建筑地基变形允许值，先估算变形测量精度，对沉降观测，应取差异沉降的沉降差允许值的1/20～1/10作为沉降差测定的中误差，并将该数值视为监测点测站高差中误差；对位移观测，取变形允许值的1/20～1/10作为位移量测定中误差，并根据位移量测定的具体方法，计算监测点坐标中误差或测站高差中误差。

表8-1引自《建筑变形测量规范》（JGJ 8—2016），规定各类大型建筑施工过程中，需进行场地、地基与环境变形观测，同时应进行基础及上部结构监测。高层、超高层建筑物及高耸构筑物，使用过程中，根据需要，进行沉降、倾斜等项目的观测。当仅给定单一变形允许值时，应按所估算精度选择满足要求的精度等级；当给定多个同类型变形允许值时，应分别估算精度，按其中最高精度选择满足要求的精度等级；当估算的精度低于表8-1四等精度要求时，采用四等精度；对需要研究分析变形过程的变形测量项目，在上述确定的精度等级基础上提高一个等级。

表 8-1　　　　建筑变形测量等级及精度要求

等级	沉降监测点测站高差中误差/mm	位移监测点坐标中误差/mm	主要适应范围
特等	0.05	0.3	特高精度要求的变形测量
一等	0.15	1.0	地基基础设计为甲级的建筑变形测量；重要的古建筑、历史建筑的变形测量；重要的城市基础设施变形测量等
二等	0.5	3.0	地基基础设计为甲级、乙级的建筑的变形测量；重要场地的边坡监测；重要的基坑监测；重要管线的变形测量；地下工程施工及运营中的变形测量；重要的城市基础设施的变形测量等
三等	1.5	10.0	地基基础设计为乙级、丙级的建筑的变形测量；一般场地的边坡监视；一般的基坑监测；地表、道路及一般管线的变形测量；一般的城市基础设施的变形测量；日照变形测量；风振变形测量等
四等	3.0	20.0	精度要求低的变形测量

表 8-1 中，沉降监测点测站高差中误差，水准测量为其测站高差中误差；静力水准测量和三角离程测量为相邻沉降监测点间等价的高差中误差；位移监测点坐标中误差指的是监测点相对于基准点或工作基点的坐标中误差、监测点相对于基准线的偏差中误差、建筑上某点相对于其底部对应点的水平位移分量中误差等，坐标中误差为其点位中误差的 $1/\sqrt{2}$ 倍。

对某幢大楼监测时，根据设计要求允许倾斜度 $\alpha=0.4\%$，求得顶点的允许偏移值为 120mm，以其 1/20 作为观测中误差，即 $m=\pm 6$mm。汇源大厦高 28 层，其托换工程监测以托梁设计最大允许挠度 4mm 为依据，监测精度按高精度要求的大型建筑物变形测量一级要求进行，即视线长度不大于 30m，前后视距差不大于 0.7m，前后视距累积差不大于 1.0m，视线高度不小于 0.3m，观测点测站高差中误差不大于±0.15mm。此要求与按一等精度要求的建筑物绝对沉降量的观测误差±0.5mm，结构段（平均构件挠度等）的观测中误差不应超过变形允许值的 1/6，出于科研需要的变形量的观测中误差，可视所需提高观测精度的程度，将观测中误差乘以 1/5～1/2 系数后与采用的设计要求相吻合。

根据沉陷速度确定观测精度，对沉陷持续时间较长，而沉陷量又较小的基础，其观测精度要求相对要高。

8.3.2.2　监测周期

变形测量周期以能系统反映所测变化过程而又不遗漏其变化时刻为原则，根据单位时间的变形量大小及外界因素影响来确定。观测中发现变形异常时加强观测次数。要求在建筑变形测量过程中，发生下列情况之一时，立即实施安全预案，并提高观测频率或增加观测内容：变形量或变形速率出现异常变化；变形量或变形速率达到或超出变形预警值；开挖面或周边出现塌陷、滑坡；建筑本身或其周边环境出现异常；由于地震、暴雨、冻融等自然灾害引起的其他变形异常情况。同时在现场从事建筑变形测量作业，采取安全防护措施。

以某基础沉陷的观测过程为例，说明如何确定观测频率。如图 8-4 所示，荷载影响下，基础下部土层逐渐压缩，基础沉降逐渐增加。在砂类土层上的建筑物，其沉降在施工期间已大部分完成。此时基础的沉降可分为4个阶段：在施工期间，随基础上部压力的增加，沉陷速度较大，年沉陷值达20～70mm；沉降显著减慢阶段，年沉降量大约为20mm；平稳下沉阶段，其速度为每年1～2mm；第4阶段，沉降很小，基本稳定。

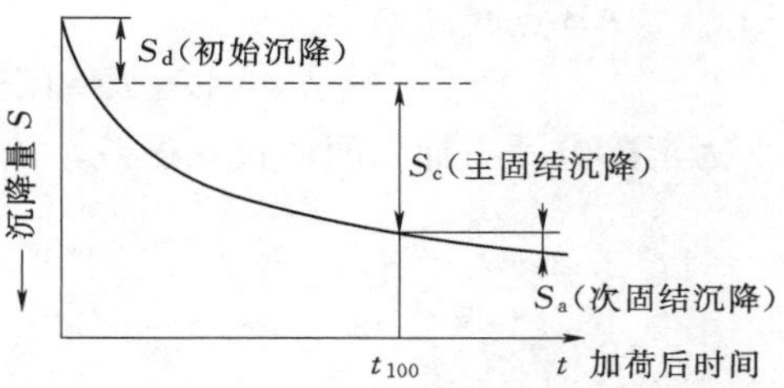

图8-4 基础下土层的压缩过程

据此，监测精度要求相同时，监测频率可变。具体而言，在施工阶段，监测次数与时间间隔视地基加载情况而定，在增荷25%、50%、75%、100%时各测1次；运营阶段，监测周期第1年3～4次，第2年2～3次，第3年后每年1次。监测期限一般不少于如下规定：砂土地基2年，膨胀土地基3年，黏土地基5年，软土地基10年。在掌握一定规律或变形稳定后，可减少监测次数，这种根据监测计划（或荷载增加量）进行的变形监测称为正常情况下的关系监测。当出现异常情况，如基础附近地面荷载突增，四周大面积积水，长时间连续降水，突然发生大量沉降、不均匀沉降或严重裂缝时，应缩短周期，加强监测。

某地块保障性小区二期共有14栋，总建筑面积185892m²，其中住宅168221m²，商铺13909.9m²，幼儿园2500m²，物管用房1253.6m²，地下室18191.1m²；部分为地下1层，地上为2～3层和18～22层，为框架、剪力墙结构，监测周期及频率根据变化速率和监测目的确定，紧急情况下进行应急监测。施工前，在底层柱或剪力墙拆模后，按实施方案布设监测点（观测点），并随即观测2次，取平均值作为初始数据，监测频率为从主体结构第3楼面混凝土浇筑（2层顶板）后进行第一次观测，以后每增1～2层结构进行一次观测，出现异常时，每层观测1次，或多天1次，1天1次，1天2次或多次。

8.3.3 沉降观测

所谓沉降观测，就是定期测量监测点的高程变化，并计算建筑物（或地表）的沉降W_i，倾斜率i，曲率K，构件倾斜以及沉降速率，确定沉降对建筑物破坏影响程度，为采取必要的保护措施提供资料。

目前，常用水准测量方法进行沉降监测。一般采用普通水准测量方法，高大混凝土建筑物和大型水工构筑物，如大型的工业厂房、摩天大楼、大坝等，要求沉降观测中误差不大于±1mm，需采用精密水准方法施测。对工业与民用建筑物多进行基础沉降观测。对于建筑物5m以上基坑，进行回弹监测。

对于大坝等大变形体，工作点标志通过预留的钻孔与地表相通，测量时需自制悬挂的重锤，为便于下放重锤，重锤直径需小于钢套管直径；预留钢管和重锤直径不能相差过大，以使重锤与测点标志正确接触。重锤重量为钢尺比长时的拉力（一般为15kg）。钢尺和重锤紧固在一起，精确丈量重锤底面与某一整刻度的长度（例如到1m刻度长为1.065m）。测量时，将缠在绞车上或皮夹上的钢尺悬挂重锤，经导向滑轮垂直放入预留的钢套管，使重锤底面和标志的顶端接触。深孔悬挂重锤的安装如图8-5所示，按水准测量程序后视标尺，假设读数$a=1.543$，前视钢尺的读数$b'=8.646$。因重锤底面到1m刻划的实际长度为1.065m，所以加常数为0.065m。故前视正确读数$b=b'+0.065=$

8.711m，AB点间高差 h_{AB} 为

$$h_{AB}=a-b=1.543-8.711=-7.168\text{m} \tag{8-6}$$

为消除重锤与标志间的接触误差，独立施测3遍，要求其互差不超过±1mm。

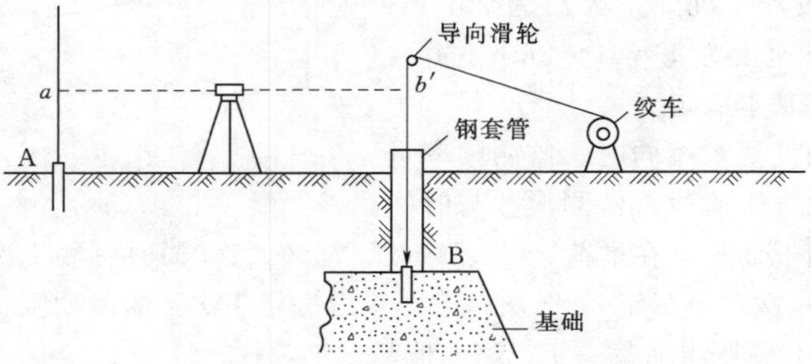

图8-5 深孔悬挂重锤的安装

建筑物沉降观测的水准路线布设成附合水准路线。与一般水准测量相比，不同之处是监测视距较短，一般不超过25m；因此，一次安装仪器可有多个前视点。为减少系统误差影响，要求在不同观测周期，将水准仪安置在相同位置进行观测。对于中小型厂房，采用三等水准测量；对于大型厂房、连续型生产设备的基础和动力设备的基础、高层混凝土框架结构建筑物等，采用二等水准测量精度施测。

埋设在建筑物基础上的工作点，埋设后开始初次观测，此后随建筑物荷载的逐步增加进行重复观测。运行期间重复观测的周期可根据沉降速度而定，每月、每季、半年或一年一次，直到沉降停止。

对于沉降是否进入稳定阶段的判断，由沉降量与时间关系曲线判定。对于重点观测或科研观测工程，若最后3个周期观测中，每期沉降量不大于 $2\sqrt{2}$ 倍测量中误差，可认为已进入稳定阶段；一般观测工程，若沉降速度小于0.01～0.02mm/天，可认为已进入稳定阶段，具体取值宜根据各地区地基土的压缩特性确定。

由于建筑物范围小，所施测水准路线一般都比较短，且路线的高程闭合差也较小，一般不超过± (1～2)mm，闭合差可按测站平均分配，也可按距离成比例分配。

8.3.4 倾斜观测

倾斜包括基础倾斜和上部结构倾斜。基础倾斜是指基础两端由于不均匀沉降而产生的差异沉降现象；上部结构倾斜指建筑的中心线或其墙、柱上某点相对于底部对应点产生的偏离现象。测定建筑物的倾斜有两类方法：一类是直接测定建筑物的倾斜，该方法多用于基础面积较小的超高建筑物，如摩天大楼、水塔、烟囱、铁塔；另一类是通过测量建筑物基础的高程变化。

8.3.5 水平位移观测

建筑物水平位移观测包括：位于特殊土地区的建筑物地基基础水平位移观测；受高层建筑基础施工影响的建筑物及工程设施水平位移观测；挡土墙、大面积堆载等工程中所需

的地基土深层侧向位移观测等。水平位移观测是建筑变形测量的重要内容，测定随时间变化的位移量和位移速度，它比沉降观测要困难，精度也难于达到。

观测点位置选择包括：建筑物选在墙角、柱基及裂缝两边等处；地下管线选在端点、转角点中间部位；护坡工程按待测坡面成排布点。

观测水平位移可采用三角网、边角网、三边网以及角度和距离交会、导线测量等形式。观测网采用的形式需按照建筑物及观测对象的特征、几何形状、所要求的精度、测量条件、组织情况及其他因素决定。例如，测量不便到达点的位移，可采用角度交会法；对于延伸形建筑物，特别是曲折形建筑物，适于用导线测量。不管采用何种方案，目的是便于平差和比较，并求得点位位移。此外，水平位移观测还有视准法、激光准直法、GNSS观测等。

8.3.6 裂缝观测

导致裂缝产生的原因一般有：地基处理不当、不均匀下沉；地表和建筑物相对滑动；设计原因导致局部出现过大拉应力；混凝土浇灌或养护问题，水湿、气温或其他问题。

裂缝观测是建筑物变形测量的重要内容。建筑物出现裂缝，是变形明显的标志，对出现的裂缝要及时编号，并分别观测裂缝分布位置、走向、长度、宽度及其变化程度等。观测裂缝数量视需要而定，对主要或变化大的裂缝进行观测。

对需要观测的裂缝进行统一编号。每条裂缝布设两组观测标志，一组在裂缝最宽处，另一组在裂缝末端，每一组标志由裂缝两侧各一个标志组成。对于混凝土建筑物裂缝的位量、走向以及长度的观测，是在裂缝的两端用油漆画线作标志，或在混凝土表面绘制方格坐标，用钢尺丈量，或用方格网板定期量取“坐标差”。对于主要裂缝，也可选其有代表性的位置埋设标点，即在裂缝的两侧打孔埋设金属捧标志点，定期用游标卡尺量出两点间的距离变化，精确得出裂缝宽度变化情况。对于面积较大且不便于人工量测的众多裂缝，采用摄影测量方法。

当需要连续监测裂缝变化时，也可采用测缝计或传感器自动测记。例如 VWJ 型振弦式裂缝计可安装在建筑物或基岩表面，长期监测裂缝的宽度，也可安装在建筑物和基岩之间的边界缝及重力坝坝基、拱坝的拱座等位置，用于长期监测大坝、建筑物内部及表面裂缝的发展，并能监测温度，测量精度高，性能稳定。VWJ 型振弦式裂缝计主要由振弦式敏感部件、拉杆及激振电磁线圈等组成，如图 8－6 所示。当发生结构物伸缩缝或裂缝变形后，会使位移计左右安装座产生相应位移，该位移传递给振弦，使振弦受到应力变化，从而改变振弦振动频率。电磁线圈激拉振弦并测量其振动频率，频率信号经电缆传输至读

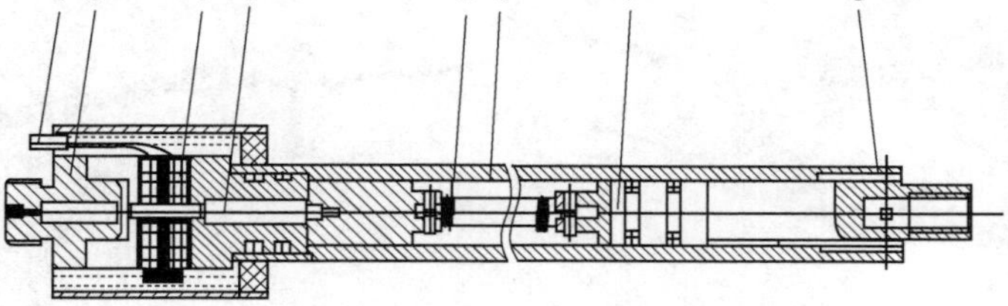

图 8－6 VWJ 型振弦式裂缝计

1—电缆；2—振弦式敏感件；3—线圈；4—钢弦；5—拉簧；6—保护管；7—滑杆；8—销子

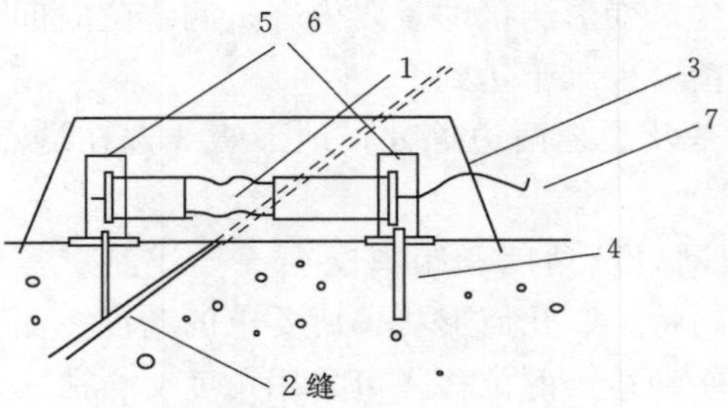

图 8-7 表面式裂缝计埋设示意图

1—测缝计；2—混凝土建筑物；3—保护罩；4—膨胀螺钉或预埋入夹具；5—夹具上卡环；6—夹具下卡环；7—仪器电缆出口

数装置或数据采集系统，再经换算即可得到被测结构物伸缩缝或裂缝相对位移的变化量。同时由位移计中的热敏电阻可同步测出埋设点的温度值。图 8-7 为表面式裂缝计埋设示意图。图 8-8 为埋入式裂缝计安装图。

如图 8-9 所示，RTF 型表面裂缝计包括两个部件：测量模块和安装支架。测量模块包括密封在坚固的圆柱形腔内的位移传感器，腔体末端连接一个弹簧顶压杆。安装支架跨越裂缝，并用锚块固定，其中一个支架支撑测量模块，另一个支架固定在参照面上。由于弹簧杆始终紧贴在参照面上，两锚固点的运动可由传感器测出。RTF 有测缝计单向和三向两种。

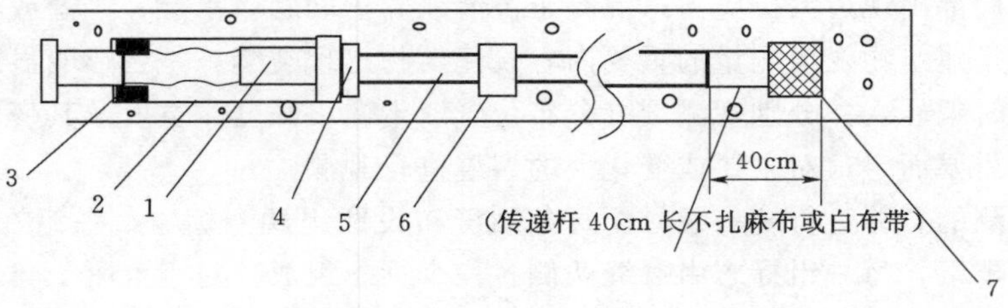

图 8-8 埋入式裂缝计安装图

1—测缝计；2—保护管；3—棉纱及纱布；4—连接套；5—传递杆；6—管节；7—锚头

三向测缝计可以同时测出三个正交方向的位移，此时参照面是一个不锈钢立方体。RTF 型测缝计可以方便地跨越裂缝或构造缝两侧安装，安装时用一个安装模板给安装支架和保护罩定位。在不平整的表面上，支架需要焊接在一个短钢筋棍上。用与传感器相匹配的读数仪，可以得到读数，也可以采用数据采集系统 SENSLOG 进行测读。

如图 8-10 所示，BGK4420 型表面裂缝计适合安装在建筑物表面，恶劣环境下能长期监测结构表面裂缝变形。两端的万向节允许一定程度的剪切位移。内置温度传感器可同

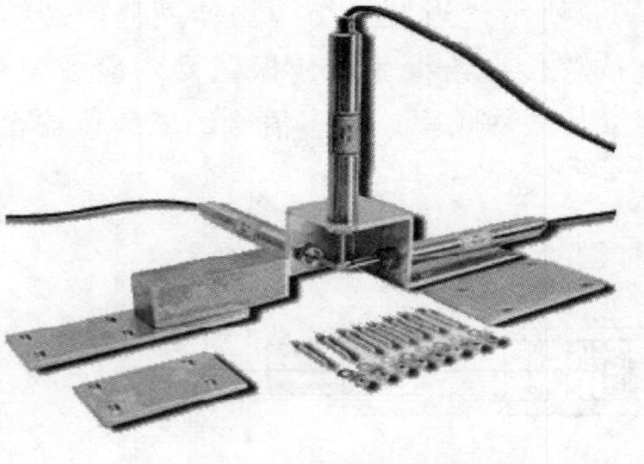

图 8-9 RTF 型表面裂缝计

图 8-10 BGK4420 型表面裂缝计

时监测安装位置的环境温度。增加一些选购的配套部件，可组成脱空测缝计、双向或三向测缝计，以用于堆石坝混凝土面板的脱空量、伸缩缝或周边缝的位移监测。

裂缝观测周期视其变化速度而定。通常初期可半月测 1 次，以后 1 月左右测 1 次。裂缝加大时，增加观测次数，直至几天或逐日一次的连续观测。观测裂缝时，宽度数据应量至 0.1mm，每次观测应量出裂缝位置、形态和尺寸，注明日期，附必要照片资料。

8.3.7 挠度观测

挠度是指建筑的基础、构件或上部结构等在弯矩作用下因挠曲而产生的变形。建筑物的挠度观测包括建筑物基础、建筑物主体以及独立构筑物（如独立土墙、柱）的挠度观测。对于高层建筑物，较小面积上有较大集中荷载，从而导致基础和建筑物的沉陷，其中不均匀的沉陷将导致建筑物的倾斜，使局部构件产生弯曲并导致裂缝的产生。对于房屋类高层建筑物，这种倾斜与弯曲将导致建筑物的挠度，而建筑物挠度可由观测不同高度处的倾斜换算求得，也可采用准线呈铅直的激光准直方法求得。

（1）建筑物基础挠度观测。建筑物基础挠度观测与建筑物沉降观测同时进行。观测点沿基础的轴线或边线布设，每一基础不得少于 3 点。标志设置、观测方法与沉降观测相同。

（2）建筑物主体挠度观测。建筑物的主体挠度观测，除观测点按建筑物结构类型在各不同高度或各层处沿一定垂直方向布设外，其标志设置、观测方法和现建筑物主体倾斜观测相同。挠度值由建筑物上下不同高度点相对底部点的水平值确定。

（3）独立构筑物挠度观测。除可采用建筑物主体挠度观测要求外，当观测条件允许时，也可采用挠度计、位移传感器等设备直接测量挠度值。观测周期根据荷载情况，并考虑设计、施工要求确定。精度可按整体变形的观测中误差不应超过允许垂直偏差的 1/10，结构段变形的观测误差不应超过允许值的 1/6。

8.3.8 日照和风振监测

日照变形是指建筑受阳光照射受热不均而产生的变形。风振变形是指建筑受强风作用而产生的变形。塔式建筑物在温度荷载和风荷载作用下产生来回摆动，因而需进行动态观测，即日照和风振观测。如美国纽约帝国大厦（102 层），其观测结果表明：在风动荷载作用下，最大摆动达 7.6cm；中央电视台位于北京市朝阳区中央商务区内的主楼建筑高度为 234m，钢结构用钢量超过 12 万 t。在塔楼 1 和塔楼 2 顶部相连的部分是具有 14 层高、重量达 13949t 的巨大悬臂。塔楼 1 悬臂外伸 67.165m，塔楼 2 悬臂外伸 75.165m，造型独特。该工程施工监测的测点最大振幅为 15mm。

8.3.8.1 日照监测

建筑物日照变形因建筑类型、结构、材料以及阳光照射方位、高度不同而异。如湖北省某 183m 电视塔，24h 偏移达 130mm；四川省某饭店，高仅 18m，阳面与阴面温差 10℃时，顶部位移达 50mm；广州市某 100 多 m 建筑，24h 偏移达 20mm。

日照变形测量在高耸建筑物或单柱（独立高柱）受强阳光照射或辐射的过程中进行，测定建筑物或单柱上部由于向阳与背阳面温差引起的偏移进而总结其变化规律。

当利用建筑物内部竖向通道采用激光铅直仪观测时，在测站点上安置激光铅直仪，在观测点上安置接收靶，每次观测，可从接受靶读取或量出顶部观测点的水平位移量和位移方向，亦可借助附于接受靶上的标示光点设施，直接获得各次观测的激光中心轨迹图，然后反转其方向，即为实时日照变形曲线图。

当从建筑物或单柱外部观测时，观测点选在受热面的顶部或受热面上部不同高度处与底部（视观测方法需要布置）适中位置，并设置标志，单柱亦可直接照准顶部与底部中心线位置，测站点选在与观测点连线呈正交的两条方向线上，其中1条与受热面垂直，距观测点的距离约为照准目标高度1.5倍的固定位置处，并埋设标石。也可采用测角前方交会法或方向差交会法。对于单柱的观测，按不同量测条件，可选用全站仪投点法，测量顶部测点与底部测点之间的夹角法或极坐标法。按上述方法观测时，两个测站对观测点的观测同步进行。所测顶部的水平位移量与位移方向，以首次测算的观测点坐标值或顶部观测点相对底部观测点的水平位移值作为初始值，与其他各次观测结果相比较后计算求取。

日照变形测量精度，可根据观测对象的不同要求和不同观测方法、具体分析确定。用全站仪观测时，观测点相对测站点的点位中误差，对投点法不大于±1.0mm，对于测角法不大于±2.0mm。

日照变形测量的时间，宜选在夏季的高温天进行。一般观测项目，可在白天时间段观测，从日出前开始，日落后停止，每隔约1h观测1次；对于有科研要求的重要建筑物，可在全天24h内，每隔约1h观测1次。每次观测的同时，测出建筑物向阳面与背阳面的温度，并测定风速与风向。

8.3.8.2　风振监测

风振观测在高层、超高层建筑物受强风作用的时间阶段内同步测定建筑物的顶部风速、风向、墙面风压、顶部水平位移，以获取风向分布、体型系数及风振系数。顶部水平位移观测方法根据要求和现场情况选用。

（1）激光位移计自动测记法。当位移计发射激光时，从测试室的光线示波器上可直接获取位移图像及有关参数。

（2）长周期拾振器测记法。将拾振器设在建筑物顶部天面中间，由测试室内的光线示波器记录观测结果。

（3）双轴自动电子测斜仪（电子水枪）测记法。测试位置选在振动敏感的位置。仪器 X 轴与 Y 轴（水枪方向）与建筑物的纵横轴线一致，并用罗盘定向。根据观测数据计算出建筑物的振动周期和顶部水平位移值。

（4）加速度计法。将加速度传感器安装在建筑物顶部，测定建筑物在振动时的加速度，通过加速度积分求解位移值。

（5）GNSS差分载波相位法。将一台GNSS接收机安置在距待测建筑物一定距离的相对稳定基准站上，另一台接收机安装在待测建筑物楼顶。接收机周围5°以上无建筑物遮挡或反射物。数据采集频率不低于10Hz，两台接收机同步记录15～20min数据作为一测段，具体测段数视要求确定。通过专门软件对数据进行动态差分后处理，根据解算的大地坐标，求相应位移值。

（6）前方交会法或方向差交会法。适应于缺少自动测记设备和观测要求不高的建筑物顶部水平位移测定，作业中应采取措施防止仪器受强风影响。

风振位移的观测精度，如用自动测记法，视设备性能和精确程度要求。如全站仪观测，观测点相对测站点的点位中误差不大于±15mm。

由实测位移值计算风振系数 β 时，采用公式为

$$\beta=(S_{均}+0.5A)/S_{均} \text{ 或 } \beta=(S_{静}+S_{动})/S_{静} \tag{8-7}$$

式中：$S_{均}$ 为评价位移值，mm；A 为风力振幅，mm；$S_{静}$ 为静态位移，mm；$S_{动}$ 为动态位移，mm。

8.3.9 监测成果

监测资料要求校核原始记录，检查变形值的计算结果，对各观测点按时间填写变形值，并绘制观测点变形值过程线，也就是以时间为横坐标，以累计变形值（位移、沉陷、倾斜、挠度等）为纵坐标绘制曲线，绘制建筑物变形分布图；分析归纳建筑物变形过程、变形规律、变形幅度，分析建筑物变形原因，变形值与引起变形因素之间关系，判断建筑物工作情况是否正常。在矿山地表，还需分析地表变形值和建筑物自身变形值之间的关系，通过积累大量观测数据，进一步找出建筑物变形内在原因和规律，进而修正设计理论和设计所采用的经验系数。

8.4 建立高程控制网

建筑物沉降监测采用精密水准测量方法，为此须建立高精度水准测量控制网。具体做法是：在建筑物外围布设一条闭合水准环路线，由水准环中的固定基准点测定各监测点高程，按一定周期进行精密水准测量，将外业成果平差，求出各沉降点高程最或然值。某一沉降点的沉降量为首测高程与该次复测高程之差。求得的沉降量，包含两次水准测量误差。

水准监测基点必须数量足够、点位适当。监测点设置要求便于测出建筑物基础沉降和倾斜等，便于现场观测，便于保存。沉降监测前，为消除区域性地面沉降影响，将基准点、工作基点和沉降监测点按三级要求布点，或将水准基点和沉降监测点按两级布点。在建筑物较少区域，将基准点连同监测点按单一层次布设；对建筑物多且分散区域，按两个层次布网，即由基准点组成控制网，监测点与所连测的监测点组成扩展网。根据监测精度要求，沉降监测控制网布设成网形合理、测站数最少的监测环路，亦可布设成附合水准路线，或布设成闭合水准路线。

整个监测网要求有3个埋设足够深的水准基点，其余可埋设在地下或墙上。施测时，可选择稳定性较好的监测点，作为水准路线基点与水准网统一监测和平差。由于施测时不可能将所有的监测点纳入水准线路内，故大部分监测点只能采用中视法测定，而水准转点则会影响成果精度，所以选择一些监测点作为水准转点。

8.4.1 水准基点

布设水准基点的要求如下：

（1）布设在拟监测的建筑物之间，距离一般为 20～40m，工业与民用建筑物不小于 15m，较大型并略有振动的工业建筑物不小于 25m，高层建筑物不小于 30m。

（2）监测独栋建筑物时，至少布设 3 个水准基点，以便互相检核判断水准点高程有无变动。对占地面积大于 $5000m^2$ 或高层建筑物，适当增加水准基点个数。

（3）设置水准基点处有基岩出露时，可用水泥砂浆直接将水准点浇注在岩层中，一般水准点埋设在冻土线以下 0.5m 处。

（4）水准基点避开交通干道、地下管线、仓库堆栈、水源地、河岸、松软填土、滑坡地段、机器振动区，以及其他能使标石、标志遭受腐蚀和破坏的地点。

水准基点标志构造需根据埋设地质条件，尽量埋设在基岩上，或深埋于原状土内，不允许埋设在人工填土内。对重要建筑工程，如电站、大坝等，基准点力求埋设在基岩中。一般厂房的沉降监测，可参照水准测量标准中三等、四等水准的规定进行标志设计与埋设；高精度变形监测，需设计和选择专门的水准基点标志。水准基点标志主要如下：

（1）地面岩石标。如果地面土层浅，地表有完整基岩露头，可埋设基岩标志点。先清理上部覆盖物，除去风化层，并在新鲜基岩上开凿适当深度岩坑，在岩坑内凿深度大于 0.1m 岩孔，用水洗净，并以 1∶2 的水泥沙浆灌注，埋入保护盖标志。当基岩露头在地面以下深度不超过 1.5m 时，可在基岩中开凿深度小于 0.5m 岩坑，浇灌钢筋混凝土柱石。

（2）下水井式混凝土标。用于土层较厚处，测点标志用不锈钢或陶瓷镶嵌在柱石上。为防止雨水灌进水准基点井里，井台须高出地面 0.2m。当柱石顶面距离地面深度过大时，标石可由柱石和底盘组成，上设混凝土标志保护盖，并在保护盖上加覆盖物。

（3）深埋钢管标。当第四纪冲积层较厚，且基岩埋藏深度过大时，采用钻孔穿过土层和风化岩层埋设钢管标志，钻孔深埋钢管标志施工时，先用钻机钻到新鲜岩层内 2.0m 深处，以直径大于 70mm 的细钢管埋入基岩内，即内钢管。在管下部 2m 范围内钻有若干个排浆孔，以便于自管内灌入水泥沙浆，并从孔中排出沙浆使钢管与基岩紧密结合。在内套管外面套一个直径大于 130mm 外钢管，套外钢管前，先在内钢管下部缠上带黄油的麻布，并在适当位置给内钢管套上橡皮圈，在内钢管顶端焊上不锈钢标志，内管、外管之间不同高度处埋设若干电阻温度计，测定管内温度。为保证点位稳定，标志头尽量埋在地面以下，减少地面温度变化对水准基点的影响。为检查钻孔深埋钢管标志水准基点本身变化，通常以 3 点为一组。地形条件许可时，宜组成边长 100m 的等边三角形，每个点埋设标志，定期测定 3 点高程变化状况。若地形条件困难，也可将 3 点布成直线连接图形。

8.4.2 沉降监测点

沉降监测工作点必须数量足够、点位适当。要求监测点便于测出建筑物基础的沉降、倾斜、曲率，并绘出下沉曲线；便于现场观测；便于保存，并不受损坏。对于建筑物，通常在其 4 个角点、中点、转角处布设工作测点。一般还应考虑如下几点：

（1）建筑的四角，大转角处及沿外墙每 10～20m 处或每隔 2～3 根柱基上。

（2）高低层建筑、新旧建筑、纵横墙等交接处的两侧。

（3）建筑裂缝、后浇带和沉降缝两侧、基础埋深相差悬殊处、人工地基与天然地基接壤处、不同结构的分界处及填挖方的分界处。

(4) 对于宽度大于等于 15m，或小于 15m 但地质复杂以及膨胀土地区的建筑物，在承重内隔墙中部设内隔点，并在室内地面中心及四周设地面点。

(5) 邻近堆置重物处、受振动有显著影响的部位及基础下的暗浜（沟）处。

(6) 框架结构建筑的每个或部分柱基上或沿纵横轴线上。

(7) 筏形基础、箱形基础底板或接近基础的结构部分之四角处及其中部位置。

(8) 重型设备基础和动力设备基础的四角、基础型式或埋深改变处以及地质条件变化处两侧。

(9) 电视塔、烟囱、水塔、油罐、炼油塔、高炉等高耸建筑，设在沿周边及基础轴线相交的对称位置上，点数不少于 4 个。

图 8-11 为某展览馆部分沉降监测工作点的布设图，该建筑物基础为箱式基础。

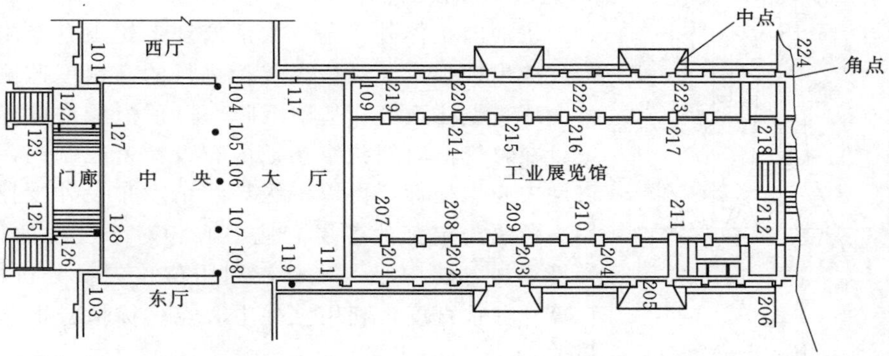

图 8-11　建筑物沉降监测工作点布设

对于一般的工业建筑物，除在立柱基础上布设观测点外，在其主要设备基础四周及动荷载四周、地质条件不良处布设工作测点。图 8-12 为某重型机械厂的某车间沉降监测工作点布设图。

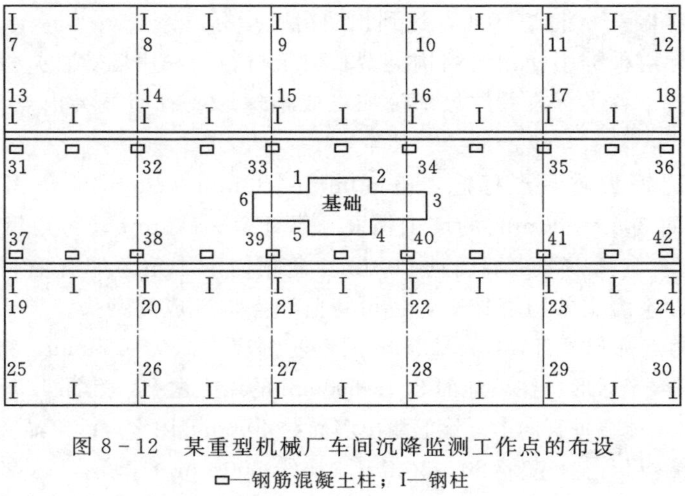

图 8-12　某重型机械厂车间沉降监测工作点的布设

□—钢筋混凝土柱；I—钢柱

据统计，截至 2019 年底，我国 200m、300m、400m、500m 以上超高层建筑分别为 895、94、12、6 座；其中，上海中心大厦总高 632m，居世界第二。超高层建筑物具有如下特点：重心高、层数多、基础深。因此变形监测工作特别重要。由于超高层建筑的上述特点，在监测工作中，除进行基础沉降监测外，还进行建筑物上部倾斜、日照、风振等监测。

图 8-13 为某铁塔示意图，该塔高 533m，由下部塔身 1 和上部钢架 2 组成。塔身由支座截头锥体 A、B 以及圆柱体 C 组成，塔身重 55kt。为测定铁塔在风力和日照作用下的动态变形，在塔体不同高度（237m、300m、385m、420m、520m）处，沿两轴线方向布设 5 个工作点，测定其相对底点的摆幅。

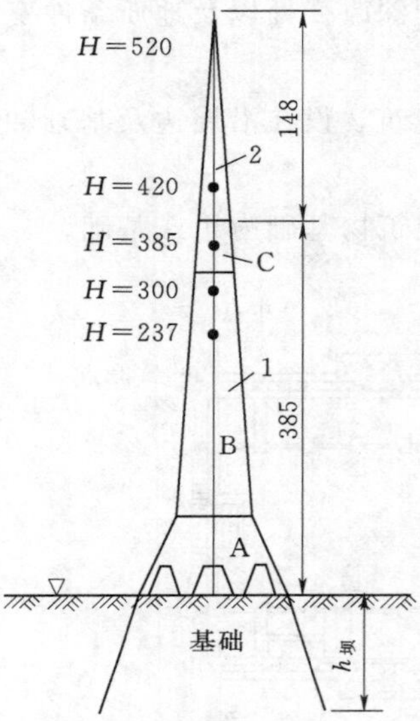

图 8-13　超高建筑物变形观测点的布设（单位：m）

某钢铁公司大型干式煤气柜高 81.4560m，横切面为正 20 边形，外接圆半径 22.3736m，投入使用后，由于活塞环密封机油向柜体外渗漏，大活塞环走轮顶升受阻，顶架拉力支撑出现裂纹，对该煤气柜进行的高精度监测，包括柜体变形、立柱倾斜、基础沉降、柜顶桁梁挠度等。观测方案：在煤气柜周围狭窄场地内布设精密控制网，测定立柱底层中心点坐标，再以一级导线精度布设外围控制网，采用小角法测定其他各层立柱中心相对于底层的位移矢量，计算立柱各层中心点坐标，利用位移矢量分析柜体扭转，计算立柱垂直度，利用立柱中心点坐标拟合柜体直径和几何中心。

根据上述方案，利用煤气柜建造时埋设在对径方向的 4 个沉降观测点测量基础沉陷，按国家二等水准要求，采用 N3 精密水准仪进行观测。顶架挠度采用普通水准仪观测，因为测站少、视线短，达到±2mm 的精度要求。运用现代控制网设计理论对整个方案进行精度分析，结果表明，精密微型控制网对径两网点的相对误差小于±1.2mm，小角法观测中误差小于±2″，外围一级导线点之间的相对误差小于 1/1000，达到预期精度指标。

沉降监测点标志根据不同建筑结构类型和建筑材料，采用墙（柱）标志、基础标志和隐蔽性标志等形式。各类标志的立尺部位加工成半球形或有明显突出点，并涂上防腐剂，加工方法如下：

（1）角钢或圆钢头监测点标志。将 30mm×30mm×5mm 的角钢锯成长为 160～180mm，在离地面 300～500mm 的墙上凿孔，深 120～140mm。将角钢嵌入孔内，并使角钢与墙面斜成 60°，角钢漏出墙面约 40mm，角顶向上。角顶如有毛刺预先磨光，埋设在墙上，用水泥沙浆灌实并与墙抹平，也可将监测点加工成圆钢头。

（2）钢筋监测点标志。直径 18～22mm 的钢筋锯成为 230～250mm，将每节钢筋弯成 U 形，一端顶部加工成半球形。在离地面 300～500mm 的墙上凿孔，孔深 120～140mm。将钢筋水平嵌入墙孔内，半球端垂直向上，钢筋露出墙面约 40mm，用水泥沙浆灌实并与墙面抹平。

（3）隐蔽监测点标志。直径 20～30mm，长约 300mm 的圆钢，一端加工成球状，另一端套丝，用一节圆钢或钢管加工成套管，套管内壁加工丝扣，与监测点标志螺丝相配合。在距地面300～500mm墙上凿孔，嵌入套管，套管口与墙面齐，用水泥砂浆灌实并与墙面抹平。使用时，将观测点标志旋入，不用时卸下保存。

(4) 隐蔽观测点标志。直径14～20mm的螺纹钢锯成约为60mm，顶端加工成半球状，埋入地坪，用水泥砂浆灌实抹平。

(5) 钢柱观测点标志。将30mm×30mm×5mm角钢锯成长约60mm，其一端割成60°，焊在钢柱上，焊接位置距地面300～500mm。

8.5 建立平面控制网

大型建筑物由于自重、混凝土收缩、土料沉陷及温度变化等原因，将使本身产生平面位置相对移动。如果建筑物地基处于滑坡地带，或受地震影响，当基础受到水平方向应力作用时，产生整体移动，即绝对位移。相对位移监测是为了监视建筑物安全，由于相对位移往往是由地基产生不均匀沉降引起，所以相对位移与倾斜同时发生，是小范围的和局部的。因此，相对位移监测可采用物理方法、近景摄影测量方法及大地测量方法。如高大建筑物因风振影响进行顶部位移测量时，可采用激光位移计、电子水准器倾斜仪和GPS等监测。绝对位移监测，不仅是监视建筑物安全，更重要的是研究整体变形的过程和原因。绝对位移往往是大面积的整体移动，因此绝对位移监测，多数采用大地测量方法和摄影测量方法。采用大地测量方法监测的平面控制网，大多是小型的、专用的和高精度的，通常由3种点（基准点、工作基点和监测点）和两种等级的网（由工作基点和基准点构成首级网以及由工作基点和监测点构成次级网）组成。

8.5.1 监测网基准选择

变形监测网为独立控制网。在测量控制网的分级布网与逐级控制中，高级控制点作为次级控制网的起始数据，高级网的测量误差即形成次级网的起始数据误差。一般认为，起始数据误差相对于本级网的测量误差比较小。但对于精度要求较高的变形监测控制网，对含有起始数据误差的变形监测网，即使监测精度再高、采取的平差方法再严密，也不能达到预期的精度要求。

8.5.2 监测网点位选择

变形监测网点的埋设，以工程地质条件为依据，埋设位置选在沉降影响之外，尤其是基准点。要定期检测工作基点位置是否变动。但在布网时，要考虑不能将基准点布设在网的边缘，因为从测量误差传播理论和点位误差椭圆分析，通常是联系越直接、距离越短，精度越高。在变形监测中，由于边短，所以要尽可能减少测站和目标对中误差，测站点建造具有强制对中的观测墩，用于安置仪器。

8.5.3 监测网技术要求

对于各种变形方案，其共同特点是每次观测方式不变，求出变形点位移，即两期间坐标差。确定坐标差所要求的精度是进行控制网精度估算的基础，只有以必要的观测精度进行测量才能保证其变形值的真实性。水平位移监测网的精度满足变形点观测精度的要求。在设计监测网时，要根据变形点的观测精度，预估对监测网的精度要求，并选择适宜的观测等级和方法。水平位移监测的等级和主要技术要求见表8-2。

表8-2　监测网的等级和技术要求

等级	相邻基准点的点位中误差/mm	平均边长/m	测角中误差/(°)	最弱边相对中误差	作业要求
一等	1.5	<300	0.7	≤1/250000	按国家一等三角要求施测
		<150	1.0	≤1/120000	按国家二等三角要求施测
二等	3.0	<300	1.0	≤1/120000	按国家二等三角要求施测
		<150	1.8	≤1/70000	按国家三等三角要求施测
三等	6.0	<350	1.8	≤1/70000	按国家三等三角要求施测
		<200	2.5	≤1/40000	按国家四等三角要求施测
四等	12.0	<400	2.5	≤1/40000	按国家四等三角要求施测

8.6　建筑物保护措施

产生不均匀沉降的根本原因是设计时对地基情况掌握不全面，导致选择基础结构时资料不充分，因而预防不均匀沉降的措施在建筑物的规划、设计阶段实施。支撑建筑物的地基选择坚硬持力层，并通过桩、桩墩等把上部结构荷载传到地基。设有地下室时，使建筑物重量与所挖出重量保持平衡，使地基中应力增加变小。

当不均匀沉降发生并可能导致危害时，从地基性质和状态、建筑物和基础结构、建筑物上部结构三方面查明引起不均匀沉降的原因。其中，地基性质和状态是其他调查基础，内容包括地基组成、土壤物理性质、土壤力学性能、地下水性质和变化情况、建筑物周围地基情况等。基础结构调查内容包括基础结构种类、形状、施工情况等，建筑物上部结构调查包括测定房屋结构、裂缝发生和发展情况，长期使用过程中变化情况和沉降量等。此外，查阅历史资料，如结构形式是钢筋混凝土结构或砖石结构，结构与性能所允许的沉降量大约5～10mm。对地基进行人工加固，使其承载能力提高。但由于地基的加固范围及加固方法、加固效果均与结构物类型、规模、损害程度、损害范围及地基土质情况等有关。上部结构加强措施主要在建筑物设计阶段考虑，以防止地基不均匀沉降带来影响，达到最佳投入并取得最好效果，主要方法包括：尽可能使建筑物轻型化；注意建筑物重量分配；设置伸缩缝，使建筑物分段；提高建筑物刚度；设置地下室；缩短建筑物长度；加大建筑物间距等。

降低负摩擦力方法包括：群桩布桩法、二重管桩法、包覆沥青桩法等。采用群桩布桩法的基本特征是内侧比外测桩的负摩擦力小，选择和配置上部结构的质量分布和体型时，要求上部结构与桩基在受力状态上达到较为完好统一。大型建筑物或重要建筑物，不允许产生不均匀沉降时，可采用二重管桩法，在其外管侧涂抹润滑脂，并用环氧树脂等密封材料，同时，在内外管之间配置钢隔板，将外管作为滑动结构；包覆沥青桩法是在桩体外表面涂上1mm的沥青，为防止打桩时沥青脱落，桩端从50～100mm区段处，使用特殊钢管桩。

建筑物产生冻胀的主要原因包括：具有冻胀性土质，补给水分，低温气体侵入。主要措施为：加大建筑物重量；降低冻结强度，将基础表面做得比较光滑，使冻胀强度变小或者在基础周围打入钢板桩；在冻胀强度内，将冻胀性土壤置换成不冻胀材料，如砂子等；降低地下水位，设置排水沟；降低冻胀性土质含水量；在地下埋入隔热材料，降低冻结深度。

减少建筑物下开采矿山地表变形的措施如下：

(1) 合理布设工作面位置，为对建筑物与构筑物实行有效保护，要求被保护对象下方尽量不出现开采边界；用长工作面回采，使保护对象主要受下沉及采动过程中动态变形影响；层群开采时，不使开采边界重叠，彼此拉开一定距离；由保护对象中间向两侧背向回来；尽量避免工作面推进方向与建筑物轴线斜交。

(2) 层群开采、多工作面开采时，使开采某一工作面所产生的地表变形与开采另一个工作面所产生的变形相互抵消一部分，实现协调开采，以减小对建筑物的有害影响。

(3) 干净回采，在开采保护煤柱时，采空区内不残留部分煤柱。

(4) 连续开采以减少形成开采边界，防止增大地表变形值。

(5) 间歇开采，在煤柱内一次只允许回采一个煤层（或分层）。要求第二煤层（或分层）回采在第一煤层回采结束，地表移动基本稳定后进行，以减少多煤层开采影响的累加。

(6) 快速回采，使下沉速度增大，而动态变形减少，对保护移动盆地平底上建筑物较为有利。

对于新建建筑物，当其下即将采矿，在变形预计及分析基础上，必须进行抗变形结构设计与实施。大型工业厂房抗变形结构一般遵循下列原则：

(1) 柔性原则。整体具有足够柔性，以适应地表变形，减小地表变形引起的附加应力。如设置变形缝，减小建筑物单元长度，改变整体结构性态，管道安装补偿接头等。

(2) 刚性原则。提高大型建筑物各单元或小面积构筑物刚度和整体性，增强其抵抗地表变形能力。如加强各单元基础刚度、强度，设置钢筋混凝土圈梁，设构造柱、联系梁，设锚固板，改变结构型式等。

(3) 兼顾工艺流程，实行综合处置。大型工业厂房出于设备安装、天车运行、工艺流程特殊需要，往往不能完整实施前述柔性原则、刚性原则所规划的典型措施，只能不完整地采取决策原则，补以其他措施以满足生产与安全要求。

根据我国矿区建筑物下开采经验，抗变形结构作如下顺序考虑：当建筑物受到Ⅰ级地表变形影响时，无特殊要求可不考虑采取保护增施；当建筑物受到Ⅱ级地表变形影响时，可设置变形缝；当建筑物受到Ⅲ级地表变形影响时，除设置变形缝外，还设置钢拉杆、钢筋混凝土圈梁等进行加固；当建筑物受到Ⅳ级地表变形影响并对建筑物有特殊要求时，除采取上述措施外，加固基础；为保证生产及工艺需求，保证安全条件下可设调节装置。

抗变形建筑物主要结构措施如下：

(1) 设置变形缝。抗变形建筑物采用的基本措施之一。将建筑物分成若干个长度较小、自成变形体系的独立单元，减小地基应力分布不均匀性，增强建筑物对地表变形自适应能力。变形缝一般设置在条件变比处，如平面形状不规则时，变形缝设置在转折部位；建筑物高低相差悬殊时，在高低变化处切缝；建筑物荷载相差悬殊时，在荷载变化处切缝；地基强度或材质有明显差异时，在差异处切缝；分期建造房屋，在交界处切缝；过长建筑物，可每隔 20m 左右切变形缝。无论建筑物位于何种地表变形区，变形缝宽度均不小于 5cm。变形缝必须将基础、地面墙壁、楼板和屋面全部切开，形成一条通缝。

(2) 抗变形整体基础。各独立单元均为整体基础，具有足够强度与刚度，基础形式随建筑物用途、重要性、地表变形与破坏程度而定，可作成板状、块状、箱形、框架型基础。主要根据水平变形、曲率、建筑物结构特征计算确定。

(3) 基础增强措施。设置钢筋混凝土锚固板、钢筋混凝土基础圈梁、基础联系梁等。钢筋混凝土锚固板能有效抵抗水平变形，尤其在建筑物承受双向变形、且变形方向与建筑物轴斜交受很大压缩变形作用时，主要承受基础因地基水平变形产生的摩擦力与黏着力。按地表水平变形作用，分单向受力、双向受力、拉冲变形、压缩变形，计算基础所受附加力，计算所需配筋截面积，据此设置基础圈梁以增强基础抗变形能力。当工业厂房长度较大，采取设变形缝分段措施，在设置变形缝处建横向钢筋混凝土基础联系梁，使变形缝两边各成封闭单元，当地表主水平变形方向与建筑物轴向斜交，要求设置斜向钢筋混凝土基础联系梁，与基础梁设在同一水平，截面尺寸也应相同，联系梁纵向钢筋应锚固在基础圈梁内。采矿地表新建小跨度、无吊车工业厂房均采用静定结构，采用柔性大的轻质屋面材料，房屋基础部位设置滑动层。为提高建筑物抵抗地表变形正曲率、拉伸变形、压缩变形、剪切与扭曲变形能力，增强建筑物整体刚度与强度，主要措施有：

1) 设置钢筋混凝土墙壁圈梁、钢拉杆、构造柱、减少门窗洞所占面积等，钢筋混凝土墙壁圈梁的受力钢筋截面积按轴心受拉状态计算，圈梁一般设在建筑物外墙，设于檐口及楼板下部或窗过梁水平的墙壁上，在同一水平形成封闭系统，不被门窗洞口切断。

2) 钢拉杆用于提高建筑物抵抗地表正曲率变形所产生附加拉应力，设在檐口及楼板水平处的墙壁外侧，以闭合形式箍住建筑物，在墙角处以角钢边板相连。

3) 设置构造栓，钢筋混凝土构造柱，其上端和下端要锚固于檐口圈梁和基础圈梁上，使圈梁组成空间骨架系统，提高建筑物整体刚度，构造柱设置在单体墙壁转角处，纵横墙交接处或开间纵墙轴线处。

4) 堵砌门窗洞，减少墙体上门洞所占面积，提高抵抗地表压缩及负曲率变形能力。

8.7 建筑物纠偏、移位、托换、监测

8.7.1 建筑物纠偏

建筑物倾斜达一定数值后，影响外观，门窗启闭失灵，下水道不畅通，仪器设备不能运转，严重时会使承重构件开裂，建筑物局部或整幢倒塌。开始倾斜时，倾斜量和倾斜速率并不大，但由于没有及时发现和整治，倾斜日益加剧，危险程度日益增大，修复工程就

更大更艰巨。建筑物倾斜后，必须纠偏（纠倾）处理（结构补强）或拆除重建。建筑物拆除受场地狭窄和施工通道堵塞、场地红线、重建占地面积比原楼缩小等影响，造价一般高于新建建筑物。因此，倾斜建筑物纠偏处理方案比拆除重建优先。

8.7.2 建筑物移位

采用托换技术使建筑物形成可移动体，然后采用动力设备对建筑物可移动体施加推力或拉力，使其移动到新址，图 8-14、图 8-15 分别为顶推法、牵拉法整体平移示意图。

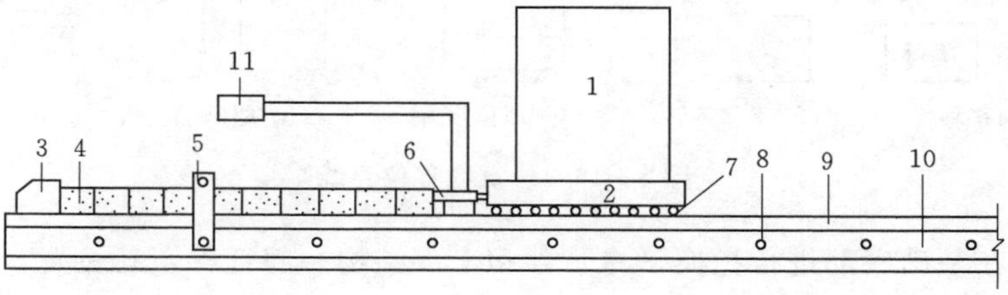

图 8-14　顶推法整体平移示意图

1—建筑物；2—托换梁；3—反力支座；4—垫块；5—垫块固定架；6—千斤顶；7—滚轴；8—可动反力架安装预留孔；9—轨道型钢（钢板）；10—下轨道梁；11—电动油泵站

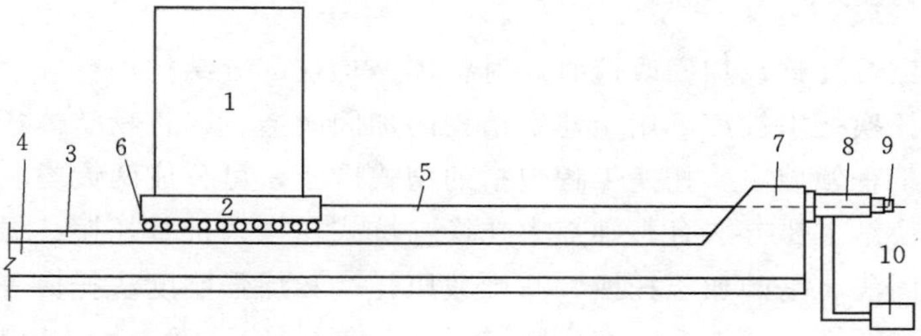

图 8-15　牵拉法整体平移示意图

1—建筑物；2—托换梁；3—轨道型钢；4—下轨道梁；5—牵引钢索；6—滚轴；7—反力支座；8—穿心千斤顶；9—锚具；10—电动油泵站

建筑物移位技术可应用于既有建筑物位置调整，也可进行新建筑预制、迁移建造。根据不同移位路线，可分为水平移位和竖直移位。水平移位又可分水平直线移位和水平旋转移位，竖直移位包括顶升和纠倾（竖直旋转移位）。实际工程中可以是平移、旋转、顶升等单一路线，也可是组合路线，通常建筑物整体移位工程仅指平移工程，如图 8-16 所示。

根据托换部位的不同，建筑物平移有两种。

(1) 首先在规划新址位置修建新基础，其次修建平移轨道与新旧基础相连，在轨道上铺设滚轴或滑块，同时在上部结构底部建造刚度较大的水平托换底盘，下部支撑在滚轴或滑块上，然后采用人工或机械切割方法将墙体和柱与原基础分离，分离后的上部结构被完全托换到轨道上，安装牵引设备后，开始进行同步迁移，直到设计位置，与新基础就位连接。

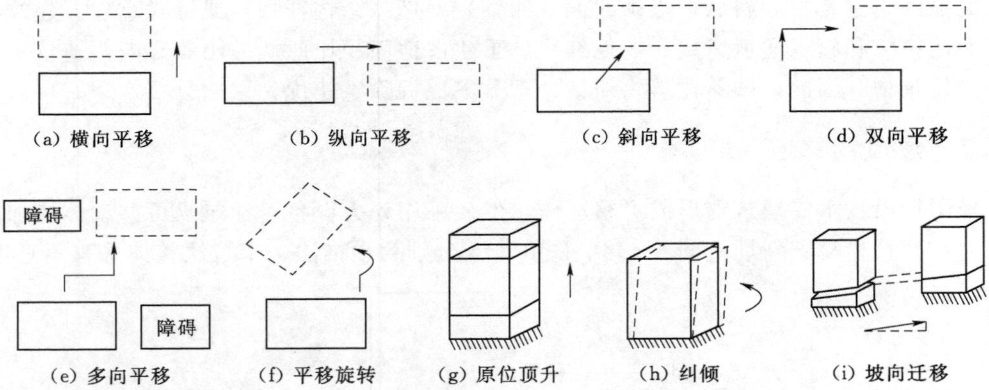

图 8-16　建筑物移位路线

（2）直接在基础底部进行托换，将基础和上部结构一起迁移至新位置，该方法仅适用于基础埋深较浅的小型建筑。

建筑物整体移位的关键技术包括结构托换技术、迁移轨道技术、上部结构与基础分离技术、同步移位施工控制技术及实时监测技术和就位技术。

8.7.3　建筑物托换

既有建筑物进行迁移或加固改造时，对整体结构或部分结构进行合理改造，改变荷载传力途径。目前托换技术被广泛用于建筑结构的加固改造、建筑物整体迁移、建筑物下修建地铁、隧道等工程领域中。托换工程包括的型式广泛，可分成两大类。

（1）基础托换。主要方法有基础扩大托换、坑式托换、桩基托换、振冲加固法、碱液加固法、硅化加固法、基础加压托换、基础减压托换和加强刚度法托换等。

（2）上部结构托换。基本方法有牛腿式（柱、梁托换）、双夹梁式（柱、墙托换）、单托梁式（墙、柱托换）和底盘式（墙、柱整体托换）等。

移位工程往往同时使用基础托换和上部结构托换方法。水平迁移工程、顶升工程和顶升纠偏工程托换采用增大截面基础托换法和上部结构托换法，而上部托换结构包括柱托换节点、墙托换梁和连系梁，三者共同组成水平托换底盘或水平托换桁架（托架）。桩式托换、坑式托换和基础加压托换等基础托换方法，一般应用于竖向迁移工程中。

平移工程中建筑物上部结构的托换方法分为墙体托换法、柱托换法、托架。墙体托换是一种抬梁托换，在砌体托换部位穿横向抬梁，抬梁两端支撑在加大的基础上，另一种是分段墩式基础托换发展而来的单梁托换，在墙体中分段凿洞，在洞口部位分段制作托梁托柱上部墙体，完成整个结构的托换；柱托换荷载较大，截面尺寸较小，托换要求较高，柱传下来的力可能达数百吨，需托换到下轨道梁上；桁架上部结构加固托换底盘又称为平移上轨道，分为梁式和板式，梁式托换节省材料，施工方便。

8.7.4　监测

影响建筑物纠偏、移位、托换的因素极其复杂，监测设计成为核心内容之一，因此需采用信息施工法，而信息的关键来源则是建筑物沉降和倾斜等监测资料。

8.7.4.1 监测要求

以托换工程监测为例，建筑物在托换或穿越期间的系统监测，除测定各测点的绝对沉降量外，还有下列要求：

(1) 确定托换或穿越的每个施工步骤对沉降的影响。

(2) 对托换或穿越过程所各个监测点的运动状况整理出沉降（或其他观测量）与时间的关系曲线。

(3) 根据沉降曲线预先确定建筑物的危险程度及采取相应措施。

(4) 采取补救措施时，通过监测指导补救措施的实施（如利用液压千斤顶回顶补偿沉降量时，要及时控制和指导各千斤顶的回顶量）。

地铁线路穿越建筑物时，高程监测系统的测点布置数量、布置形式、监测时间要求等，取决于被穿越建筑物结构类型、穿越承托结构物类型及托换时荷载转移传递过程发展状况。进行建筑物托换、穿越、荷载转移前，需预估支撑结构物的沉降量。

监测过程中要做好4个方面工作。

(1) 对托换或穿越过程引起监测点的运动情况，整理出沉降与时间的关系曲线，并预测最终沉降量。

(2) 确定托换或穿越的每个施工步骤对沉降所产生的影响。

(3) 根据沉降曲线预估被托换建筑物安全度及针对现状采取相应措施，如增加安全支护或改变施工方法。

(4) 监测期限及频率取决于施工过程，在荷载转移阶段，每天观测和记录。危险程度越大，观测越频繁。

直接托换或穿越过程完成后，监测过程尚需持续到稳定为止，沉降稳定标准可采用半年沉降量不超过2mm。

拍照记录裂缝时，关注拍摄时间、比例尺、裂缝扩展特征。拍摄时间与托换工程、穿越工程施工阶段相联系，以便分析裂缝产生原因。

8.7.4.2 监测点布设

在施工过程中，被托换或被穿越建筑物及其邻近建筑物沉降监测通过沉降观测点高程监测实施。沉降观测点的布置根据建筑物体型、结构、工程地质条件等因素综合考虑，且便于监测和不易损坏。

8.7.4.3 监测方法

监测方法主要如下：

(1) 沉降监测。水准测量按照二等水准要求进行测量。信息施工法要求沉降观测具有极强的时间性，测量的频率必须和掏土（开掏和停掏）或其他施工措施（如开孔、下管、排水、拔管等前后）相配合，在施工期的一般观测时段以5～7天为宜。

(2) 倾斜监测。设点原则同于沉降观测，可用吊锤法或交会法观测，观测成果与沉降观测果相互验证，频率可稍低。

(3) 位移监测。对多层或高层建筑物，设置水平位移测点，测定其水平位移量的时间变化，随时分析建筑物稳定性，确保其在纠偏施工安全。

根据需要可进行屋顶平台及各楼层地坪沉降和倾斜观测，在地基适当部位进行孔隙水压力和土压力观测。

8.7.4.4 成果整理与分析

监测成果采用表格形式进行记录。记录每个测点的运动数据、量测时间及对应施工阶段。施工过程中，被托换建筑物或邻近建筑物产生裂缝或损坏，不论损坏是由开挖、爆炸、振动、托换、穿越或其他原因引起，必须拍摄损坏区照片，以便说明原来情况及其逐步变化过程。应记有日期，标明比例，沿裂缝两边绘出平行线记号，并标明相隔距离。为清楚观察裂缝扩展状况，在建筑物表面涂上某些脆性材料，在涂层上做好标记、加以编号、注明日期、标明裂缝两侧对应点（判断裂统扩展宽度及沿裂缝位错）及裂缝末端位置。

第三篇

工　程　实　践

第 9 章　开采地表移动变形监测

本章分析开采沉陷的基本模式，通过地表移动预计的随机介质理论介绍地表移动规律及其计算方法。并就建筑物、水体、铁路及主要井巷煤柱留设与压煤开采标准所涉及的相关问题开展讨论。最后，介绍开采地表移动变形及监测的工程实例。

9.1　概述

9.1.1　开采沉陷的基本模式

矿物采出后，采空区周围岩体失去原来的平衡状态而发生移动。这类运动极其复杂，视具体条件不同而不同，具有显著的个性与随机性。一般来说，矿山岩体作为一种地质体固体介质，变形初期多呈弹性，其后为非弹性，有些最终导致破坏。岩体的弹性变形，在开挖后立即完成，其值甚微。在矿体大量开挖后所呈现的大范围和大规模的围岩运动，主要是由岩层的非弹性变形引起的，这类大规模运动的发展过程遵循一定的模式。

矿体采出后，采空区顶底板和两帮形成了自由空间，围岩中应力应变重新分布，产生应力集中，瞬间以弹性变形形式完成（图 9－1）。当开采空间跨度足够大，即使是完整坚硬的顶板，也会因强度超过极限而垮塌、冒落，侧帮压垮、片帮。实际上，由于大多数岩体都包含各类地质弱面，如断裂、破碎带、层理、节理、片理等，将岩体切割成为一系列弱联接的嵌合体或各式各样组合体，这种岩块体在围岩应力与自重共同作用下，当矿体采空，在紧靠采空区的块体被暴露以后，临空块体就发生移动，满足失稳力学和几何条件的块体先行垮落，并将这种过程传递给相邻后方块体，随之垮落相继发生，顶板岩块的移动逐渐发展，破裂区逐渐扩大。当然，垮落和相对滑移都是以有自由空间为条件的，当垮落岩块碎胀，沿弱面滑移岩块发生一定程度剪胀，当碎胀与剪胀体积之和等于采出空间时，垮落也发展到相应高度并终止。垮落停止后，因矿体采空而转移

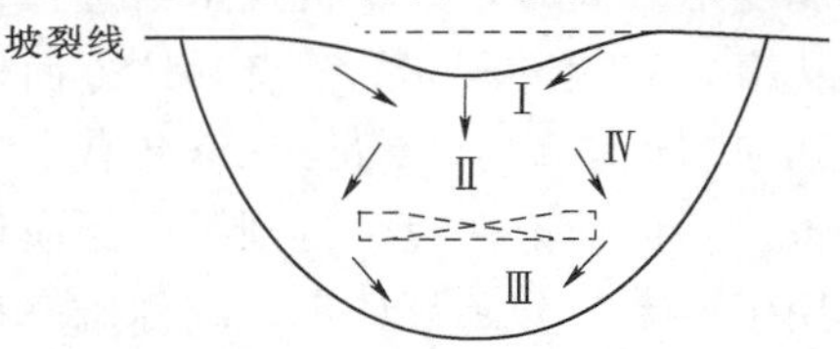

图 9－1　采动岩土应力分布

到采场周围的覆岩重力通过压密垮落岩体而恢复平衡。在此过程中，裂缝将继续发展，并随压密过程止息而逐渐停止下来。因此，对层状或似层状矿体，水平或缓倾条件下的上覆岩层因下方采动而产生的运动从性质上可分为三带：由开采引起的上覆岩层破裂并向采空区垮落的岩层范围，即垮落带；垮落带上方一定范围内的岩层产生断裂，且裂缝具有导水性，能使其范围内覆岩层中的地下水流向采空区的导水裂缝带；弯曲带或称连续变形带。其中垮落带的高度取决于顶板岩体的碎胀性、采矿方法与矿层厚度；垮落带、裂缝带高度及发育情况，在水体下开采时尤为重要；当开采深度较大时，弯曲带高度大大超过垮落带与裂缝带高度之和，此时，裂缝带不直通地表，地表变形相对比较缓和（图 9-2）。

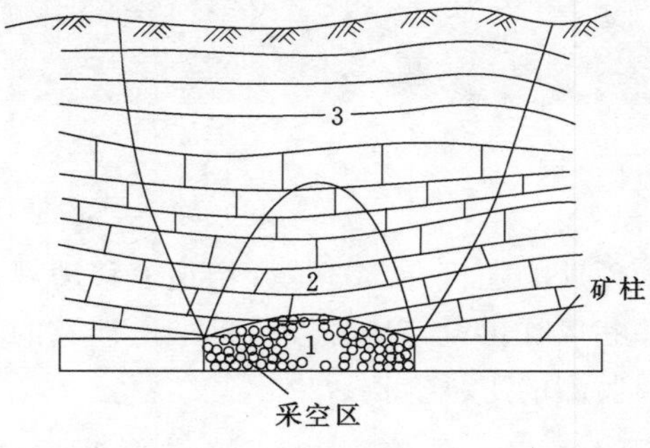

图 9-2　三带分布
1—垮落带；2—裂缝带；3—弯曲带

而开采倾斜和急倾斜煤层、矿层时，除上述基本模式外，还存在岩石沿层理面滑移、垮落岩石下滑、底板岩石隆起等形式。由于具体条件的差异，开采引起的地表运动主要有地表塌陷、地表破裂、地表连续变形三种形式。造成的开采损害可分为直接损害和间接损害，位于开采沉陷区，即岩层和地表大量移动与变形区域内的采动对象所受的损害称为直接采损；个别情况下，在离开采沉陷区较远的地方，还能发现开采影响的存在，这种影响往往与开采活动间接相关，称为间接开采损害或间接开采影响。间接开采损害经常与开采的地下水文地质条件的改变有关；此外，岩爆地震引起的破坏也属于间接开采损害。

开采损害表现形式与地表变形的大小和性质、采动对象本身特点有关，表现为如下类型：地面沉陷损害、地面倾斜损害、地表弯曲损害、地表水平变形损害、山区地表滑移与崩塌和矿区地表水位下降。

9.1.2　开采沉陷理论研究及进展

开采沉陷引发的开采损害问题早已被人们所注意，并制定了一些预防开采沉陷有害影响的法律性措施。早在 15 世纪，比利时曾公布一项在列日城下开采时，开采深度不得小于 100m 的法律。1858 年，以观测资料为基础，比利时人哥诺（Gonot）提出垂线理论。近代阿维尔申曾应用塑性理论研究地表移动，萨乌斯托维奇等人据弹性理论认为下沉盆地剖面类似于梁或板的弯曲，但由于受采动岩体的力学参数难以精确确定的限制，因而尚未达到定量的实用阶段。近几十年来，随着数字模拟的广泛应用，弹塑性理论用于计算地表移动和变形。同时，计算机技术给选择较为复杂而又与实际符合的力学模型创造了条件，许多从事岩移理论研究的学者在这方面做了大量卓有成效的研究工作。

几何理论创始于 20 世纪 20 年代。1950 年以来，该理论由布得雷克、克诺特等发展和完善。几何理论在我国得到了广泛应用，其最终表达式与随机介质理论公式一致，由于都利用了概率积分函数计算，统称概率积分法。国内外广泛使用的地表移动计算方法主要有 3 类：理论法、典型曲线法和剖面函数法。理论方法主要有随机介质理论法、弹塑性理论法、几何理论法等。

9.1.3 随机介质理论基础

地表移动预计概率积分法的基础是随机介质理论，该理论由波兰学者李特威尼申于1950年代引入岩层与地表移动，刘宝琛院士将其发展为概率积分法，并在煤矿等地表移动预计中得到广泛应用。

李特威尼申等人应用非连续介质力学中的颗粒体介质力学研究岩层地表移动问题，认为开采引起的岩层和地表移动规律与作为随机介质的颗粒体介质模型所描述的规律在宏观上相似（图9-3）。概率积分法将地下开采所引起的岩层及地表移动过程看成随机过程，用概率论方法建立由地下单元开采所引起的岩层及地表单元下沉盆地表达式、单元水平移动表达式，经叠加建立地表下沉的剖面方程及其他移动与变形分布表达式。

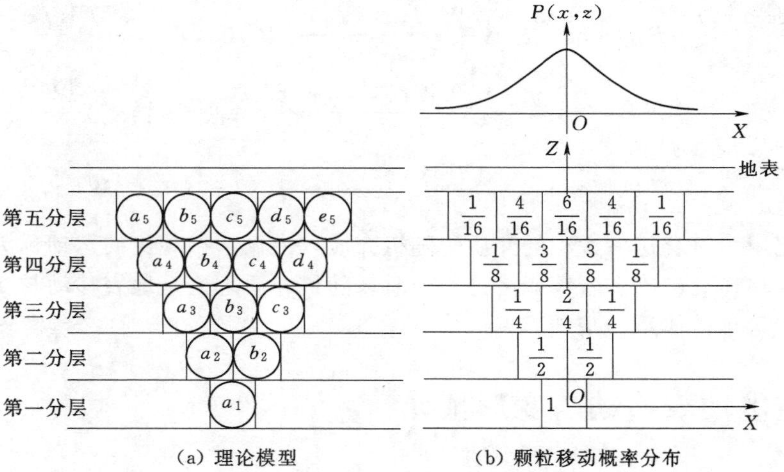

图9-3　随机介质的颗粒体介质模型

如图9-4所示，直角坐标系中，(z, x)、(z, ξ)、(z, η) 代表不同水平的岩层。当开采在 z_1 水平进行时，z_1 水平的下沉曲线为 $W(z_1, x)$，这一下沉导致其上部 z_2、z_3 水平以一定概率发生的下沉量分别为 $W(z_2, \xi)$、$W(z_3, \eta)$。由于 $W(z_1, x)$ 是发生 $W(z_2, \xi)$ 的原因，可认为 $W(z_2, \xi)$ 是某个特定数学运算 $\Omega_{z_1}^{z_2}$ 作用于函数 $W(z_1, x)$ 的结果，表达式为

$$W(z_2,\xi)=\Omega_{z_1}^{z_2}W(z_1,x) \tag{9-1}$$

同理

$$W(z_3,\eta)=\Omega_{z_1}^{z_3}W(z_1,x) \tag{9-2}$$

$$W(z_3,\eta)=\Omega_{z_1}^{z_3}W(z_2,\xi)=\Omega_{z_2}^{z_3}\Omega_{z_1}^{z_2}W(z_1,x) \tag{9-3}$$

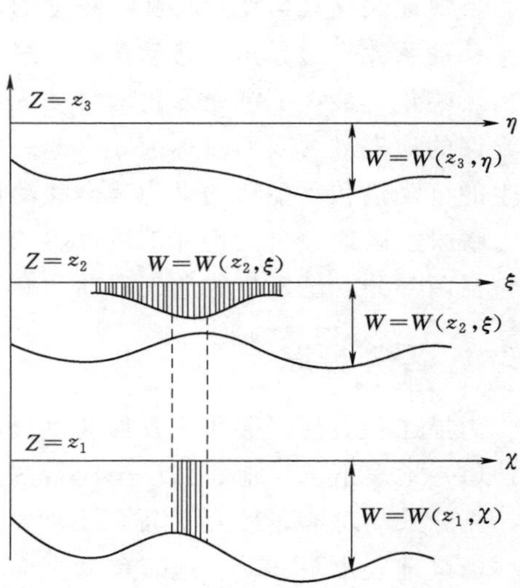

图9-4　开采影响传播示意图

设在 z_1 水平 x 处开采一个微元 $\mathrm{d}x$，则在 z_2 水平上造成的下沉应与 $W(z_1,x)\mathrm{d}x$ 成正比，其比例系数称为分布系数，记为 $\delta(z_1,x;z_2,\xi)$，有

$$W(z_2,\xi)=\int_{-\infty}^{+\infty}W(z_1,x)\delta(z_1,x;z_2,\xi)\mathrm{d}x \tag{9-4}$$

比较式（9-1）与式（9-3）可知，Ω 是一个积分算子，算子核为分布函数 δ，为满足式（9-4），δ 须满足

$$\delta(z_1,x;z_3,\eta)=\int_{-\infty}^{+\infty}\delta(z_1,x;z_2,\xi)\delta(z_2,\xi;z_3,\eta)\mathrm{d}\xi \tag{9-5}$$

式（9-5）是一个积分方程，求得最后下沉盆地 W，对平面问题须满足

$$\frac{\partial W(z,x)}{\partial z}=\alpha(z,x)W(z,x)+\beta(z,x)\frac{\partial W(z,x)}{\partial x}+\gamma(z,x)\frac{\partial^2 W(z,x)}{\partial x^2} \tag{9-6}$$

在空间问题中，以 z 表示垂直轴，以 x_1，x_2 表示两个相互正交的水平轴，则：

$$\begin{aligned}\frac{\partial W(z,x_1,x_2)}{\partial z}=&B_{11}(z,x_1,x_2)\frac{\partial^2 W(z,x_1,x_2)}{\partial x_1^2}+B_{12}(z,x_1,x_2)\frac{\partial^2 W(z,x_1,x_2)}{\partial x_1\partial x_2}\\&+B_{22}(z,x_1,x_2)\frac{\partial^2 W(z,x_1,x_2)}{\partial x_2^2}+A_1(z,x_1,x_2)\frac{\partial W(z,x_1,x_2)}{\partial x_1}\\&+A_2(z,x_1,x_2)\frac{\partial W(z,x_1,x_2)}{\partial x_2}+N(z,x_1,x_2)W(z,x_1,x_2)\end{aligned} \tag{9-7}$$

李特威尼申称符合这一方程的介质为随机介质，遵循这一规律的运动称为随机介质运动。砂粒、岩块体、破碎矿岩等就是这类介质。随机介质理论是地表移动与变形、岩体内部移动与变形等预计体系的基础。

9.2 采空区地表移动与变形预计

地表移动与变形一般指开采影响下地表产生的下沉、水平移动、倾斜、水平变形和曲率。反映地表移动与变形特征、程度的参数和角值称为地表移动参数，主要指下沉系数、水平移动系数、边界角、移动角、裂缝角、最大下沉角、开采影响传播角、充分采动角、超前影响角、最大下沉速度角和移动延续时间等。受保护对象不需维修就能保持正常使用所允许的地表最大变形值称为允许地表变形值。在已采空区上部地表自工程开工建设后，产生的沉降量和水平移动量为残余移动量；考虑到残余移动量引起的倾斜、水平变形、曲率，将采空区地表自工程开工建设后产生的变形称为残余变形。采空区地表移动与变形预计包括两部分：已发生的地表移动和变形值、最终地表移动和变形值。

9.2.1 基本概念

为描述和表征岩层和地表移动过程，将相关概念归类如下：

（1）地表下沉。地表移动全向量的垂直分量，单位为 m 或 mm。地表下沉的符号为 W，充分采动时地表最大下沉符号为 W_{max} 或 W_0；非充分采动时地表最大下沉符号为 W_m。

（2）地表水平移动。地表移动全向量的水平分量，单位为 m 或 mm。地表水平移动的符号为 U，充分采动时地表最大水平移动符号为 U_{max} 或 U_0；非充分采动时，地表最大

水平移动符号为 U_m。

(3) 地表倾斜。地表移动盆地内某线段两端点的下沉差与该线段长度之比，单位用 mm/m 或 10^{-3}。地表倾斜符号为 i，充分采动地表最大倾斜的符号为 i_{max}或 i_0；非充分采动地表最大倾斜符号为 i_m。

(4) 地表曲率。地表移动盆地内两相邻线段的倾斜差与此二线段长度的平均值之比，其单位 mm/m^2 或 10^{-3}/m。地表曲率正负号的规定是统一的，地表向上凸起的曲率称为正曲率，地表向下凹入的曲率称为负曲率。地表曲率的符号为 K，充分采动时地表最大曲率符号为 K_{max}或 K_0；非充分采动时地表最大曲率符号为 K_m。

(5) 地表水平变形。地表移动盆地内一线段两端点的水平移动差与此线段长度之比，其单位与地表倾斜相同。地表水平变形的正负号有统一规定，线段伸长的水平变形称为拉伸变形，取正号；线段缩短的水平变形称为压缩变形，取负号。地表水平变形符号为 ε，充分采动时最大水平变形的符号为 ε_{max}或 ε_0；非充分采动时最大水平变形的符号为 ε_m。

(6) 临界变形值。对建筑物产生变形和破坏的不是移动值，而是变形值。凡不需要维修就能保持建筑物正常使用所允许的地表最大变形值称为临界变形值。临界变形值可用来圈定地表移动盆地的危险变形区。

(7) 极限移动角、移动角、裂隙角和崩落角。在移动盆地的断面上，可分别用下沉值为 10mm 的点、临界变形值点及最外侧裂缝位置，确定出盆地边界、危险变形区边界及裂缝边界。这些边界点和相应采空区边界的连续与水平线在采空区外侧的夹角，分别称为极限移动角 (δ_0，β_0，γ_0，β_{10})、移动角 (δ，β，γ，β_1)、裂隙角 (δ''，β''，γ''，β_1'')。各种角度在走向方向用 δ 表示，采空区下侧方向用 β 表示，采空区上侧方向用 γ 表示。急倾斜矿体下盘用 δ_1 表示，如图 9-5 所示。开采急倾斜及浅部矿体，根据地表出现的崩落区边界还可得出崩落角度 β'''、β_1''' 等 [图 9-5 (a)]。地表有表土时，表土移动角用 φ 表示，它和矿层倾角无关。作裂隙角和崩落角时不考虑表土，将地表裂缝和崩落区边界直接与采空区边界相连。

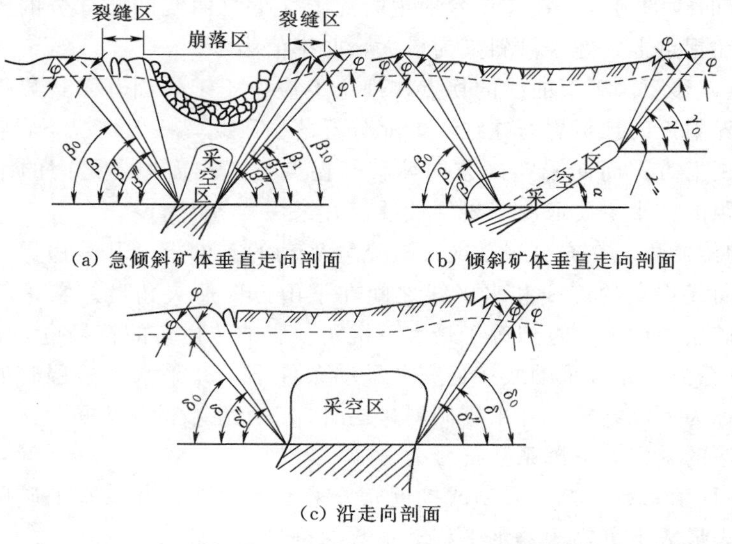

(a) 急倾斜矿体垂直走向剖面　　(b) 倾斜矿体垂直走向剖面

(c) 沿走向剖面

图 9-5　极限移动角、移动角、裂隙角和崩落角

（8）最大下沉角。在移动盆地的倾斜主断面上，采空区的中点与地表最大下沉点或盆地平底部分的中点的连线与水平线之间，在矿层下山方向的夹角称为最大下沉角。最大下沉角的符号为 θ。

（9）地表移动过程的 3 个时期。地表移动过程的总时间内，根据下沉速度的大小，一般可以划分为 3 个时期。

1）初始期：从地表开始移动至地表下沉速度小于 50mm/月（矿层倾角小于 45°）或小于 30mm/月（矿层倾角大于 45°）的阶段。

2）活跃期：地表下沉速度大于 50mm/月（矿层倾角小于 45°）或大于 30mm/月（矿层倾角大于 45°）的阶段，此阶段又称危险变形期。

3）衰退期：地表下沉速度从小于 50mm/月（矿层倾角小于 45°）或小于 30mm/月（矿层倾角大于 45°）至移动稳定的阶段。

（10）充分采动角。在充分采动情况下，地表移动盆地主断面上的盆地平底边缘和工作面边界的连线与矿层面之间在采空区内侧的夹角称为充分采动角。下山方向充分采动角的符号为 ψ_1，上山方向充分采动角的符号为 ψ_2，走向方向充分采动角的符号为 ψ_3，如图 9－6 所示。

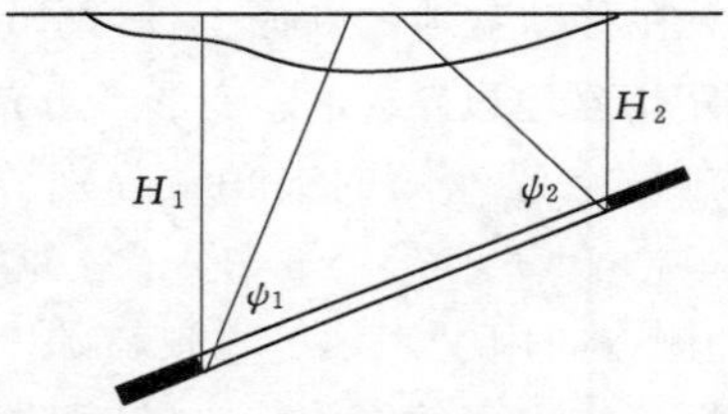

(a) 上、下山方向

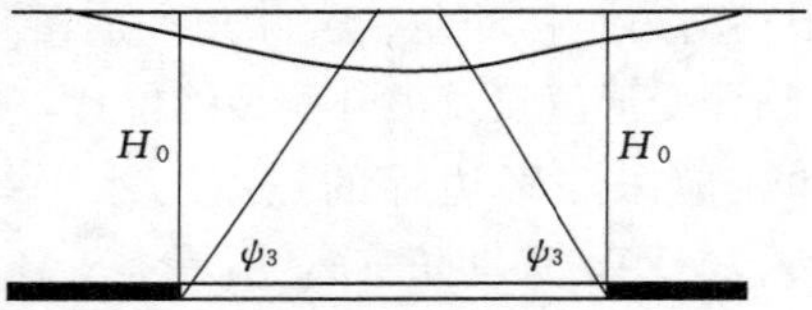

(b) 走向方向

图 9－6　充分采动角

（11）下沉曲线的拐点。在移动盆地主断面上，下沉曲线凹凸部分的分界点称为下沉曲线的拐点，在拐点上，地表倾斜率为最大，曲率值为零。

（12）拐点偏移距。下沉曲线的拐点在理论上应位于工作面开采边界正上方，但由于工作面开采边界附近的顶板岩石往往不能充分冒落。因此，一般情况下，拐点不位于工作面开采边界的正上方，而向采空区方向偏移。拐点与工作面边界之间的距离称拐点偏移距，拐点偏移距的大小主要取决于岩层性质、开采深度等因素。

（13）影响传播角。在充分采动或接近充分采动的条件下，开采边界（考虑拐点偏移距后）与下沉曲线拐点的连线和水平线之间在下山方向所夹角度。它一般小于最大下沉角，在缓倾斜矿层条件下，近似等于最大下沉角。影响传播角的符号也为 θ。

（14）下沉系数。充分采动或接近充分采动条件下，开采水平矿层时的地表最大下沉值与采厚之比称为下沉系数。开采缓倾斜矿层时，下沉系数的计算可用最大下沉量除以倾角的余弦与采厚的乘积。下沉系数符号为 η。

（15）水平移动系数。充分采动或接近充分采动条件下，开采水平矿层时的地表最大水平移动与地表最大下沉之比。水平移动系数的符号为 b。

（16）地表下沉盆地。由开采引起的采空区上方地表移动的范围，通常称地表移动盆地或地表塌陷盆地。一般按边界角或者下沉 10mm 点划定其范围。

(17) 半盆地长。在充分采动或接近充分采动情况下，移动盆地主断面上的最大下沉点至盆地边界的距离。下山方向半盆地长符号为 L_1，上山方向半盆地长符号为 L_2，走向方向半盆地长符号为 L_3。

(18) 主要影响半径。充分采动或接近充分采动条件下，地表移动盆地的最大下沉值与最大倾斜值之比。主要影响半径的符号为 r 或 R，如图 9-7 所示。矿层地下开采后所引起的地表变形主要将集中在边界上方宽度为 2 倍的主要影响半径范围。

(19) 主要影响角正切。开采工作面深度 H 与主要影响半径 r 之比称为主要影响角正切。主要影响角正切的符号为 $\tan\beta$，其数值大小主要取决于开采区上覆岩层的力学性质，如图 9-7 所示。

(20) 超前影响角。地表受采动影响之后，随着工作面的推进，工作面上方开始移动的地表点总是超前工作面一段距离，这时开始移动的地表点和工作面位置的连线与水平线之间在矿层一侧的夹角称为超前影响角。超前影响角的符号为 ω，如图 9-8 所示。超前影响角可用来计算开始移动的地表点超前工作面的距离 d。其大小主要决定于覆岩性质和工作面回采速度等因素。

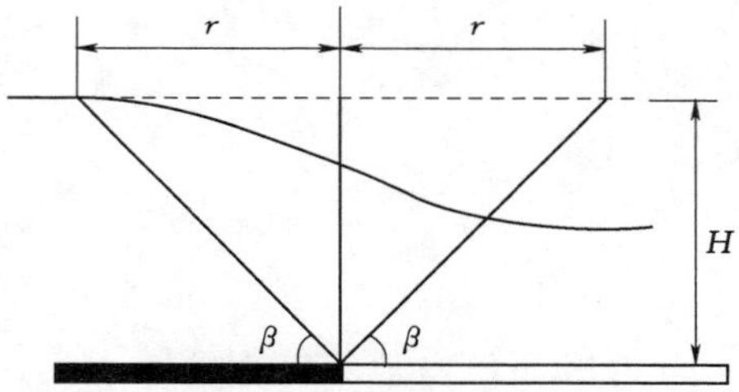

图 9-7 主要影响半径

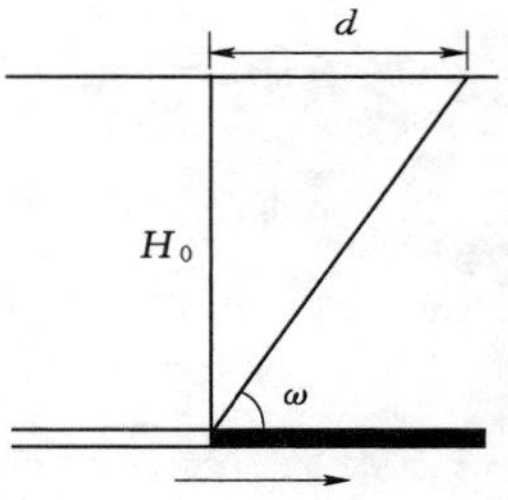

图 9-8 超前影响角

(21) 安全开采深度。随着开采深度的增加，地表移动范围愈来愈大，而地表变形值变小。当开采到某一深度后，地表变形值不超过临界变形值，对地表建（构）筑物将不产生有害影响，这一深度称为安全开采深度或称安全深度 H_A，即

$$H_A = K_A M \qquad (9-8)$$

式中：M 为矿层开采厚度；K_A 为安全开采系数。

用留设保护矿柱方法保护地面建筑物安全时，要考虑安全开采深度。

9.2.2 水平成层介质的单元盆地

9.2.2.1 单元盆地的下沉

如图 9-9 所示，设直角坐标系为 xyz 及 sqm。在采深为 H 处，当采出 $2s_0 \times 2q_0 \times 2m_0$ 的单元体积矿体，并肯定会引起地表点下沉时，则组成这一开采的单元体积在地表所形成的最终稳定盆地称为单元下沉盆地。

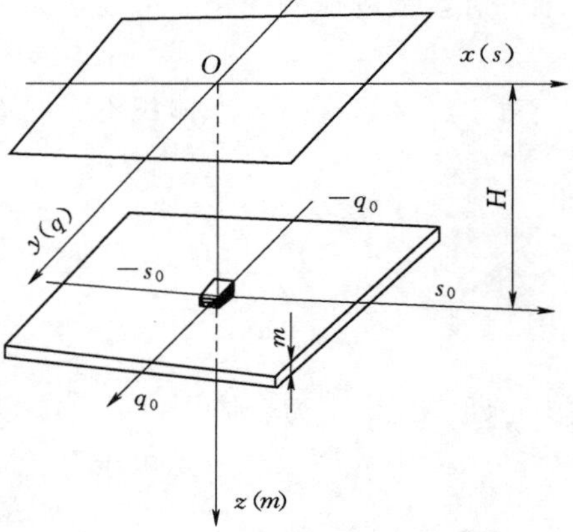

图 9-9 地表点及开采空间

在三维问题中，地下（x_0，y_0，z_0）处开采使地表点 $A(x, y, z)$ 附近某一小块面积 ds 发生下沉的概率为

$$p(\mathrm{d}s)=\delta(x,y,z)\mathrm{d}s=p^2\exp[-h^2(x^2+y^2)]\mathrm{d}s \tag{9-9}$$

表明 z_0 的开采影响以随机方式传至 z 水平上时，在 z 水平上的随机分布。由此可得顶板下沉盆地的表达式为

$$W(x,y,z)\mathrm{d}s=p^2\exp[-h^2(x^2+y^2)]W(x_0,y_0,z_0)\Delta s_0 \tag{9-10}$$

令开采面积 $\Delta s_0=1$，采高 $W(x_0,y_0,z_0)=1$，即为单元开采。此时，在上覆岩层中造成的下沉盆地为单元盆地 W_e，单元盆地的下沉方程为

$$W_e(x,y,z)\mathrm{d}s=p^2\exp[-h^2(x^2+y^2)] \tag{9-11}$$

由于上覆岩石是逐渐下沉，单元盆地是时间的函数，即 $W_e(x, y, z, t)$。相应地，盆地体积为

$$V_e=\int_{-\infty}^{+\infty}\int_{-\infty}^{+\infty}W_e(x,y,z,t)\mathrm{d}x\mathrm{d}y \tag{9-12}$$

若以单元体被采出瞬间为时间起算点，有

$$\begin{gathered}t=0,V_e=0\\ t\rightarrow\infty,V_e=1\end{gathered} \tag{9-13}$$

若设定 V_e 增加率与残存未压缩体积成正比，即

$$\frac{\mathrm{d}V_e}{\mathrm{d}t}=C(1-V_e) \tag{9-14}$$

则求解式（9-14）可得

$$V_e=1-e^{-ct} \tag{9-15}$$

由此可得水平成层或水平各向同性介质中，单元下沉盆地的表达式为

$$W_e(x,y,z,t)=\frac{1}{r^2(z)}(1-e^{-ct})\exp\left[-\frac{\pi}{r^2(z)}(x^2+y^2)\right] \tag{9-16}$$

式中：$r(z)$ 为主要影响半径，对整个岩层而言，$r(z)=\dfrac{\sqrt{\pi}}{h(z)}$。

9.2.2.2 单元盆地的水平移动

下沉盆地的体积变化 e 可表示为沿三个轴线方向的线应变 ε_x、ε_y、ε_z 之和，即

$$e=\varepsilon_x+\varepsilon_y+\varepsilon_z \tag{9-17}$$

对于二维情况，考虑体积不变假设

$$\varepsilon_x+\varepsilon_z=0 \tag{9-18}$$

$$\varepsilon_x=\frac{\partial U_e(x,z)}{\partial x} \tag{9-19}$$

$$\varepsilon_z=-\frac{\partial W_e(x,z)}{\partial z} \tag{9-20}$$

式中：$U_e(x, z)$ 为岩体内（x，z）点受单元开采影响产生的水平移动，简称为单元水平移动。ε_z 中的“-”号是由于 W 轴与 z 轴方向相反，则

$$\frac{\partial U_e(x,z)}{\partial x}=\frac{\partial W_e(x,z)}{\partial z} \tag{9-21}$$

可得

$$U_e(x,z)=B(z)\frac{\partial W_e(x,z)}{\partial x} \tag{9-22}$$

式（9－22）为随机介质理论模型的单元水平移动计算公式。$B(z)$ 称为水平移动系数。

对于地表来说，z 等于开采深度 H，$B(z)$ 为常数，令其为 B，则地表单元开采移动表达式为

$$U(x)=B\ \frac{\mathrm{d}W_e(x)}{\mathrm{d}x}=\frac{2\pi Bx}{r^3}\exp\left[-\pi\frac{x^2}{r^2}\right] \tag{9-23}$$

9.2.2.3 任意水平开采时地表移动与变形

图 9－9 中，$t\to\infty$时，开采单元体积在地表点所形成的最终稳定单元下沉盆地方程为

$$W_{ek}(x,y)=\frac{1}{r^2(z)}\exp\left[-\frac{\pi(x^2+y^2)}{r^2(z)}\right] \tag{9-24}$$

据此可推导大范围开采时的地表移动与变形预计公式如下：

（1）下沉。

$$W(x,y)=\frac{1}{W_{max}}\int_{-s_0}^{s_0}\frac{W_{max}}{r}\exp\left[-\frac{\pi}{r^2}(x-s)^2\right]\mathrm{d}s\int_{-q_0}^{q_0}\frac{W_{max}}{r}\exp\left[-\frac{\pi}{r^2}(y-q)^2\right]\mathrm{d}q \tag{9-25}$$

式中：W_{max}为最大最终地表可能下沉值；r 为地表主要影响半径；S_0 为沿走向 x 方向开采宽度；q_0 为沿倾向 y 方向的开采宽度的水平投影值。

（2）沿 x、y 方向及任意方向 f 的水平移动。

$$\left.\begin{aligned}
U_x(x,y)&=\frac{br}{W_{max}}\cdot\frac{W_{max}}{r}\left[\exp\frac{-\pi(x+s_0)^2}{r^2}-\exp\frac{-\pi(x-s_0)^2}{r^2}\right]\\
&\quad\frac{W_{max}}{\sqrt{\pi}}\int_{\frac{\sqrt{\pi}}{r}(y-q_0)}^{\frac{\sqrt{\pi}}{r}(y+q_0)}\exp(-\lambda^2)\mathrm{d}\lambda\\
U_y(x,y)&=\frac{br}{W_{max}}\cdot\frac{W_{max}}{r}\left[\exp\frac{-\pi(y+q_0)^2}{r^2}-\exp\frac{-\pi(y-q_0)^2}{r^2}\right]\\
&\quad\frac{W_{max}}{\sqrt{\pi}}\int_{\frac{\sqrt{\pi}}{r}(x-s_0)}^{\frac{\sqrt{\pi}}{r}(x+s_0)}\exp(-\lambda^2)\mathrm{d}\lambda\\
U_f(x,y)&=U_x\cos\phi+U_y\sin\phi
\end{aligned}\right\} \tag{9-26}$$

式中：b 为水平移动系数；φ 为任意方向 f 与走向 x 轴间夹角。

（3）沿 x、y、z 方向水平变形ε_x、ε_y、ε_ϕ 及剪切变形 γ_{xy}，最大水平变形 ε_{max}。

$$\varepsilon_x(x,y)=2\pi b\ \frac{W_{max}}{r}\left\{\frac{x+s_0}{r}\exp\left[-\pi\frac{(x+s_0)^2}{r^2}\right]-\frac{x-s_0}{r}\exp\left[-\pi\frac{(x-s_0)^2}{r^2}\right]\right\}$$

$$\frac{1}{\sqrt{\pi}}\int_{\frac{\sqrt{\pi}}{r}(y-q_0)}^{\frac{\sqrt{\pi}}{r}(y+q_0)}\exp(-\lambda^2)\mathrm{d}\lambda \tag{9-27}$$

$$\varepsilon_y(x,y)=2\pi b\ \frac{W_{max}}{r}\left\{\frac{y+q_0}{r}\exp\left[-\pi\frac{(y+q_0)^2}{r^2}\right]-\frac{y-q_0}{r}\exp\left[-\pi\frac{(y-q_0)^2}{r^2}\right]\right\}$$

$$\frac{1}{\sqrt{\pi}}\int_{\frac{\sqrt{\pi}}{r}(x-s_0)}^{\frac{\sqrt{\pi}}{r}(x+s_0)}\exp(-\lambda^2)\mathrm{d}\lambda \tag{9-28}$$

$$\gamma_{xy}(x,y)=-\frac{W_{max}h'}{\pi h}\left\{\exp\left[-\pi\frac{(x+s_0)^2}{r^2}\right]-\exp\left[-\pi\frac{(x-s_0)^2}{r^2}\right]\right\}$$

$$\left\{\exp\left[-\pi\frac{(y+q_0)^2}{r^2}\right]-\exp\left[-\pi\frac{(y-q_0)^2}{r^2}\right]\right\} \tag{9-29}$$

$$\varepsilon_f(x,y)=\varepsilon_x\cos^2\phi+\varepsilon_y\sin^2\phi+r_{xy}\sin\phi\cos\phi \tag{9-30}$$

$$\varepsilon_{max}(x,y)=\frac{1}{2}[\varepsilon_x+\varepsilon_y\pm(\varepsilon_x-\varepsilon_y)^2+r_{xy}^2]^{\frac{1}{2}} \tag{9-31}$$

$$\varphi_{\varepsilon_{max}}=\frac{1}{2}\arctan\frac{\gamma_{xy}(x,y)}{\varepsilon_x(x,y)-\varepsilon_y(x,y)} \tag{9-32}$$

(4) 地表点倾斜 $T_x(x,\ y)$、$T_y(x,\ y)$、$T_f(x,\ y)$。

$$T_x(x,y)=\frac{1}{br}U_x(x,y) \tag{9-33}$$

$$T_y(x,y)=\frac{1}{br}U_y(x,y) \tag{9-34}$$

$$T_{max}(x,y)=(T_x^2+T_y^2)^{\frac{1}{2}} \tag{9-35}$$

$$T_f=T_x\cos\varphi+T_y\sin\varphi \tag{9-36}$$

(5) 地表点曲率 K_x、K_y。

$$\left.\begin{aligned}K_x&=\frac{1}{br}\varepsilon_x(x,y)\\K_y&=\frac{1}{br}\varepsilon_y(x,y)\end{aligned}\right\} \tag{9-37}$$

9.2.3 岩体内部的移动规律

随机介质理论在考虑岩体内部移动规律时，认为 $r(z)$ 随 z 变化。在地表 $z=0$ 处，$r(z=0)=R$ 具有最大值；在采空区顶板，$z=H$，$r(z)$ 具有最小值，且 $r(z)$ 为 z 的单调函数。

最简单的假设称地表主要影响半径 R 是开采深度 H 和表征上履岩层力学性质的主要影响角正切 $\tan\beta$ 的函数，即

$$R=\frac{H}{\tan\beta} \tag{9-38}$$

因此，岩体内部的主要影响半径为

$$r(z)=\frac{H-z}{\tan\beta_z} \tag{9-39}$$

式中，分子 $H-z$ 是 z 的线性函数，若 $\tan\beta_z$ 为常数，则 $r(z)$ 也为 z 的线性函数，即岩体内部的主要影响半径 $r(z)$ 在岩体内部随 z 呈线性变化。但由于在整个厚度为 H 的岩层内，其各个组分的岩性总是复杂多变的，故岩层内部主要影响范围角正切 $\tan\beta_z$ 也是变

化的，并为厚度与采深的相对比值$\frac{H}{H-z}$及岩石力学性质参数的函数，一般情况下，取

$$\tan\beta_z=\left(\frac{H}{H-z}\right)^{n-1}\tan\beta \tag{9-40}$$

式中：n 为与岩层力学性质有关的参数，称为主要影响半径指数。

$$n=-2\pi b\tan\beta \tag{9-41}$$

即由地表水平移动系数 b 及地表主要影响范围角的正切决定，负号表示指数 n 与 b 取相反的符号，如图 9-10 所示。

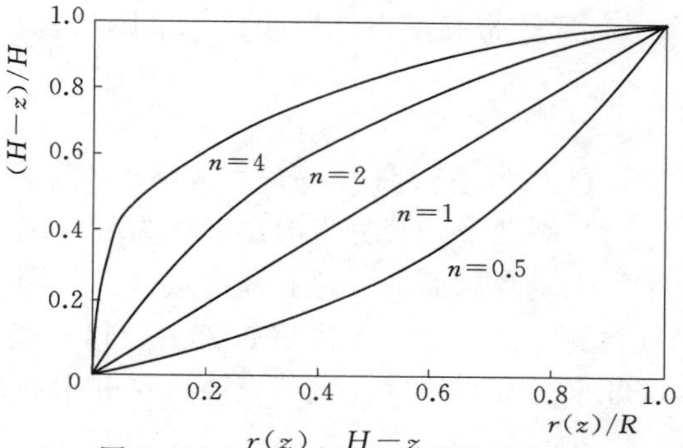

图 9-10　$\frac{r(z)}{R}$与$\frac{H-z}{H}$的关系曲线

当 $n=1$ 时，开采主要影响半径在岩体内部呈线性变化。

当 $n>1$ 时，$\tan\beta(z)>\tan\beta$，主要影响范围的边界在岩体内呈向上凸的曲线。

当 $n<1$ 时，$\tan\beta(z)<\tan\beta$，主要影响范围的边界在岩体内呈向下凹的曲线。

由此，岩体内部的水平移动系数 $b(z)$ 为

$$b(z)=\frac{r(z)}{2\pi}=-\frac{n}{2\pi}\frac{R}{H}\left(\frac{H}{H-z}\right)^{n-1}=b\left(\frac{H-z}{H}\right)^{n-1} \tag{9-42}$$

根据 $r(z)$、$b(z)$ 值可以获得岩体内部相应的计算公式。

9.2.3.1　岩层移动形式与分带

地下矿体采出后，岩体内部形成空洞，打破围岩原始应力平衡，导致应力重分布，并达到新的平衡（图 9-1），这是十分复杂的物理力学变化过程，也是岩层移动和破坏的过程，该过程和现象称为岩层移动。由于地下开采直接破坏上覆岩层，进而使破坏力传递至地表，导致地表移动与变形，形成移动盆地，产生裂缝、台阶和塌陷坑，从而影响地表建（构）筑物。

围岩应力超过其极限强度时，将发生移动、弯曲、开裂、断裂、冒落，最终形成“三带”（图 9-2）。顶板在自重应力和上覆岩层的作用下，向空区方向弯曲，产生拉伸变形，当拉伸变形超过岩石极限强度时，直接顶板岩层与上覆岩层分离，进而冒落；直接顶的冒落，影响上覆岩层跟着向空区方向移动，不同岩层下沉速度不同，导致岩层离层，两侧岩石的挤压作用，使岩层产生裂缝，最终破裂；裂缝上方岩层下沉速度相对较小，岩层出现数量不多的微小裂缝，基本保持岩层的连续性和层状结构。

（1）冒落带。在回采后顶板放顶出现，老顶岩石的似弹性弯曲是宏观和微观所引起的滑动，沿岩层中黏结性减弱的岩层面出现，岩石的摩擦系数和剪切力较大，使滑动面受较大摩擦阻力，每当裂缝中外力超过摩擦力和咬合力时，产生一次滑动，最终形成新的应力平衡。其特点主要有 3 个方面。

1）随岩层冒落，刚开始由于冒落高度比较大，特别在倾斜煤层开采时无规律的填充采空区，接着，由于冒落高度降低使冒落岩石移动空间减少，形成规则冒落。因此，将冒

落带分为不规则冒落和规则冒落。一般规则冒落位于不规则冒落上方，岩层基本保持原来层次；而不规则冒落则失去原来的层位，靠近煤层或者倾斜开采时靠近煤壁附近，岩石破碎、堆积紊乱。

2）岩层具有破胀性，冒落岩石空隙较大，使冒落后岩石比冒落前的体积大，因此才能使冒落自动停止；由于冒落带具有空隙，随时间延续，空隙被上覆岩石压实，直到达到新的平衡状态。

3）冒落带高度由岩层倾角、采厚和岩石碎胀系数决定，计算公式为

$$H=\frac{m}{(k-1)\cos\alpha} \tag{9-43}$$

式中：H 为冒落带高度；m 为采厚；k 为岩石的碎胀系数；α 为煤层倾角。

（2）裂缝带。裂缝带岩层产生裂缝、离层及断裂，但仍保持原有层状结构。裂缝带内岩层发生垂直层面的裂缝和断裂，并产生顺层理面的离层断裂。一般将裂缝带分为 3 种：严重裂缝带部分、一般裂缝带部分、微小裂缝带部分。冒落带与裂缝带的高度与覆岩岩性、开采层数、采厚相关。近似水平开采和缓倾斜开采时，可计算为

$$H=10\sum m+20 \tag{9-44}$$

式中：H 为冒落带、裂缝带高度，m；$\sum m$ 为煤层开采总厚度，m。

（3）弯曲带。其高度主要受采深影响。当采深较浅时，裂缝带直接贯通地表，不存在弯曲带，地表产生较大变形；当采深较大时，裂缝带不会达到地表，弯曲带高度一般大于冒落带和裂缝带的总和，通常采深越大地表受影响越小。

9.2.3.2 影响岩层移动的主要因素

（1）覆岩物理力学性质。当覆岩不存在极坚硬岩层时，开采易冒落，矿层顶板覆岩随采随冒，不形成悬顶，冒落岩块支撑，发生弯曲、下沉和变形直达地表，并产生"三带"，地表缓慢连续变形；覆岩均为厚层极坚硬岩层，开采后形成悬顶，发生弯曲而不冒落，地表缓慢连续变形；当覆岩中存在大多数极坚硬岩层、矿层顶板大面积暴露、矿柱支撑强度不够时，覆岩产生切冒型变形，地表产生突然塌陷的非连续变形；当覆岩中一定位置存在厚层极坚硬岩层时，采空区顶板局部或大面积暴露后发生冒落，但冒落发展到该坚硬岩层时便形成悬顶，不再发展到地表。覆岩产生拱冒型变形，地表缓慢连续变形；当覆岩均为极软弱岩层（如泥岩、页岩或第四系土层等）时，顶板即使小面积暴露，也会局部沿直线向发生冒落并直达地表，形成漏斗状塌陷坑；当倾斜煤层开采时，如果顶底板岩层坚硬，回采后顶板不冒落，而采空区上方残留煤层沿底板软弱岩层形成滑脱面冒落和下滑，地表煤层露头处出现塌陷坑，如果顶板为坚硬岩层，底板为软弱岩层，则底板岩层易产生滑移，地表变形集中于底板一侧，如果顶底板之间在软弱层或夹层，则岩层与地表变形集中在软弱夹层处，此时地表变形沿软弱层面形成台阶状下沉盆地，而位于软弱夹层露头处的地面呈整体移动，如果采空区顶底板均为软弱岩层，回采后冒落岩石充填采空区，阻止采空区上方煤层的冒落和下滑，避免塌陷坑出现。

上覆岩层力学性质是影响地表最大下沉值的主要因素之一，其中：①覆岩层为坚硬岩石，岩层弯曲下沉产生离层、裂缝，随采空区扩大，岩层及地表下沉逐渐稳定后，离层、裂缝虽能逐渐减少，但不能完全消失，在其他条件相同情况下，上覆岩层坚硬时地表最大

下沉值小于岩层软弱时最大下沉值；②移动盆地下沉曲线的形状主要取决于下沉曲线拐点位置，而拐点位置与岩性有关，顶板岩性越硬，悬顶距越大，地表下沉曲线的拐点越偏向采空区一侧。

（2）地层倾角。不同地层倾角导致地表移动盆地特征不同。水平煤层移动盆地中心与采空区中心一致，盆地的平地部分位于采空区中部正上方，地表移动盆地形状与采空区对称，如果采空区形状为矩形，则移动盆地平面形状为椭圆形；移动盆地在外边缘区分界的正上方或略有偏离；倾斜煤层，在倾斜方向上，移动盆地中心偏向采空区下山方向，与采空区中心不重合，移动盆地与采空区的相对位置，在走向方向上对称于倾斜中心线，而在倾斜方向上不对称，煤层倾角越大，不对称越明显，移动盆地的上山方面较陡，移动范围小；下山方面较缓，移动范围较大；急倾斜煤层，形状不对称更加明显，工作面下边界上方开采影响达到开采范围以外很远，移动盆地明显偏向下山方向；最大下沉值不在采空区中心正上方，而在采空区下边界；地表的最大水平移动值大于最大下沉值。

（3）地表移动参数。其变化与倾角有关，随着煤层倾角增大，地表移动盆地在采空区下山方向扩展更远，采空区下边界的移动角和边界角减小，即

$$\beta=90°-k_{\beta}\alpha \tag{9-45}$$

式中：k_{β} 为系数，随矿区岩石强度增大而增大。当倾角大于 60°～70°时，β 不再随倾角增大。

煤层倾角对上山移动角影响不大，随煤层倾角的增加，最大下沉角 θ 减小，即：

$$\theta=90°-k_{\theta}\alpha \tag{9-46}$$

式中：k_{θ} 为系数，与岩性有关。当倾角大于 60°～70°时，最大下沉角 θ 值不随煤层倾角的增加而减小，而是随煤层倾角的增加而增加，但不大于 90°。在急倾斜煤层开采时，地表最大下沉点位于采空区下边界正上方附近。随着煤层倾角增大，上山方向水平移动值将增大。煤层倾角影响最大，水平移动值相对于最大下沉值变化。在水平或者缓倾斜开采时，最大水平移动为最大下沉的 0.3～0.4 倍。急倾斜开采时，地表最大移动值可能大于最大下沉值。

（4）开采厚度与开采深度。移动变形与采厚成正比。开采厚度越大，冒落带、导水裂缝带高度越大，地表移动变形值也越大，移动过程表现越剧烈。随开采深度增加，地表各项变形值减小，地表移动盆地变得平缓，当其他条件相同时，地表各项变形值与采深成反比。开采深度对地表移动速度和移动时间影响较大，当 $H<50$m 时，地表移动时间仅 2～3 个月；当 $H=500$～600m 时，地表移动时间可达 2～3 年。地表最大下沉速度与开采深度成反比。一般用深厚比作为衡量开采条件对地表沉陷影响的粗略估计指标，深厚比越大，地表移动变形值越小，移动和变形就越平缓，反之，地表出现大裂缝、台状断裂，甚至出现塌陷坑。采深与采厚比大于 40（即 $H/M>40$）时，地层中没有较大断裂破坏情况下，当煤层采出一定面积后，引起岩体移动并波及地表，在空间和时间上具有明显连续性和分布规律，常表现为地表移动盆地；采深与采厚比小于 40（即 $H/M<40$）时，地表会引起剧烈变形，采空塌陷区上方地表常形成较大裂缝和塌陷坑。

（5）顶板管理方法。影响围岩应力变化、岩层移动、覆岩破坏的主要因素。不同顶板管理方法，反映到地表移动变形量及沉降变形延续时间不同。

(6) 采空区规模。决定地表移动充分程度、移动盆地形状和地表移动变形分布。采动程度分为非充分采动、充分采动、超充分采动，采动程度对地表移动盆地影响见表 9-1。

表 9-1　　采动程度对地表移动盆地的影响

采动程度	非充分采动		充分采动	超充分采动
	双向未达到临界尺寸	单向未达到临界尺寸		
开采情况	采空区尺寸在长度方向和宽度方向均未达到相应地质采矿条件下的临界开采尺寸	采空区尺寸仅在长度方向达到或超过临界尺寸	采空区尺寸在长度和宽度方向都达到临界开采尺寸	采空区尺寸在长度和宽度方向都超过临界开采尺寸
地表移动盆地特征	地表移动盆地呈碗形，移动盆地内所以点均未达到最大下沉值，地表移动盆地的中间区尚未形成	地表移动盆地呈槽形，其长轴方向与采空区长边方向平行，盆地内所有点均未达到最大下沉值，地表移动盆地中间未形成	地表移动盆地呈碗形，仅盆地正中央达到最大下沉值，盆地中间区未形成	为标准的地表移动盆地，呈盘形，形成了中间区、两边缘区及外边缘区

一般用充分采动系数 η_1 和 η_2 衡量充分采动程度，即

$$\eta_1 = k_1 d_1 / h_0, \eta_2 = k_2 d_2 / h_0$$

式中：k_1、k_2 为采动系数，与地质采矿因素相关；d_1、d_2 分别为采空区沿走向及沿倾斜方向的长度；h_0 为平均开采深度。

当 η_1 和 η_2 等于 1，地表达到充分采动；大于 1 为超充分采动；小于 1 为非充分采动。

(7) 重复采动。上部煤层开采后，在开采下部煤层或同一煤层开采下一工作面时，岩层及地表移动过程比初次移动剧烈，地表下沉大，地表移动速度加大，移动总时间缩短，移动范围扩大，非连续的破坏增加，经受初次开采破坏的岩土进一步破碎。复采与初采相比边界角减小 5°～10°，移动角减小 10°～15°。

(8) 水文地质条件。上覆岩层为较坚硬的岩石，岩层内含水量对物理力学性质无影响。但为软弱岩层及松散岩层时，层内含水量对其物理力学性质有明显影响。如泥质页岩遇水后塑性增大，在移动过程中不易产生裂隙或断裂；冲积岩内含水较多，疏干后，地表下沉增大且移动范围扩大。

(9) 断层。位于采空区或其周边位置的断层倾角、大小、断层面强度等决定断层对岩层地表移动的影响程度。岩层在移动过程中遇到断层后，沿断层层面移动，一直发展到地表断层露头处，并在露头处地表移动与变形剧烈，常产生裂缝，有时甚至产生台阶状大裂缝，而露头处以外地表移动突然减小，导致地表移动范围减小。因此，露头处建筑物将遭受严重影响，露头外建筑物则影响轻微。

(10) 地势。地势平坦，地表产生沉陷盆地、裂隙及裂缝、陷落坑等；山区地表移动特征复杂，与地形起伏、地质等因素密切相关。

(11) 松散层。松散层对地表移动影响大，特别是对水平变形和水平移动分布规律影响明显。岩基下沉引起松散层下沉，使松散层产生弯曲形式而移动。

(12) 地质构造应力。大部分煤矿都是自重应力矿型山，当矿区构造应力显著时，构造应力会改变地表沉陷盆地形状，使沉陷盆地范围急剧扩大。随着开采深度增加，构造应力也随之增大，下沉盆地最大下沉值显著减小。

9.2.4 地表移动规律

(1) 移动盆地。地下开采波及到地表，使得岩层向采空区方向移动，地表形成比采空区面积大的沉陷区，即下沉盆地。开采上方地表最初为凹地，随着工作面前移，凹地不断发展，最终形成移动盆地。移动盆地一般比采空区面积大，其位置、形状和矿层倾角大小有关。倾角很小时，移动盆地两侧对称，当倾角比较大时，呈非对称，盆地中心一般偏向下山方向。常见的盆地有槽型和碟形（图 9-11）。

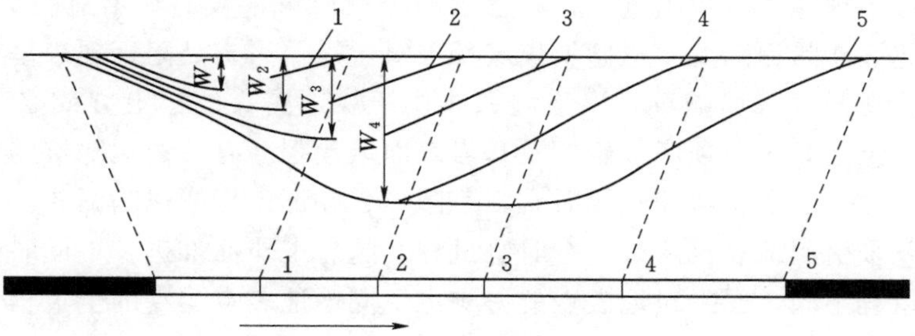

图 9-11 移动盆地的移动变形

按地表移动运动方向，开采沉陷的地表可分为垂直移动和水平移动；按地表变形方式不同可分为倾斜、弯曲、和水平变形（伸张或压缩）；根据地表变形值的大小和变形特征，自移动盆地中心向边缘分为均匀中间区、移动区、轻微变形区三区，具体特征如下：

1）中间区：开采未达到充分开采时，采空区中部水平和垂直变形变化发展很快，且不均匀；当开采达到充分后，移动盆地形成平底，该区初具规模，区内地表运动以下沉为主，且下沉较均匀，地面平坦，一般无明显裂缝。

2）移动区（危险变形区）：区内地表下沉不均匀，垂直移动和水平移动强烈，倾斜、弯曲和水平伸张变形很大，该区地表常出现裂隙、裂缝，形状与采空区边缘有关，常见有条形、弧形。

3）轻微变形区：地表变形值很小，通常下沉 10mm 以外的部分，一般对路基无损害作用。

移动盆地导致建（构）筑物开裂、倾斜；管道破裂，道路横坡度改变、路面开裂或断裂，河流流向改变导致生态环境变化等，在南方地区，降雨量大，移动盆地长期积水影响土地使用。

(2) 地表裂缝及台阶。开采缓倾斜、中倾斜矿层时，移动盆地外边缘拉伸变形区产生裂缝，裂缝深度、宽度和第四系松散层厚度、性质有关。塑性大的黏土、黏土质砂或岩石，地表拉伸变形达到 6～10mm/m 时，地表产生平行于工作面边界的裂缝，但推进工作面前方地表可能出现平行于工作面的裂缝，这种裂缝深度宽度较小，随工作面推进先张开后闭合。裂缝如楔形，上口大，越往深处越小，裂缝一般在地面以下 5m 尖灭，个别裂缝深度达到 10m。较大裂缝两侧地表，往往有一定落差。落差大小取决于地表剧烈程度，即与采厚、采深、顶板管理方法等因素有关。当煤系地层覆盖有水砂层的厚松散层或地表下沉值较大时，地表移动盆地的边缘可能产生一系列类似地堑式的张口裂缝。相邻两条张口裂缝发展到一定宽度和深度后，中间的土层下陷而造成中间低、两侧高的地堑式裂缝。裂缝边界上的房子因为开裂而无法使用，道路出现大型裂缝，河流流入裂缝而导致下游断流，煤矿出现大量积水，最终由于岩层遇水强度降低而垮塌等。急倾斜条件下松散层较薄时，地表出现裂缝或台阶。

(3) 塌陷坑。一般出现在急倾斜煤层。开采浅部缓倾斜煤倾斜煤层时，地表发生非连续破坏，也可能出现漏斗状塌陷坑。在采深很小或采厚很大情况下，用房柱采煤，使覆岩破坏高度不一致，也会产生漏斗状塌陷坑。采深很小、采厚很大的长壁式开采，若采厚不一致，地表可能出现漏斗状塌陷坑；在有含水的松散层下采煤时，不适当提高回采上限，也会在地表引起漏斗状塌陷坑；急倾斜煤层开采时，煤层露头处附近地表呈现严重的非连续破坏，往往出现漏斗状塌陷坑，塌陷坑大体位于煤层露头的正上方或略微偏离露头位置，偏离距离与煤层倾角、顶底板岩性及基岩表面风化程度有关。塌陷坑的形状取决于松散层的性质和厚度。松散层覆盖较厚时，多呈圆形、井形、坛式塌陷漏斗。

地下煤层开采引起地表沉陷是一个时空过程。随着工作面推进，不同时间回采工作面与地表点相对位置不同，开采对地表点的影响也不同，地表点运动的全过程是：静止—开始运动—剧烈运动—静止。

9.2.4.1 地表沉降

走向主断面面上，一般初次采动时，启动距约 $H/4 \sim H/2$（H 为平均开采深度）地表点才开始移动，地表下沉是以观测地表点下沉 10mm 为标准。图 9-12 可知，工作面前方地表受超前影响而下沉。

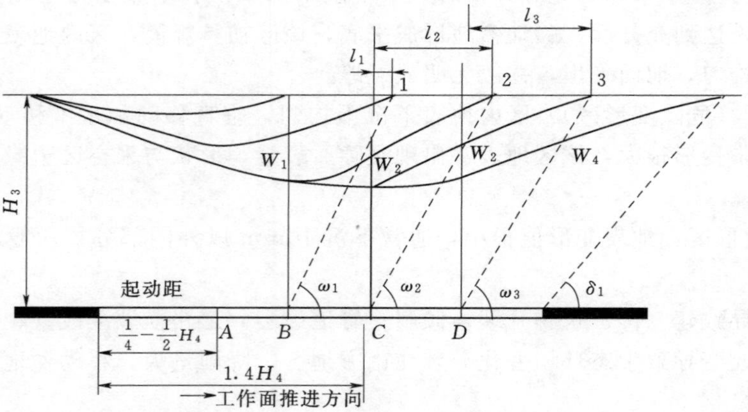

图 9-12 工作面推进过程地表沉降规律

下沉速度曲线的变化是：开始小—逐渐增大—达到最大值—逐渐减小—静止。下沉在时空上是连续、渐变的，最大下沉速度与覆岩性质、推进速度、深厚比、采动程度有关；覆岩性质越软、推进速度越大、深厚比越小，则下沉速度越大，重复采动时最大下沉速度比初次采动大；一般经历 3 个阶段。

(1) 下沉量 10mm 时为移动开始阶段，达到 50mm/月时结束。

(2) 活跃阶段：下沉速度大于 50mm/月的阶段，也称危险阶段，下沉量占总量的

85%以上。

(3) 衰退阶段：下沉速度小于 50mm/月开始，至 6 个月内地表下沉累积不超过 30mm 时结束。

9.2.4.2 水平移动与变形

非充分采动时，随工作面的推进，水平移动增加；充分采动时，固定边界上方水平移动趋于稳定，水平移动值为 0 的点不再向前移动；超充分采动时，水平移动值为 0 的区域扩大，最大水平移动值基本相等，当工作面停采后，最大水平移动值仍继续增加，直到地表稳定。

固定边界上方地表最大正曲率由小到大逐渐增加，至稳定时达到最大；最大负曲率由小到大逐渐增加，然后又由大变小至充分采动时达到固定值。工作面推进过程中，边界上方地表的最大正曲率，在充分采动时由小到大逐渐增加到固定值。充分采动，盆地内出现两个负曲率，盆地中心点曲率为 0；超充分采动，曲率曲线随工作面推进而均匀向前移动，曲线形状基本相似，最大正负曲率基本相同，曲率变形为 0 区域不断扩大，工作面停采后，工作面上方的地表曲率变形曲线仍继续向前移动一段距离，最大曲率值仍然增大，直到地表移动达到稳定。充分采动时，工作面推进前方地表最大曲率变形值小于移动稳定后的地表最大曲率变形值。地表还没达到充分采动时，在开切眼附近地表最大负曲率变形值的绝对值大于稳定后的最大负曲率变形的绝对值。

移动盆地的移动和变形规律与煤层倾角、开采厚度、开采深度、采区尺寸、采煤方法、顶板管理方法、松散层厚度等因素有关，采动程度和煤层倾角为主要因素。

1. 水平非充分采动主断面的变形规律

(1) 下沉曲线。最大下沉点位于采空区中央正上方，自盆地中心至盆地边缘下沉值逐渐减小边界点下沉值为零，拐点在工作面开采边界正上方略偏向采空区一侧，地表达到充分采动时，拐点处的下沉值约为最大值的一半（图 9-13）。

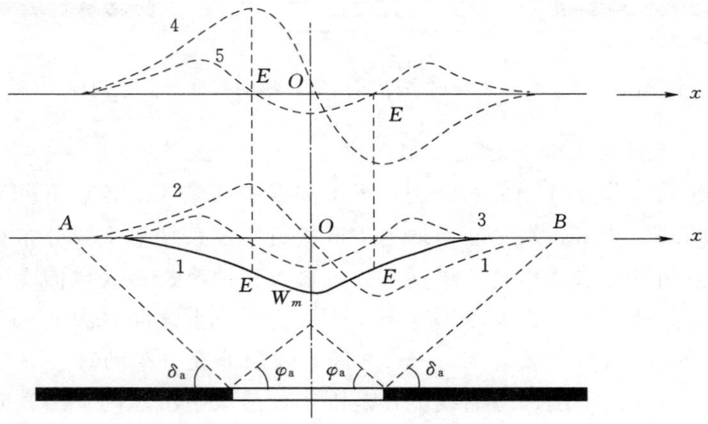

图 9-13　非充分采动时主断面内地表移动和变形分布规律

1—下沉曲率；2—倾斜曲线；3—曲率曲线；4—水平移动曲率；5—水平变形曲线确

(2) 倾斜曲线。盆地边界点到拐点间倾斜渐增，拐点至最大下沉点间倾斜减小，在最大下沉点处倾斜为零。拐点处倾斜最大，并有两个方向的最大倾斜。

(3) 曲率曲线。有 3 个极值，两个相等的正极值和一个负极值，正极值位于边界点和拐点之间，负极值位于最大下沉点处。盆地边界点和拐点处曲率为零；盆地边缘区为正曲率，盆地中部为负曲率。

(4) 水平移动曲线。移动盆地内各点的水平移动方向都指向盆地中心，盆地边界至拐点间水平移动渐增，拐点至最大下沉点间水平移动渐减，最大下沉点处水平移动为零；在拐点处水平移动最大，有两个相反的最大水平移动值。

(5) 水平变形曲线。有 3 个极值，两个相等的正极值和一个负极值，正极值为最大拉伸值，位于边界与拐点之间，负极值为最大压缩值，位于最大下沉点处；盆地边界点和拐点处水平变形为零；盆地边缘区为拉伸区，盆地中部为压缩区。

2. 水平充分采动时主断面变形规律

充分开采与非充分开采的区别：下沉曲线达到最大下沉值；倾斜、水平移动曲线没明显变化；最大下沉点处水平变形和曲率变形值均等于零；盆地中心区域出现两个最大负曲率及两个压缩变形值，位于拐点和最大下沉点之间（图 9-14）。

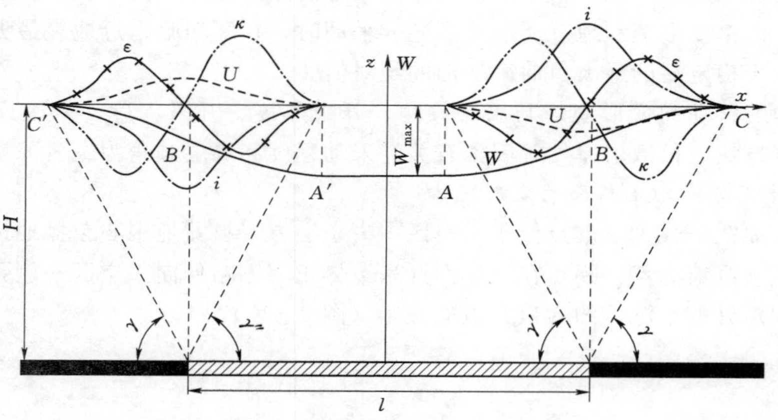

图 9-14 充分采动时主断面内地表移动和变形分布规律

3. 水平超充分开采时主断面移动变形规律

地表超充分开采与非充分开采的区别：下沉曲线中部平底上各点下沉值相等，且达到最大值；平底内倾斜、曲率、水平变形均为零或接近于零；变形主要分布在采空区边界上方附近；最大倾斜和最大水平移动位于拐点处；最大正曲率、最大拉伸变形位于拐点和盆地边界点之间；最大负曲率、最大压缩变形位于最大下沉点之间（图 9-15）。

如图 9-16 所示，倾斜（倾角 15°～55°之间）煤层非充分采动时，下沉曲线失去对称性，上山部分下沉曲线比下山部分曲线陡，范围小，最大下沉点向下山方向偏离，曲线两个拐点对称，偏向下山方向，随下沉曲线变化，倾斜曲线和曲率曲线也相应发生变化。水平移动曲线：倾斜煤层开采，随煤层倾角的增加，指向上山方向的移动值增大，指向下山方向的移动值减小；水平变形曲线：最大拉伸变形在下山方向，最大压缩变形在上山方向，水平变形为零的点与最大水平移动点重合。

急倾斜（倾角＞55°）非充分采动时，下沉盆地非对称性十分明显，下山方向的影响

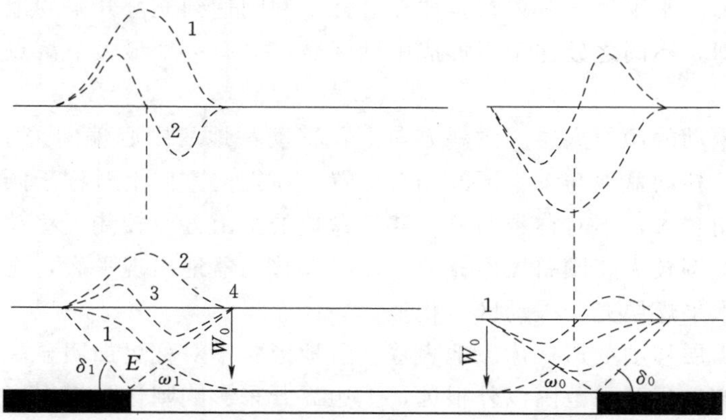

图 9-15　水平煤层超充分采动时主断面内移动变形分布规律

范围远远大于上山方向。随倾角增加，倾斜剖面形状由对称的碗形逐渐变为非对称的瓢形，最大下沉点位置逐渐移向上山方向，当接近 90°时，下沉盆地剖面转为较对称的碗形或兜形，在煤层露头上方，最大下沉值随回采高度的增加而增大。松散层薄时，只出现指向上山方向的水平移动。

当开采厚度大，开采深度小，煤层顶底板坚硬而煤质较软时，采空区上方煤层沿煤层底板滑落，使地表煤层露头处出现塌陷坑，如图 9-17 所示。

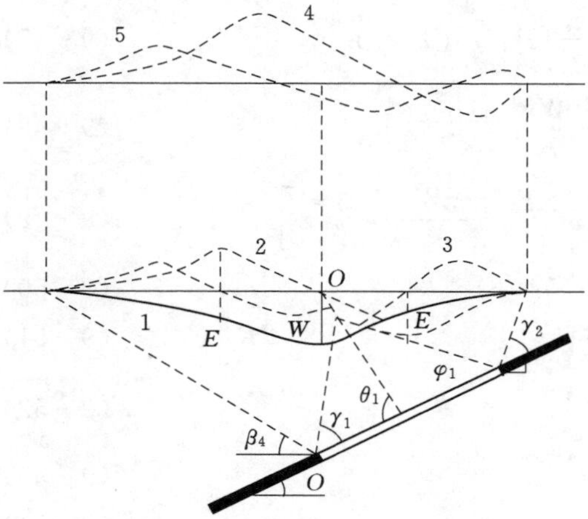

图 9-16　倾斜煤层非充分采动时
主断面内地表移动变形分布规律

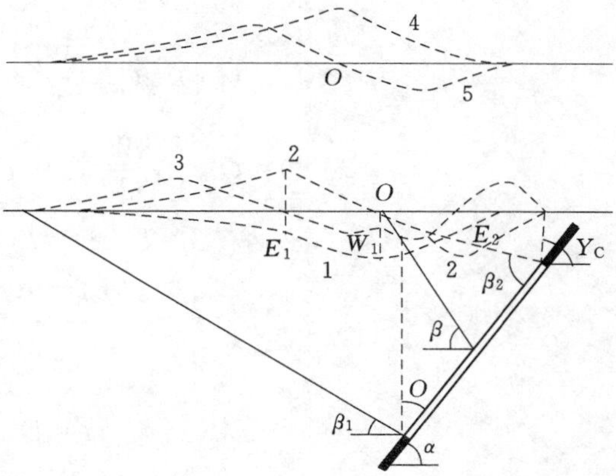

图 9-17　急倾斜煤层非充分采动时
主断面内移动变形分布规律

9.2.4.3　采空区移动盆地变形规律

地表移动盆地的范围远大于采空区范围，移动盆地的形状取决于采空区的形状和煤层倾角。

(1) 水平开采。移动盆地位于采空区的正上方，盆地的中心与采空区中心一致，盆地的平底部分位于采空区中部的正上方。地表移动盆地形状采空区中心对称。形状为矩形时，移动盆地的平面形状为椭圆形。移动盆地内外边缘的分界点，大致位于采空区边界的正上方或略有偏离。水平煤层开采时，非充分开采和刚达到充分开采的地表移动盆地特点和超充分开采相似，不同之处在于不形成中性区域，只有一个最大下沉点，且位于采空区中心正上方。

（2）非充分采动的倾斜煤层。倾斜方向上，移动盆地的中心偏向采空区的下山方向，与采空区不重合。移动盆地与采空区的相对位置，在走向方向上对称于倾斜中心线，倾斜方向不对称，倾角越大，不对称越明显。移动盆地的上山方面较陡，移动范围较小；下山方面较缓，移动范围较大。倾斜煤层充分采动时，移动盆地出现平底，充分采动区内的移动和变形特点与水平煤层充分采动区内相似。

（3）急倾斜煤层移动变形规律。地表移动盆地形状不对称更加明显。工作面下边界上方地表的开采影响达到开采范围以外很远；上边界开采影响则达到煤层底板岩层。整个移动盆地偏向煤层下山方向。最大下沉值大致出现在采空区下边界上方；地表最大水平移动值大于最大下沉值。

9.2.5 地表最终移动和变形值计算

概率积分法又称随机介质理论法，主要有2个移动指标（下沉、水平移动）和3个变形指标（倾斜、曲率和水平变形）。采空区的采动程度不同，采用概率积分法预计其移动变形值公式也不同。倾斜方向和走向均开采有限时，主断面上的移动变形计算公式如下：

（1）沿走向方向。

$$W(x)=C_{ym}\frac{W_0}{2}\left\{\mathrm{erf}\left(\frac{\pi^{\frac{1}{2}}}{r_3}x\right)-\mathrm{erf}\left[\frac{\pi^{\frac{1}{2}}}{r_4}(x-l)\right]\right\} \tag{9-47}$$

$$i(x)=C_{ym}\left(\frac{W_0}{r_3}e^{\frac{-\pi\times x}{r_3}}-\frac{W_0}{r_4}e^{\frac{-\pi\times(x-l)^2}{r_4}}\right) \tag{9-48}$$

$$k(x)=C_{ym}\left[\frac{2\pi W_0}{r_4^3}(x-l)e^{\frac{-\pi\times(x-l)^2}{r_4^2}}-\frac{2\pi W_0}{r_3^3}xe^{\frac{-\pi\times x^2}{r_3^2}}\right] \tag{9-49}$$

$$U(x)=b(r_3-r_4)i(x) \tag{9-50}$$

$$\varepsilon(x)=b(r_3-r_4)k(x) \tag{9-51}$$

$$C_{ym}=\frac{W_{ym}}{W_0} \tag{9-52}$$

$$l=D_3-s_3-s_4 \tag{9-53}$$

$$W_0=mq\cos\alpha \tag{9-54}$$

式中：x 为走向主断面上距离采空区开采边界 x 米处地表点的下沉值的点，m；$W(x)$ 为 x 处地表点的下沉值，mm；$i(x)$ 为 x 处地表点的倾斜，mm/m；$k(x)$ 为 x 处地表点的曲率值，mm/m^2；$U(x)$ 为 x 处地表点的水平移动值，mm；$\varepsilon(x)$ 为 x 处地表点的水平变形值，mm/m；C_{ym} 为倾向方向采动程度系数；W_{ym} 为倾向主断面上的最大下沉值，mm；r_3、r_4 分别为采空区左侧、右侧的影响半径，m；m 为采出煤层厚度，mm；q 为最终下沉系数；α 为煤层倾角，（°）；b 为水平移动系数；l 为走向有限开采时的计算长度，mm；D_3 为工作面走向长度，m；s_3、s_4 为左右边界的拐点偏距，m；b、q 为参考相似地质条件的实测值进行取值。

(2) 沿倾斜方向。

将 x 用 y 代替，l 用 L 代替，C_{ym} 用 C_{xm} 代替，r_1、r_2 代替 r_3、r_4，可得到 $W(y)$、$i(y)$、$k(y)$。

$$L=(D_1-s_1-s_2)\frac{\sin(\theta_0+\alpha)}{\sin\theta_0} \tag{9-55}$$

$$C_{xm}=\frac{W_{mx}}{W_0} \tag{9-56}$$

式中：y 为倾向主断面上距离采空区开采边界 y 处地表点的下沉值；$W(y)$ 为 y 处地表点的下沉值，mm；$i(y)$ 为 y 处地表点的倾斜，mm/m；$k(y)$ 为 y 处地表点的曲率值，mm/m²；C_{xm} 为走向方向的采动程度系数；W_{mx} 为走向主断面上的最大下沉值，mm；θ_0 为最大下沉角，(°)；L 为倾斜工作面计算长度，m；D_1 为工作面倾向斜长，m；r_1、r_2 分别为下山、上山方向影响半径，m。

$$U(y)=b_1W_0e^{-\pi\frac{y^2}{r_1^2}}+W(y)\mathrm{ctg}\theta_0-b_2W_0e^{-\pi\frac{(y-L)^2}{r_2^2}} \tag{9-57}$$

$$\varepsilon(y)=-\frac{2\pi b_1W_0}{r_1^2}ye^{-\pi\frac{y^2}{r_1^2}}+i(y)\mathrm{ctg}\theta_0+\frac{2\pi b_2W_0}{r_2^2}(y-L)e^{-\pi\frac{(y-L)^2}{r_2^2}} \tag{9-58}$$

式中：$U(y)$ 为 y 处地表点的水平移动值，mm；$\varepsilon(y)$ 为 y 处地表点的水平变形值，mm/m；D_1 为工作面倾向斜长，m；s_1 为上山边界的拐点偏距，m；s_2 为下山边界的拐点偏距，m；b_1、b_2 为下山和上山方向水平移动系数。

当走向方向达到充分采动、倾向方向开采不充分，计算倾向方向主断面各点变形时，$C_{xm}=1$；当倾向方向达到开采充分、走向方向开采不充分，计算走向方向主断面各点变形时，$C_{ym}=1$；当走向方向、倾向方向都达到充分采动，计算主断面各点变形时，$C_{ym}=1$，$C_{xm}=1$。

9.2.6 地表剩余移动和变形值计算

地表剩余变形，可由地表某一时刻的剩余变形量及该时刻地表变形速度来反映。地表最终变形量减去此时地表已发生的变形量，称为剩余变形量。残余下沉系数 q_s 为

$$q_s=q-q_y \tag{9-59}$$

式中：q、q_y 分别为总下沉系数和已发生下沉的下沉系数，一般通过观测数据获得或者根据相似矿山进行预估。剩余变形量的预计，将 q_s 代替为 q，即可求出地表各点剩余变形量的大小。

一般根据岩土极限碎胀系数、开采方式及顶板管理方法，或结束时间、覆岩性质、采深等进行估算剩余变形量，也有参照相关矿区经验值进行估算。国内外对地表剩余变形量的研究大多以工程经验为主，如：对鲁尔煤田的观测，提出随时间的下沉系数，第 1 年为 0.75，第 2 年为 0.15，第 3 年为 0.05，第 4 年为 0.03，第 5 年为 0.02；对北票矿区治理采用停采时间大于 15 年的老采空区，地表残余下沉系数取 0.04，大于 5 年的老采空区取 0.12，小于 5 年的采空区取 0.3；对京福高速公路徐州绕城东段和西段采空区，取剩余变形量为 40%，富水地区取 80%；郑少高速公路采空区取剩余变形量为 40%。也有文献提

出地表残余下沉系数：工作面停采10年以上，认为没有影响；停采5～10年，地表残余下沉系数为0.02；停采2～5年，地表残余下沉系数为0.05；停采1～2年，地表残余下沉系数为0.2；正在开采和将来开采，初次开采，地表残余下沉系数0.75；重复开采，地表残余下沉系数0.83等。

综合岩土的极限碎胀系数、开采方式、顶板管理方法、工作面停采时间、覆岩性质和采深等，对上覆岩层以中硬砂岩、石灰岩和砂质页岩为主，其余为页岩、粉砂岩、致密泥灰岩等，单向抗压强度30～60MPa中硬岩层，采深大于40m少于150m，深厚比大于20，顶板放顶后，自由垮落，倾角水平或者缓倾斜煤层（0°～15°），开采层数为单层，采空区区域不存在断层及富水的复杂地质条件，开采达到充分采动的采空区地表剩余变形提出取值方案：工作面停采15年以上，认为影响极小，可不治理；停采10年以上，地表残余下沉系数为0.05或者剩余变形为8%；停采5～10年，残余下沉系数取0.15或者剩余变形为20%；停采2～5年，残余下沉系数取0.2或者剩余变形为25%；停采1～2年，残余下沉系数取0.35或者剩余变形为38%；停采大于6个月小于1年，残余下沉系数取0.65或者剩余变形为80%；停采小于6个月，正在开采或将来开采，地表残余下沉系数0.78；正在进行的重复开采，地表残余下沉系数0.88。如果采空区上覆覆岩为坚硬岩层，多层开采，富水的复杂地质条件，采深大于150m，顶板管理方式为支撑或者顶板未垮落等，应分别加大地表残余下沉系数或剩余变形量的估计。

9.2.7 地表剩余移动和变形值计算

地下开采地表的允许变形指标参照表9-2的划分标准，其中：Ⅰ级指最重要的建筑物，其损害可能带来严重的后果；Ⅱ级指一般性的工厂、火车站、水塔、大型学校、大型蓄水池、较大河床、主要铁路及隧道等；Ⅲ级指二等铁路、不大的住宅、不大的水池或蓄水池、较小的河床；Ⅳ级指无客运的次级铁路、锚固的砖结构房屋、公路、不太重要的金属结构物等。

表9-2　地表移动与变形划分标准

分类级别	倾斜/(mm/m)	水平变形/(mm/m)	曲率/(10^{-3}/m)
Ⅰ	≤2.5	≤1.5	≤50×10^{-6}
Ⅱ	≤5.0	≤3.0	≤83×10^{-6}
Ⅲ	≤10.0	≤7.0	≤166×10^{-6}
Ⅳ	≤15.0	≤9.0	≤250×10^{-6}

一些国家规定了煤矿采空区建筑物地表允许变形值，见表9-3。

表9-3　煤矿采空区建筑物地表允许变形值

矿区	水平变形 ε/(mm/m)	倾斜 i/(mm/m)	曲率 k/(10^{-3}/m)
波兰	±1.5	2.5	0.05
美国	±0.8	3.3	—
德国	±0.6	1～2	—

续表

矿区	水平变形 ε/(mm/m)	倾斜 i/(mm/m)	曲率 k/(10^{-3}/m)
日本	±0.5	—	—
英国	±1.0	水平长度绝对变化小于0.03m	
卡拉甘达	±4.0	6	0.33
顿巴斯	±2.0	4	0.05

9.3 建筑物、水体、铁路及主要井巷煤柱留设与压煤开采标准

自1955年原燃料工业部颁发《地面建筑物及主要井巷保护暂行规定》，半个多世纪来，该规定数次修订并易名。2000年以来，我国经济社会取得了长足发展，修建了大量基础设施，如高速铁路、特高压输变电线路、高压输油气水管线和高速公路等，对“三下”煤柱留设与压煤开采设计提出新要求。2017年，中华人民共和国国家安全生产监督管理总局、国家煤矿安全监察局、国家能源局、国家铁路局颁布了《建筑物、水体、铁路及主要井巷煤柱留设与压煤开采规范》（安监总煤装〔2017〕66号）。随着我国开采技术迅速发展，“三下”煤柱留设与压煤开采的采动理论和工程实践等取得了大量实测数据与创新成果。对涉及国计民生的构筑物进行保护，规范中增加了“构筑物下压煤留设与开采”与“煤矿开采沉陷区建设场地稳定性评价”内容，强调构筑物特点，明确规定高速公路、高压输电线路、水工构筑物和长输管线的煤柱留设与压煤开采；新增“沉陷区建设场地稳定性评价”，紧随煤矿开采，沉陷区作为建设场地治理力度日益增强。为更好保护重要建筑物、构筑物和铁路，将其保护等级确定为5级，增加了特级保护，并划定特级保护等级煤柱，同时规定铁路下采煤时，应当及时维修受采动影响的铁路；铁路线路监测主要内容有线路下沉量、下沉速度及纵、横向水平移动等。

9.3.1 相关规定

其中相关规定如下：

（1）对于必须留设保护煤柱的建筑物，其保护煤柱边界可以采用垂直剖面法、垂线法或者数字标高投影法设计。特级建筑物保护煤柱按边界角留设，其他建筑物保护煤柱按移动角留设。

（2）地表移动边界角按实测下沉值10mm的点确定。移动角按下列变形值的点确定：水平变形 $\varepsilon=+2$mm/m，倾斜 $i=\pm3$mm/m，曲率 $K=+0.2\times10^{-3}$/m。

（3）建筑物保护煤柱开采应当进行专门开采方案设计。建筑物受开采影响的损坏程度取决于地表变形值的大小和建筑物本身抵抗采动变形的能力。对于长度或者变形缝区段内长度不大于20m的砖混结构建筑物，其损坏等级划分见表9-4，允许地表变形值一般为水平变形 $\varepsilon=\pm2$mm/m，倾斜 $i=\pm3$mm/m，曲率 $K=\pm0.2\times10^{-3}$/m。其他结构类型的建筑物参照表9-4。

表 9-4　　砖混结构建筑物损坏等级

损坏等级	建筑物损坏程度	地表变形值			损坏分类	结构处理
		水平变形 ε /(mm/m)	倾斜 i /(mm/m)	曲率 K /(10^{-3}/m)		
Ⅰ	自然间砖墙上出现宽度 1～2mm 的裂缝	≤2.0	≤3.0	≤0.2	极轻微损坏	不修或者简单维修
	自然间砖墙上出现宽度小于 4mm 的裂缝，多条裂缝总宽度小于 10mm				轻微损坏	简单维修
Ⅱ	自然间砖墙上出现宽度小于 15mm 的裂缝，多条裂缝总宽度小于 30mm；钢筋混凝土梁、柱上裂缝小于 1/3 截面高度；梁端抽出小于 20mm；砖柱上出现水平裂缝，缝长大于 1/2 截面边长；门窗略有歪斜	≤4.0	≤6.0	≤0.4	轻度损坏	小修
Ⅲ	自然间砖墙上出现宽度小于 30mm 的裂缝，多条裂缝总宽度小于 50mm；钢筋混凝土梁、柱上裂缝长度小于 1/2 截面高度；梁端抽出小于 50mm；砖柱上出现小于 5mm 的水平错动；门窗严重变形	≤6.0	≤10.0	≤0.6	中度损坏	中修
Ⅳ	自然间砖墙上出现宽度大于 30mm 的裂缝，多条裂缝总宽度大于 50mm；梁端抽出小于 60mm；砖柱出现小于 25mm 的水平错动	>6.0	>10.0	>0.6	严重损坏	大修
	自然间砖墙上出现严重交叉裂缝、上下贯通裂缝，以及墙体严重外墙、歪斜；钢筋混凝土梁、柱裂缝沿截面贯通；梁端抽出大于 60mm；砖柱出现大于 25mm 的水平错动；有倒塌的危险				极度严重损坏	拆建

注：建筑物的损坏等级按自然间为评判对象，根据各自然间的损坏情况分别进行评判。砖混结构建筑物主要指矿区农村自建砖石和砖混结构的低层房屋。

(4) 符合下列条件之一者，建筑物压煤允许开采：

1) 预计的地表变形值小于建筑物允许地表变形值。

2) 预计的地表变形值超过建筑物允许地表变形值，但本矿区已取得试采经验，经维修能够满足安全使用要求。

3) 预计的地表变形值超过建筑物允许地表变形值，但经采取本矿区已有成功经验的开采措施和建筑物加固保护措施后，能满足安全使用要求。

(5) 符合下列条件之一者，建筑物压煤允许进行试采：

1) 预计地表变形值虽然超过建筑物允许地表变形值，但在技术上可行、经济上合理的条件下，经过对建筑物采取加固保护措施或者有效的开采措施后，能满足安全使用要求。

2) 预计的地表变形值虽然超过建筑物允许地表变形值，但国内外已有类似的建筑物和地质、开采技术条件下的成功开采经验。

3）开采的技术难度虽然较大，但试验研究成功后对于煤矿企业或者当地的工农业生产建设有较大的现实意义和指导意义。

（6）按构筑物的重要性、用途以及受开采影响引起的不同后果，将矿区范围内的构筑物保护等级分为5级（表9-5）。

表9-5　　矿区构筑物保护等级划分

保护等级	主要构筑物
特	高速公路特大型桥梁、落差超过100m的水电站坝体、大型电厂主厂房、机场跑道、重要港口、国防工程重要设施、大型水库大坝等
Ⅰ	高速公路、特高压输电线塔、大型隧道、输油（气）管道干线、矿井主要通风机房等
Ⅱ	一级公路、220kV及以上高压线塔、架空索道塔架、输水管道干线、重要河（湖、海）堤、库（河）坝、船闸等
Ⅲ	二级公路、110kV高压输电杆（塔）、移动通信基站等
Ⅳ	三级以下公路等

注：未列入表中的构筑物，依据其重要性、用途等类比其等级归属。

（7）构筑物保护煤柱开采进行专门开采方案设计，各类构筑物地表允许变形值依据构筑物抗变形能力确定。

（8）编制构筑物压煤开采方案时，对于地表下沉造成的地表积水问题，应当采取有效控制地表沉降的井下开采措施或者地面疏排水措施，保证安全。

（9）高速公路下采煤，除了满足其压煤开采或者试采相应要求外，还应满足下列条件：

1）路面采后不积水，不形成非连续变形，预计地表变形值符合《公路工程技术标准》(JTG B01—2014）规定。

2）高速公路隧道、桥梁与涵洞的预计地表变形值小于允许变形值，或者预计的地表变形值大于允许变形值，但经过维修加固能够实现高速公路安全使用要求的。

（10）开采影响区新建高速公路抗采动变形设计措施：

1）路基路面尽量采用柔性基层路面。

2）桥梁尽量选用简支梁，其跨度不宜大于30m。

3）涵洞采用箱涵或者圆管涵，不宜采用拱涵。

4）隧道需对二次衬砌切割变形缝，并对二次衬砌进行配筋。

（11）高压输电线路下采煤，除了满足其压煤开采或者试采相应要求外，还应满足下列条件：

1）塔基不出现非连续移动变形。

2）高压输电线的采后弧垂高度、张力、对地距离达到高压线运行安全要求，或者采取措施能够实现安全使用要求。

3）塔基、杆塔的预计地表变形值小于允许变形值，或者预计的地表变形值大于允许变形值，但经过维修加固能够实现安全使用要求。

（12）高压输电线路下采煤设计宜采用塔、线调整和减少地表变形相结合的技术措施。

(13) 水工构筑物下采煤，除了满足其压煤开采或者试采相应要求外，还应满足下列条件：

1) 水工构筑物满足防洪工程安全的有关规定和要求。

2) 水工构筑物的预计地表变形值小于允许变形值，或者预计的地表变形值大于允许变形值，但经过维修加固能够实现安全使用要求。

(14) 长输管线下采煤，除了满足其压煤开采或者试采相应要求外，还应满足下列条件：

1) 长输管线满足安全运行的有关规定和要求。

2) 长输管线的预计地表变形值小于允许变形值，或者预计的地表变形值大于允许变形值，但经采前开挖、采后维修加固能够实现安全使用要求。

(15) 土地复垦应当遵循“因地制宜”原则进行规划，优先复垦耕地或者其他农业用地，并积极发展生态农业。对原荒芜的土地等因地制宜确定复垦后土地的用途。

(16) 进行开采沉陷区建设场地稳定性评价时，进行下列工作：

1) 开采沉陷区采动影响和地表残余影响的移动变形计算。

2) 覆岩破坏高度与建设工程影响深度的安全性分析。

3) 地质构造稳定性及邻近开采、未来开采对其影响的分析。

4) 建设工程荷载及动荷载对采空区稳定性的影响分析。

5) 对于部分开采的采空区，分析煤柱的长期稳定性、覆岩的突陷可能性及地面载荷对其稳定性的影响。

6) 对于山区地形，进行采动坡体的稳定性分析。

7) 其他（如地表裂缝、塌陷坑、煤柱风化等）对建设场地稳定性的影响分析。

(17) 对需要进行采空区处置的建设场地，需编制单独的采空区治理设计，包括地质采矿条件、工程概况、治理的目的和范围、治理方案、工艺流程、治理标准及控制、变形监测方案等内容，治理方案经论证后实施。

(18) 对采空区治理必须进行质量检测，各项指标达到设计标准，方可进行工程建设。

(19) 对开采沉陷区的建设场地，在建设中和建设后进行场地变形监测。

9.3.2 相关名词

同时，在前述基础上，还明确定义了下列名词：

(1) 受护对象。为避免煤矿开采影响破坏而需要保护的对象。

(2) 围护带。设计保护煤柱划定地面受护对象范围时，为安全起见，沿受护对象四周所增加的带形面积。

(3) 采动滑坡。地下开采引起的山坡整体性大面积滑动或者坍塌。

(4) 采动滑移。地下开采引起的山区地表附加移动。

(5) 松散层。指第四纪、新第三纪未成岩的沉积物，如冲积层、洪积层、残积层等。

(6) 近水体。对采掘工作面涌水量可能有直接影响的水体。

(7) 防水安全煤（岩）柱。为确保近水体安全采煤而留设的煤层开采上（下）限至水体底（顶）界面之间的煤岩层区段，简称防水煤（岩）柱。

(8) 防砂安全煤（岩）柱。在松散弱含水层或固结程度差的基岩弱含水层底界面至煤层开采上限之间设计的用于防止水、砂溃入井巷的煤岩层区段，简称防砂煤（岩）柱。

(9) 防塌安全煤（岩）柱。在松散黏土层或者已疏干的松散含水层底界面至煤层开采上限之间设计的用于防止泥砂塌入采空区的煤（岩）层区段，简称防塌煤（岩）柱。

(10) 抽冒。在浅部厚煤层、急倾斜煤层及断层破碎带和基岩风化带附近采煤或者掘巷时，顶板岩层或者煤层本身在较小范围内垮落超过正常高度的现象。

(11) 切冒。当厚层极硬岩层下方采空区达到一定面积后，发生直达地表的岩层一次性突然垮落和地表塌陷的现象。

(12) 水体底界面。地表水体或者地下含水体（层）的底部界面。

(13) 开采上限。水体下采煤时用安全煤（岩）柱设计方法确定的煤层最高开采标高。

(14) 防滑煤柱。在可能发生岩层沿弱面滑移的地区，为防止或者减缓井筒、地面建筑物（构筑物）滑移而在正常保护煤柱外侧增加留设的煤层区段。

9.4 工程实例

矿山采动地表包括地下矿山的已采、在采、待采地表。采动地表利用是矿山开采沉陷学的拓广，在工矿密集区，矿山采动地表大型工业建筑利用问题突出，本节将结合工程实例加以分析，同时介绍某钻井水溶矿山地表移动监测。

9.4.1 炼钢车间采空地表建厂

某炼钢车间因长期超荷生产，隐患严重，安全生产受到威胁，被列为危险厂房，并被批准采用“移地修复”方案，即新厂房从速建成投产，期间在保证安全条件下老厂房继续使用，并未中断生产。设计过程中，发现合理厂址为崔东沟以北场地，但其地下是煤矿太子河东岸铁路桥与公路桥煤柱间开采区，并已进行过回采，且无实测地表移动资料，有关方面认为此区地表移动与变形远未稳定，尚余地表下沉量达 lm 多。因此，在已采空上方地表建厂可行性研究成为厂址方案选择关键。危迁工程包括炼钢厂房、除尘间、除尘烟囱、精整车间、铁路桥、综合楼、水池等拟建构筑物。拟建电炉炼钢车间系由四跨不等高的单层工业厂房组成，主厂房占地面积近 $30000m^2$，其中原料跨为 21m×240m，设桥式吊车 3 台；炉子跨为 21m×300m，布置 30t 电炉 4 座，变电器设施，桥式吊车 4 台；铸锭跨 21m×240m，有横向过跨铸锭车，桥式吊车 4 台；脱整模跨为 24m×240m，主要有缓冷机和脱整模设施操作区，车间内通过铁路运输线，桥式吊车 5 台；此外，主厂房内设有炉外精炼设施和预留 R＝7500mm 链铸机位置；还有烟囱、水塔、高压线塔等设施。

地层从上到下为冲积层、上白垩纪的下火峪统、上二叠纪的彩家屯统、二叠石炭纪的上柳塘统及下柳塘统、上石炭纪的黄旗统。煤层有宝砟、香段、臭砟、马砟、一接、二接、五接。表土及冲积层厚 9.41～13.17m，上覆层主要为砂岩与页岩互层。此处一层煤，走向长壁工作面回采，全冒落处理采空区。共采出 4 个空区，采厚 2.3m，倾角 3°。开采上边界采深 H_1、下边界采深 H_2、沿走向平均采深 H_{cp}、沿走向开采长 l、沿倾斜开采平距 L、煤层走向与待建厂房长轴方向夹角 φ，各块体的有关参数见表 9-6。

表 9-6　　采区相应参数值

参数	H_1 /m	H_2 /m	H_{cp} /m	l /m	L /m	φ /(°)
块体Ⅰ	759	794	776	96	151	−62
块体Ⅱ	795	799	797	61	144	−18

对最终稳定的地表移动与变形值按随机介质理论矿山地表移动三维问题进行预计。根据三下开采中长期实践经验，考虑安全储备系数为 2，采用地表移动基本参数：下沉系数 $\eta=0.7$，水平移动系数 $b=0.35$，主要影响角正切 $\tan\beta=2.0$，拐点平移距 $s_0=0$，预计可得厂址区地表最终稳定时的移动和变形值，以及下沉 W、水平移动 U、倾斜 T、曲率 K、水平变形 ε、剪切变形 γ 分布的等值线图。再考虑安全储备，对照拟建厂房建成后地表受残余采动影响导致最大变形值与一级保护对象允许地表变形值于表 9-7。

表 9-7　　最大变形值与允许变形值

项目 \ 数值 \ 参数	W /mm	U /mm	T /10^{-3}	ε /10^{-3}	K /10^{-6}/m
沿厂房长轴方向	90	40	0.30	0.50	10.5
正交厂房长轴方向	90	40	0.35	0.30	9.0
一级保护地表允许值			3.00	2.00	20.0

据此，建厂可行性结论：①此处地表建厂可行；②暂作采取轻微预加固措施考虑；③建立地表移动观测站进行实地监测，以完善与验证研究结论。

实施采空区上方地表建厂，通过对地表移动观测站进行 10 个月观测、进行地表移动与变形动态预计，以及实地采动影响调查与分析得出：

1）地表下沉持续时间为 40 个月，已处于衰退期。

2）为非充分采动，只存在地表移动初始期与衰退期，无活跃期。地表最大下沉速度预计为 0.36～0.587mm/天，远小于危及建筑物的临界速度值，对地表建筑物不会出现有害影响。

3）现场实测 3 次，地表点下沉速度为 0.02～0.04mm/天，小于允许新建施工的临界值 0.1mm/天。可以进行厂房基建施工，不必考虑采动残余影响，且地表趋于最终稳定。在取得上述成果基础上，作出可按常规进行施工设计，无须进行预加固的结论。节省了预加固费，缩短了工期 1.5～2.0 年。

随后又进行了 9 次现场实测，结果表明，实测值与预计结果完全一致，证实了预计及相应结论正确性。此间该处地表下沉量最大为 19mm。

9.4.2　采动地表新建大型工业建筑群

某厂区占地面积 45.1 万 m^2，以生产矿用 68t 汽车等为主要产品。厂区下有厚达 4.4m 优质煤，原设厂区保安煤柱，后列入开采计划。考虑地下采煤对现有厂房影响，作出了至迁厂市郊的安排。鉴于厂区下压煤开采问题，68t 矿用车是否在该厂定点生产，解决压煤开采及采动影响问题成为该厂生存与发展的关键。采取措施如下：

(1) 限厚开采不迁厂。限厚开采不仅可以不迁厂，同时在采取相应结构措施后，还可新建工业建筑群，以保证 68t 矿用汽车定点生产。按随机介质理论，用三维问题的概率积分法进行预计，在限厚开采 2.4m 厚煤层条件下，地表最终稳定的最大变形值可控制在Ⅰ类保护对象允许的地表变形值内，无须搬迁厂房。限厚开采 2.4m 厂下压煤方案得到相关部门批准。

(2) 在采动地表建筑厂房群进行可行性研究。新建铆焊厂房是为 68t 矿用自卸汽车定点生产所需的新建工业厂房群中第一座厂房，厂房由 3 跨组成，占地面积 79m×107m。其中中间跨面积为 30m×107m，两边均为 24m×107m。按概率积分法进行地表变形预计，开采条件见表 9-8。

表 9-8　开　采　条　件

工作面编号	回采方式	采厚/m	倾角/(°)	上边界深/m	下边界深/m	走向长/m	倾向长/m
8、9	冒落全采	2.4	14	860	984	507	398
2、4、5	冒落全采	2.4	14	960	1063	1030	585
1、3、6	冒落全采	2.4	14	940	1041	200	398
7（4块）	冒落全采	2.4	16～20	813	973	150	500

选取地表移动基本参数：$\eta=0.70$，$b=0.20$，$\tan\beta=2.5$，$K=0.425$，$s_0=0.08H$。将预计得到铆焊厂房地基处沿长轴及短轴方向各点下沉 W、倾斜 T、水平移动 U、水平变形 ε、剪切变形 γ、曲率 K 绘制成相应的等值线分布图，其最大值见表 9-9。

表 9-9　地表最大变形值

$W(x, y)$/mm	$T_{max}(x, y)/10^{-3}$		$U_{max}(x, y)$/mm		$\varepsilon_{max}(x, y)$/(mm/m)		$\gamma_{xymax}/10^{-3}$	$K_{max}(x, y)/(10^{-3}/m)$	
	T_f	$T_{f+90°}$	U_f	$U_{f+90°}$	ε_f	$\varepsilon_{f+90°}$		K_f	$K_{f+90°}$
1672	2.58	1.73	−18～+38	−91～40	−0.98～0.04	0.68～0.24	−0.75	−0.01	−0.006

根据上述预计结果，参考我国“三下”采煤实践经验，按Ⅰ类保护对象考虑，在该地区采动地表兴建铆焊厂房也是可行的，开采损害轻微。同时建议采用下列预加固及保护措施：

1）考虑地表下沉量较大，适当提高室内地坪设计标高。

2）增加厂房整体柔性，沿长轴布置两道变形沉降缝。

3）增加每个被切割单元整体刚度型，四周加封底梁，加联系梁，上部加纵向拉杆。

4）大型设备作成整体基础，考虑调节措施并进行监测。

5）天车考虑顶面净空，沿纵向坡度、横向轨距与轨平调节。

6）施工期，地表下沉速度小于 3mm/月，并建立观测站进行实测。

(3) 地表移动观测与验证。建立地表移动观测站并进行 7 次量测，预计值与实测结果吻合。

9.4.3 采动地表建设大型运料架空索道

牛毛岭石灰矿山与水泥厂之间为煤矿的已采、在采、待采地表区。有的已在早期开采，有的地段正在回采，有的区段拟将来开采，或残留煤柱不规则回采。水泥厂大型运料架空索道斜跨上述地表。地表为低山丘陵地貌。架空索道为双线循环式，全长 3832m，设计运输能力 60 万 t/年。架空索道运输与汽车运输相比，节省大量运输费。

9.4.3.1 索道建设可行性研究

根据煤矿地下开采状况预计地表移动与变形，确定索道各塔架具体位置及相应采动影响。索道为双线循环式，双槽立式驱动，单斗载后总重 1690kg，在山丘地表布设 28 个支架、张站、锚站，索道各塔架连线对直线偏离量及塔架倾斜均不超过生产限差。为适应采动地表变形，提出系列预加固与预调节措施、支架基座可调装置，深槽鞍座及站架预偏，框架基础、隔离封闭大板基础等。在生产监测过程中实施调节与维修。

9.4.3.2 塔架安装与地表破坏发展预估

鉴于该区地下开采已属残采性质，计划与实际开采状况相差很大。塔架安装时，在一些关键站架附近呈现数条宽达 1m 多、高差达 2～3m、延长数百米的大型地表裂缝。因此，评价地表破坏是否发展及其对索道影响，索道塔架安装和索道建设决策研究表明，开采引起的地表开裂与破坏，其发展不会危及索道塔架安全，塔架可继续安装；同时，根据开采计划调整所作的地表变形预计可知，塔架需重新考虑调整措施。

9.4.3.3 索道扩建及改造

根据地下开采状况变化重新按三维山区地表问题预计，计算曲线与实测结果对比基本吻合（图 9－18、图 9－19），进而作出索道可以扩建的结论。根据增产要求，在具体开采条件下，原 6 号、7 号、17 号塔架必须考虑采动影响及开采引起的山体稳定问题。

根据开采地质、采矿方法、山区地表的节理裂缝详细调查、岩体力学参数及采动影响分析、山体自然坡调查与测绘等，进行山体结构稳定性分析，得出地下开采不会使塔架处山体失稳或滑落，开采地表移动与变形不会危及 6 号、7 号、17 号塔架正常使用的结论。同时通过动态变形研究、山区地表滑移、持力层与采空区上方三带相互作用、建筑结构控制技术与井下开采控制等研究，提出扩建及改造索道的具体措施。

9.4.4 钻井水溶矿山地表移动

某矿地理坐标为东经 111°43′31″～111°45′15″，北纬 29°42′00″～29°42′59″，地处某平原中部，地形平坦，地表主要为农田，人口稠密。矿区内民房 100 多栋，主要为砖木结构和砖混结构平房及二层楼房。矿山开采无水芒硝矿，赋存于第三系始新统含盐段中上部三矿组内。三矿组由无水芒硝与钙芒硝互层组成，分布面积 1.5km^2；含无水芒硝矿层 6～11 层，累计厚度平均为 9.53m；钙芒硝矿有 5～10 层，累计厚度平均 7.16m。三矿组顶板埋深 187.19～264.12m（高程－223.87～－145.34m），平均 224.79m。上覆地层岩性：直接顶板厚为 35.37～43.59m 的含泥云质钙芒硝，再上为厚 37.65～122.90m 的紫红色泥岩，两层基岩相加厚度约为 100～140m。基岩顶部为厚 77.95～138.55m 的第四系黏土和砂砾石层。三矿组底板埋深 197.84～277.22m，为含云质钙芒硝层。采用钻井水溶法

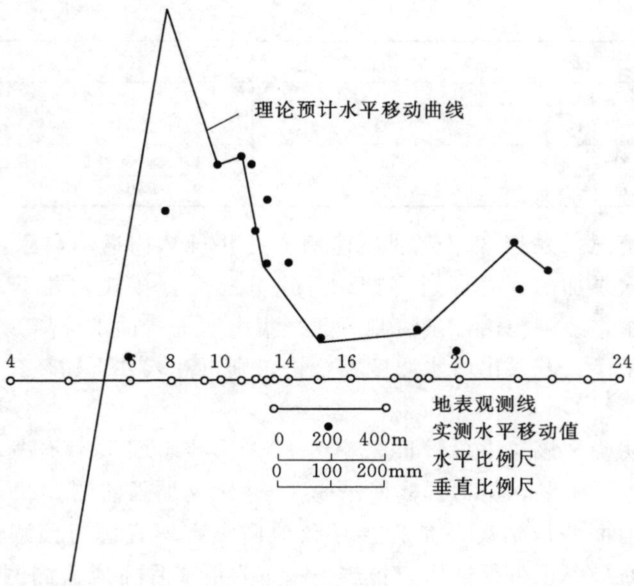

图 9-18　架空索道塔架垂直索道方向之水平移动预计曲线与实测值

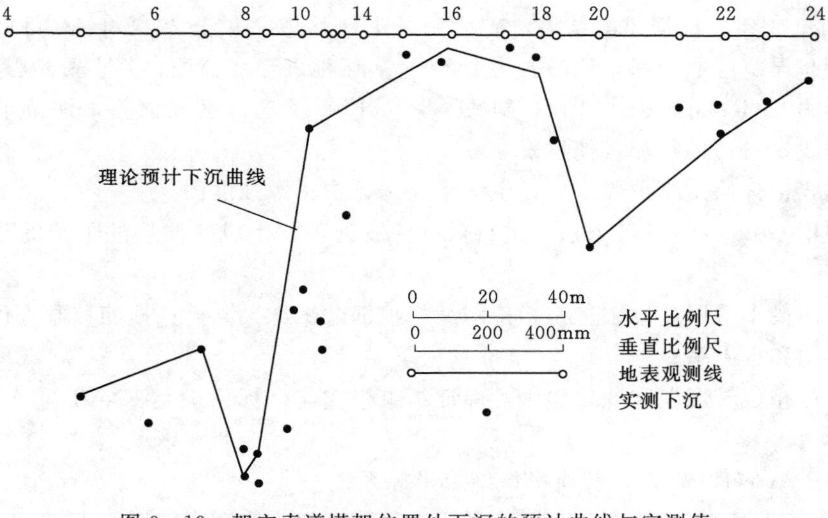

图 9-19　架空索道塔架位置处下沉的预计曲线与实测值

开采，设计井组距离 80m，组内井距 40m（每组 3 井），设计回采率 20.38%，原设计规模为 150kt/年元明粉，生产能力 200kt/年。无水芒硝三矿组矿物含量统计见表 9-10。

表 9-10　矿组矿物含量统计　%

位置	无水芒硝	钙芒硝	岩盐	泥云质
顶板	2.43～8.62 5.85	56.50～58.93 57.95	0.38～0.91 0.69	31.17～35.81 32.68
矿层	60.44～67.60 67.74	12.97～29.50 24.45	0.12～0.45 0.28	3.88～9.64 6.83

续表

位置	无水芒硝	钙芒硝	岩盐	泥云质
夹矸	8.44～13.12 11.11	57.03～66.57 62.07	0.44～0.63 0.54	21.70～28.74 24.77
底板	2.19～8.31 4.94	52.35～66.65 60.29	0.44～0.86 0.62	28.15～41.14 32.96

根据矿床地质情况，采用“三管油垫建槽、三井自然连通、热水助溶”钻井水溶开采。40℃热水经注入泵加压，并通过测控站计量分配后直接注入井下，从井下返出约为30℃溶有矿物的卤水，经测控站计量检测后通过集卤池进行油水分离，合格卤水经输卤泵加压直接输送到加工厂。若采出卤水浓度不合格，则再注入井下循环，直至获得浓度合格的卤水。

国土资源部门明确“该矿山设计回采率为20%。鉴于回采率不高，在今后的开采过程中，要不断改进生产工艺，努力提高回采率”，并建议加强监测。2002年3月，就“矿区地下采卤引起的地面变形情况及是否会导致地质灾害事宜进行预测论证”咨询；2005年完成《提高矿区回采率预可行性研究报告》；2007年8月完成监测网的建设工作，9月完成初次观测；随后每季度进行重复观测，至2010年5月共进行了12次观测；2010年6月完善与扩充了监测网，至2013年6月共进行了24次观测。

2013—2014年，根据监测结果，矿区完成土地整理，并于2014年10月开始在经整理地表重新布设沉降监测网，同时开展InSAR矿区地表形变监测，其主要步骤如下：

(1) 利用SARscape软件平台，对D-InSAR影像进行基线估算，评价干涉像对质量，计算基线、轨道偏移和其他系统参数。

(2) 基线估算质量满足要求后，生成干涉图、主影像强度图。

(3) 使用Goldstein滤波方法，进行数据滤波处理，生成滤波后的干涉图与相干性系数图。

(4) 使用最小费用流方法进行相位解缠，根据解缠结果，挑选地面控制点位（GCP），进行轨道精炼和重去平。

(5) 进行相位转形变和地理编码，保证结果格式与坐标系满足ENVI与ArcGIS软件分析需求。

(6) 通过ArcGIS软件，转换影像结果坐标系统。

以2017年1月11日为参考时间，利用奇异值分解法解算出矿区2017年1月11日—2019年1月13日期间的平均沉降速率如图9-20（a）所示。由图9-20可知，矿区平均沉降速率以30～60mm/年居多，沉降速率最大值为109.32mm/年。受钻井水溶开采的影响，矿区西北部、中部和东部区域沉降速率最大，出现了多个不规则的沉降漏斗，如图9-20（b）中A区为矿区中部沉降漏斗位置。

对各时段内沉降速率进行积分，以2017年1月11日所获取影像为参考影像，得到2017年3月12日—2019年1月13日的时序沉降场如图9-21所示。从图9-21可看出，矿区出现了大范围不均匀沉降，从空间上分析，矿区明显地表沉降主要分布在北部、中部和东部区域。中部区域沉降最为明显，最大沉降量为218.63mm。矿区西南部和东南部为

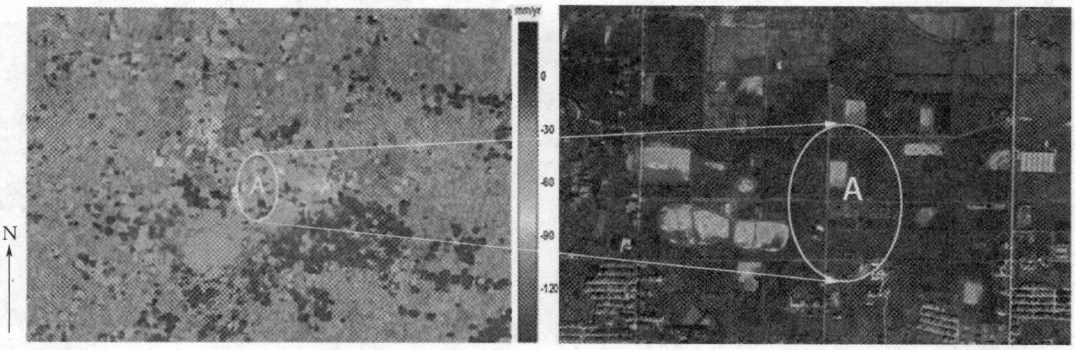

(a) (b)

图 9-20 某水溶矿山平均沉降速率、沉降漏斗图

居民聚集区，该区域沉降量相对较小，其平均沉降值为 23.42mm。在离钻井水溶开采位置较远的区域，其沉降速度较为稳定，平均沉降速率主要集中在 20～30mm/年。从时间上分析，由 2017 年 3 月—2019 年 1 月时序沉降场可看出矿区沉降量变化整体呈线性变化。随着时间的推移，沉降量最大值出现在 2019 年 1 月，累计沉降值为 218.63mm。同时也存在一定的非线性变化，如 2017 年 6 月和 2017 年 9 月（夏季）最大累计沉降差值为 26.47mm，矿区整体呈沉陷趋势，而西北部存在小部分区域出现抬升形变，2017 年 11 月和 2018 年 2 月（冬季）最大累计沉降差值为 32.82mm，矿区出现大面积沉降。

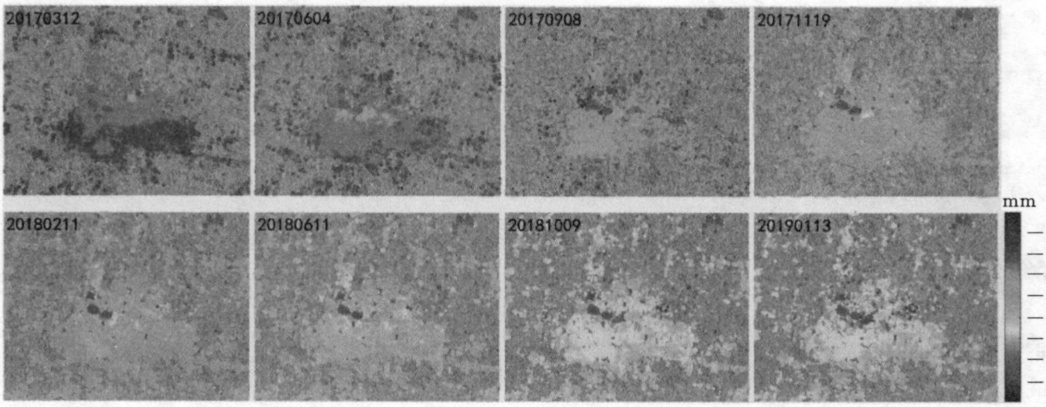

图 9-21 某水溶矿山域时序沉降场（参考时间：2017.3.12—2019.1.13）

由图 9-22 纵横剖面图可以清晰地看出沉降漏斗在时序上的发育情况，其沉降量随着时间增加而增大。纵剖面图峰值在 95 号像素位置，其值为－211.76mm，横剖面图峰值在 103 号像素位置，其值为－206.47mm。横剖面图相对于纵剖面图，沉降漏斗的时序发育状况更明显，漏斗纵方向地下溶腔不断扩大，多个小溶腔连通成大溶腔，导致漏斗地表纵向发生大面积沉降，其沉降速率基本一致。同时存在多个发育型的溶腔，在各钻井区域形成小型沉降漏斗，出现如图 9-22 所示的多个局部峰值。

由于开采方式的不同，水溶开采地表移动规律与巷采矿山有如下不同之处：

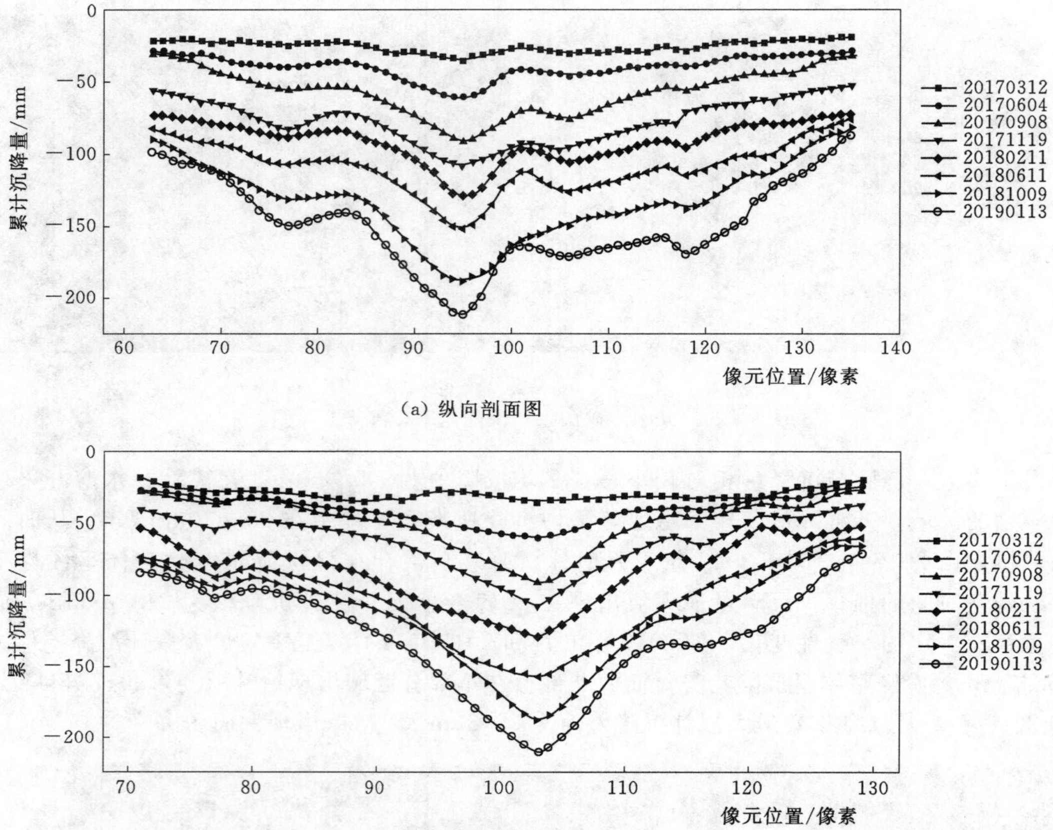

(a) 纵向剖面图

(b) 横向剖面图

图 9-22 沉降漏斗 A 纵横剖面图

(1) 开采推进方式不同。水溶开采是沿钻井溶腔全方位推进，巷采是单向推进，导致地表下沉移动具有明显的差异，具体表现为水溶开采矿区地表移动盆地一般不会达到充分采动条件。

(2) 开采空间不同。岩盐在不同方向的溶解速率有一定差别，即水溶开采在各个方向的推进速度不同。因此，岩盐溶腔（水溶开采空间）的形状不规则、难以控制、不可见，给地表移动变形预计带来了难度。

(3) 预留矿柱的难易程度相差很大。溶解过程很难控制，而巷采则十分方便，同时巷采还可采用许多措施（如充填、条带开采等）降低开采沉陷量。

(4) 水的影响。溶腔中水压较高，压力水对岩盐溶解有促进作用，但渗透性对岩盐和顶板的力学性能影响较大。

(5) 采深和采厚不同。虽然盐矿和煤矿都是层状矿体，但岩盐成矿地层一般较煤矿深，同时岩盐矿层厚度也较煤层大。

(6) 水溶开采地表沉陷往往是多个独立溶腔开采共同影响的结果，影响某处地表沉陷的溶腔多，预测难度大，控制更难。因此，巷采开采沉陷的预计方法不能直接应用于水溶开采沉陷。

综合分析多年监测结果表明：由于钻井水溶矿山溶腔内水的浮托作用、不溶残留物的充填作用、溶腔不规则形状对地表移动的影响，导致地表沉降系数明显小于巷采矿山，地表变形也较巷采矿山平缓。经土地整理，矿区地表原有沉降与变形在土地整理后对耕地不产生明显影响，在进行综合评价后，可作为资源二次回收提高回收率的依据。传统水准测量为点状测量，需要进行人工布点实测，而InSAR监测覆盖面广、全天候、全天时，无需矿区布点实测，提高了监测效率，降低了监测成本；同时，InSAR监测成果更能直观反映钻井水溶矿山开采地表沉陷，获取多溶腔开采沉降叠加的地面沉陷总效应量三维数据，利于矿山开采优化与生产。

第 10 章　边坡地质灾害监测

边坡是指地表面一切具有倾向临空面的地质体，是广泛分布于地表的一种地貌景观。边坡按成因分为人工边坡和天然边坡；按地层岩性分类可分为土质边坡和岩质边坡。天然边坡是自然地质作用形成地面具有一定斜度的地段，按照地质作用可细分为剥蚀边坡、侵蚀边坡与堆积边坡；人工边坡是由施工开挖或填筑而形成的边坡，如公路工程中常见的填筑边坡及挖方边坡。填筑边坡是经过压实形成的边坡，如路堤边坡、渠堤边坡等。而挖方边坡是指由开挖形成的边坡，如路堑边坡、露天矿边坡等。诱发边坡地质灾害的原因分为内因和外因，内因包括地貌特征、地层岩性、地质构造等；外因有降雨条件、地震、人为活动等。边坡体在重力、构造力、地震力及各种外营力长期作用下，都有向下滑落的趋势，这种趋势受岩土体本身抗剪切、抗破坏力阻抗，一旦阻抗力小于向下滑落的破坏力，就会产生各种地质现象，并可能造成灾害。边坡地质灾害具有分布范围广、活动频繁、危害严重等特点。边坡监测是为掌握边坡岩土体的移动状况，发现边坡破坏预兆，对边坡位移的速度、方向等进行的监测。

10.1　概述

边坡按岩层结构分为：层状结构边坡、块状结构边坡、网状结构边坡。按岩层倾向与坡向的关系分为：顺向边坡、反向边坡、直立边坡。按使用年限分为：分为永久性边坡和临时性边坡。山体滑坡是指山体斜坡上某一部分岩土在重力（包括岩土本身重力及地下水的动静压力）作用下，沿着一定软弱结构面（带）产生剪切位移而整体向斜坡下方移动的现象，是地质灾害主要类型之一。地灾体在外界因素（如降水、地震、人类工程活动等）影响下，每年都有大量灾害发生，给人类生命及财产安全带来极大威胁。

边坡监测作为边坡工程研究的重要部分，对应负责任的大型边坡，除采取及时有效的支护措施，布设安全监测系统，对监测数据及时处理和反馈，是边坡安全管理的重要保障。随着新技术的迅猛发展，边坡监测向手段多样化、传感器新型化和智能化、监测工作自动化方向发展。建立地质灾害智能化监测网络，是预防地质灾害破坏的有效手段。

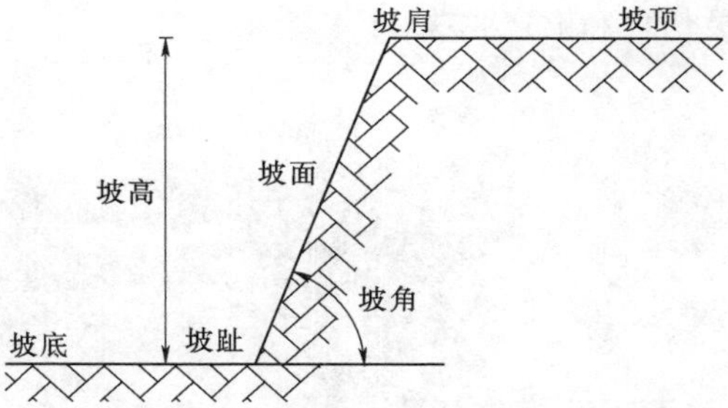

图 10-1　边坡组成基本要素

10.1.1　人工边坡

边坡构成要素包括坡底、坡高、坡趾、坡面、坡角、坡肩、坡顶（图 10-1）。根据断面形式，边坡分为直立式、倾斜式和台阶式（图 10-2）。当边坡较复杂时，常出现由这三种断面形式构成的复合形式边坡。

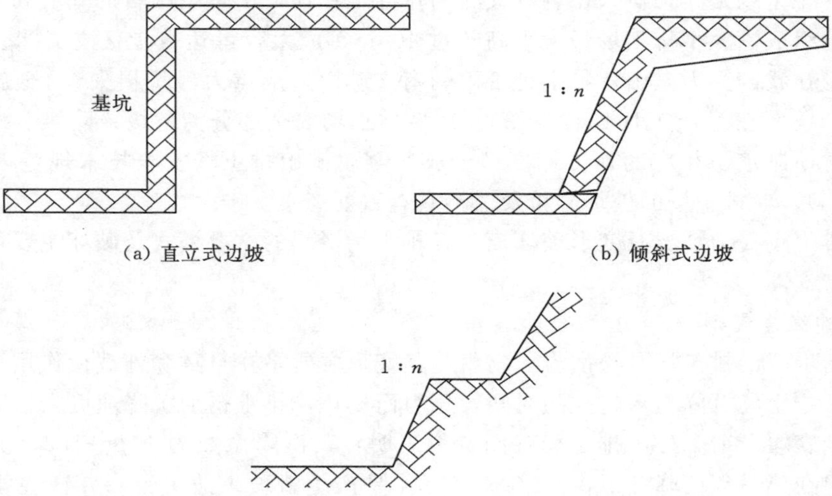

(a) 直立式边坡　(b) 倾斜式边坡

(c) 台阶式边坡

图 10-2　边坡断面形式

10.1.2　人工边坡地质灾害

山区铁路、公路、水利水电、矿山和城镇等建设，形成大量边坡工程，并常有崩塌、滑坡、坍塌、风化剥蚀等地质现象产生，带来不同程度灾害。如宝成线宝鸡—上西坝段共347km，施工期间共发生滑坡、崩塌、坍塌等大小地质灾害 2136 处，交付运营后地质灾害仍然不断发生；2008 年山西襄汾“9·8”特大尾矿库溃坝事故造成 254 人死亡、34 人受伤，事故泄流量 26.8 万 m^3，覆盖面积达 30.2 公顷，波及下游 500 多 m 的矿区办公楼、集贸市场及部分民房，事故直接原因是违法生产、尾矿库超储导致溃坝（图 10-3）；深圳光明新区渣土受纳场规划库容 400 万 m^3，封场标高 95m，2015 年 12 月，事故发生时实际堆填量 583 万 m^3，堆填体后缘实际标高 160m，严重超库容、超高堆填，增加堆填体下滑推力，加之受纳场地势南高北低，北侧基岩狭窄、凸起，没有建设有效导排水系统，致使堆填渣土含水过饱和，形成底部软弱滑动带，严重超量超高堆填加载，下滑推力逐渐增大、稳定性降低，导致高势能堆填体滑出后迅速转化为高速远程滑坡体，造成重大人员伤亡和财产损失。

图 10-3　山西襄汾“9·8”特大尾矿库溃坝

此外，排土场是露天矿采掘剥离废石的排弃堆积体，由承纳废石的基底和排弃的散体废石两部分组成。大型排土场最大垂高超过 400m，最大容量达数十亿立方米。露天矿排土场的失稳在我国露天矿山，特别是多雨的南方矿山造成重大经济损失，《金属非金属矿山安全生产技术规程》（GB 16423—2006）将排土场安全度分为危级、险级、病级和正常级。河南省还制定了相应的地方标准《金属非金属矿山排土场安全技术规范》（DB41/T 1267—2016），对排土场的破坏分析及监测具有重要意义。

根据排土场受力情况及变形破坏模式，排土场滑塌的主要模式及破坏主要可分为 3 种类型。

1. 压缩沉降变形

由于新堆置的排土场为松散岩土物料，其变形主要是在自重和外载荷作用下的逐渐压实和沉降，排土场沉降变形过程随时间及压力而变化，排土初期沉降速度大，随压实和固结沉降逐渐变缓。冶金矿山排土场观测资料表明：其沉降系数为 1.1～1.2，沉降过程延续数年，但在第一年沉降变形占 50%～70%，是产生滑坡事故关键一年。在排土场正常压实沉降过程中，虽然变形较大，但不会滑坡，只有当变形超过极限值时才导致滑坡。大量观测资料表明：排土场位移速度为 0～25cm/天时，属压缩沉降过程，而超过 25～50cm/天便可能出现滑坡，需采取安全措施。

2. 失去平衡产生滑坡

按滑坡影响条件和滑动面所处位置的不同，这类滑坡又可分为 3 种形式。

（1）排土场内发生变形破坏。当基底岩层坚硬稳定，排弃散体透水性差，含黏土矿物多、风化程度高、散体强度低时，常发生这类破坏（图 10-4），这类破坏往往是排土场台阶先鼓起后滑坡。

（2）沿排土场基底与接触面的滑坡。当排上场散体物料及基底岩层强度较大、两者接触面存在软弱物料时，常发生这种滑坡。如在外排土场陡倾山坡基底表面，存在第四纪黄土、黏土等软弱层覆盖的排土场，或内排土场基底表面存在有被风化的松散物料时，可能产生这种滑坡模式（图 10-5）。

（3）基底破坏。当承纳废石的基底岩层软弱承载能力较小，在排土场压力作用下可能会沿基底软弱岩层滑动，从而引起排土场滑塌（图 10-6），排土场软弱基底破坏引起滑塌，由于基底层岩层滑动，常在排土场前方产生地鼓，从而引起牵引式滑坡。

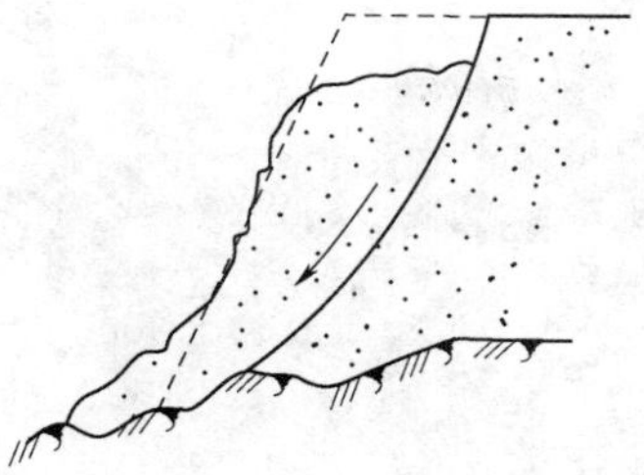

图 10-4　排土场内部滑动

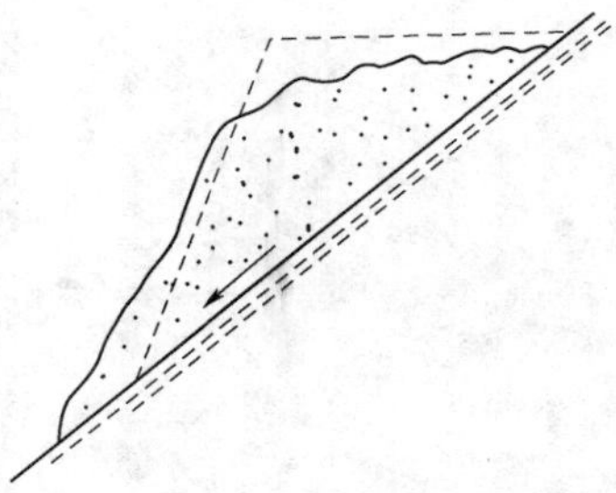

图 10-5　排土场沿接触面滑动

3. 产生泥石流

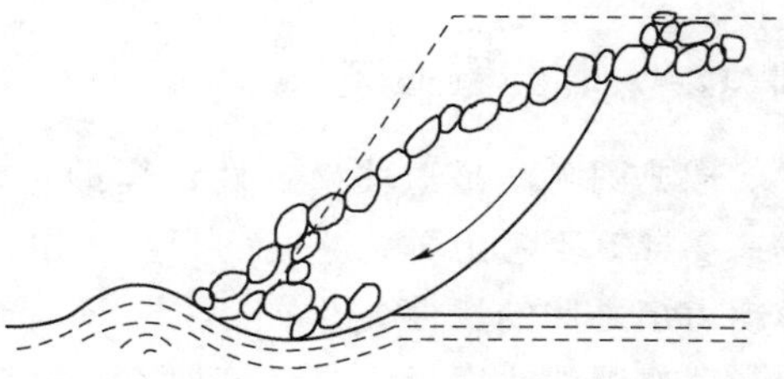

图 10-6　排土场软弱基底破坏引起滑塌

泥石流又称山洪流或泥石洪流，指斜坡上或沟谷中含有大量的泥、砂、石的固、液相颗粒流体（体积密度在 1.2～2.3t/m³），泥石流是地质不良山区的一种介于洪水和滑坡间的地质灾害现象，常在暴雨（或融雪、冰川、水体溃决）激发下产生。泥石流以其强大的冲刷力和急速的流体搬运形式，致使地面景观发生巨变，在其整个流域内给人类工农业建设和其他活动带来巨大灾难。

10.1.3　天然边坡地质灾害

在外营力长期作用下，特别是在长期大暴雨作用下，天然边坡易产生滑坡和崩塌。如 1988 年 1 月 10 日，伴随着一串惊天动地的“霹雳”响声，巫溪县下堡乡中阳村发生大型崩塌，约有 765 万 m^3 的石块和泥土，从千米高的山顶倾泻而下，填平了西溪河谷，冲上对岸 50 多 m 高山坡，巨大冲击气浪和铺天盖地的飞沙走石，摧毁并埋没了两岸房屋和田地，崩塌体堆积面积达 64 万 m^2，有 11 人丧生，7 人受伤，15 人下落不明；2010 年 8 月 8 日，舟曲县特大滑坡泥石流灾害，造成重大人员伤亡，强降雨引发滑坡泥石流灾害，堵塞嘉陵江支流白龙江，形成堰塞湖，回水使舟曲县城部分被淹，电力、交通、通信等全部中断（图 10-7）；2016 年 5 月 8 日，福建泰宁县开善乡发生山体滑坡，造成 1 座办公楼被冲垮、1 座项目工地住宿工棚被埋压；2017 年 6 月 24 日，四川茂县新磨村突发山体滑坡，体积 1800 万 m^3，山体高位垮塌，造成河道堵塞 2km；2019 年 8 月 19—22 日，四川盆地西部累计降雨量 50～200mm，成都、雅安及阿坝州、乐山、绵阳等部分地区达 250～400mm，成都大邑县和邛崃市、雅安芦山县局地 418～567mm，降雨时间持续较长，雨量集中，导致部分地区爆发山洪泥石流灾害，35 个县、区 44.6 万人受灾，26 人死亡，19 人失踪，7.3 万人紧急转移安置，千余间房屋倒塌，1.5 万间房屋不同程度损坏，部分公路、水利、电力等基础设施受损严重，直接经济损失 158.9 亿元（图 10-8）。

由此可见边坡地质灾害的严重性，其中以滑坡、崩塌、坍塌三种地质灾害对人类威胁为大。因此，开展边坡地质灾害监测，对防灾减灾具有重要意义。

图 10-7　舟曲县特大滑坡泥石流

图 10-8　四川“8·20”特大山洪泥石流

10.1.4　瑞典圆弧法

瑞典圆弧法是边坡稳定性计算的常用方法，其基本假定为：①剖面图上剪切面为圆弧；②计算不考虑分条之间的相互作用力；③边坡稳定系数定义为滑面上抗滑力矩之和与滑动力矩之和的比值。

瑞典圆弧法通过反复计算搜索稳定系数最小的滑面圆弧，得到边坡稳定系数。安全系数方程为

$$F_s=\frac{\sum[c'_i l_i+(W_i\cos\alpha_i-Q_i\sin\alpha_i-U_i)\tan\varphi'_i]}{\sum W_i\sin\alpha_i+\sum Q_i Z_i} \tag{10-1}$$

式中：F_s 为边坡安全系数；c'_i 为第 i 条块底边上的有效黏聚力；ϕ'_i 为第 i 条块底边上的有效内摩擦角；l_i 为第 i 条块底边上边长；W_i 为第 i 条块重力；α_i 为第 i 条块底边倾角；Q_i 为第 i 条块上的水平地震力；U_i 为第 i 条块底边上的水压力；Z_i 为第 i 条块中心高度。

不考虑地震力时，式（10-1）简化为

$$F_s=\frac{\sum[c'_i l_i+(W_i\cos\alpha_i-U_i)\mathrm{tg}\varphi'_i]}{\sum W_i\sin\alpha_i} \tag{10-2}$$

经验表明，瑞典圆弧法得到的稳定系数比其他方法偏低。当土坡中有较高的孔隙水压力时，由于把各个方向相同的孔隙水压力分解到滑面的法线方向，使滑面上有效应力偏低，稳定系数较实际值偏低较大，最大可达 60%。

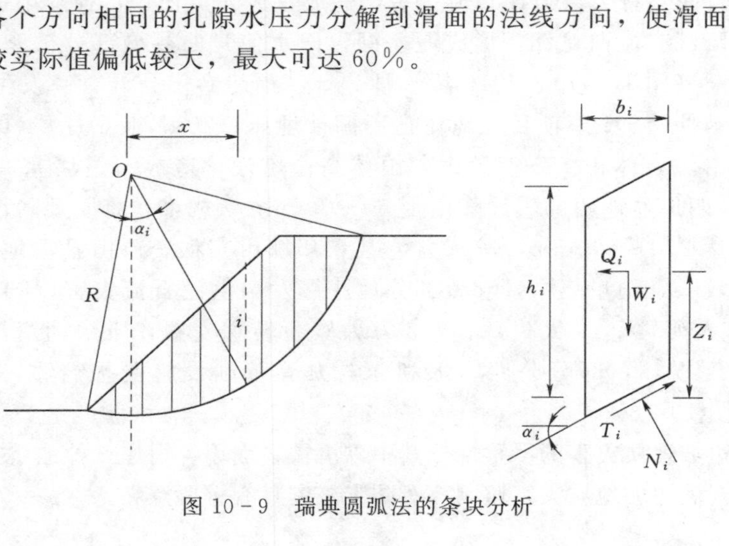

图 10-9　瑞典圆弧法的条块分析

10.2 监测目的

开挖岩土体失去部分横向支撑向开挖空间产生移动和岩土体疏水。岩土体疏水使边坡岩土体内地下水位下降、骨架有效应力增高并引起岩土固结加密，导致边坡岩土体的沉降与变形。此外，开挖破坏岩体原有应力场平衡状态，导致开挖体周围岩体发生变化而产生压缩、剪切、拉伸等变形；同时，开挖使深埋在岩体中的地质不连续面临空而形成临空有界块体，暴露在外的岩石逐渐风化，膨胀性夹层、地下水位变化、爆破影响等，使人们只能按位移实际发展对边坡实行管理。边坡监测是边坡稳定性研究的重要组成部分，监测目的是对可能发生滑坡的危险边坡进行观测，查明滑动性质、滑体规模，准确预报滑坡等，确保生产安全，避免灾难性事故发生。具体如下：

（1）提供边坡恶性发展报警，保证作业人员及设备安全；反之，变形趋稳时解除警报，组织生产。

（2）提供可靠的监测资料，识别不稳定边坡变形和潜在破坏机制及其影响范围，制定防灾、减灾措施。

（3）提供信息以便调整施工计划，甚至修改设计。

（4）参与提出处理潜在滑体方案，为方案实施提供安全监测，并对处理效果提出评价。

10.3 监测原则与内容

由于监测系统对边坡设计、施工和运行起相当重要作用，边坡监测系统应当通过综合各种有关资料和信息进行精心设计。系统设计应遵循可靠、多层次、以位移为主、关键部位优先、整体控制、遵照工程需要、方便适用、经济合理等原则。边坡监测是对边坡位移、应力、地下水等进行监测，安全监测将对边坡体进行实时监控，掌握边坡体稳定影响，及时指导安全措施。进行安全监测时，测点布置在边坡体稳定性差，或工程扰动大部位，力求形成完整剖面，采用多种手段互相验证和补充。

边坡安全监测内容包括地面变形监测、地表裂缝监测、深部位移监测、地下水位监测、孔隙水压力监测、锚索或锚杆拉力监测、抗滑桩中钢筋应力监测、地应力监测、爆破监测等内容。边坡处治效果监测是检验边坡处治设计和施工效果、判断边坡处治后稳定性的重要手段。边坡长期运营监测将在防治工程竣工后，对边坡体进行动态跟踪，了解边坡体稳定性变化特征，一般沿边坡主剖面进行，监测点数可少于施工安全监测和防治效果监测，监测内容主要包括深层位移监测、地下水位监测和地表变形监测。

监测具体内容应根据边坡等级、地质及支护结构特点考虑。通常有：

（1）一级边坡防治工程，建立地表和深部相结合的综合立体监测网，并与长期监测相结合。

（2）二级边坡防治工程，在施工期间建立安全监测和防治效果监测点，同时建立以群测为主的长期监测点。

(3) 三级边坡防治工程，则建立群测为主的简易长期监测点。

10.4 监测方法

边坡安全监测以整体稳定性监测为主，兼顾局部滑动楔体监测。边坡中存在不利结构面，是引起边坡破坏的主要因素，监测重点是坡体中的软弱面，监测点应设置在软弱面或测孔穿过软弱面。引起失稳的原因是：施工破坏原有边坡稳定因素，失稳通常发生在施工期间，尤其是施工程序不正确时，如边坡施工要求自上而下施工时，如果支护措施跟进不及时，则可能导致失稳。土质边坡的不稳定因素是逐步积累的，施工期间稳定边坡，随地下水渗入和软弱面发展，运行期间突然产生滑动，损失更大，治理成本更高。对坡体和支护结构采用不同的监测方法。

10.4.1 坡体监测

10.4.1.1 坡表位移监测

监测内容包括边坡体水平位移、垂直位移及变化速率等。边坡地表监测网通常可采用：十字交叉网法如图 10-10 (a) 所示，适用于滑体小、窄而长，滑动主轴位置明显的边坡；放射状网法如图 10-10 (b) 所示，适用于比较开阔、范围不大，在边坡两侧或上、下方有突出的山包能使测站通视全网的地形；任意观测网法如图 10-10 (c) 所示，用于地形复杂的大型边坡。某公路边坡 GNSS 监测点布置，如图 10-11 所示。

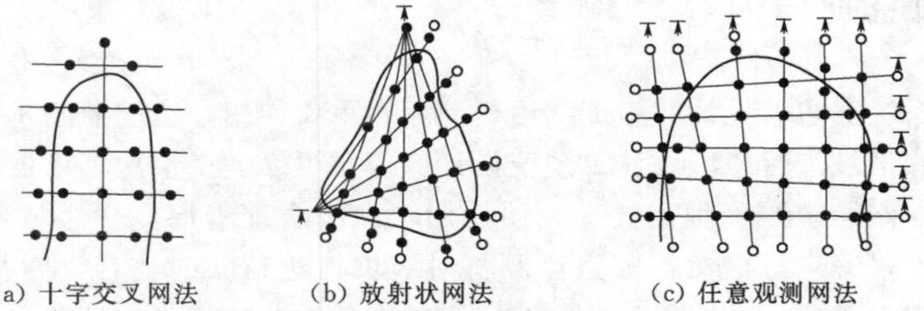

(a) 十字交叉网法　　(b) 放射状网法　　(c) 任意观测网法

图 10-10　边坡地表监测网

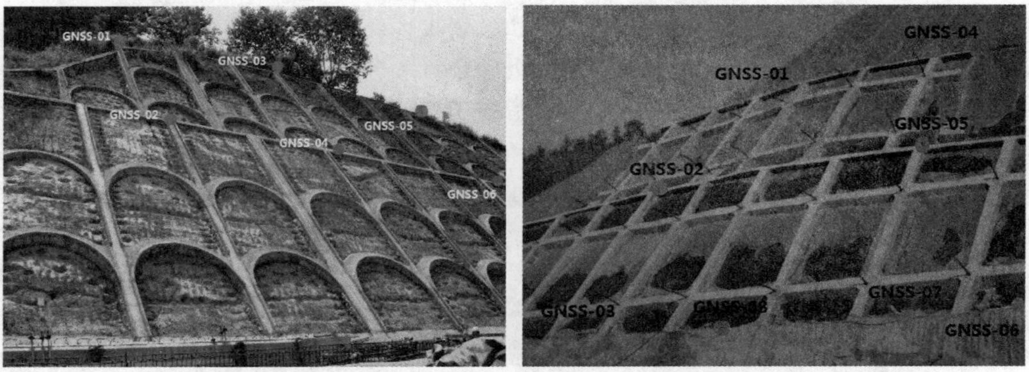

图 10-11　GNSS 监测点布置图

网点观测标志采用钢筋混凝土观测标墩，或选择其他标准观测墩；标墩基础力求稳固，浇筑在除去表面风化层的新鲜基岩上。地表覆盖层较厚时，开挖深度不小于1m的基坑，同时在底部打5根2m长的桩。标墩现场浇筑，顶部仪器基盘采取混凝土埋设，仪器基盘要求水平。为观测方便，观测标墩的底盘设置水准标志，标芯高出底盘面0.5cm左右。观测线由控制点和工作点组成，控制点布设在滑体外稳定地表或边坡上，工作点设置在滑体上。每条观测线至少设两个控制点，工作测点剖面线长度视边坡倾斜方向实际长度而定。工作测点间距为5～15m，对露天矿山边坡，视露天矿深度、台阶高度和宽度而定，一个台阶上至少设两个测点，其中一个靠近坡顶，另一个靠近坡脚，每个平台上均应设置观测点，且测点位置考虑观测方便，如图10-12所示。

观测站布置在：①工程地质条件较复杂，如断层、破碎带、风化带、岩层节理等发育地段；②受地下水和地表水危害较大地段；③运输枢纽；④已形成较高边坡和服务年限较长地段；⑤正在进行边坡治理地段。

观测线的条数取决于监测范围大小、边坡岩石力学性质及地质条件复杂程度。一般在滑体中央部分、沿预计最大滑动速度方向（多为大致垂直于露天矿边坡走向方向）布置一条，其两侧再布设若干条，如图10-13所示。滑体上特征处设专门观测点进行监测，当发现某些观测点有移动时，为准确确定边坡移动范围，可在其四侧增设观测点。

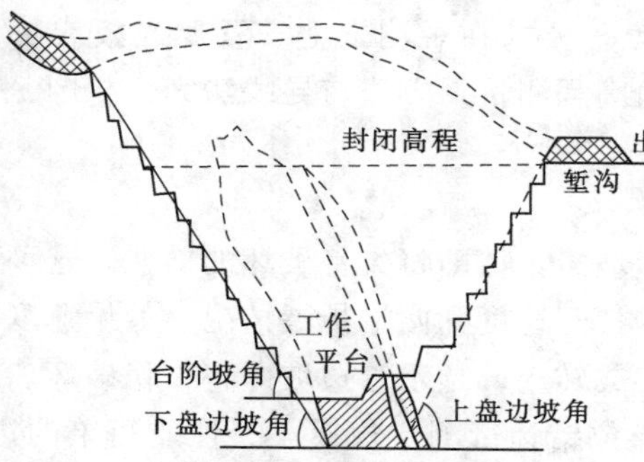

图10-12　露天矿山边坡

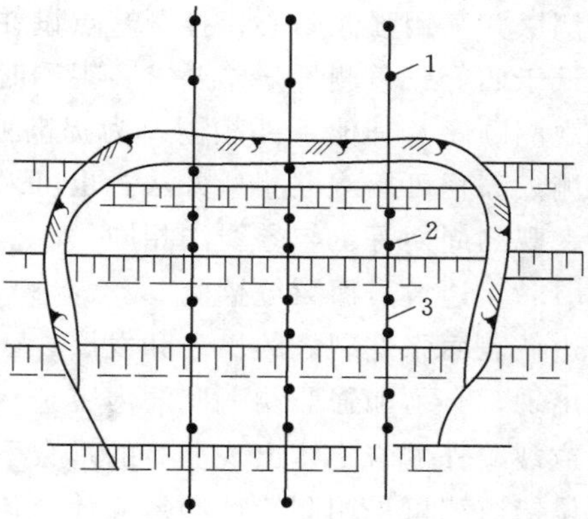

图10-13　露天矿边坡观测线布设

1—控制点；2—工作点；3—观测线

对于露天矿山边坡，可在每2～3个台阶在非移动区建立一组水准基点，每组不少于3个点，同级水准基点在观测时相互检测。为确定工作点的矿区统一高程值，可用等外水准进行各组水准基点间连测。

地表位移监测是在稳定的地段设置测量标准（基准点），在被测量地段设置若干观测标桩，或者设置有传感器的监测点，定期监测测点和基准点的位移变化或用无线边坡监测系统进行监测。监测点位误差要求不超过±(2.6～5.4)mm。水准测量每公里中误差±(1.0～1.5)mm。土质边坡，精度可适当降低，但要求水准测量每公里中误差不超过±3.0mm。

边坡表层垂直变形监测使用精密水准仪、全站仪等，地表位移监测可采用全站仪、三维激光扫描仪等。专门用于边坡变形监测的设备有裂缝计、钢带和标桩、地表位移伸长计和全自动无线边坡监测系统等。当地表明显出现裂隙或地表位移速度加快时，常规大地测量方法定期测量满足不了工程需要，须采用能连续监测设备（如全自动全天候的无线边坡监测系统）。

水平位移监测方法可采用导线法、前方交会法等。

露天矿边坡观测工作如下：

(1) 警戒观测。确定边坡是否滑动，根据季节及观测线的具体情况定期观测。发现观测点累计下沉量达20mm，认为边坡开始滑动，需进行高程和平面位置全面测量。

(2) 滑动期观测。周期视边坡活跃程度而定，一般1～3个月进行一次水准测量，3～6个月进行一次全面观测，滑动速度快、变形大时，缩短观测周期，全面研究和掌握滑动规律。发现滑体出现裂隙时，必须测量裂隙长短、深浅和走向，并在裂隙两侧设置观测点，每月或每周观测一次裂隙变化情况。

(3) 滑坡后观测。包括观测点平面位置、高程及滑体大小、滑落时间记录等，并在滑坡区平面图上表示出滑动面、裂缝位置、凸起、凹陷等变形发生部位、时间及有关测量数据。

露天矿边坡地势陡峭，可利用矿区现有基本控制网点作为交会法观测基点，需建混凝土观测墩并采用强制归心，控制基点设在非移动区不易破坏处。交会法观测时，各种限差不能低于四等三角测量限差要求。观测时要求通视良好，成像清晰；每次观测的人员、仪器、观测顺序及其他条件相同。为提高照准精度，要求在观测点上安置反光板或特制觇牌。测点高程可用水准测量方法，也可采用三角高程测量，方法与导线法完全相同。观测内容、观测周期等也与导线法相同。

10.4.1.2 边坡表面裂缝监测

边坡表面张性裂缝的出现和发展，往往是边坡岩土体即将失稳破坏的前兆，这种裂缝一旦出现，必须加强监测。监测内容包括裂缝的拉开速度和两端扩展情况，如果速度突然增大或裂缝外侧岩土体出现显著的垂直下降位移或转动，预示着边坡即将失稳破坏。地表裂缝位错监测可采用测缝计和裂缝计、伸缩仪、位错计量测。规模小、性质简单的边坡，在裂缝两侧设桩［图10-14 (a)］，固定标尺［图10-14 (b)］，或裂缝两侧贴片［图10-14 (c)］等。

10.4.1.3 深部位移监测

边坡深部位移监测是边坡体整体变形监测的重要方法，用于指导防治工程的实施和效果检验。地表测量无法监测边坡岩土体内部蠕变和确定滑动面，而深部位移测量能弥补这一缺陷。

深部位移监测常用测斜仪。测斜钻孔应穿越边坡已有或潜在危险滑动面，测斜管的基准点一般设在孔底，测斜管的一对导向槽方向与预计最大位移方向一致。为保护孔口，一般浇筑墩高约0.5m的混凝土保护墩。评价测斜成果，综合考虑地质资料（尤其是钻孔岩芯描述资料）、位移时空变化曲线、地下水位资料及降雨资料等进行分析。如果位移—深度曲线的斜率突变处恰好与地质构造相吻合，可认为该处为滑坡滑动面。

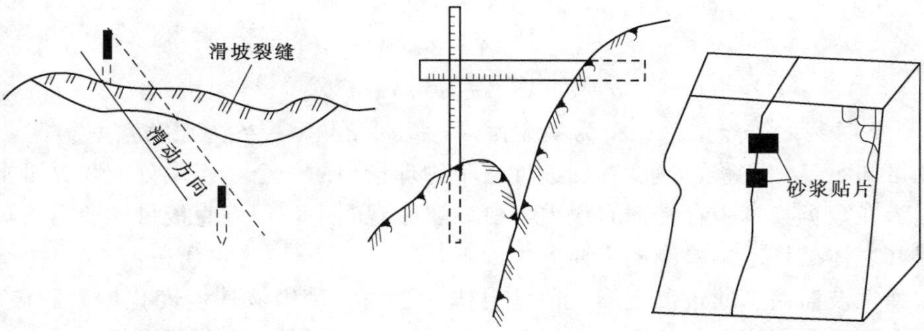

(a) 裂缝两侧设桩　　(b) 固定标尺　　(c) 裂缝两侧贴片

图 10-14　边坡表面裂缝量测方法

10.4.1.4　渗流监测

水是影响边坡稳定的重要因素，边坡监测有时需要使用渗压计观测岩土体内的渗透水压力或孔隙水压力。渗压计根据需要的深度钻孔埋设在边坡体深孔内，孔径由渗压计尺寸确定，一段不小于150mm。岩土体钻孔做压水试验，钻孔位置根据地质条件和压水试验确定。将渗压计装入能放入孔内的细砂包中，先向孔内填入40cm中粗砂至渗压计埋设高程，然后放入渗压计至埋设位置，经检测合格后，在渗压计观测段内填入中粗砂，并使观测段饱和，再填入高20mm细砂，最后在剩余孔段灌注湿润土浆。分层测渗透压力时，可在一个孔内埋设多支渗压计。

10.4.1.5　爆破监测

岩土工程施工往往采用爆破法开挖，为控制爆破对边坡稳定影响，需对爆破振动效应进行监测。爆破振动强度与药量大小、爆破方式、起爆程序、测点距离、地形地质条件等有关，通常以测定爆破引起的质点运动的位移、速度和加速度峰值来判别。

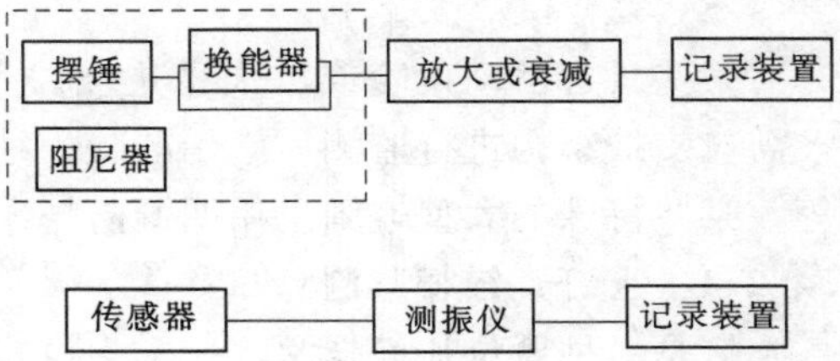

图 10-15　观测系统示意图

爆破振动效应监测系统一般由拾震器（或测震仪配合传感器）和记录器（包括计时计）两部分组成（图 10-15）。

影响爆破振动效应因素很多，为简化可假定地震波在均匀弹性介质中传播，介质质点做简谐运动，质点运动位移方程为

$$x = A\sin\omega t \tag{10-3}$$

速度方程为

$$\nu = \frac{\mathrm{d}x}{\mathrm{d}t} = \omega A\sin\left(\omega t + \frac{\pi}{2}\right) \tag{10-4}$$

加速度方程为

$$a = \frac{\mathrm{d}^2 x}{\mathrm{d}t^2} = \omega^2 A\sin(\omega t + \pi) \tag{10-5}$$

评定地震效应时，通常只采用地震波形图上的最大波幅值，取

$$x = A \tag{10-6}$$

$$\nu = \omega A = 2\pi f A \tag{10-7}$$

$$a = \omega^2 A = 2\pi f \nu = 4\pi^2 f^2 A \tag{10-8}$$

式中：x 为 t 时刻的质点位移；A 为最大振幅；ω 为角频率；f 为振动频率。

由此可知，已知位移、速度和加速度三个物理量中的一个，经微分或积分可求出其余两个。因为在数据换算中存在固有误差，所以实际观测中，最好直接量测所需物理量。爆破后，对其岩体破坏范围检测的主要方法如下：

(1) 弹性波监测。通过测定爆破前后岩体内不同深度纵波速度变化，判断破坏范围。在爆区内布置几条测线，每条测线布置 3 个观测孔，其中一个孔放置雷管作为发射孔，另外两孔放置检波器作为接收孔。观测孔比放炮孔深 1 倍以上，孔距一般大于 4m。爆破前由药包底部标高算起，向下每隔 0.5m 测量一次水平方向纵波速度，一直测到孔底；爆破后在原孔相同部位重复爆破前的测量，从而求出爆破前后纵波速度变化率随深度的变化图。

(2) 声波监测。声波传播到微裂缝分界面上时，由于两种介质的波阻抗不同，其能量变化非常明显，估算爆破的破坏深度。在爆区钻 1～2 对观测孔，孔深为爆破孔深度的两倍以上。每对孔孔距 1m，相互平行。用水做耦合剂，将发射换能器和接收换能器分别置于相邻两孔内。沿孔深方向每隔 0.2m 观测 1 次，每次重复读数 3 次。对比前后观测资料，绘出声波能量（振幅）随深度变化关系图，确定爆破破坏区。

10.4.2 支护结构监测

对某些具有滑动危险或已失稳边坡。必须采取支护措施，且在支护工程施工和运营时，需对支护结构进行监测。常用的支护结构有土钉、锚杆、预应力锚索、抗滑桩、挡土墙等，某些特殊的大型坡则采用明洞防护。

10.4.2.1 土钉、锚杆监测

土钉是一种原位加筋技术，在土中设置拉筋改善边坡体力学性能。土钉一般不需要很大的抗拔力，其面层利用喷射混凝土即可满足要求。锚杆分为锚固段和自由段，由位于稳定土层或岩层中的锚固段提供抗拔力。锚杆一般和混凝土构件，如板、柱、墩等结合使用，可提供较大的抗拔力。为监测锚杆和土钉受力状态，需进行杆体应力监测。为观测锚杆受力状态和加固效果，了解应力沿杆体分布规律，监测仪器常用锚杆应力计，每根监测锚杆或土钉，一般布置 3～5 个测点。应力计采用螺纹或对焊与杆体连接，需要对焊的应力计，应在冷却下进行对焊，应力计与锚杆保持同轴，且安装前按规定进行标定。

10.4.2.2 预应力锚索监测

预应力锚索加固边坡或滑坡，具有扰动岩体少、施工灵活、速度快，且处于主动受力状态等优点，故被广泛采用。通过安装测力计观测锚索，可了解锚固力的形成与变化，保证边坡处治工程的质量与安全。

测力计安装在孔口垫板上，与孔轴垂直，偏斜小于 0.5°，偏心不大于 5mm。测力计安装后，加荷张拉前，应准确测得初始值和环境温度，反复测读，二次读数差小于 1% (F·S)，取其平均值作为观测基准值。锚索与工作锚索张拉程序相同，分级加荷张

拉，逐级进行张拉观测。连续3次读数差小于1%（F·S）为稳定。张拉结束再进行锁定后的稳定观测。

10.4.2.3　抗滑桩监测

抗滑桩是承受侧向荷载用以处治滑坡的支撑结构物。它穿过滑体在滑床一定深度处锚固，起抵抗滑坡推力作用。抗滑桩监测主要有两个内容：一是监测抗滑桩的加固效果和受力状态；二是监测抗滑桩正面边坡坡体的下滑力和背面边坡坡体的抗滑力。常采用钢筋计和混凝土应力计监测抗滑桩的受力状态。钢筋计布置在受力最大、最复杂的主滑动面附近。监测边坡下滑力及其分布，可在桩的正面和背面受力边界及桩的不同高度布置土压力计。

10.4.2.4　挡土墙监测

挡土墙是支撑路基填土或边坡土体，防止土体变形失稳的构造物。受土压力作用，挡土墙破坏的主要表现形式是倾覆或墙体自身破坏。因此，对挡土墙的监测，主要观测挡土墙背土压力变化及挡土墙位移。

挡土墙背土压力计埋设时，首先在埋设位置按要求制备基面，用水泥砂浆或中细砂浆将基面垫平，放置土压力计，密贴定位后，周围用中细砂压密，回填上方。

10.4.2.5　明洞监测

某些地质条件复杂、有多层滑动面、滑坡推力大的大型危险边坡，采用明洞构造处治边坡。明洞构造一般要求危险滑动面通过路基，由明洞上覆压入产生抗滑力。明洞还可和抗滑桩预应力锚索结合，组成复杂的预应力锚固抗滑桩明洞结构，抵抗较大的滑坡水平推力。明洞监测项目主要是明洞结构物，如抗滑桩和预应力锚索受力状况监测、明洞水平位移和竖向位移，以及滑坡体坡表位移和深层位移监测。

10.4.3　巡视检查

进行地表人工巡视检查具体如下：

（1）巡视检查。巡视检查分日常巡查、年度巡查，组织有专业经验的观测人员或监理、设计、施工等人员察看现场。

（2）检查内容。检查内容包括：边（滑）坡地表或排水洞有无新裂缝、坍塌，原有裂缝有无扩大、延伸，断层有无错动；地表有无隆起或下陷；滑坡后缘有无拉裂缝；前缘有无剪出口出现；局部楔体有无滑动现象；排水沟、截水沟是否通畅、排水孔是否正常；是否有新地下水露头，原有渗水量和水质有无变化；安全监测设施有无损坏。

（3）巡视检查记录和报告。记录和报告包括：检查时间、参加检查人员、检查目的和内容、检查中发现的情况。

（4）巡视检查工具。工具包括：地质锤、地质罗盘、皮尺、放大镜、照相机、摄像机等。

10.5　监测频率

日常巡视，施工期（人工边坡开挖和天然滑坡整治期）经常进行，一般一周1次，雨期加密；运行期，正常情况下每月1次，运行期的年度巡查，在每年汛期、汛后全面进行；特殊情况下（如遇地震等）及时组织巡视检查。

施工期安全监测数据采集原则采用24h自动实时观测，以使监测信息能及时反映边坡体变形破坏特征，供有关方面作出决断。如果边坡稳定性好，工程扰动小，可不超过3天。

边坡治理效果监测时间一般要求不少于1年，数据采集间隔一般为7～10天，外界扰动较大时，如暴雨期间，加密观测次数。

运营期数据采集时间间隔一般为10～15天。

10.6 监测资料整理与预报

10.6.1 监测资料的图示与分析

根据野外观测资料，及时计算观测点坡表水平位移、垂直位移、深层垂直位移、深层水平位移、裂缝，锚杆拉力、锚索拉力、地下水位、钢筋应力变化、爆破震动等变化数据，并绘制以下图件：

（1）测线剖面图。包含滑坡前后边界外形，各台阶标高、地物、岩层、地质构造界线，各观测点及其移动量。如果滑动方向与观测线方向相差较大，另绘滑动方向剖面图。剖面图比例尺一般为1：500，变形值比例尺采用1：50～1：20。

（2）滑坡区平面图。包含滑坡前后台阶或地形及其标高、地物、滑体边界、裂缝、观测线、测斜孔、水位孔、钢筋计、锚杆、锚索等，绘出各观测点的变化向量。平画图比例尺一般采用1：500，移动向量比例尺采用1：50～1：20。

（3）对个别代表性测点需绘累计变化值或变化速度随时间变化曲线。根据上述图纸及滑坡区工程地质等条件，可推测滑动面形状和位置，分析滑动原因，进行滑坡预报。

1）如图10－16（其中罗马数字代表滑体分块，阿拉伯数字代表滑面）所示，自上而下滑体上各观测点的变化向量大致值相同，其方向有规律，说明滑坡是以整体进行，滑动面大致为圆弧形，可按测点移动向量求出岩体内滑动面近似位置。

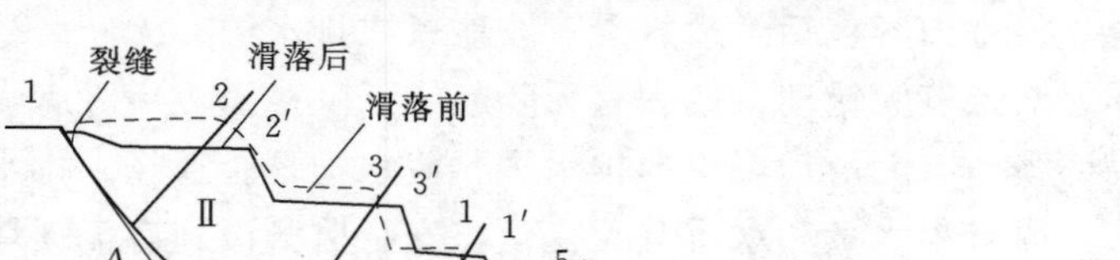

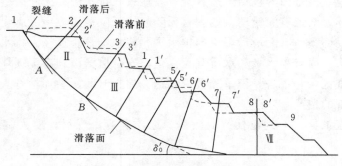

图10－16　圆弧形滑面示意图

2）如图10－17所示，各移动向量大致相等，且方向相同，说明滑体可能是以整体形式沿平面结构面发生，此时从滑体上部的裂缝处起，作一平行于各移动向量方向的平行线，该平行线为滑动面近似位置。

3）如图 10－18，各移动向量都是大致水平方向，结合结构面埋藏特征，说明边坡破坏可能属于倾倒破坏。

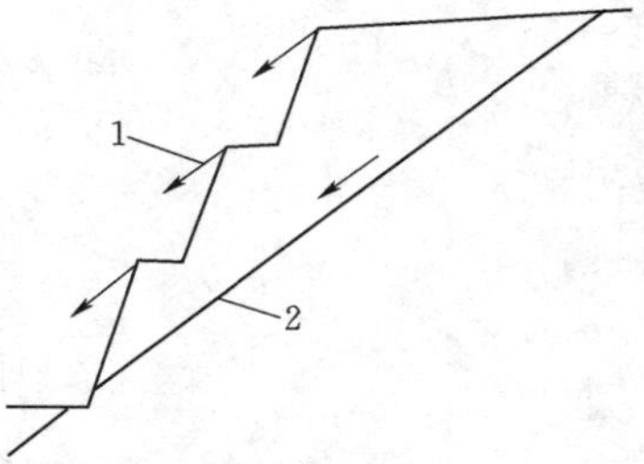

图 10－17　平面滑动面示意图
1—移动向量；2—节理面

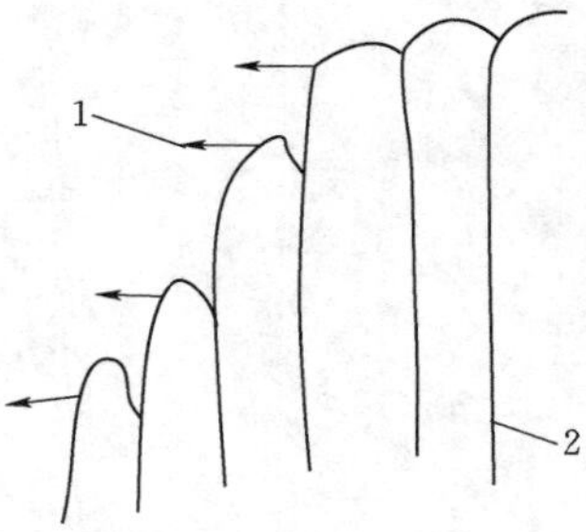

图 10－18　倾倒破坏示意图
1—移动向量；2—岩层面

4）各测点移动向量方向与大小变化无一定规律，且有的点不动，或移动量很小，则可以认为岩体滑动不是整体滑动，而是有两个或多个滑落体，如果每个滑落体有足够的观测点（不少于 3 个），且分布在滑体上、中、下不同部位，也可按上述方法分别求取滑动面。

为简便起见，可只对移动最大的断面进行分析，以此代表滑坡相应部分的受力状态。

10.6.2　滑坡预报

滑坡预报包括滑坡地点、滑坡体形态和规模、滑坡发生时间三要素。

（1）滑坡地点预报。根据工程地质条件、水文地质条件、岩石力学性质及边坡构成要素等，对边坡进行稳定性分析，将整个边坡划分成稳定区、比较稳定区、滑动区、极易滑动区等类型，从而对滑坡地点进行预报。根据滑坡地点预报可确定边坡监测重点区域。

（2）滑坡体形态和规模预报可根据滑体滑落面形状，作滑坡体形态及规模计算和预报。

（3）滑坡发生时间预报在滑体开始滑动后才能进行。滑坡体从早期征兆出现到滑落完成，都经过初始期、恒速变化期和加速变化期，如图 10－19 所示。而加速滑动期出现及其发展，预示滑落来临。即当滑落速度突然大幅度增加，滑坡即将发生。所以滑坡速度—时间曲线是滑坡时间预报重要依据。

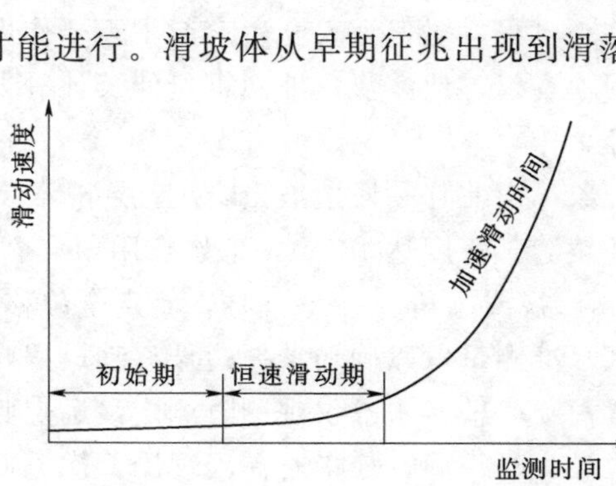

图 10－19　滑体滑落的 3 个阶段

滑坡发生时间预报的另一个重要依据是位移—时间曲线。一般在边坡滑坡初始阶段，位移比较均匀，但在发生滑坡前，位移有可能停顿一段时间，而后位移显著增大，位移曲线呈指数上升，这就是发生滑坡的前兆。依据累计位移与时间关系曲线，可推测滑坡日期。智利丘基卡玛塔铜矿曾利用此方法成功地进行了边坡预报，其位移—时间曲线和位移速度—时间曲线分别如图 10－20 和图 10－21

所示。

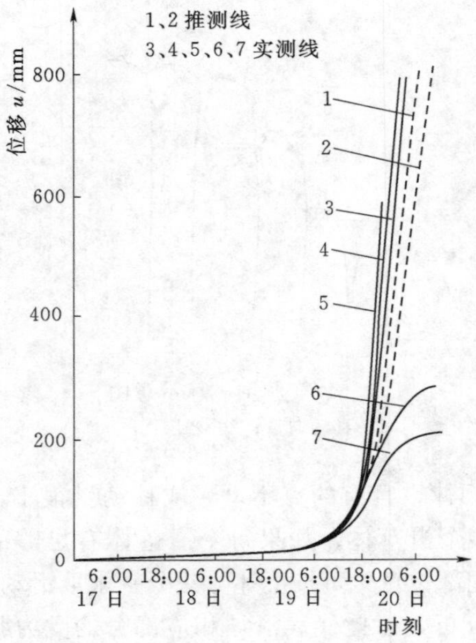

图 10-20 位移—时间曲线

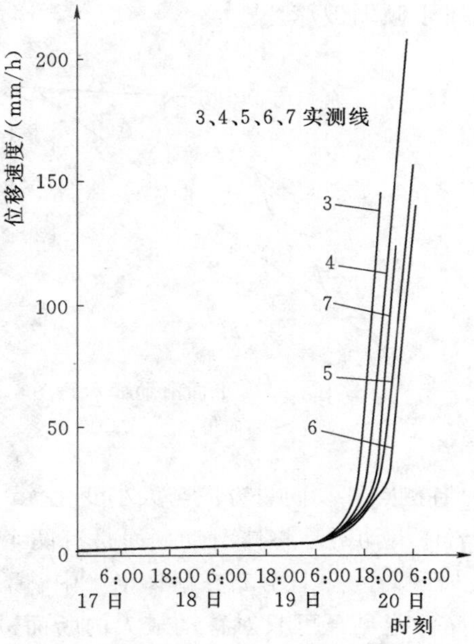

图 10-21 位移速度—时间关系

10.7 工程实例——大冶铁矿露天边坡监测及治理

10.7.1 大冶铁矿边坡监测

大冶铁矿从 1969 年开始进行边坡监测和预报工作，曾成功预报了几处岩石边坡的快速移动过程，对保证安全生产起了重要作用。其边坡监测的主要方法是位移观测，并配合使用地音仪、地震仪、地面钢丝伸长计等方法；此外，还进行了人工巡视边坡统计掉石情况等工作。

象鼻山北邦一段边坡由 F_{25} 断层破碎带岩石组成，1972 年边坡高达 73m，并开始出现两条裂缝，长度达 100m，工作点用角交会法观测，测站至工作点距离 128～293m，平均 243m，视线倾角－25°～＋5°，测定全位移量的中误差。边坡顶部工作点竖直位移量采用精密水准测量，以确切掌握边坡移动过程，但其余水平台阶无法进行水准测量。水准测量用蔡司 004 精密水准仪观测，测定最远点竖直位移量中误差 $m_b=\pm1$mm。观测周期 1～2 天，最少时一周，最多时一天观测 2 次。此外，裂缝处安装地表钢丝伸长计，监测裂缝发展情况。

观测移动过程如下：1978 年 8 月底，采场延伸至 36m 水平（边坡垂直高度 73m）时，坡顶位移量约为 79mm，边坡顶部出现两条裂缝，其中走向为 NW78°的一条呈张性，而 NW28°的裂缝则是沿着结构面下滑。这是由于东边主要结构面在坡面上临空，西边 F_{25} 断层上盘岩体约束的结果。以后精密水准测量资料表明，几乎每天都有移动，速度为每天零点几到 1～2mm/天。

1979 年 3 月 9—26 日，在不稳定区边坡下部爆破，以结束 34m 水平开采，这段时间位移速度由 0.5mm/天增加到 5mm/天。3 月 29—31 日又连续下雨，特别是 31 日，降雨量达 58mm/天，边坡位移速度增至 46mm/天，5 月 2—5 日，在临近滑体坡脚处爆破，6 月下了一场大雨，位移速度从 1mm/天上升至 18mm/天，6 月初又有一次扰动，6 月 19 日、23 日和 25 日位移速度跃升至 519mm/天，随后逐渐下降，至 7 月 1 日降到 43mm/天，虽然 7 月 1—2 日仅小到中雨，但位移速度曲线已不是扰动型，而可能出现崩溃，所以于 7 月 4 日开始发现边坡出现危险状态信号。7 月 9 日决定撤走象鼻山采区的设备和人员，7 月 10 日测量位移速度为 545mm/天，11 日早晨发出边坡快要崩塌的紧急报告，当天上午 10 时 30 分，主动岩体经 F_{25} 断层破碎带推垮部分被动岩体，断层上盘岩体迅速滑动，12min 后，又迅速滑动一次，总位移量达 5m 左右，边坡面位移矢量基本平行于破坏面，等剩余滑体恢复缓慢移动后，清理采场，又继续开采，直到 1980 年 3 月 19 日，按计划要求安全采至最终水平，观测工作进行了 16 个多月，边坡总位移量达 9.31m，成功地完成对不稳定边坡下开采 120 万 t 优质矿石的监测任务。

10.7.2 大冶铁矿 A 区边坡加固和治理

露天采场设计最大边坡高 444m，整体边坡角 43°～45°，1958 年投产，至 1997 年已形成坡高近 400m 的深凹高陡边坡露天矿。A 区边坡产状为 N75°E/SE∠43°，由于断层交汇、岩体严重蚀变等不良工程地质条件影响，暴雨诱发下于 1990 年 4 月 30 日在尖 F_9 断层上盘＋13.00～＋72.00m 高程发生滑坡，并导致滑体西北侧－24.00～＋180.00m 高程之间有底宽近百米、高 204m 的三角形区域边坡岩体持续向 A_1 滑坡位移，出现地表开裂和失稳前兆，为保证安全生产，完成该区边坡稳定性评价、加固和综合治理措施研究，建立了边坡监测系统，并开展了边坡监测与滑坡预报工作。

由于露天矿采场处于开采晚期，考虑到大范围边坡加固与治理工程量大、费用高，加之许多地段已不具备现场施工条件，故加固重点放在滑体周围和边坡下部地段，而整个不稳定区采用动态监测的办法，以防止灾害性边坡失稳事故发生。

A 区监测系统包括钻孔倾斜仪在孔深部位位移监测、多点伸长计浅层位移监测、坡面位移监测及加固构件受力状态监测。1990 年 3 月—1996 年 6 月，对 A 区尖 F_9 上盘边坡－60.00～＋180.00m 间 83 个测点进行了长期监测和资料整理分析工作，通过对比分析，确定了其中 34 个测点分布范围为不稳定区，如图 10－22 所示，监测结果表明：

(1) 48.00～180.00m 间 A_1 滑体西北侧 21 个测点滑移方向为 120°～130°，即沿 F_9 断层走向挤压 A_1 滑体。由于加固工程实施，其位移速率经历了快（1990 年雨季 0.369mm/天）——慢（1991 年雨季 0.0029mm/天）——快（1994 年达到 0.60mm/天）——加速（1996 年上半年 5.32mm/天）的过程，最终产生 A_2 滑坡，其范围即为边坡位移观测点所确定的三角形不稳定区。

(2) 0～60.00m 之间的 A_1 滑体下部 13 个测点位移方向基本上是顺坡面，1994 年其

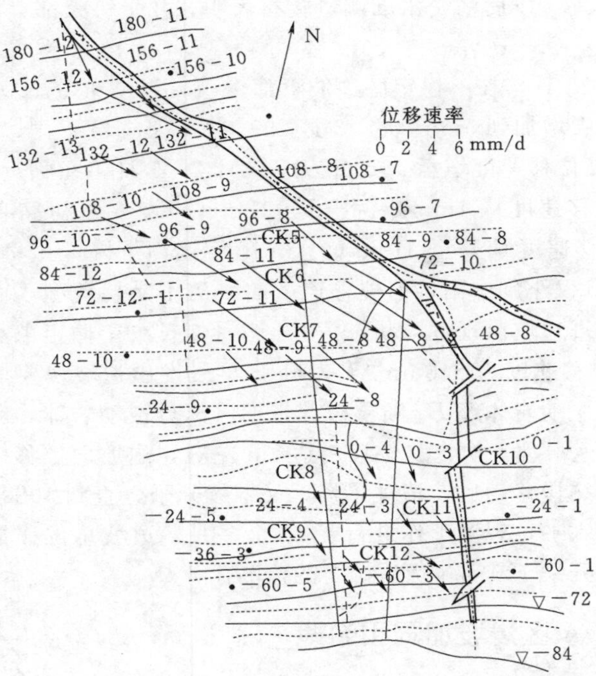

图 10－22　尖 F9 上盘滑坡时日平均位移值及各测点滑坡方向

位移速率为 0.149mm/天，1995 年为 0.179mm/天，1996 年剧增至 1.05mm/天。上述资料表明，A_1 滑体及其下部加固区边坡直到 1995 年较为稳定，1992 年上半年 A_2 滑坡推动了 A_1 滑体及其下部边坡。根据 7 年多监测资料，采用了整个监测区所有测点全年日平均位移速率来确定滑坡临界率。位移速率 0.5mm/天，作为滑坡可能的临界位移速率；位移速率达到 5.0mm/天，作为滑坡即将发生判断依据。

A_1 滑体西北部不稳定区内 21 个测点，1993 年日均位移速率 0.369mm/天，1994 年为 0.60mm/天，1995 年 0.578mm/天，1996 年上半年 5.32mm/天。由此，1994—1995 年边坡以约 0.5mm/天左右位移速率持续大变形（即处于等速蠕变阶段），经历 1996 年 3—6 月的特别强降雨后，进入加速蠕变阶段并诱发了 A_2 滑坡。

根据 1990—1994 年边坡面位移监测资料，利用时间序列分析法。将自身条件和众多环境因素引起的边坡位移分为确定性和随机性两部分，建立包含两部分因素的边坡位移叠合时序模型，以此预测未来几年边坡位移。从预测结果看，边坡位移从 1996 年 3 月起加速，6 月 20 日—7 月 5 日间达到最大速率，与实际滑坡过程及时间基本一致。在 A_2 滑坡发生前半个月，根据监测资料和该矿滑坡预报经验，在有可能发生滑坡区域停止采矿作业，禁止矿用汽车在该区域通过，撤离重型设备，并加强厂对该区域监测，这些措施对安全生产起了重要作用。

由于 A_1 滑体下部边坡逐台阶采用了喷锚网护面、长锚杆、钢轨抗滑桩、水平深孔等综合措施，尽管受到 A_2 滑体推压，出现加固构件的受力加大，岩体位移加速等现象，但－36.00m 以下边坡仍保持形状完好，加固工程对正常生产起了保证作用。

第 11 章 基坑工程监测

基坑工程是建筑工程有机组成部分，近年来，我国深基坑开挖和支护技术得到前所未有的发展。目前，深基坑开挖面积大，长度与宽度已达数百米。基坑四周建筑物密集或紧靠重要市政设施，在软弱土层中开挖深基坑，会对周边建筑物、市政设施和地下管线造成影响，基坑开挖不仅要保证基坑本身的安全与稳定，而且要有效控制基坑周围地层移动以保护周围环境。因为地质条件和水文条件的复杂性，给深基坑工程的设计和施工增加了难度。深基坑工程施工场地狭窄，施工条件差，而且相邻场地施工中，打桩、降水、挖土及基础浇筑混凝土等工序相互影响，增加协调工作难度；深基坑施工周期长，其安全度随机性较大，事故发生对周边影响大，如 2010 年，深圳地铁 5 号线宝安中心站基坑塌陷，塌陷面积约 $630m^2$；2010 年 12 月，杭州地铁 1 号线湘湖站基坑塌陷；2018 年 12 月 29 日上午 9 时 10 分许，上海市七宝镇新龙路工地发生基坑内局部土方坍塌事故。因此，必须加强基坑开挖和施筑期监测，并通过现场监测，及时发现不稳定因素，并采取补救措施，通过验证设计、指导施工等确保基坑稳定安全，保障业主及相关社会利益。通过对围护结构、周边建筑物和周边地下管线等监测数据的整理、分析，了解监测对象的实际变形状况及其对周边环境影响程度。

11.1 基坑监测意义和目的

11.1.1 基坑监测意义

在深基坑开挖过程中，基坑内外的土体将由原静止土压力状态向被动和主动上压力状态转变，并引起围护结构荷载，导致围护结构和土体变形。当变形中任一量值超过容许范围时，将造成基坑的失稳破坏或对周围环境的不利影响。由于深基坑开挖工程往往位于建筑密集区，施工场地四周地下管线密布，基坑开挖引起的土体变形将在一定程度上改变这些建筑物地下管线的正常状态，当土体变形过大时，会造成邻近结构和设施失效或破坏。同时，基坑相邻的建筑物又相当于较重的集中荷载，基坑周围管线常引起地表水渗漏等，这些因素是导致土体变形加剧的原因。因此，在深基坑施工过程中，只有对基坑支护结构、基坑周围土体和相邻构筑物进行全面、系统监测，才能对基坑工程的安全性及其对周围环境的影响有全面了解，以确保工程顺利进行，并在出现异常情况时及时反馈，采取必要的工程应急措施，甚至调整施工工艺或设计参数。

11.1.2 基坑监测目的

随着工程规模、难度、质量的不断提高，基坑已不再局限于单纯的施工结构、国防战备设施或是小规模的地下室等，其在城市建设、道路交通、水利水电方面发挥着越来越重要的作用。基坑监测目的是：

(1) 检验设计假设和参数的正确性，指导开挖和支护结构施工。基坑支护结构设计处于半理论半经验状态、土压力计算大多采用经典的侧向土压力公式，与现场实测值相比较有一定差异，由于还没有成熟的方法计算基坑周围土体变形，而在施工过程中则需要掌握现场实际受力和变形情况。基坑施工总是从点到面，从上到下分工况局部实施，可以根据局部和前一工况开挖产生的应力和变形实测值与预估值的分析，验证原设计和施工方案的正确性，同时可对基坑开挖到下一个施工工况时的受力和变形的数值和趋势进行预测，并根据受力和变形实测和预测结果与设计时采用的数值进行比较，必要时对设计方案和施工工艺进行修正。

(2) 确保基坑支护结构和相邻建筑物的安全。在深基坑开挖支护结构施工过程中，必须避免产生过大变形而引起邻近建筑物的倾斜或开裂，防止邻近管线的渗漏等；在工程实际中，基坑在破坏前，往往会在基坑侧向的不同部位上出现较大的变形，或变形速率明显增大。20 世纪 90 年代初期，基坑失稳引起的工程事故比较常见，随着工程经验的积累，这种事故越来越少。但由于支护结构及被支护土体的过大变形，引起的邻近建筑物和管线破坏仍经常发生，因此，基坑开挖过程中进行周密的监测，在建筑物和管线变形处于正常范围内时，可保证顺利施工；在建筑物和管线的变形接近警戒值时，及时采取应急措施，避免或减轻破坏后果。

(3) 积累工程经验，为提高基坑工程设计和施工整体水平提供依据。支护结构上所承受的土压力及其分布，受地质条件、支护方式、支护结构刚度、基坑平面几何形状、开挖深度、施工工艺等影响，并直接与侧向位移有关，而基坑的侧向位移又与开挖空间顺序、施工进度等时间和空间因素有关。现场监测保证基坑工程安全，在某种意义上也是一种现场原位实体试验，所取得的数据是结构和土层在工程施工过程中的真实反应，是各种复杂因素影响和作用下基坑系统的综合体现，为该领域的科技发展积累第一手资料。

11.2 基坑变形影响因素

城市综合管廊、地铁、特高建筑等的基坑工程具有如下特点：

(1) 基坑支护体系是临时结构，安全储备较小，具有较大的风险性。基坑工程施工过程中应进行监测，并应有应急措施。施工过程中一旦出现险情，需及时应急抢险。在开挖深基坑时注意加强排水防灌措施，提前做好应急预案。

(2) 基坑工程具有很强的区域性。如软黏土地基、黄土地基等工程地质和水文地质条件不同的地基中基坑工程差异性很大。同一城市不同区域也有差异。基坑工程的支护体系设计与施工和土方开挖都因地制宜，外地经验可借鉴，但不能简单搬用。

(3) 基坑工程具有很强的个性。基坑工程的支护体系设计与施工和土方开挖不仅与工程地质水文地质条件有关，还与基坑相邻建（构）筑物和地下管线的位置、抵御变形的能力、重要性，以及周围场地条件等有关。有时保护相邻建（构）筑物和市政设施的安全是基坑工程设计与施工的关键。因此，对基坑工程进行分类、对支护结构允许变形规定统一标准都是比较困难的。

(4) 基坑工程综合性强。处理基坑工程问题不仅需要岩土工程知识，也需要结构工程知识，需要土力学理论、测试技术、计算技术及施工机械、施工技术的综合。例如，将BIM、三维地理信息系统（3D GIS）等技术引入基坑工程监测工作，将基坑的几何尺寸、围护结构、周边环境等数据建立BIM模型，综合管理一系列传感器变形监测数据，直观表现基坑变形情况和变形趋势点，方便实时查看基坑围护结构的变形情况，提升基坑变形监测效率。

(5) 基坑工程具有较强的时空效应。基坑的深度和平面形状对基坑支护体系的稳定性和变形有较大影响。在基坑支护体系设计中要注意基坑工程的空间效应。土体，特别是软黏土，具有较强的蠕变性，作用在支护结构上的土压力随时间变化。蠕变将使土体强度降低，土坡稳定性变小。所以对基坑工程的时间效应也必须给予充分的重视。

(6) 基坑工程是系统工程。基坑工程主要包括支护体系设计和土方开挖两部分。土方开挖的施工组织是否合理将对支护体系是否成功具有重要作用。不合理的土方开挖、步骤和速度可能导致主体结构桩基变位、支护结构变形过大，甚至引起支护体系失稳而导致破坏。同时在施工过程中，应加强监测，力求实行信息化施工。

(7) 基坑工程具有环境效应。基坑开挖势必引起周围地基地下水位的变化和应力场的改变，导致周围地基土体的变形，对周围建（构）筑物和地下管线产生影响，严重的将危及其正常使用或安全。大量土方外运也将对交通和弃土点环境产生影响。

(8) 基坑工程可与其他市政工程协同建设。例如，综合管廊纵断面设计时，结构顶板覆土需考虑道路铺装、绿化种植、道路横向支管穿越、节点夹层布置等要求，通常覆土1.5～3m，再加上综合管廊结构高度、垫层厚度等，标准段的管廊基坑开挖深度约5～8m。局部需下穿越河流、避开地下障碍物，或者受地形起伏变化时，开挖深度可超过15m。因此，综合管廊等基坑协同开挖与建设可实现城市空间合理布局和优化配置，节约用地和成本，提高决策效率。

基坑工程的变形由诸多影响因素控制，主要可归纳如下：

(1) 土层特点及地下水条件。各土层的分布、强度及刚度等因素对基坑变形产生重要影响，尤其是当存在软弱土层时。此外，地下水位，潜水、承压水分布及渗流也将对基坑变形产生影响，当承压水头较高时，承压水将对坑底隆起产生影响。当建（构）筑物的选址确定，其水文及地质条件也相应确定，除对基坑进行加固或对地下水进行降排水外，条件允许的情况下，尽可能避开对基坑施工或建（构）筑物承载不利地层，选择合理的建造地址。

（2）基坑几何形状及尺寸。基坑几何形状对基坑变形产生一定影响，主要体现为基坑的空间效应，如长条形基坑、不规则基坑的阳角等均表现出一定的变形特点。同时，基坑开挖深度及尺寸也对变形有重要影响。实际工程中，基坑几何形状及尺寸由建（构）筑物的整体规划确定，基坑开挖深度也由建（构）筑物的功能确定。

（3）围护墙与支撑的性能。围护墙与支撑系统的刚度体现为支护体系抵抗变形的能力，不仅包括围护墙类型、厚度、插入深度，还包括支撑种类、水平与竖直间距、预加载荷，反压土的预留等，此外，挡墙与土体的相互作用程度，也将对围护墙及坑外土体的位移产生较大影响。

（4）荷载条件。施工超载、交通荷载、周围建（构）筑物及管线荷载等将改变基坑的应力状态，尤其是动荷载的影响将改变基坑的变形。基坑开挖前，坑外的超载在围护墙的内外两侧处于平衡状态，当坑内土体开挖时，由超载存在而使卸载产生的基坑不平衡程度增强，使得基坑在增加的不平衡力作用下发生更大变形，此外，施工动荷载和交通荷载对土体产生的动荷载效应，将增大基坑变形。

（5）施工工艺。开挖工法及分段分步开挖合理与否，将改变基坑空间变形状况。无支护暴露时间、未架设支撑时悬臂开挖深度、支撑安装及时程度，开挖初始阶段的悬臂深度、挡墙接缝情况等也将影响基坑变形。对于存在软弱下卧层的软土地区，支撑架设的及时程度及预应力的大小对于控制基坑变形有重要意义。及时进行支撑架设，且施加合适的预应力，将使围护墙变形得到及时抑制。对软土地区基坑，土体蠕变对基坑变形存在一定影响，当采用逆做法施工时，现浇混凝土楼板尚未形成强度时，围护墙亦将随时间增长而发生一定变形。

（6）降水。为防止基坑施工面渗水，便于开挖施工及土体运输，同时保证基坑稳定安全，施工开挖基坑前，常对基坑进行降水和排水处理。然而，由于地下水的抽取将导致降水井周围水位下降，孔隙水移除，孔隙水压力消散，上覆土层压力缺少地下水浮力作用而增大，土中孔隙逐渐压密，导致土体发生变形，并最终引发地表沉降。与此同时，降水而导致的土体有效应力增大也将在一定程度上提高坑内被动区土体强度及变形模量，对基坑变形产生一定影响。除施工过程中降水外，基坑开挖前降水也可造成墙体水平位移和地面沉降。

（7）渗流。由于基坑降水，基坑及周边土体中地下水将存在一定水头差，并由此引发渗流现象。地下水在土中流动时，受土颗粒的阻力而消耗能量，并导致水头损失，同时地下水对土颗粒施加反作用力，试图推动土颗粒发生位移，这种地下水作用在土体颗粒上产生的拖拽力即称为渗流力。由于渗流力的存在，土体内部有效应力发生一定变化，并由此对变形产生影响。当渗流作用较强时，将带动土中细颗粒发生移动，并引发流土、管涌等现象，并可能导致基坑局部或整体失稳。

（8）固结。基坑开挖过程中坑内及周边土体的应力将发生变化，孔隙水压力也将由此发生变化，故随着基坑施工的进行，土体逐渐固结，土中的超孔隙水压力逐渐消散，有效应力随孔隙水压逐渐趋于稳定，达到最终固结状态，在这个过程中，土体将发生应变，而在宏观上即体现为基坑变形。此外，软土流变特性也在基坑施工过程中对基坑变形产生一定影响。

11.3 基坑监测内容

根据基坑工程结构破坏可能产生的后果，判定其安全等级：当破坏后果“很严重”时确定为一级；当破坏后果“严重”时确定为二级；当破坏后果“不严重”时确定为三级。基坑监测内容应根据基坑安全等级来确定（表 11－1）。

表 11－1　基坑监测项目统计表

监测项目		基坑安全等级		
		一级	二级	三级
围护结构墙顶水平位移和竖向位移		应测	应测	应测
围护结构深层水平位移		应测	应测	宜测
土体深层水平位移		应测	应测	宜测
墙体内力		宜测	可测	可测
支撑内力		应测	宜测	可测
立柱竖向位移		应测	宜测	可测
坑底隆起	软土地区	宜测	可测	可测
	其他地区	可测	可测	可测
地下水位		应测	应测	宜测
土压力		宜测	可测	可测
孔隙水压力		宜测	可测	可测
地层分层竖向位移		宜测	可测	可测
墙后地表竖向位移		应测	应测	宜测
周围建（构）筑物变形	竖向位移	应测	应测	应测
	水平位移	应测	宜测	可测
	倾斜	宜测	可测	可测
	裂缝	应测	应测	应测
地下管线变形		应测	应测	应测

《建筑基坑工程监测技术规范》(GB 50497—2009) 规定基坑变形指标见表 11－2。

表 11－2　基坑变形指标

序号	监测项目	支护结构类型	基坑类别								
			一级			二级			三级		
			累计值 mm		变形速率/(mm/天)	累计值 mm		变形速率/(mm/天)	累计值 mm		变形速率/(mm/天)
			绝对值/mm	相对基坑深度		绝对值/mm	相对基坑深度		绝对值/mm	相对基坑深度	
1	墙顶水平位移	地下连续墙	25～30	(0.2%～0.3%)h	2～3	40～50	(0.5%～0.7%)h	4～6	60～70	(0.6%～0.8%)h	8～10

续表

序号	监测项目	支护结构类型	基坑类别								
			一级			二级			三级		
			累计值 mm		变形速率/(mm/天)	累计值 mm		变形速率/(mm/天)	累计值 mm		变形速率/(mm/天)
			绝对值/mm	相对基坑深度		绝对值/mm	相对基坑深度		绝对值/mm	相对基坑深度	
2	墙顶竖向位移	地下连续墙	10～20	(0.1%～0.2%)h	2～3	25～30	(0.3%～0.5%)h	3～4	35～40	(0.5%～0.6%)h	4～5
3	深层水平位移	地下连续墙	40～50	(0.4%～0.5%)h	2～3	70～75	(0.7%～0.8%)h	4～6	80～90	(0.9%～1.0%)h	8～10
4	立柱竖向位移		25～35		2～3	35～45		4～6	55～65		8～10
5	周边地表沉降		25～35		2～3	50～60		4～6	60～80		8～10
6	基坑回弹		25～35		2～3	50～60		4～6	60～80		8～10
7	支撑内力										
8	墙体内力										
9	锚杆内力		(60%～70%)f			(70%～80%)f			(80%～90%)f		
10	土压力										
11	孔隙水压力										

注： 1. h 为基坑设计开挖深度；f 为设计极限值。
2. 累计值取绝对值和相对基坑深度控制值两者的小值。
3. 当监测项目的变化速率连续 3 天超过报警值的 50%，应报警。

11.4 基坑工程监测技术

基坑工程监测的目的是掌握围岩、支护结构和周边环境的动态，通过监测数据的分析，为工程和环境安全提供可靠信息和反馈意见。由于基坑多修建在城市区，基坑工程周边环境复杂，对基坑工程提出较高要求，也对基坑工程监测提出更高要求。基坑工程监测内容如下：

(1) 支护体系监测。主要有支护结构沉降监测、支护结构顶部水平位移监测、支护结构倾斜监测、支护体系完整性及强度监测、支护体系应力监测、支护体系受力监测。

(2) 周围环境监测。主要对邻近建筑物沉降、倾斜和裂缝发生时间及发展过程的监测；邻近构筑物、道路、地下管网等设施变形的监测；表层土体沉降、水平位移以及深层土体分层沉降和水平位移的监测；桩侧土压力测试；坑底隆起监测；土层孔隙水压力测试；地下水位监测。

选定监测项目应视工程地质和水文地质条件、周围建筑物及地下管线、施工进度和基坑工程安全等级情况综合考虑。

基坑工程监测所使用的仪器主要有：

(1) 水准仪和全站仪。测量支护结构、地下管线和周围环境的沉降和位移。

(2) 测斜仪。观测支护结构和土体的水平位移。

(3) 深层沉降标。量测支护结构后土体位移，以判断支护结构的稳定状态。

(4) 土压力计（盒）。量测支护结构后土体的压力状态（主动、被动和静止）、大小及变化情况，以检验设计计算的准确程度，判断支护结构的位移情况。

(5) 孔隙水压力计。观测支护结构后孔隙水压力的变化情况，以判断坑外土体的松密和移动。

(6) 水位计。量测支护结构后地下水位的变化情况，以检验降水效果。

(7) 应力计。量测支撑结构的轴力、弯矩等，以判断支撑结构是否稳定。

(8) 温度计。一般和应力计一起埋设在钢筋混凝土支撑中，计算温度变化引起的应力。

(9) 混凝土应变计。测定支撑混凝土结构的应变，计算相应支撑断面内的轴力。

监测仪器在埋设前应从外观、防水性、压力和温度等方面进行检验和率定。应变计、应力计、孔隙水压力计、土压力计（盒）等在埋设安装前应进行重复标定；水准仪、全站仪、测斜仪等除须满足设计要求外，还应每年由国家法定计量单位进行检验、校正，并出具合格证。由于监测仪器的工作环境大多在室外甚至地下，而且埋设后元件不能置换，因此在选用时还应考虑仪器的可靠性、坚固性、经济性以及测量原理和方法、精度和量程等因素。

11.4.1 沉降监测

沉降监测精度指标见表 11－3，沉降监测网观测主要技术要求见表 11－4。

表 11－3　沉降监测精度指标

基坑等级	测站高差中误差/mm	往返较差、附和环线闭合差/mm	监测已测测段高差之差
一级	0.3	$0.3\sqrt{n}$	$0.45\sqrt{n}$
二级	0.5	$1.0\sqrt{n}$	$1.5\sqrt{n}$
三级	1.5	$3.0\sqrt{n}$	$4.5\sqrt{n}$

表 11－4　沉降监测网观测主要技术要求

基坑等级	水准仪最低精度/(mm/km)	视准长度/m	前后视距较差/m	前后视距累计较差/m	视线距地高度/m	基辅分划读数差/mm	基辅分划高差之差/mm
一级	±0.1	≤30	≤0.7	≤1.0	≥0.5	0.3	0.5
二级	±1.0	≤50	≤2.0	≤3.0	≥0.3	0.5	0.7
三级	±2.0	≤75	≤5.0	≤8.0	≥0.2	1.0	1.5—

11.4.1.1 布点原则

(1) 控制点布设原则如下：

1) 基准点是检验工作基点稳定性的基准，埋设在远离基坑施工影响区域的稳定位置。

2) 工作基点是直接测量变形观测点的依据，选设在相对稳定的地段，一般距基坑开挖深度或隧道埋深 2.5 倍范围外。

3) 控制点的分布应方便引测观测点，测区基准点及工作基点的个数均不少于 3 个，以保证必要的检核条件。

4）地表基点或工作基点一般埋设在场区密实的低压缩性土层上，建筑物上基点或工作基点埋设在沉降已稳定的建筑物墙体上。

5）基点及工作基点要避开交通要道、地下管线、仓库堆栈、水源井、河岸、松软填土、滑坡斜面及标志容易遭破坏的地点。

（2）观测点布设原则如下：

1）沉降观测点的布设能全面反映建筑及地基变形特征，并顾及地质情况和建筑结构特点。

2）沉降观测的标志可根据不同的建筑结构类型和建筑材料，采用墙（柱）标志、基础标志和隐蔽式标志等形式，并符合规定。

11.4.1.2　基点及观测点埋设

（1）地表基准点及工作基点采用人工开挖或钻具成孔的方式进行埋设，埋设步骤如下：

1）土质地表使用洛阳铲，硬质地表使用工程钻具，开挖直径约 80mm，深度大于 1m 孔洞。

2）夯实孔底。

3）清除渣土，向孔洞内注入适量清水养护。

4）灌注标号不低于 C20 的混凝土，并使用震动器使之密实，混凝土顶面距地表距离保持在 5cm 左右。

5）在孔中心置入长度不小于 80cm 的钢筋标志，露出混凝土面约 1～2cm。

6）上部加钢制保护盖。

地表基准点及工作基点埋设形式如图 11-1 所示。

（2）建筑物上布设的基准点采用钻具成孔方式埋设，埋设步骤如下：

1）使用钻具在选定位置钻直径 65cm，深度约 122cm 孔洞。

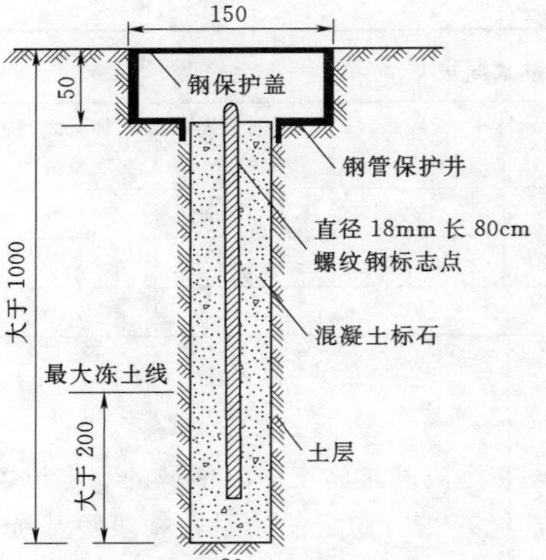

图 11-1　地表基准点埋设示意图

2）清除孔洞内渣质，注入清水养护。

3）向孔洞内注入适量的锚固剂。

4）放入观测点标志。

5）使用锚固剂回填标志与孔洞之间的孔隙。

埋设形式如图 11-2 所示。

根据基坑施工范围和开挖深度，地表沉降监测工作基点必须离基坑 100m（即离基坑边 2～4 倍）以上，以减少基坑开挖对其影响。基点成组埋设，每组至少 3 个点，利用基点相互检核其稳定性，具体如图 11-3 所示。

由于深基坑位于城市中心地带，其周边地面是原有城市混凝土道路，给地表沉降监测点的布置提出了较高的要求。观测点的布设根据设计图纸要求沿基坑周边对称布置，成组埋设，根据具

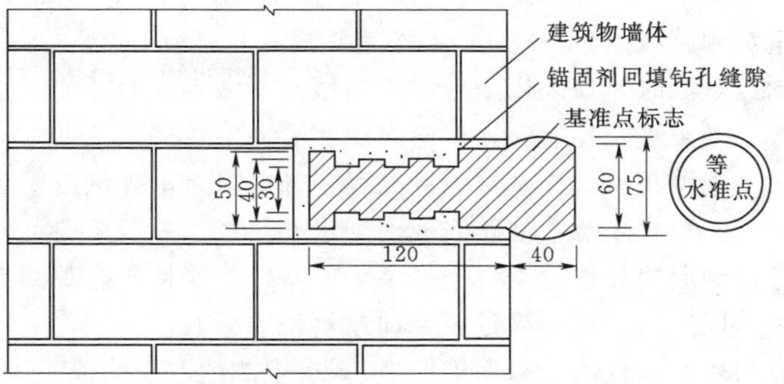

图 11-2　建筑物基准点埋设示意图

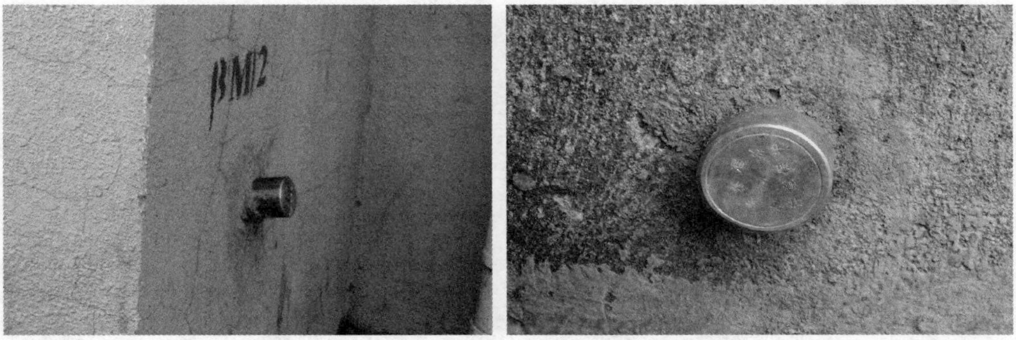

图 11-3　沉降基准点

体情况，采用钻具成孔埋设定制钢筋，并用混凝土固定的方式进行开挖埋设。地表基准点及观测点埋设形式如图 11-4 所示。

图 11-4　沉降观测点

11.4.1.3　沉降观测

水准路线控制网布设的基本原则采用分级，首先根据监测点分布情况，布设首级控制网，观测首级控制点高程；其次，布设二等水准网，观测各沉降点高程。首级控制和二级控制以布设成附合路线或闭合路线均可，具体采用哪种路线，根据观测点分布情况和建筑物密集程度决定。布设水准控制路线时，为确保前后视距差满足二等精度要求，同时满足变形监测的“三定”要求（路线固定、仪器固定、人员固定），用红油漆标注每次仪器的安置位置，以固定观测路线。

进行水准控制点观测时，如采用闭合水准路线可只观测一次（相同点观测两次）；如采用附合水准路线，必须进行往返测，取两次观测高差中数进行平差。

地表沉降点水准观测是从工作基点引测高程到各沉降点，并最后闭合到该工作基点或附合到另一工作基点，形成闭合水准路线或附合水准路线。一般情况下，基础周边地表沉降点对称布设。考虑到周边环境复杂，当一条水准路线不能将所有观测点包含在内时，布设成多条水准路线，以减小水准路线过长、误差累积的影响。

测定各沉降点的初始高程值，采用连续2～3次观测值取平均值。工作基点每2～3个月定期与沉降基点进行水准联测，校核工作基点高程数据，判断工作基点的稳定性，并对变化量做出及时修正。

11.4.2 深层位移监测

监测点应布设在临近重点监测的地下设施或建筑物周围土体及围护墙内，土体侧向位移监测点间距一般为围护墙深层位移监测点间距的1～2倍，且比围护墙深5～10m，连续墙内的测点宜布设在围护墙顶水平位移监测点边。测斜管宜采用PVC工程塑料或铝合金材料，直径为45～90mm，管内须有两组相互平行的纵向导槽，导槽扭度不应大于1/100，现场效果如图11－5所示。

图11－5 测斜管埋设

测斜仪的分辨率应大于0.01mm/m，精度应不低于0.1mm/0.5m，电缆线长度大于最深的测斜孔深度。

11.4.3 周围建筑物变形监测

测定建筑物的倾斜有两类方法：一类是直接测定建筑物的倾斜，该方法用于基础面积小的超高建筑物，如水塔、烟囱、铁塔；另一类是通过测量建筑物基础的高程变化，设Δh为某两沉降点在某段时间内的沉降量的差数，S为其间的平距，则$\Delta h/S=\Delta i$就是该时间段内建筑物在该方向上倾斜度的变化。

11.4.4 墙顶水平位移监测

水平位移监测的精度应符合表 11-5、表 11-6 规定。

表 11-5　　水平位移监测精度要求

基坑监测等级	一级	二级	三级	四级
监测点坐标中误差/mm	2.0	3.0	4.0	6.0

表 11-6　　水平位移监测网技术要求

基坑监测等级	平均边长/m	测角中误差/(″)	测距中误差/mm	最弱边边长相对中误差
二级	200	1.0	2.5	1∶75000
三级	300	1.5	4.0	1∶60000
四级	500	2.5	7.5	1∶50000

围护结构墙顶水平位移监测一般采用全站仪，以小角观测法和极坐标法为主。小角法利用监测点和测站之间的连线与观测基线之间的微小角度变化，通过角度变化量来计算监测点偏离量。观测基线是测站点与后视基准点之间的连线，一般在制作点位时，将两点用观测墩的形式埋设在基坑长边两端，其连线平行于基坑长边，而各监测点则是尽量布置在基线上，使其偏角尽量小，以减小公式估算误差影响。极坐标法则是已知两个点坐标，一点架设仪器，一点做后视基准，通过坐标定向，观测各个监测点的坐标值，通过不同时期坐标值的比较，得出监测点坐标的变化量，这种方法比小角法更加直接和具体。

围护结构墙顶水平位移监测点布设的位置和数量一般根据基坑安全等级和周围环境监测等级来定，一般情况下沿墙顶冠梁布置，点间距以 10～15m 为宜，点位要稳固，标记要清晰，并加设防护装置和标识牌，避免工人或设备无意破坏。观测基点和基准点则布置在利于观测、通视条件好的位置，并制作强制对中观测墩。基准点一般布置在远离基坑影响范围外，且与观测基点通视良好，并定期利用基准点对观测基点进行检核和修正。观测基点检核方法一般采用交会法和导线观测法。

11.4.5 地下水位监测

地下水位监测是为了检验降水的实际效果，控制施工降水对地下水位变化的影响范围和程度，防止施工中水土流失。

(1) 基坑外地下水位孔监测点布设应满足如下要求：

1) 监测点宜布设在临近搅拌桩施工搭接处、转角处、相邻建筑物处、地下管线相对密集处等，并宜布设在止水帷幕外侧 2m 处。

2) 潜水水位监测点间距宜为 20～50m，水位地质条件复杂处应适当加密。

3) 潜水水位观测管埋设深度宜为 6～8m。

4) 对需降低微承压水或承压水水位的基坑工程，监测点宜布置在相邻降压井近中间部位，间距为 30～60m，每侧边至少埋设 1 个，埋设深度应能保证反映承压水水位的变化。

（2）基坑内地下水水位监测包括潜水水位监测和承压水水位监测，监测点布置要求如下：

1）潜水水位监测点布置在相邻降水井近中部。

2）潜水水位观测管埋设深度比基坑深度深 5m 以上。

3）对需降低微承压水或承压水水位的基坑工程，监测点宜布置在基坑中部、相邻降水井近中间部位，埋设满足设计要求。

4）承压水监测孔如埋设在基坑内部，移动要有足够的安全措施，以避免基坑开挖过程中承压水突涌。

5）基坑内的潜水水位观测孔在开挖过程中通常难以保全，可在基坑降水井停抽一段时间后测读水位。

钻孔孔径不小于 110m，水位管直径宜为 50～70mm，将水位管下放孔中，水位观测管确保滤孔段向下，顶端应高出地面 0.5m，水位管与孔壁间用干净细沙填实，然后用清水冲洗孔底，以防泥浆堵塞测孔，保证水路畅通，在孔口位置固定测点标志，并用保护套加以保护。

水位管埋设后，应采用水位计逐日连续观测水位，取至少 3 天稳定值作为初始值，地下水位观测仪器精度不低于 5mm。

11.4.6 立柱沉降监测

立柱作为整体结构的重要组成部分和主要受力构件，其稳定和变形对整体结构的稳定非常关键。立柱结构必须有足够的承载力来支撑上部结构的荷载，同时避免产生不均匀沉降，如果立柱产生了过度的不均匀沉降，将会给上部结构乃至整个结构带来危害。因此在施工期间和结构完成后的稳定之前，必须密切关注立柱的沉降变形情况。立柱沉降的测点一般布置在立柱刚性连接的顶板表面上，采用钻孔埋设膨胀螺丝。

立柱沉降观测可并入基坑沉降观测网中。在开挖及结构施工期 1 次/2 天，结构完成后 1 次/周，经数据分析确认达到基本稳定后 1 次/月。

11.4.7 围护体系内力监测

（1）围护墙内力监测点布置要求如下：

1）弯矩较大、受力较复杂的围护墙体内。

2）测点的平面间距宜 20～50m，且每侧监测点不少于 1 个。

3）竖向监测点宜布设在支撑点、拉锚位置、弯矩较大处，竖向间距宜为 3～5m。

（2）冠梁或腰梁内力监测点布置要求如下：监测点宜布置在每侧边的中间部位、弯矩较大、支撑间距较大、受力较复杂处，在铅垂方向上监测点的位置宜保持一致；监测点平面间距宜为 20～50m，且每侧不少于 1 个；每个监测点内力传感器埋设不应少于 2 个，且在冠梁或腰梁两侧对称分布。

（3）支撑内力监测点布置要求如下：

1）支撑内力测点应根据围护设计计算书确定。

2）测点宜布设在支撑内力较大、受力较复杂的支撑上。

3）每排支撑内力监测点不少于3个，且每道支撑内力监测点在垂直方向保持一致。

4）对于钢筋混凝土支撑，每个截面内传感器埋设不少于4个，每个界面埋设的4个传感器可上下或左右对称布置。

5）对于钢支撑，每个截面内传感器埋设不少于2个。

6）钢筋混凝土支撑和H型钢支撑内力监测宜布置在支撑长度的1/3部位，钢管支撑采用反力计测试时，监测点布置在支撑端头，采用表面应力计测试时，宜布置在支撑长度的1/3部位。

（4）立柱内力监测点布置要求如下：

1）监测点布设在受力复杂、内力较大的立柱上。

2）每个截面内传感器埋设不少于2个。

3）监测点布设在坑底以上立柱长度的1/3部位，多道支撑布设在相邻两道支撑中部。

（5）围护体系内力监测值应考虑温度变化的影响，对于钢筋混凝土支撑还需考虑混凝土收缩、徐变以及裂缝开展的影响。

（6）混凝土支撑，钢筋笼绑扎时，在预定位置处将应力计焊接于主钢筋上，混凝土浇筑后，应力计和混凝土支撑融合一起，通过测量应力计的应力变化，来推算支撑应力的变化。钢支撑架设时，在钢支撑和围护结构墙的接缝处安置轴力计或焊接应变计，通过轴力计或应变计的频率变化，可计算钢支撑轴力的变化。

11.4.8 土压力监测

（1）围护墙侧向土压力监测点布置要求如下：监测点选择在弯矩较大、受力较复杂及有代表性的围护体侧，监测点平面间距为20～50m，且每侧监测点不少于1个，监测点竖向间距为3～5m，布设在土体中部，可预设在迎土面及迎坑面入土的围护墙侧面。

（2）土压力计应满足如下要求：量程满足被测压力的范围要求，取最大设计压力的1.2倍，分辨率优于0.2%（F.S），精度优于0.5%（F.S），具有足够的强度、抗腐蚀性和耐久性，并具有抗震和抗冲击能力，具有较小的匹配误差。

11.4.9 孔隙水压力监测

孔隙水压力监测点布置要求如下：监测点宜根据施工监测对象、测试目的和场地条件等灵活布设，数量不少于3个，测点在水压力变化影响深度范围内按土层布设，竖向间距宜为4～5m，涉及多层承压水层时适当加密。

孔隙水压力监测采用振弦式孔隙水压力计或气压式孔隙水压力计，满足量程应满足被测压力的范围要求，取静水压力和超空隙水压力之和的1.2倍，分辨率优于0.2%（F.S），精度优于0.5%（F.S），具有足够强度、抗腐蚀性和耐久性，并具有抗震和抗冲击能力。

孔隙水压力计在基坑降水前一周埋设，埋设前应将孔隙水压力计浸泡饱和，排除透水石中的气泡，检查核对孔隙水压力计的出厂率定数据，整理压力—频率曲线，并用回归方法计算各孔隙水压力计的标定系数。孔隙水压力计埋设后测量初始值，且逐日定期连续量测 1 周，取 3 次测量稳定值的平均值作为初始值。

11.4.10 土体分层沉降监测

土体分层沉降监测点布置要求如下：

(1) 监测点布置在紧邻保护对象处。

(2) 监测点在铅垂方向上布置在各土层分界面上，监测点的竖向间距取 5m，在较厚土层中部适当加密。

(3) 监测点布置深度大于 2.5 倍基坑开挖深度，且不小于围护结构以下 5～10m。

分层沉降监测采用磁性分层沉降仪和深层沉降观测标来测定，分层沉降读数分辨率大于 0.5mm，精度大于 1.0mm。

11.4.11 坑底隆起监测

坑底隆起监测点布置要求如下：

(1) 监测点按剖面布置在基坑中部。

(2) 监测点剖面间距为 20～50m 数量不少于 2 个。

(3) 剖面上监测点间距为 10～20m，数量不少于 3 个。

(4) 埋设坑底回弹孔时，钻孔深度适宜，尽量避免因上覆土层厚度减小而引起坑底承压水层发生突涌。

采用分层沉降仪和深层沉降标观测高程变化。仪器监测精度不低于 1mm。

11.4.12 锚杆拉力监测

锚杆或土钉拉力监测点布置要求如下：

(1) 监测点布置在基坑外侧边中心处、锚杆或土钉受力较大处和形态较复杂处。

(2) 每层监测点按锚杆或土钉总数的 1%～3%布设，且不少于 3 个。

(3) 每层监测点在铅垂方向上的位置宜保持一致。

锚杆拉力可采用锚杆应力计和钢筋应力计进行监测，锚杆拉力监测点在施加预应力前安装，且监测精度要大于 1kPa。

11.5 监测频率

监测频率的确定取决于变形大小、变形的速度和进行变形监测的目的。一般而论，要求监测频率既能反映变形的过程，又不遗漏变形的时刻。除系统观测外，在特殊情况前后，进行应急观测。一般认为建筑在砂类土层上的建筑物，其沉陷在施工期间已经大部分完成，建筑在黏土类土层上的基础，其沉陷在施工期间只完成一部分。

(1) 正常监测频率如下：

1) 施工准备阶段。进行各观测项的初始观测，各监测项的初始观测次数不小于 2 次，取均值作为初始数据。

2) 连续墙开挖阶段监测。周边建筑物（构筑物）沉降监测原则上根据设计要求，开挖过程中1次/3天，当监测数据稳定，可适当调整频率；

3）土体开挖阶段。原则上为开挖过程中：当 $H \leqslant 5$m 时，1次/2天；当 $10 \geqslant H > 5$m 时，1次/天；当 $H > 10$m 时，2次/天。

4）结构施工阶段。监测频率根据底板浇筑时间（d）来确定，原则上：$d \leqslant 7$ 天时 2次/天；$d = 7 \sim 14$ 天时，1次/天；$d = 14 \sim 28$ 天时，1次/2天；$d > 28$ 天时，1次/3天；当监测数据稳定时，监测频率适当调整，频率的调整根据监测数据的变化情况确定。

5）基坑完成后阶段。周边建筑物（构筑物）沉降、围护桩可能还需继续监测一段时间，原则上按设计要求1次/7天，当数据稳定时，监测频率适当调整。

（2）当发生险情或者出现恶劣天气时，监测频率如下：

1）当变形速率或监测值达到控制值（设计容许值）的80%，或发生突变时（即变形曲线显著偏离预测曲线），对该明显变形区域及周边建构筑物监测频率加密至2次/天。

2）当发生长时间恶劣天气影响（持续降水等）或基坑周边土体荷载突变时，应对变形区域及周边建筑物监测频率加密至2次/天。

3）当存在险情征兆时，对该危险区域及周边建构筑物的监测频率加密至1次/6h。

11.6 监测数据分析与资料编制

通过监测获得准确的数据后，进行定量分析与评价，及时对基坑安全作出安全与否的评判，以指导下一步的施工。一旦发生险情，及时进行预报，并提出合理化的建议和措施，直到解决问题。对监测数据的分析评价主要包括以下内容：

（1）对支护结构侧向位移进行细致的定量分析，包括位移速率和累计位移最大值及其所处位置，并及时绘制测斜变化曲线形态；对引起位移速率增大的原因如开挖、超挖、支撑不及时、渗漏、管涌等情况进行记录和深入分析。

（2）对沉降与沉降速率进行分析，区分其沉降原因是由于支护结构水平位移引起还是由于地下水位下降等引起，并与支护结构侧向位移比较。

（3）对各项监测结果进行综合分析，并相互验证和比较。用新的监测结果与原设计预期情况进行分析对比，判断现有设计、施工方案的合理性。必要时，及早采用相应预案对策或及时调整现有施工设计方案。

（4）根据监测结果全面分析基坑开挖对周边环境的影响和支护效果，并通过反分析查明工程施工的技术原因。

（5）用数值模拟法分析基坑施工期间各种情况下支护结构的位移变化规律和进行稳定性分析；用反分析法推算土体的特性参数，检验原设计计算方法的适宜性；采用各类预测手段预测后期施工中可能出现的新动态。

基坑监测前设计好各种记录表格和报表。记录表格和报表应按照监测项目、监测点的数量分布合理设计。记录表格的设计以记录和数据处理方便为原则，并留有一定的空间，以便对监测中观测到和出现的异常情况作及时记录。监测报表一般形式有当日报表、周报表、阶段报表，其中当日报表最重要，通常作为施工调整和安排的依据。周报表通常作为参加工程例会的书面文件，对1周的监测成果作简要的汇总，阶段报表作为基坑施工某个阶段监测数据的小结。

监测日报表及时提交给业主、监理、设计等有关单位，并另备1份经工程建设方或现场监理工程师签字后返回存档，作为签收及监测工作量结算依据。报表中尽可能配备图形或曲线，如测点位置图、桩墙体深层水平位移曲线图等。报表必须是原始数据，不得随意修改、删除，对有疑问、由人为或偶然因素引起的异常点，在备注中说明。

监测过程中，除及时呈报各类报表、绘制测点布置位置平面和剖面图外，还要及时整理各监测项目汇总表和相关曲线线型，具体包括：各监测项目时程曲线；各监测项目的速率时程曲线；各监测项目在各种不同工况和特殊日期变化发展的形象图。

在绘制各监测项目时程曲线、速率时程曲线以及在各种不同工况和特殊日期变化发展的形象图时，将工况点、特殊日期以及引起变化显著的原因标在各种曲线和图上，以便较直观地看到各监测项目物理量变化的原因。

11.7 地铁车站深基坑监测实例

某地铁车站是轨道交通工程1号线的第8个站，为1号线与5号线的换乘站。该站为地下两层车站，采用明挖顺作法施工，局部采用临时铺盖施工。车站长度为465m，基坑深度为16.88～19.23m，标准段宽度为20.7m。

该车站站区范围地面交通繁忙，建筑物较密集，地下分布各种管道、管线等。场地属江北岸Ⅱ阶冲积阶地，地形较平坦，地面高程为75.86～77.89m，相对高差2.03m。基坑施工场地周边环境复杂，施工区域狭窄（图11-6）。

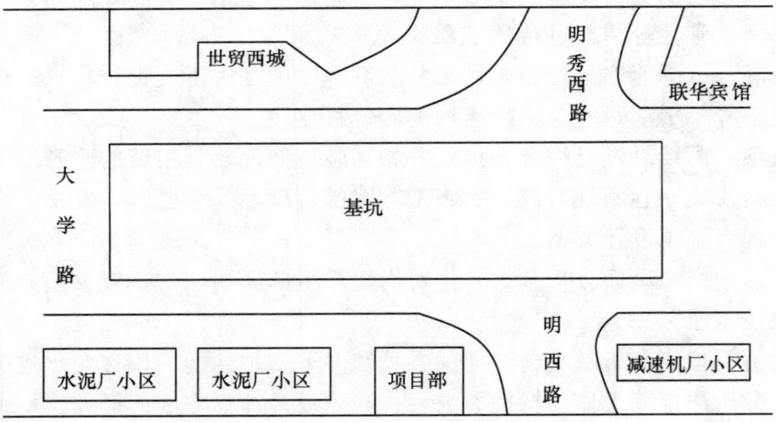

图11-6 基坑场地现场图

场地出露地层为第四系上更新统望高祖上段（Q_3w），系河流冲积形成的黏土、粉质黏土、粉土、粉砂、砾砂、圆砾等；下伏地层为第三系（E_3b）北湖组湖相沉积的泥岩、粉砂岩等；表层为素填土（Q_4^{ml}）所覆盖。

11.7.1 监测方案

1. 水平监测

水平监测点的布置要求如下：在基坑周边稳定区域内布设 6 个基点，同时在基坑周边较稳定区域内布设 2 个工作基点（工作基点建立观测墩，称工作基点墩），工作基点墩布置在基坑的拐角处附近建筑物楼顶。

根据设计确定的支护结构桩（墙）顶水平位移点位置和数量，在基坑支护结构的冠梁顶部布设观测点，埋设观测墩。

布设工作基点墩，将仪器架设在工作基点墩，沿基坑边布设观测点墩，观测点选择在通视处，一般情况下，离基坑 300mm 比较合适，既可避开安全栏杆，又不影响施工，且便于保护。

水平位移监测方法包括：小角度法、极坐标法、前方交会法、后方交会法、导线测量法。其中前方交会、导线测量和后方交会法主要用于对工作基点的稳定性检查，小角度法和极坐标法主要用于对各变形监测点的监测。外业采用 Laica TCR1201＋(标称精度 1″，1mm＋1.5ppm）监测。

2. 沉降监测

埋设 3 个工作基点，基点远离基坑 100m（即离基坑边 2～4 倍）的桩基础建筑物上。监测点布设如下：

（1）支撑立柱沉降监测点布设在支撑立柱的上部。

（2）周边建筑（构）物沉降监测点布设在建筑物的拐角处，离地面 10～20cm，且避开雨水管、窗台线、电器开关等有碍设标与观测的障碍物，并视立尺需要离开墙（柱）面一定距离。

（3）道路及地表沉降监测点布设在设计位置，采用地面钻孔埋设定制钢筋，并用水泥砂浆固定。

（4）管线位移监测点对铸铁管、钢管等材质、埋深较浅的管道，采用直接法布点，将钢筋焊接于管线的顶部，并引至地表，周围用砖砌筑成窨井。

（5）埋深较浅的煤气管道，采用抱箍法，即根据管道的外径，特制 2 个对开的箍，环抱管道，用钢筋引出地面。埋深较大的管道，采用间接法，即钻孔至管道顶部或底部，孔中放入保护管，管中放入钢筋，钢筋底部须适当扩大，以测量管道顶部或底部的土体位移。

（6）根据各基坑、周边建筑物、构筑物沉降监测点分布情况，沉降观测采用闭合路线、附合路线、支导线法，使用标称精度为±0.3mm/km DNA03 数字水准仪。

（7）倾斜监测结合工程实际情况，采用测量建筑物基础相对沉降法测定。

3. 围护结构墙（桩）体变形和土体侧向变形监测

沿车站纵向每边布置 5 个，共 10 个测斜孔，测斜管采用钻孔埋设。在围护结构上部，沿纵向每 25m 设 1 个测点，监测围护结构（地下连续墙体或桩体）变形的测斜管采用绑扎埋设，使用 JTM－V6000F 测斜仪（精度 0.1mm/0.5m）。

4. 支撑轴力监测

第一道支撑为钢筋混凝土支撑，沿纵向每间隔 2 根支撑布设一组（4 支）应变计。预先在钢筋笼四角或中间位置各埋设一组钢筋计，与支撑主筋焊接在一起（图 11-7）。第 2～第 3 道支撑为钢管支撑，沿纵向每间隔 3 根支撑布设一个钢弦式频率轴力计。将轴力计安装架与钢支撑对中并牢固焊接，在拟安装轴力计位置的桩（墙）体钢板上焊接一块 250mm×250mm×25mm 加强垫板，防止轴力计陷入钢板。待焊接件冷却后将轴力计推入安装架，并用螺丝固定。要求轴力计和钢支撑轴线一致，接触面平整，确保钢支撑受力通过轴力计传递到围护结构上，用振弦式频率读数仪测试。

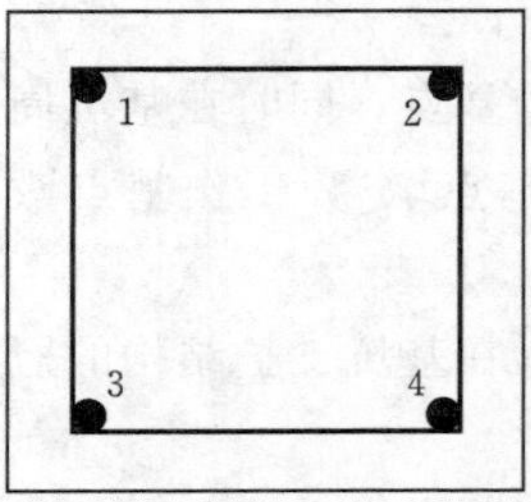

图 11-7 钢筋计布置断面图

5. 围护结构内力监测

沿纵向布置 3 个断面，每个断面竖向间隔 3m 埋设 2 支钢筋应力计，测试墙体钢筋应力。浇注混凝土前将钢筋应力计预先安装在钢筋笼上，安装时，拧下钢筋计两头的拉杆，与相同直径的钢筋对焊，并将电缆线绑扎在钢筋笼上。测试时，按预先标定的率定曲线，即可根据钢筋计频率计算墙体内力。

6. 地下水位观测

在基坑周围沿车站纵向两边各布置 5 个断面，共计 10 个水位孔，孔深 15m。铺盖法施工地段需埋设有水位观测孔。

11.7.2 监测数据分析与处理

基坑近邻地表沉降监测点点位布设如图 11-8 所示。

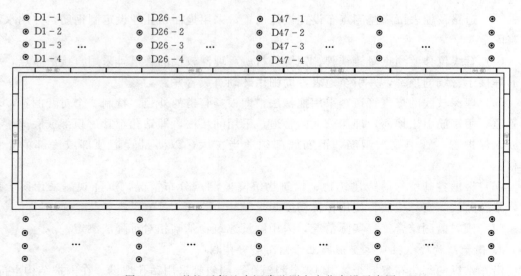

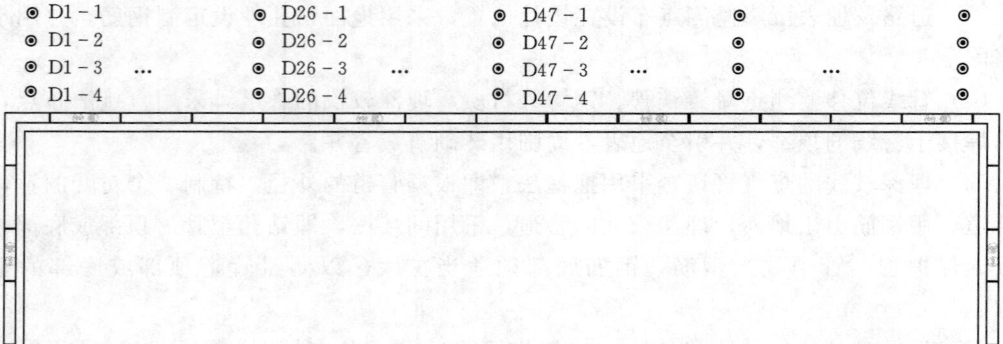

图 11-8 基坑近邻地表沉降监测点点位布设示意图

选取基坑长边的角部、1/4 和 1/2 处，距离基坑的距离为 1m、5m、12m 和 20m 处 3

组数据进行分析。将基坑不同位置处各点的沉降量进行时间序列对比分析，具体如图 11-9～图 11-11 所示。

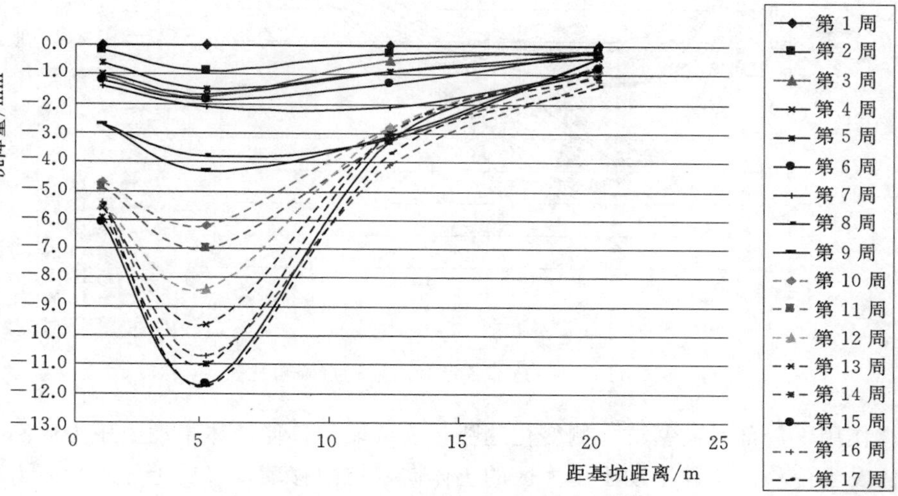

图 11-9　长边 1/2 处各点时间序列沉降量比较

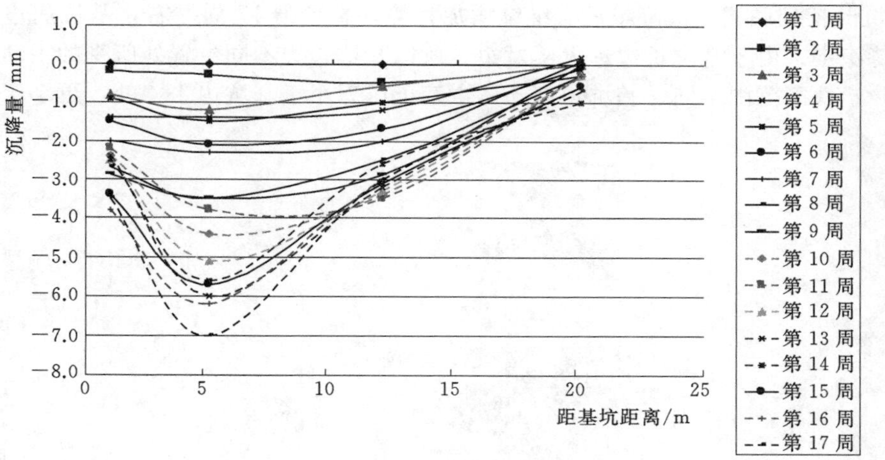

图 11-10　长边 1/4 处各点时间序列沉降量比较

开挖前几周，深度不大，周边各点沉降变化不大。随基坑开挖深度增加，周边各点沉降量逐渐增大。第 15 周开挖到底板，随后两周仍有沉降，但沉降量较小，且逐渐趋于稳定。距基坑约 5m 处沉降量最大，沉降量最大位置并没有出现在紧邻基坑处，而是出现在距基坑一定距离处。在距基坑 20m 远处，沉降量仅为 1mm 左右。基坑近邻地表沉降特征与带有内支撑体系的基坑地表沉降规律吻合。基坑近邻地表沉降量均在变形允许值范围内，基坑支护体系稳定。

随基坑开挖深度增加，基坑内侧土体卸载，墙外主动土压力增大，连续墙向基坑内移。由于支撑滞后，支撑安装前已发生一定先期变形，随支撑的架设和预压力施加，连续

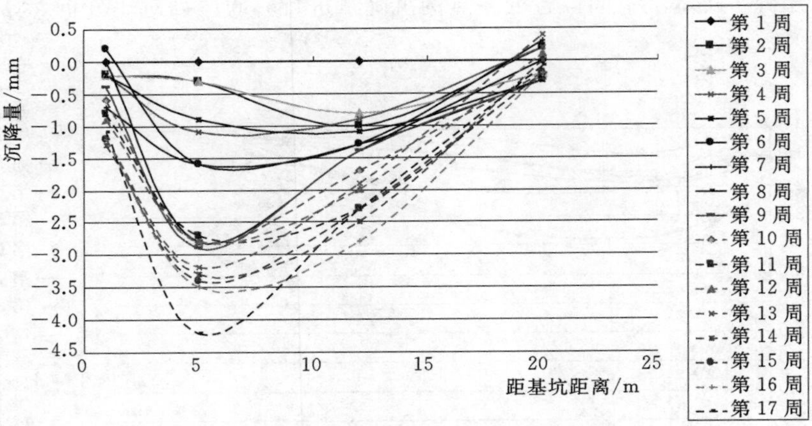

图 11-11　角部各点时间序列沉降量比较

墙受支撑作用，局部有向基坑外侧变化趋势，连续墙位移使墙体主动土压力区和被动土压力区土体发生位移。墙外主动土压力区的土体向基坑内移动，墙后土体水平应力减小，剪切力增大，形成塑性区，塑性区则影响墙外土体沉降范围。

地表沉降量与开挖进度和开挖范围相关，随开挖深度增大，最大沉降量增大，但在第 15 周基坑开挖到底板，沉降量还有继续增加趋势，直到第 17 周左右，基坑周边各点沉降基本保持稳定。由于基坑长边远大于短边，所以基坑长边不同位置处所受的主动土压力大小不同，塑性区范围不同。基坑角部土体主动土压力小于基坑边 1/4 处，更小于 1/2 处。

第 12 章 隧道与地下工程监测

由于岩体是极其复杂的自然介质，具有许多不确定的力学特性。隧道与地下工程信息化施工是根据前一段开挖期间监测到的岩土体变形等各种行为表现，及时捕捉大量的信息，并及时比较勘察、设计所预期的性状与监测结果的差别，对原设计成果进行评价并判断施工方案的合理性。同时通过反分析方法计算和修正有关参数，预测下一段工程实践可能出现的新动态，从而为施工期间进行设计优化和合理组织施工提供可靠的信息，为后续施工提出建议，对施工过程中出现的险情进行及时预报，当有异常情况时，立即采取必要的工程措施的过程。

12.1 地下工程分类

城市化促进了城市地下空间建设的发展。城市地下空间建设包括：城市煤气管道、供水、排污、电、通信及供热等地下设施；市区轨道交通、郊区火车、汽车及电车和人行道等运输隧道；地下购物商店、地下文化设施（博物馆等）、地下住宅、地下办公室、地下停车场、地下人行道、地下民防工事、地下交通设施（地铁等）、储藏室及废物处置地等集生活、储存、运输及废物处置的地下设施。综合利用城市地下空间是解决上述城市社会问题的重要途径，而地下空间的利用形态多种多样，如粮食地下储藏、地下式住宅、城市地铁、地厂商业街、地下停车场、地下水力发电站、地下能源发电站、地下工厂、地下交通设施等，以及防御、减小灾害的地下设施。

地下工程具有显著的不同于地上工程的特征，如有良好的热稳定性和密闭性；具有良好的抗灾和防护性能；具有很好的社会效益和环境效益；施工困难，工期一般较长，一次性投资较高；使用难度高，对通风干燥要求较高。

隧道是埋置于地层内的工程建筑物，是人类利用地下空间的一种形式。隧道工程分类如下：

（1）按所处的地质条件分为土质隧道和石质隧道。

（2）按长度分为短隧道（铁路隧道规定 $L \leqslant 500$m；公路隧道规定 $L \leqslant 500$m）、中长

隧道（铁路隧道规定 500m$<L\leqslant$3000m，公路隧道规定 500m$<L<$1000m）、长隧道（铁路隧道规定 3000m$<L\leqslant$10000m，公路隧道规定 1000m$\leqslant L\leqslant$3000m）和特长隧道（铁路隧道规定 $L>$10000m，公路隧道规定 $L>$3000m）。

（3）按国际隧道协会（ITA）定义的隧道的横断面积大小划分标准分为极小断面隧道（2～3m^2）、小断面隧道（3～10m^2）、中等断面隧道（10～50m^2）、大断面隧道（50～100m^2）和特大断面隧道（大于 100m^2）。

（4）按照隧道所在的位置：山岭隧道、水底隧道和城市隧道。

（5）按照隧道埋置的深度分为浅埋隧道和深埋隧道。

（6）按照隧道的用途分为交通隧道、水工隧道、市政隧道和矿山隧道。

12.2 地下工程监测

20 世纪 60 年代，奥地利学者和工程师总结出以尽可能不恶化围岩应力分布为前提，在施工过程中密切监测围岩变形和应力等，通过调整支护措施来控制变形，达到最大限度发挥围岩自承能力的新奥法隧洞施工技术。新奥地利隧道施工方法（以下简称新奥法）监测的作用如下：

（1）掌握围岩动态和支护结构的工作状态，利用监测结果修改设计，指导施工。

（2）预见事故和险情，以便及时采取措施，防患于未然。

（3）积累资料，为确定隧道安全提供可靠信息。

（4）监测数据经分析处理与综合判断后，进行预测和反馈，以保证施工安全和隧道稳定。

新奥法施工过程中最容易且最直接监测结果是位移及洞周收敛，是确定合理支护结构形式的重要基础资料，对控制变形量具有重要作用。

岩石隧道具有特有的设计施工程序，涵盖施工监测、力学计算及经验方法等。与地下工程不同，在岩石隧道设计施工过程中，勘察、设计、施工等诸环节允许有交叉、反复。在初步地质调查基础上，根据经验方法或通过力学计算进行预设计，初步选定支护参数。然后，在施工过程中还须监测围岩稳定性和支护系统的工作状态信息，以对施工过程和支护参数进行调整。施工实测表明，对于设计所作的这种调整和修改是十分必要和有效的。这种方法并不排斥以往各种计算、模型实验及经验类比等方法，而是最大限度地将其兼容在决策支持系统，发挥各种方法特有的长处。

12.2.1 岩土变形机理

地下工程岩体的变形不仅表现出弹性和塑性，而且也具有流变性质。所谓流变性质，是指岩体的应力—应变关系与时间因素有关的性质。岩体在变形过程中具有时间效应的现象，称为流变现象。岩体流变现象包括蠕变效应、松弛效应和弹性后效。蠕变效应是指当荷载不变时，变形随时间而增长的现象。松弛效应是指当应变保持不变时，应力随时间增长而减小的现象。弹性后效是指当加载或卸载时，弹性应变滞后于应力的现象。

在受高温、高压的岩体中，蠕变效应更为常见。这些岩体破坏往往不是因为围岩强度不够，而是由于岩体还未达到其破坏极限，却因蠕变效应而产生过大的变形，导致岩体工程发生毁坏。因此，这类岩体中的岩体工程设计，必须考虑岩体蠕变效应的影响。

由于岩体性质不同，岩体蠕变效应也各不相同，通常用蠕变曲线（$\varepsilon-t$ 曲线）表示这种差异。以时间 t 为横坐标，以各时间对应的应变值 ε 为纵坐标，岩体的蠕变效应曲线大致可分两类。

（1）稳定蠕变效应。蠕变效应开始阶段，变形增加较快，随后逐渐减慢，最后趋于某一稳定的极限位，如图 12-1 所示。

荷载大小不同，这一稳定位也不同。通常，稳定后的变形量 ε 比初始瞬时变形量 ε_a 增大 30%～40%，由于这种蠕变效应最终是稳定的，所以多数情况下，不可能对工程造成危害。大部分较坚硬的岩体，如砂岩、石灰岩、大理岩、砂质岩等具有这种蠕变效应。

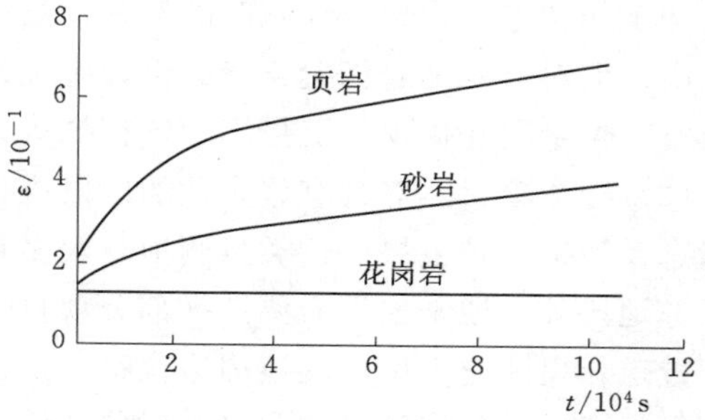

图 12-1　常应力及常温下的典型蠕变效应曲线

（2）不稳定蠕变效应。变形随着时间的延长而不断增长，蠕变效应不能稳定于某一极限值，而是随时间无限增长，直到岩体破坏。具有不稳定蠕变效应特性的岩体，主要是一些软弱岩体，如黏土、砂质黏土、硬质黏土、板岩、糜棱岩、片麻岩及具有不连续面的岩体等。一般来讲，根据蠕变效应速度不同，软弱岩石蠕变效应过程可分 3 个阶段：初始蠕变效应阶段、等速蠕变效应阶段、加速蠕变效应阶段。

岩体可发生稳定蠕变效应，也可发生不稳定蠕变效应，其关键取决于作用在岩体上的恒定荷载大小。由稳定蠕变效应向不稳定蠕变效应转化时，其间必然有一个临界荷载或临界应力，小于临界应力时，只产生稳定蠕变效应，不会导致岩体破坏，大于临界应力时，则产生不稳定蠕变效应，并随时间的增长，将导致岩体破坏，因此，工程将临界应力称为长期强度。

初期支护后隧道围岩会发生变形。对于隧道工程，由于工作面开挖后，即在隧道围岩进行锚杆和喷射混凝土的支护措施，一般不会出现不稳定变形。在施工过程中，不允许隧道围岩发生不稳定变形，在正常情况下，如果喷锚支护及时，隧道围岩变形处于稳定状态。

根据围岩变形速率，隧道围岩的稳定变形可分为 3 个阶段。

（1）急剧变形阶段。随隧道开挖后围岩变形的初始速率最大，然后逐渐降低，变形与时间关系曲线呈下弯型，这一阶段变形量约为最终变形量的 60%～70%。

（2）缓慢变形阶段。随变形速率的递减，围岩变形越来越小，当速率近于 0.1mm/天时，围岩处于稳定状态。

（3）基本稳定阶段。由于隧道围岩日趋稳定，变形不再增加，变形速率近于零，隧道围岩基本稳定。

12.2.2 岩石隧洞监测内容

岩石隧洞监测对象主要为围岩、衬砌、锚杆和钢拱架及其他支撑，监测部位包括地表、围岩内、洞壁、衬砌内和衬砌内壁等，监测类型主要是位移和压力，有时也监测围岩松动圈和声发射等其他物理量。隧道施工监测旨在收集施工过程中围岩动态信息，据此判定隧道围岩稳定状态，以及支护结构参数和施工合理性。监测项目可分为：

（1）必测项目。必须进行的常规量测项目，为了在设计施工中确保围岩稳定、判断支护结构工作状态、指导设计施工的经常性量测。这类量测通常测试方法简单、费用少、可靠性高，但对监视围岩稳定、指导设计施工却有重要作用。主要包括隧道内目测观察、隧道内空变位量测、拱顶下沉量测、锚杆拉拔力量测。

（2）选测项目。对具有代表性的区段进行补充测试，以更深入了解围岩松动范围、稳定状态及喷锚支护效果。这类量测项目较多且测试较复杂，费用较高。因此，除有特殊量测任务地段外，通常根据需要选择部分项目进行量测。

隧道新奥法施工中，隧道周边位移、拱顶下沉和锚杆抗拔力监测具有稳定可靠、简便经济等特点，是常用的测试项目。软弱破碎岩层围岩稳定性差，如果覆盖岩厚度薄，则隧道开挖时地表会产生下沉，为判定开挖对地面的影响程度和范围，需要进行地表下沉量测。

1）开挖后对没有支护的围岩进行目测。了解开挖工作面工程地质和水文地质条件；岩质种类和分布状态，境界面位置状态；岩石颜色、成分、结构、构造等；地层年代及产状；节理性质、组数、间距、规模，节理裂隙发育程度和方向，断面状态特征，充填物类型和产状等；断层性质、产状、破碎带宽度、特征；地下水类型，涌水量大小、位置、压力、水的化学成分等；开挖工作面的稳定状态，顶板有无剥落现象。

2）开挖后已支护段的目测。初期支护完成后掌握对喷层表面的观察及裂缝状况的描述和记录；有无锚杆被拉脱或垫板陷入围岩内部现象；喷射混凝土是否产生裂隙或剥离，是否发生剪切破坏；有无锚杆和喷射混凝土施工质量问题；钢拱架有无被压屈现象；是否有底鼓现象。如果观察中发现异常现象，要详细记录发现时间、距开挖工作面距离及附近测点量测数据。

对于浅埋岩石隧洞，如城市地铁，地表沉降动态是判断周围地层稳定性的重要指标，而其监测方法简便，监测结果能反映地下工程开挖过程中隧洞周围岩土介质变形全过程，地表沉降监测的重要性随埋深变浅而加大，见表 12-1。对于深埋岩石隧洞工程，水平方向位移监测往往比较重要，常采用洞周收敛计进行，也可在边墙设置水平方向位移计监测。

表 12-1　　地表沉降监测

埋深	重要性	监测与否	埋深	重要性	监测与否
$3D<h$	小	不必要	$D<h<2D$	重要	必测
$2D<h<3D$	一般	最好监测	$H<D$	非常重要	主要监测项目

注：D 为隧道直径，h 为埋深。

12.2.3 岩石隧洞监测方法

12.2.3.1 洞内观察

由于地下工程开挖前很难提供准确的地质资料，因此，在施工过程中，需对开挖工作面附近围岩的岩石性质、状态，开挖后动态，上覆围岩动态进行目测。洞内观察不借助任何量测仪器，凭肉眼经验判断围岩、锚杆、衬砌和隧道安全性，发现个别现象和特殊情况尤应重视。其目的是核对地质资料，判别围岩和支护系统稳定性，为施工管理和工序安排提供依据，检验支护参数。因此，细致地观察隧道内地质条件变化情况，裂隙发育和扩展情况、渗漏水情况，隧道两边及顶部有无松动岩石，锚杆有无松动，喷层有无开裂及中墙衬砌上有无裂隙出现，尤其是中墙衬砌上的裂缝，如发现裂缝则用裂缝观察仪密切观测记录裂缝的发展情况，洞内观察工作贯穿于隧道施工全过程。

12.2.3.2 位移监测

在隧洞入洞口一定范围内及埋深较浅的隧洞，需监测地表沉降和水平位移。拱顶沉降通常采用水准仪，由于隧洞拱顶一般较高，通常使用标尺不能测量，可在拱顶用短锚杆设置挂钩、悬挂标尺的方法。

围岩位移分绝对位移与相对位移。绝对位移是指隧道围岩或隧道顶底板及侧端某一部位的实际移动值。其测量方法是在距实测点较远的地方设置一基点（该点坐标已知，且不再产生移动），然后定期用全站仪和水准仪自基点向实测点进行量测，根据前后两次观测所得的标高及方位变化，确定隧道围岩的绝对位移。但是，绝对位移量测需要花费较长的时间，并受现场施工条件限制，除非必需，一般不进行绝对位移的量测。

为监测洞内或围岩不同深度的位移，采用单点位移计、多点位移计和滑动式位移计等。

（1）单点位移计。实际上是端部固定于钻孔底部的锚杆，加上孔口的测读装置。位移计安装在钻孔中，锚杆体可用直径 22mm 的钢筋制作，锚固端用楔子与钻孔壁楔紧，自由端装有测头，可自由伸缩，测头平整光滑。定位器固定于钻孔孔口的外壳上，测量时将测环插入定位器，测环和定位器上都有刻痕，插入测量时将两者的刻痕对准，测环上安装有百分表、千分表或深度测微计以测取读数。测头、定位器和测环用不锈钢制作，单点位移计结构简单，制作容易，测试精度高，且钻孔直径小，受外界因素影响小，容易保护，因而可紧跟爆破开挖面安设。

（2）多点位移计。按位移监测仪器的不同有机械式和电测式两类。机械式位移计一般采用深度测微计、千分表或百分表，电测式位移计采用的位移传感器常用的有电阻式、电感式、差动式、变压式和钢弦式等多种。

12.2.3.3 收敛监测

隧道围岩周边各点趋向隧道中心的变形称为收敛，所谓隧道收敛量测主要是指对隧道壁面两点间水平距离变形量的量测，拱顶下沉及底板隆起位移量的量测等。它是判断围岩动态的最重要量测项目，特别是当围岩为垂直岩层时，内空收敛位移量测更具有重要意义。收敛量测设备简单、操作方便，对围岩动态监测所起作用大。

此外，对于跨度小、位移较大的隧洞，可用测杆监测收敛量，测杆可由数节组成，杆端一般装设百分表或游标尺，以提高监测精度。对于拱顶绝对下沉，可用精密水准仪监测。跨度和位移均较大的峒室，也可用全站仪和断面仪观测。

12.2.3.4 压力监测

压力监测包括地下峒室内部和支衬结构内部的压力，以及围岩和支衬结构间接触压力监测。压力监测通常采用应力计或压力盒，在支衬内部及围岩与支衬接触面上的压力盒的埋设，只需在浇注混凝土前将其就位固定，监测围岩压力的压力盒则需专门钻孔。将压力盒放入钻孔内预定深度后，用速凝砂浆充填密实。

隧道施工随掘进及时喷射一层混凝土，封闭围岩暴露面形成初期柔性支护，由于混凝土与围岩紧密均匀接触，并可通过调整喷层厚度，协调围岩变形，使应力均匀分布，避免应力集中，随后按设计要求系统布置锚杆，加固深部围岩。锚杆、喷层和围岩共同组成承载环，支承围岩压力，这部分支护结构称为外拱。外拱施工过程中，通过监测了解围岩变形情况，待围岩位移趋于稳定，支护抗力与围岩压力相适应时，进行外拱封底，使变形收敛，同时进行二次支护，加强支护抗力，提高安全系数，二次支护结构称为内拱。内拱为储备强度，采用新奥法必须严格控制二次支护时间，以使支护结构的性能呈现先柔后刚的特性，因此，在施工过程中需对喷射混凝土层进行应力量测工作。

对于喷层应力的量测是将量测元件（装置）直接喷入喷层的，喷层在围岩逐渐变形过程中由不受力状态逐渐过渡到受力状态。为使量测数据能直接反映喷层的变形状态和受力的大小，要求量测元件材质的弹性模量与喷层的弹性模量相近，不致引起喷层应力的异常分布，以免量测出的喷层应力（应变）失真，影响评价效果。

目前，经常采用量测喷层应力方法，主要有应力（应变）计量测法和应变量测法。绘制喷层内径（切）向应力随开挖面变化的关系曲线，以便掌握试验断面处喷层应力随前进着的开挖工作面距离变化的关系；绘制喷层内径（切）向应力随时间变化的关系曲线，以便掌握量测断面处不同部位切向应力随时间的变化情况。

12.2.3.5 锚杆抗拔力监测

锚杆抗拔力（亦称锚杆拉拔力）是指锚杆能够承受的最大拉力，是锚杆材料、加工与施工安装质量优劣的综合反映。锚杆抗拔力的大小直接影响锚杆的作用效果，如果抗拔力不足，起不到锚固围岩的作用，因此对锚杆抗拔力的量测是检测锚杆质量的一项基本内容。量测方法主要有直接量测法、电阻量测法等。

（1）直接量测法。施加给锚杆荷载值和锚杆变形量，然后根据所绘出的荷载—锚杆变形曲线求出锚杆抗拔力，量测时所采用的锚杆拉力计主要由千斤顶和油压泵以及相应的辅助配件组成。

（2）电阻量测法。量测装置与直接量测法基本相同，只是在锚杆安设前先在锚杆上贴上应变片，并增加了量测锚杆应变值的应变仪，电阻量测法除可以得到直接量测法所得到的数据外，还可得到锚杆轴向抗拔力的分布状态，锚杆的黏结状态等量测资料。

12.2.3.6 锚杆轴力监测

支护锚杆在岩石隧洞支护系统中占有重要地位，为掌握施工锚杆的受力状态及大小，需对锚杆的应力进行监测。锚杆受力后发生变形，采用应变片或应变计测量锚杆的应变，得出与应变成比例的电阻或频率的变化，然后通过标定曲线或公式将电测信号换算成锚杆应力。监测锚杆应力用的应变计主要有电阻式、差动电阻式和钢弦式。

电阻式锚杆应变计由内壁按一定间距粘贴有电阻片的钢管或铝合金管组成，电阻片粘贴后需做严格的防潮处理。也有直接采用工程锚杆，对粘贴应变片的部位经过特殊的加工，粘贴应变片后经防潮处理，并加密封保护罩制成。其价格低廉，使用灵活，精度高，但由于防潮要求高，抗干扰能力低，大大限制了它的使用范围。

差动电阻式和钢弦式锚杆应变计是将应变计装入钢管。改装入锚杆加粗段的槽孔中，然后与锚杆连接而成，一根锚杆上可连接多节，其中钢弦式应变计由于环境适用性强，测读仪器轻巧方便，故适用于不同地质条件和环境条件的锚杆应力观测。采用钢筋的锚杆也可采用钢筋应力计监测。

锚杆轴向力的测定属于选测项目，选择拟测岩层，结合隧道开挖等情况，选择钻孔位置，以便于钻孔施工。测定锚杆轴向力的目的包括：了解锚杆受力状态及轴向力大小；判断围岩变形发展趋势；评价锚杆支护效果。

12.2.3.7 地表下沉量测

浅埋隧道通常位于软弱、破碎、自稳时间极短的围岩中，施工方法不妥极易发生冒顶塌方或地表有害下沉，当地表有建筑物时会危及其安全。浅埋隧道开挖可能会引起地层沉陷而波及地表，因此地表下沉量测对浅埋隧道的安全施工十分重要。

浅埋隧道地表沉降及发展趋势是判断隧道围岩稳定性的一个重要标志。水准仪量测，简易可行，量测结果能反映浅埋隧道开挖过程中围岩变形的全过程。如需要了解地表下沉量大小，可在地表钻孔埋设单点或多点位移计进行量测。浅埋隧道地表下沉量测的重要性，随埋深变浅而增大。

12.2.4 监测点埋设

12.2.4.1 监测部位

从围岩稳定监控出发，重点监测围岩质量差及局部不稳定块体；从反馈设计、评价支护参数合理性出发，在代表性的地段设置监测断面，在特殊的工程部位（如洞口和分叉处）也应设置监测断面。监测点的安装埋设应尽可能靠近隧洞掌子面，最好不超过 2m，以便尽可能完整地获得围岩开挖后初期力学形态变化和变形情况。

洞周收敛、位移、拱顶沉降、多点位移计及地表沉降，应尽量布置在同一断面上，锚杆应力和衬砌应力等最好都布置在同一断面上，以使监测结果相互检验。监测断面间距视工程长度、地质条件变化而定。当地质条件情况良好，或开挖过程中地质条件连续不变时，间距可加大，地质变化显著时，间距应缩短。在施工初期阶段，要缩小监测间距，取得一定数据资料后适当加大监测间距，在洞口及埋深较小地段亦应适当缩小监测间距。

在一般铁路和公路隧道中，根据围岩类别，洞周收敛位移和拱顶沉降监测断面间距为：Ⅱ类，5～20m；Ⅲ类，20～40m；Ⅳ类，40m 以上。地表沉降监测断面间距与隧洞埋深和地表状况有关，当地表是山岭田野时，断面间距根据埋深定为：埋深大于两倍洞径，20～50m；埋深在一倍洞径与两倍洞径之间，10～20m；埋深小于洞径，5～10m。锚杆应力和衬砌应力按照每 200～500m 布设一个监测断面。

12.2.4.2 监测点布置形式

收敛监测方案视隧洞跨度和施工情况而定，监测方向一般可按十字形、三角形和交叉形等布置，如图 12-2 所示，十字形布置适用于底部施工已基本完成的隧洞，监测结构物内部的收敛位移量；如果隧洞顶部有施工设备，可采用交叉型布置；三角形布置易于校核监测的数据，采用这种形式监测，隧洞较大时，可设置多个三角形监测方案。若收敛位移监测目的只是为围岩稳定监控服务，且峒室尺寸不大时，可采用较为简单的布置形式。若考虑岩体地应力场和围岩力学参数反分析，则采用多三角形监测方案。当地下峒室边墙较高时，则可沿增高一定间距设置多个水平测量基线。

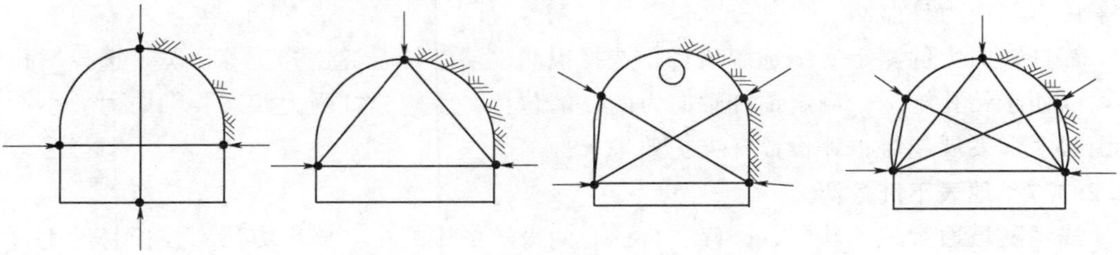

图 12-2 洞周收敛布设

位移监测断面必须尽量靠近开挖工作面，但太近会造成开挖爆破的碎石砸坏测桩，太远又会漏掉该量测断面开挖后的变位值，测点应距开挖面 2m 范围埋设，并保证爆破后 24h 内或下一次爆破前测读初次读数。监测断面沿隧道纵向设置的间隔，根据岩性不同与围岩类别差异，可看出围岩类别越低，监测断面布置越密，一般按表 12-2 要求布置。

表 12-2 测量断面间距 单位：m

围岩条件	洞口附近	埋深小于 $2B$	施工进度 200m 前	施工进度 200m 后
硬岩地层（断层破碎带除外）	10	10	20	30
软岩地层（塑性地压不大）	10	10	20	30
软岩（塑性地压大）	10	10	20	30

注： B 为隧道开挖宽度。

隧洞内孔口处一般需布设收敛位移测点，浅埋隧洞在拱顶布设拱顶沉降测点，在地表对应部位布设地表沉降和水平位移测点，两者之间布设多点位移计测孔，在隧洞壁上对应部位布设收敛位移测点，分析从拱顶到地表各测点围岩向隧洞内位移变化的规律，同时可验证沉降、多点位移、拱顶沉降和收敛位移各监测项目的正确性及其相互关系。

位移计通常布置在地下峒室的拱顶、边端和拱脚部位，如图 12-3 所示。当围岩较均一时，可利用对称性仅在峒室一侧布置测点。测孔深度一般应超出变形影响范围，测孔中测点的布置应根据位移变化梯度确定，梯度大的部位应加密，在孔口和孔底一般都应布置测点，在软弱结构面、接触面和滑动面等两侧应各设置一个测点。

压力盒和锚杆轴力计应在典型区段选择应力变化最大或地质最不利部位，并根据位移

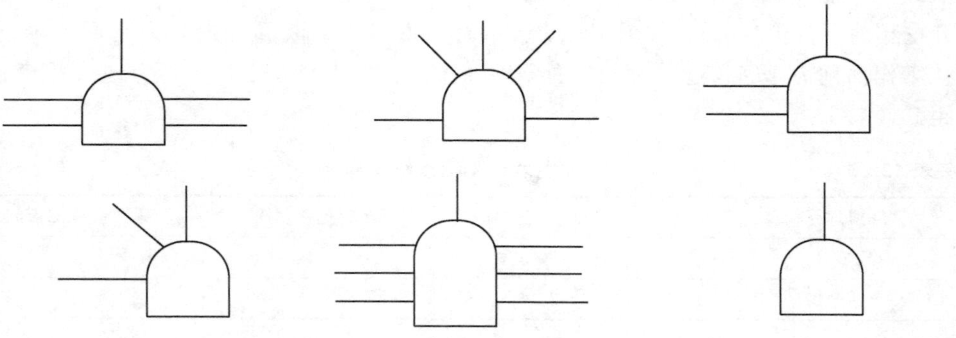

图 12-3　位移计布置示意图

变化梯度和围岩应力状态，在不同围岩深度内布测点，观测锚杆的长度应与工程锚杆相同。用于埋设压力盒的钻孔和观测锚杆的钻孔布置形式与多点位移计相似，通常在钻孔中布置 3 个或以上的测点。图 12-4 是隧道位移监测和衬砌后隧洞应力应变监测的典型布置断面。

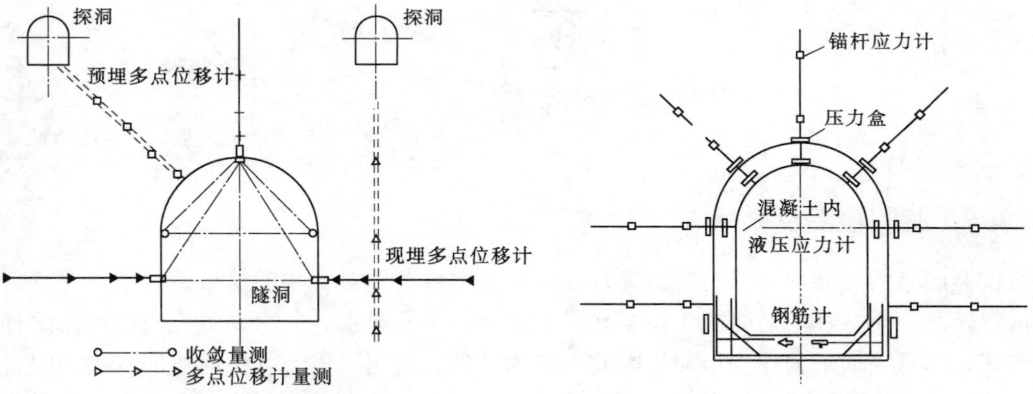

(a) 位移监测　　(b) 应力应变监测

图 12-4　隧洞监测典型布置

应变片是沿着锚杆长度方向每隔 500～700mm 在锚杆两侧对称贴一对，应变片与应变仪之间用导线连接，在每一监测断面内一般布置 5 个量测位置（孔），每一量测位置的钻孔内设测点 3～6 个。具体的布置型式为拱顶中央 1 个，拱垂线上（或拱基线上 1.5m 处）左右各设一个，在两侧墙施上底板线上 1.5m 处各设一个（图 12-5）。具体部位可根据岩性及现场情况适当变更。

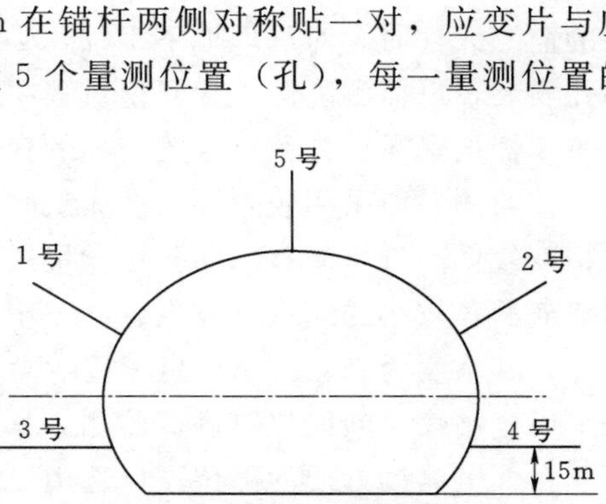

图 12-5　量测锚杆的布置形式

由于浅埋隧道距地表较近，地质条件复杂，岩（土）性差，施工时多用台阶分部开挖，因此，纵断面布置测点的超前距离为隧道距地表

深度 h 与上台阶高度 h_1 之和。整个纵向测定区间长度为 $h+h_1+(2\sim5)D+h'$（h'为上台阶开挖超前下台阶距离），如图 12-6 所示。如果采用全断面开挖，为掌握地表下沉规律，应从工作面前方 $2D$（隧道直径）处开始量测地表下沉，表 12-3 为地表沉降测点纵向间距。

表 12-3　　地表沉降测点纵向间距

隧道埋深	测点间距	隧道埋深	测点间距
$h>2D$	20～50	$h<D$	5～10
$D<h<2D$	10～20		

如图 12-7 所示，地表下沉量测横断面上应布置 11 个测点，测点间距 2～5m，隧道中线附近测点应布置较密。

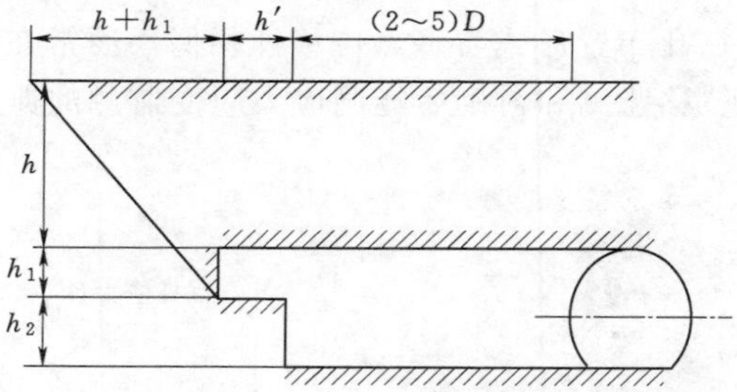

图 12-6　地表下沉量测区间

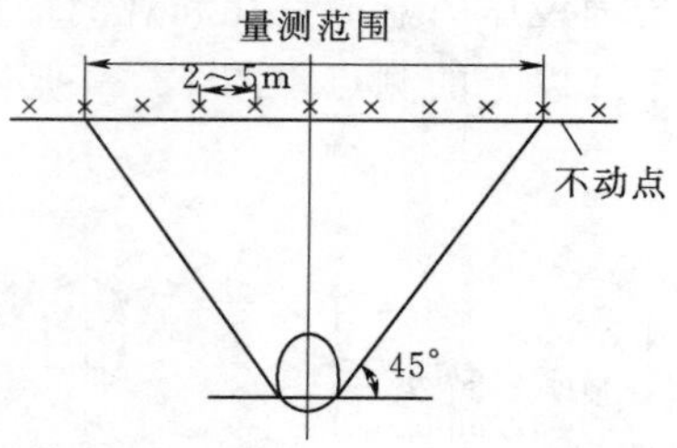

图 12-7　横断面上地表下沉测点的布设

12.2.5　监测精度及频率

仪器固有的可靠性应该是简易、在安装环境中耐久、对气候条件敏感性小，并有良好的运行性能。应选择不易受施工设备和人为破坏，不易受水、灰尘、温度或地下化学过程的损坏，不易受周围物体变形而影响其性能的元件。监测仪器和方法的精度取决于围岩工程地质条件、力学性质及环境条件。通常，软弱围岩中的隧洞工程，由于围岩变形量值较大，可采用精度稍低的仪器和装置，而硬岩中则必须采用高精度监测元件和仪器。干燥无水的隧洞工程中传感器往往工作较好，而在地下水发育的地层中则较为困难。埋设各种类型的监测元件时，对深埋地下工程，必须在隧洞内钻孔安装，对浅埋地下工程则可从地表钻孔安装，以监测隧洞工程开挖过程中围岩变形后的全过程。

仪器选择需首先估算各监测项的变化范围，并根据监测重要性程度确定仪器精度。收敛位移监测一般采用收敛计，在大型峒室中，若围岩较软，收敛变形量较大，则可采用测试精度较低、价格便宜的穿孔钢卷尺式收敛计及测距仪，精度可达 0.2mm；在硬岩中的峒室或洞径较小的峒室，收敛位移较小，则测试精度和分辨率要求较高，需选择铟钢丝收敛计，其精度为 0.01mm。当峒室断面较小而围岩变形较大时，则可采用杆式收敛计，或者采用全站仪、断面仪等进行监测。

在人工测读方便的部位，可选用机械式位移计，在顶拱、高边墙的中、上部，则宜选用电测式位移计，可引出导线或遥测。要求精度较高的深孔，应选择使用串联式多点位移计。用于长期监测的测点，尽管施工时变化较大，精度可低些，但在长期监测时变化较小，因而，要选择精度较高的位移计。表 12-4 为必测与选测项目精度。

表 12-4　　　　必测与选测项目精度

	测试项目	仪　器	精　度
必测项目	水平收敛	收敛计	0.1mm
	拱顶下沉	全站仪、水准仪、钢尺	1mm
	地表下沉	水准仪、塔尺	1mm
选测项目	围岩内部变形	多点位移计	0.1mm
	围岩压力	压力盒	0.001MPa
	锚杆轴力	钢筋计	0.01MPa
	喷射混凝土受力	混凝土应变计	$10\mu\varepsilon$
	钢架受力	钢筋计	0.1MPa
	二衬应力	混凝土应变计	0.1MPa

复合式衬砌隧道监测项目、监测频率见表 12-5，遇突发事件则加强观测。原则上，根据其变化大小确定各监测项目监测频率，如洞周收敛位移和拱顶沉降监测频率可根据位移速度及离开挖面的距离而定，见表 12-6。不同的基线和测点，位移速度也不同，因此，应以产生最大位移者来决定监测频率，整个断面内的各基线或测点应采用相同的监测频率。

表 12-5　　　　监测项目、监测频率

监测项目	监测频率			
地质及支护状况观察	每次开挖后进行			
周边收敛位移与拱顶下沉	爆破后 24 小时内进行			
	0～18m	18～36m	36～90m	＞90m
	1～2 次/天	1 次/天	1～2 次/2 天	1 次/周
仰拱隆起测量	仰拱开挖后 12 小时内测量			
	1～15 天	16～30 天	1～3 个月	＞3 个月
	1 次/天	1 次/2 天	1～2 次/周	1～3 次/月
地表下沉	开挖面前＞30m	开挖面前＜30m	开挖面后 30～80m	开挖面后＞80m
	1 次/2 天	2 次/1 天	1 次/2 天	1 次/周
围岩内部位移	爆破后 24 小时内进行			
	0～18m	18～36m	36～90m	＞90m
	1～2 次/天	1 次/天	1～2 次/2 天	1 次/周
锚杆内轴力	锚杆施作后开始			
	0～18m	18～36m	36～90m	＞90m
	1～2 次/天	1 次/天	1～2 次/2 天	1 次/周

续表

监测项目	监 测 频 率			
钢支撑内力及外力	钢支撑施作后开始			
	0～18m	18～36m	36～90m	>90m
	1～2 次/天	1 次/天	1 次/2 天	1 次/周
二次衬砌钢筋应力	二次衬砌施作后开始			
	1～15 天	16～30 天	1～3 个月	>3 个月
	1 次/天	1 次/2 天	1～2 次/周	1～3 次/月

表 12-6　　位移速度与监测频率

位移速度/(mm/天)	15	1～15	0.5～1	0.2～0.5	<0.2
频度	1～2 次/天	1 次/天	1 次/2 天	1 次/7 天	1 次/15 天

在膨胀性围岩中，位移长期（开挖后 60 天以上）不能收敛时，量测要持续到 1mm/30 天为止。并十分重视各量测项目初读数的准确性；及时整理分析测量数据，尽快提交工程施工单位与项目决策部门，以修改设计，调整支护参数，合理安排施工进度。

12.2.6　监测方案设计

现场监测目的在于了解围岩动态过程、稳定状况和支护系统可靠程度，为支护系统的设计和施工决策服务。监测设计是否合理，不仅决定现场监测能否顺利进行，而且关系到监测结果能否反馈于工程设计和施工，为推动设计理论和方法的进步提供依据，因此，合理、周密的监测方案设计是现场监测的关键。现场监测方案设计包括：监测项目、监测手段、仪表和工具；施测部位和测点布置；实施计划包括测试频率。

12.2.6.1　总体原则

隧道监测设计不仅是仪器的选择和测点布置，而且是一项综合的工程技术，应从监测目的、原则到监测资料的整理与应用等整个过程全面系统地考虑。

（1）在围岩条件和工程性状预测基础上，进行隧道监测设计，以施工期监测围岩稳定性和支护结构工作状态监测为重点。

（2）观测项目和测点布置应满足施工过程要求，监测断面能全面监控隧道工程的工作性状，对各种内外因素所引起的相互作用，都应统一考虑。

（3）观测仪器布置要合理，注意时空关系，控制工程关键部位。对按监测目的所选定的物理量监测其空间分布和随时间变化的全过程。

（4）为尽量求得监测围岩和支护结构性状变化全过程，条件许可时，从附近钻孔预埋观测仪器监测的方式；不具备预埋条件的应紧跟掌子面及时埋设。

（5）安全监测设计随工程开挖的推进，出现新问题时要及时补充或修改监测设计。

（6）仪器监测点布设都是典型的断面和有代表性位置，应该采取仪器监测为主，人工巡视调查与仪器监测相结合的方式，以弥补仪器覆盖面的不足。

12.2.6.2　确定监测项目的原则

确定监测项目的原则是监测简单、结果可靠、成本低，便于采用，监测元件要能尽量靠近工作面安设。此外，所选择被测项目概念明确，量值显著，数据易于分析、易于实现反馈。其中位移监测是最直接易行的重要项目。但在完整坚硬的岩体中位移值往往较小，故要配合应力和压力测量。监测项目主要取决于：①工程规模、重要性程度；②隧道形状、尺寸、工程结构和支护特点；③地应力大小和方向；④工程地质条件；⑤施工工序和方法；⑥在尽量减少施工干扰情况下，能监控整个工程主要部位位移，包括各种不同地质单元和隧道结构复杂部位。如岩体完整性差、地质条件变化较大的工程，在施工时应用声波法探测隧洞前方的岩体状况；在地应力高的脆性岩体中施工，则要用声监测技术监测岩爆可能性或预测岩爆时间。

12.2.6.3 监测数据警戒值及围岩稳定性判断准则

如以位移监测信息作为施工监控依据，则判断围岩稳定性依据为位移量、位移速率，因此，针对工程实践的具体情况规定容许位移量与容外位移速率值，是施工监控的基础。

(1) 允许位移量。在保证隧洞不产生有害松动和地表不产生有害下沉量，自隧洞开挖起到变形稳定为止，在起拱线位置的隧洞壁面间水平位移总量的最大允许值，或拱顶的最大允许下沉量。在隧洞开挖过程中若发现监测位移总量超过该值，则围岩不稳定，支护系统必须加强。允许位移量与岩体条件、隧洞埋深、断面尺寸及地表建筑物等因素有关，例如城市地铁，通过建筑群时一般要求地表下沉不超过 20～30mm；对于山岭隧道，地表沉降的允许位移量可由围岩的稳定性确定。表 12-7 为洞周允许相对收敛量和开挖轮廓预留变形量规定。对洞周允许相对收敛量的规定与此类似，但只适用于高跨比为 0.8～1.2 和跨度不大于 20m（Ⅲ类）、15m（Ⅳ类）、10m（Ⅴ类）。

表 12-7　洞周允许相对收敛量和开挖轮廓预留变形量

围岩类别	洞周允许相对收敛量/%			开挖轮廓预留变形量/cm	
	隧道埋深/m			跨度/m	
	＜50	50～300	301～500	9～11	7～9
Ⅳ	0.1～0.3	0.2～0.5	0.4～1.2	5～7	3～5
Ⅲ	1.15～0.5	0.4～1.2	1.8～2.0	7～12	5～7
Ⅱ	0.2～0.8	0.6～1.6	1.0～3.0	12～17	7～10
Ⅰ					10～15

注：1. 洞周相对收敛系指实测收敛量与测点距离之比。
2. 脆性岩体中的隧洞允许相对收敛量取表中较小值，塑性岩体中的隧洞则取表中的较大值。
3. 表中所列数据，可在施工中通过实测和资料积累作适当调整。
4. 拱顶下沉允许值一般按表中的 0.5～1.0 倍。
5. 跨度超过 11m 时，可取用最大值。

(2) 允许位移速度。在保证围岩不产生有害松动条件下，隧洞壁面间容许的最大位移速度，与岩体条件、隧洞埋深及断面尺寸等因素有关，允许位移速率目前尚无统一规定。一般根据经验选定，在开挖面通过测试断面前后的 1～2 天内允许出现位移加速，其他时间内都应减速，达到一定程度后才能修建二次支护结构。

(3) 如图 12-8 所示，根据位移—时间曲线判断围岩稳定性。由于岩体流变特性，岩体破坏前的变形曲线可分 3 个区段（图 12-8 中Ⅰ、Ⅱ、Ⅲ）：①基本稳定区，变形速率不断下降，即变形加速度小于0；②过渡区，变形速度长时间保持不变，即变形加速度等于0；③破坏区，变形速率渐增，即变形加速度大于0。

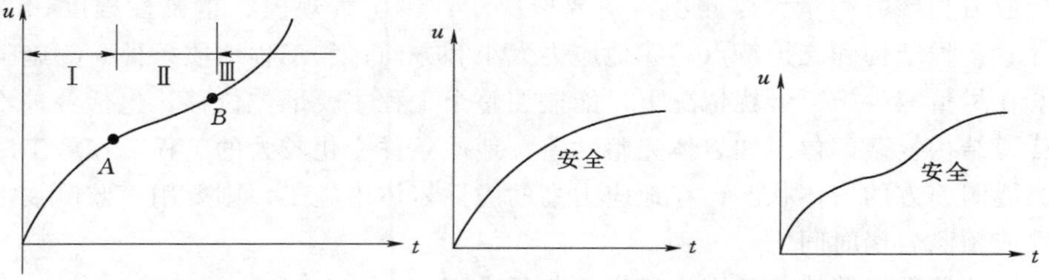

(a) 岩体变形曲线　　(b) 全断面开挖　　(c) 分部开挖

图 12-8　岩体流变曲线与位移—时间曲线的相似

现场监测的位移—时间曲线呈现3种形态，对于隧洞开挖后在洞内测得的位移曲线，如果始终保持变形加速度小于0，则围岩稳定；如果位移曲线随变形加速度等于0，则围岩进入“定常蜕变”状态，须发出警告，及时加强支护系统；位移变形加速度大于0，则表示已进入危险状态，须立即停工并进行加固。根据该方法判断围岩的稳定性，应区分由于分步开挖时，围岩随时间释放的弹塑性位移的突然增加，使位移—时间曲线上的位移速率加速。由于是由隧洞开挖引起，并不预示着围岩进入破坏阶段。

隧洞施工险情预报还需考虑收敛或变形速度，相对收敛量或变形量及位移—时间曲线，结合所观察的隧道周围岩喷射混凝土和衬砌表面状况等综合预报。隧洞位移或变形速率的骤增往往是围岩破坏、衬砌开裂的前兆，当因位移或变形速率骤增报警，为控制隧洞变形的进一步发展，可采取停止掘进、补打锚杆、挂钢筋网、补喷混凝土加固等施工措施，待变形趋于正常后方可继续开挖。

12.2.7　监测数据分析处理

基于各种可预见或不可预见因素，现场监测数据有一定离散性，必须进行误差分析、回归分析和归纳整理等，利用监测成果解释隧道变形规律。例如，为了解某一时刻某点位移变化速率，简单将相邻时刻测得的数据相减后除以时间间隔，作为变化速率显然不确切（图12-9），即对监测得到的位移—时间数组作滤波处理，经光滑拟合后得时间一阶导数值，即为各时刻的位移速率。

理论上，设计合理、可靠的支护系统，应使表征围岩与支护系统力学形态的物理量随时间渐趋于稳定，反之，如果测量表征围岩或支护系统力学形态特点的某物理量，其变化不随时间渐趋稳定，则可断定围岩不稳定，必须加强支护，或需修改设计参数。

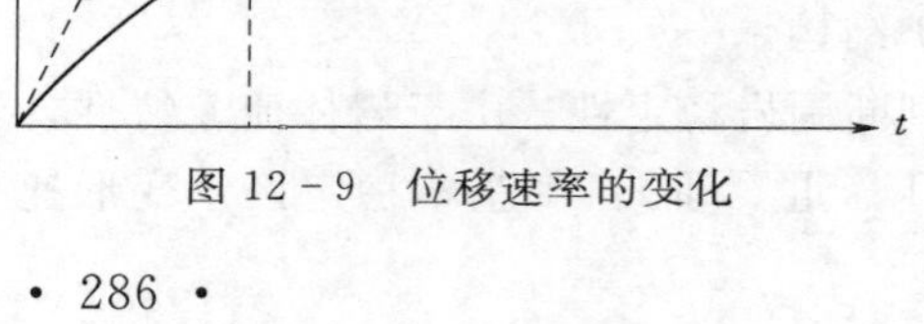

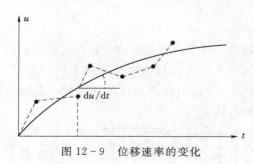

图 12-9　位移速率的变化

现场量测所得的数据应及时绘制变形量—时间曲线图（或散点图）。注明量测时工作面施工工序和开挖工作面距量测断面的距离，以便分析施工工序、时间、空间效应与量测数据的关系。

根据现场实测数据计算量测时间间隔、累计量测时间、隧道水平收敛差值、累计收敛差值、当日收敛速率、平均收敛速率、拱顶下沉差值、累计拱顶下沉值、当日拱顶下沉速率、平均拱顶下沉速率、量测断面至开挖面距离等，并绘制量测断面测线的收敛差值及累计收敛差值与时间关系曲线、当日收敛速率及平均收敛速率与时间关系曲线、拱顶下沉差值与累计拱顶下沉值与时间关系曲线等。

12.3 盾构法施工隧道监测

盾构法施工是暗挖隧道的一种施工方法，由于其埋置深度可很深而不受地面建筑物和交通影响，在水底公路隧道、城市地下铁道和大型市政工程等领域均被广泛采用。在软土层中采用盾构法掘进隧道，会引起地层移动而导致不同程度的沉降和位移，即使采用先进的土压平衡和泥水平衡式盾构，辅以盾尾注浆技术，也难完全防止地面沉降和位移，因此引发不同程度的地层变位（地表沉降），如果地层变位超过一定程度，就会威胁周边建（构）筑物、地下管线等，进而引发系列岩土工程问题，其后果十分严重。随着城市隧道工程增多，道路、桥梁、建筑物下进行盾构法隧道施工，必须将地层移动减少到最低程度。

12.3.1 盾构法施工隧道特点

盾构法隧道施工的基本原理是用圆柱体钢组件沿隧道洞轴线边向前推进边对土壤进行挖掘，如图 12－10 所示。隧道拱内圈的空洞由盾构本体防护，同时还需要其他辅助措施对工作面进行支护，盾构法隧道主要有自然支撑、机械支撑、压缩空气支撑、泥浆支撑、土压平衡支撑等，目前主要采用土压平衡法盾构。

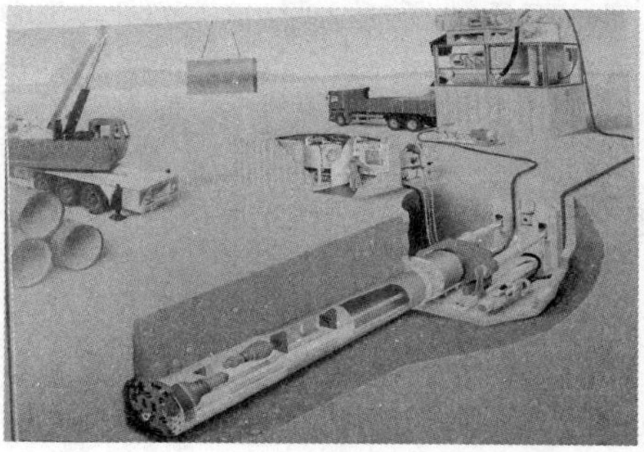

图 12－10 盾构法隧道基本原理

土压平衡法盾构又称为泥土加压法盾构。其前端是一个全断面的切削刀盘，在刀盘后面还有一个储存切削土体的密封舱，密封舱中轴线下安装长筒螺旋输送机，输送机的另一端设有一个出入口，如图 12－11 所示。土压平衡法就是把密封舱内切削下来的泥水和土充满整个密封舱，并具有适当压力与开挖断面土压平衡，进而减少对土体扰动，控制地表沉降，主要适用于黏性土。

盾构法施工与明挖法相比，其优点主要有：①对环境影响小；②占地面积小，征地费用较少；③施工过程中不受地貌、江河水域、地形等外界环境限制；④用于大深度、高地下水压施工；⑤施工不受气候条件限制；⑥盾构法施工隧道抗震性能极好；⑦适用地层范围广，砂卵石、软土、软岩等岩层均可适用。

盾构工法广泛应用于城市隧道施工中。目前，盾构工法正朝着机械化、智能化、自动化、特殊形态、特殊断面等方向发展。盾构推进过程中，地层移动的特点是以盾构本体为

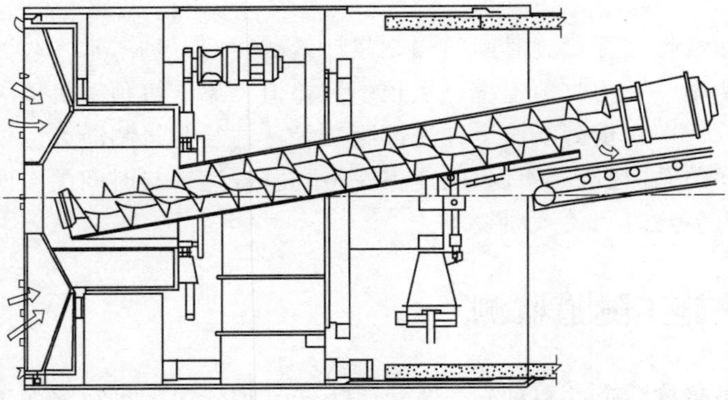

图 12-11　土压平衡式盾构

中心的三维运动的延伸，其分布随盾构推进而前移。在盾构开挖面产生的挖土区，这部分土体一般随盾构的向前推进而沉降，但也有一些挤压型盾构因出土量少而使土体前隆。挖土区以外的地层，因盾构外壳与土的摩擦作用而沿推进方向挤压。盾尾地层因盾尾部的间隙未能完全及时的充填而发生沉降。

根据对地层移动的大量实测资料分析，按地层沉降变化曲线的情况，地层移动特征大致可分为 5 个阶段：①前期沉降发生在盾构开挖面前一定范围内，地下水位随盾构推进而下降，使地层的有效土压力增加而产生压缩、固结沉降；②开挖面前的隆陷发生在切口即将到达测点，开挖面坍塌导致地层应力释放，使地表隆起，盾构推力过大使地层应力增大，使地表沉降，盾构周围与土体的摩擦力作用使地层弹塑性变形；③盾构通过时，从切口到达至盾尾通过之间产生沉降，主要是扰动土体引起；④盾尾间隙的沉降，盾构外径与隧道外径之间的空隙在盾尾通过后，由于注浆量不足而引起地层损失及弹塑性变形；⑤后期沉降，盾尾通过后由于地层扰动引起的次固结沉降。

12.3.2　监测的目的

盾构穿越地层的地质条件千变万化，岩土介质的物理力学性质也异常复杂，而工程地质勘察总是局部和有限的，对地质条件和岩土介质的物理力学性质的认识存在诸多不确定性和不完善性。由于软土盾构隧道是在这样的前提条件下设计和施工的，所以设计和施工方案总存在着某些不足，需要在施工中进行检验和改进。为保证盾构隧道工程安全、顺利进行，并在施工过程中改进施工工艺和工艺参数，需对盾构推进全过程进行监测。设计阶段根据周围环境、地质条件、施工工艺特点，做出施工监测设计和预算；施工阶段按监测结果及时反馈，合理调整施工参数和采取技术措施，最大限度减少地层移动，确保工程安全并保护周围环境。

（1）认识各种因素对地表和土体变形等的影响，以便有针对性地改进施工工艺和修改施工参数，减少地表和土体变形。

（2）预测地表和土体变形，根据变形发展趋势和周围建筑物情况采取保护措施，并为确定经济合理的保护措施提供依据。

（3）检查施工引起的地面沉降和隧道沉降是否控制在允许范围内。

(4) 控制地面沉降和水平位移及其对周围建筑物的影响，减少工程保护费用。

(5) 建立预警机制，保证工程安全，避免结构和环境安全事故造成工程总造价增加。

(6) 研究岩土性质、地下水条件、施工方法与地表沉降和土体变形的关系积累数据，为改进设计提供依据。

(7) 为研究地表沉降和土体变形的分析计算等积累资料。

12.3.3 监测内容与方法

盾构隧道监测的对象主要是土体介质、隧道结构和周围环境，监测部位包括地表、土体内、盾构隧道结构，以及周围道路、建筑物和管线等，监测类型主要是地表和土体深层沉降和水平位移、地层水土压力和水位变化、建筑物和管线及其基础等沉降和水平位移、盾构隧道结构内力、外力和变形等（表 12-8）。

表 12-8 盾构隧道施工监测项目和仪器

序号	监测对象	监测类型	监 测 项 目	监测元件与仪器
1	隧道结构	结构变型	(1) 隧道结构内部收敛	收敛计、伸长杆尺
			(2) 隧道、衬砌环沉降	水准仪
			(3) 隧道洞室三维位移	全站仪
			(4) 管片接链张开度	测重计
		结构外力	(5) 隧道外测水土压力	压力盒、频率仪
			(6) 隧道外测水压力	孔隙水压力计、频率仪
		结构内力	(7) 轴向力、弯矩	钢筋应力传感器、频率仪、环向应变计
			(8) 螺栓锚阻力、管片接缝法向接触力	钢筋应力传感器、频率仪，横杆轴力计
2	地层	沉降	(1) 地表沉降	水准仪
			(2) 土体沉降	分层沉降仪、频率仪
			(3) 盾构底部土体回弹	深层回弹桩、水灌仪
		水平位移	(4) 地表水平位移	经纬仪
			(5) 土体深层水平位移	测斜仪
		水平位移	(6) 水土压力（侧、前面）	土压力盒、频率仪
			(7) 地下水位	监测井、标尺
			(8) 孔隙水压	孔隙水压力探头、频率仪
3	相邻环境 周围建（构）筑物， 地下管线 铁路、道路		(1) 沉降	水准仪
			(2) 水平位移	经纬仪
			(3) 倾斜	经纬仪
			(4) 建（构）筑物裂缝	裂缝计

12.3.3.1 管片隆起监测

在盾构始发和到达端 30～40m 范围内，按照 20m 间距布设监测断面，其他地段按 50m 间距布设测试断面。每个测面布设一组管片隆起监测点，如图 12-12 所示。

使用冲击钻打孔（孔径和孔深按测点测桩的要求实施），将带膨胀螺栓的测桩安置于孔中，然后拧紧螺栓使其膨胀牢固即可测试。也可将钻孔孔径扩大，孔中注入水泥砂浆，再将带膨胀螺栓的测点埋入孔中，砂浆凝固即可测试。观测方法与地表、建筑物沉降监测方法相同。

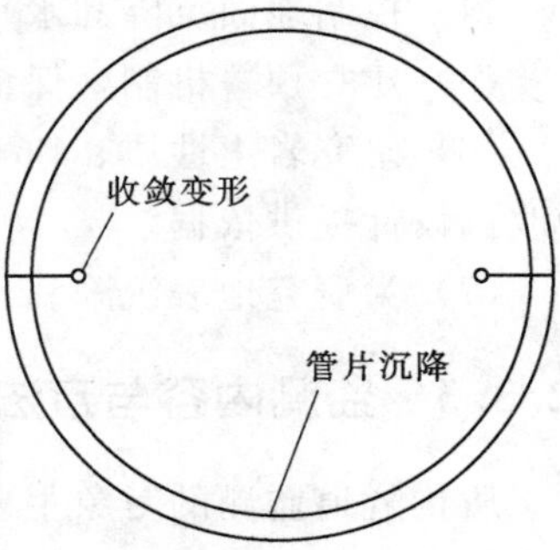

图 12-12　隧道管片的隆沉监测布点图

12.3.3.2　拱顶下沉量测

拱顶下沉量测点与净空收敛量测点布置在同一断面，每 10m 布置一监测断面，一般断面设一个沉降观测点，拱顶下沉量测主要用于确认围岩稳定性，及时掌握隧道整体稳定情况。

12.3.3.3　深层位移监测

为解盾构施工引起土层扰动的范围和影响程度，采用分层沉降仪监测土体沉降，测斜仪监测土体深层水平位移。两者可共用测孔，当测管型埋设深度低于隧道底部标高时，可把管底作为不动点，若以测管管顶为不动点，但必须测量管顶的水平位移值进行修正。

12.3.3.4　应力和孔隙水压力

盾构机掘进对土体的挤压破坏土体本构结构，使土中应力和孔隙水压力增大，因此对土压力和超孔隙水压力进行测量，能及时了解盾构施工性能和土层扰动程度。通过监测数据反馈及时调整施工参数，以减少对土层扰动。土应力和孔隙水压力的测量元件埋设采取钻孔埋设法，测点埋设在隧道外围。

12.3.3.5　净空收敛监测

在测点不被破坏前提下，尽可能靠近工作面埋设，初始读数在开挖后 12h 内读取，最迟不超过 24h，且在下一循环开挖前，完成初期变形值的读数。每 10m 布置监测断面，一般断面设 3 个收敛观测点；监测主断面处增设 2 个收敛观测点。每个监测断面的两侧和拱顶预埋收敛钩，埋设方法同周边收敛量测。埋设测点时，在测点处用微型钻机在待测部位成孔，将带膨胀螺栓的预埋件敲入，旋上收敛钩即可量测。测点布设方法与管片隆沉监测布点方法一致。

12.3.3.6　钢支撑内力监测

根据钢筋计的频率—轴力标定曲线，可用量测数据直接换算相应轴力值，然后根据钢筋混凝土结构有关计算方法得到钢筋轴力计所在的拱架断面弯矩，并在隧道横断面上按一定比例将轴力、弯矩值点画在各钢筋计分布位置，并将各点连接形成隧道钢拱架轴力及弯矩分布图。对于型钢钢拱架，用钢表面应变计或钢筋应力计，其他与格珊钢拱架的钢筋计量测法相同。

12.3.3.7　地表和建筑物监测

对盾构直接穿越和影响范围内的地表、房屋、桥梁、管线等构筑物必须进行保护监测，监测内容主要是地表沉降、构筑物的沉降、倾斜和裂缝等。

观测线长度需跨越变形区影响范围，一般根据盾构规模及水文地质条件等确定观测线长度。沿线路方向每隔 30m 布设 1 个监测断面，在始发段进行加密；如图 12-13 所示，为获得连续的监测数据，沿隧道中线方向每隔 5～10m 布设一沉降观测点。

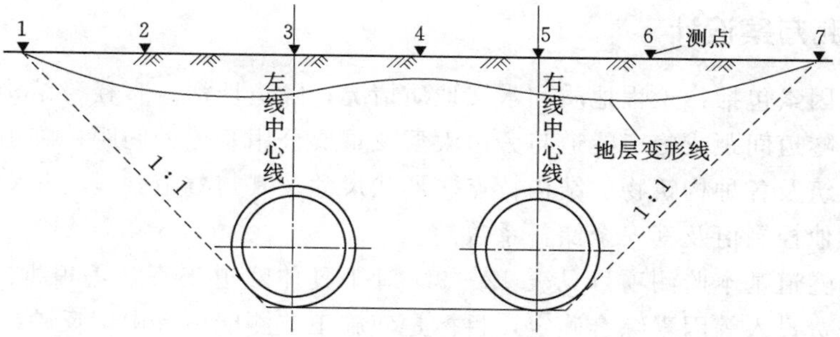

图 12-13　监测断面地表测点布置

12.3.4　监测点埋设

地表变形和沉降监测需布置纵（沿轴线）剖面监测点和横剖面监测点，纵（沿轴线）剖面需保证盾构顶部有监测点，所以沿轴线方向监测点间距一般小于盾构长度，通常为3～5m一个监测点。监测横剖面每隔20～30m布设一个，在横剖面上从盾构轴线由中心向两侧按监测点间距从2～5m递增布设测点，布设的范围为盾构外径的2～3倍，在该范围内的建筑物和管线等则需监测其变形。洞内各断面的间距参照岩石隧道布设，尽可能将所有监测项目布设在同一断面上，以便相互验证，及时发现险情。

12.3.5　监测频率

监测频率根据盾构施工工况、监测断面距开挖面的距离和变形速率确定。当监测项变形速率较小时，观测频率可适当放宽，但地表变形速率较大时或者地表下沉值大于报警值、场地出现危险苗头、暴雨天气或者异常天气时，加强观测，一般在埋点10～15天后进行工作基点与校核点之间首次观测，然后进行工作基点与观测点之间首次观测，初始观测必须进行两次，且两次差值较小。

(1) 建筑物沉降、倾斜、裂缝监测频率。开挖面近临的重要建（构）筑物（当开挖面已过或距离建筑物边线在对应线路上投影30m以内时），监测频率1次/天；在30m范围以外但并未超过近接工程界定值时，当所穿越地质为软弱层、砂层、花岗岩残积层及全风化层时1次/3天；当所穿越地质为红层残积层、花岗岩强～微风化层及其他岩层全～微风化层，根据监测数据反馈信息确定。

(2) 地表监测频率。根据盾构施工情况、监测断面距开挖面的距离和沉降速率确定。出现异常情况时，增大监测频率。一般情况下选用的监测频率：掘进面距监测断面前后不大于30m时1次/天；掘进面距监测断面前后大于30m时1次/3天；根据数据分析确定沉降基本稳定后1次/月。

(3) 其他监测项目在前方距盾构切口2m，后方离盾尾30m监测范围内，通常监测频率为1次/天；其中在盾构切口到达前一倍盾构直径时和盾尾通过后3天内应加密监测，监测频率加密到为2次/天，以确保盾构推进安全；盾尾通过3天后，监测频率为1次/天，以后每周监测1～2次，直到监测数据稳定。

12.3.6　监测方案设计

主要考虑因素包括：工程地质和水文地质情况；隧道埋深、直径、结构型式和盾构施工工艺；双线隧道间距或施工隧道与旁边大型及重要公用管道的间距；隧道施工影响范围内现有房屋建筑及各种构筑物的结构特点、形状尺寸及其与隧道轴线的相对位置；设计提供的变形及其他控制值及其安全储备系数。

各种盾构隧道基本监测项目见表12-9。对于具体隧道工程，需根据工程具体情况、特殊要求、经费投入等因素综合确定，目标是使施工监测能最大限度反映周围土体和建筑物变形情况，不导致对周围建筑物有害破坏。对某施工细节和施工工艺参数需在施工中通过实测确定时，则要专门进行研究性监测。

表12-9　　盾构隧道基本监测项目

监测项目		地表沉降	隧道沉降	地下水位	建筑物变形	深层沉降	地表水平位移	深层位移、衬砌变形和沉降、隧道结构内部收敛等
地下水位情况	土壤情况							
地下水位以上	均匀黏性土	•	•	△	△			
	砂土	•	•	△	△	△	△	△
	含漂石等	•	•	△	△	△	△	
地下水位以下，且无控制地下水位措施	均匀黏性土	•	•	△	△			
	软黏土或粉土	•	•	○	△	△		
	含漂石等	•	•	•	△	△	△	
地下水位以下，用压缩空气	软黏土或粉土	•	•	•	○	○	○	△
	砂土	•	•	•	○	○	○	△
	含漂石等	•	•	•	○	○	○	△
地下水位以下，用井点降水或其他方法控制地下水位	均匀黏性土	•	•	•	△			
	软黏土或粉土	•	•	•	○	○	○	△
	砂土	•	•	•	○	△	△	△
	含漂石等	•	•	•	△	△	△	

注：•表示必须监测的项目；○表示建筑物在盾构施工影响范围以内，基础以作加固，需监测；△表示建筑物在盾构施工范围以内，但基础未作加固，需监测。

表12-9中建筑物变形系指地面和地下建（构）筑物沉降、水平位移和沉降。设计时必须对盾构引起地层移动量进行估算，从而使得隧道处于受控状态。

12.3.7　监测数据分析处理

盾构隧道监测数据分析处理，可参照岩石隧道监测。施工监测数据的整理和分析必须与盾构的施工参数采集相结合，如开挖面土压力、盾构推力、盾构姿态、出土量、盾尾注浆量等，大多数监测项目的实测值变化与时间、空间位置有关，因此，在时程曲线上要表明盾构推进位置，而在纵向和横向沉降槽曲线、深层沉降和水平位移曲线等图表上，绘出典型工况和典型时间点曲线。

12.4 工程实例

12.4.1 工程概况

某地铁站为地下二层岛式站台车站，车站全长 270.8m，主体结构顶板覆土厚度 3m，开挖深度 16m，采用 ϕ1000@1150 的围护桩，围护桩嵌入基底以下 4m，车站底板以下大部分为中风化泥质粉砂岩，下穿位置基底以上为中风化泥质粉砂岩。地下水位在地面以下 1.20～5.74m。站两端区间左、右线为分修的两条单线隧道，线路采用盾构法施工，埋深约 18.8～32.8m，施工过程中存在较大风险隐患，需对该站采用自动化监测。自动化监测范围：该站受施工影响区域的左、右线隧道结构各 127m。

12.4.2 布点原则

实际监测的项目、布点原则见表 12－10。

表 12－10　监测的项目、布点原则

序号	监　测　项　目	监测点布置位置
1	结构变形、开裂、渗漏等现场巡视观察	根据现场情况确定
2	竖向位移	地下结构底板、道床、侧墙
3	水平位移	地下结构底板、道床、侧墙
4	结构收敛	地下结构每监测断面一条测线
5	道床横向高差	道床面上
6	轨向高差（矢度值）	道床面上
7	结构裂缝	结构裂缝的两侧

12.4.3 监测警戒值及预警指标

监测项目的预警值及控制值见表 12－11，监测预警戒划分及管理措施见表 12－12。

表 12－11　监测的警戒值及控制值

测 量 项 目	报警值	警戒值	控制值	变化速率/(mm/d)
结构沉降	6mm	8mm	10mm	1
结构上浮	3mm	4mm	5mm	1
结构水平位移	3mm	4mm	5mm	1
结构收敛	6mm	8mm	10mm	—
道床横向高差	2mm	3.2mm	4mm	—
轨向高差（矢度值）	2mm	3.2mm	4mm	—
裂缝宽度（迎水面/背水面）	<0.1mm/<0.15mm	0.16mm/0.24mm，出现新的裂缝应立即报警	<0.2mm/<0.3mm	—

注：监测警戒值最终以运营权属部门审批确认为准。

表 12-12　　　　　　　　　　**监测预警戒划分及管理措施**

监测预警等级	监测比值 G	应对管理措施
A	$G<0.6$	可正常进行外部作业
B	$0.6<G<0.8$	监测报警，并采取加密监测点或提高监测频率等措施加强对城市轨道交通结构的监测
C	$0.8<G<1.0$	应暂停外部作业，进行过程安全评估工作，各方共同制定相应安全保护措施，并经组织审查后，开展后续工作
D	$1.0<G$	启动安全应急预案

注：监测比值 G 为监测项目实测值与结构安全控制指标值的比值。

12.4.4　监测频率

所有观测点、测试元件和设备的安装埋设均在盾构始发前完成（工期约 15 天），测定各项目的初始值（取 3 次稳定的监测数据的平均值作为初始值）。

（1）根据不同施工阶段、不同监测项目的监测频率，在监测数据正常情况下（各个监测项目均小于其预警值）按表 12-13 要求进行。

表 12-13　　　　　　　　　　**正常情况下监测频率**

测量项目	测量频率		
	前后 $L<5D$	前后 $L<10D$	前后 $L>10D$
车站内部观察	1 次/天	1 次/2 天	次/7 天
竖向位移			
水平位移			
结构收敛	1 次/2h	1 次/4h	1 次/6h
道床横向高差			
轨向高差（矢度值）			
结构裂缝	1 次/天	1 次/2 天	1 次/7 天
出入口沉降、倾斜			

注：1. L 为开挖面至 2 号线迎宾路口站的距离。
　　2. D 为盾构隧道外径。

（2）有危险事故征兆时，应连续监测；出现下列情况之一时（表 12-14），应加强监测，加密监测次数，直至危险或隐患解除为止，并及时向施工、监理和设计人员报告：①监

表 12-14　　　　　　　　　　**异常情况下监测频率**

序号	报警状态描述（报警等级判定标准）	自动化监测频率	人工监测频率
1	变形值在控制值的 60%～80% 监测值变化量较大或者速率加快	1 次 1.5h	2 次/1 天
2	变形值在控制值的 80%～100% 隧道结构出现异常情况时（如开裂、渗漏等）	1 次/1h	3 次/1 天
3	变形值超出控制值	1 次/0.5h	4 次/1 天

测项目的监测值达到预警标准；②监测项目的监测值变化量较大或者速率加快；③隧道结构出现异常情况时（如开裂、渗漏等）。

12.4.5 自动化监测实施方案

依据工程实际，自动化监测方案主要包括：监测控制网的布设及稳定性检核，监测断面及断面内监测点布设。

12.4.5.1 监测控制网的布设

每条隧道布设一个独立自由站点的监测控制网，每个独立自由站点的监测控制网设置8个控制网基准点（JZ1～JZ8），分布在监测区域两端（施工影响范围外，且基准点距最外侧监测断面的距离不小于30m），每端4个。同时在监测控制网的外侧布设3个控制网基准检核点（JH1～JH3），并进行稳定性计算（图12-14）。

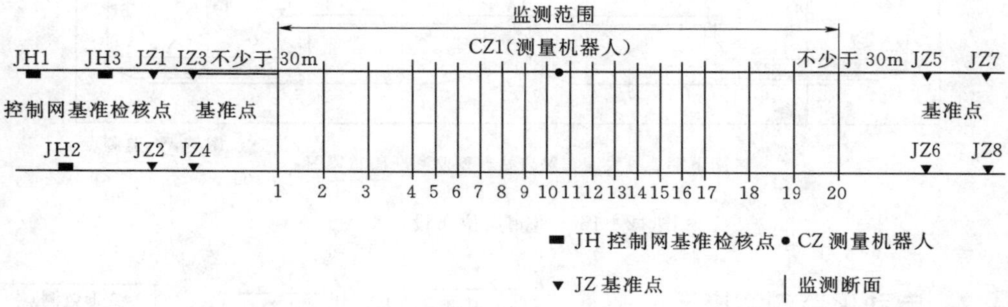

图12-14 基准点布置示意图

12.4.5.2 监测断面及断面内监测点布设

（1）监测网中监测断面的布设。根据自动化监测范围、地铁车站形状，以及设计要求。左、右线各布设20条断面，强烈影响区为每5m一个断面，一般影响区为每10m一个断面。

（2）监测网中每个监测断面监测点的布设。左右线每断面各布设6个三维监测点：隧道道床（2点）、隧道底板（2点）、隧道侧墙（2点）；站台层结构柱每断面布设一个监测点，监测断面测点布置如图12-15所示。

自动化监测通信设备箱、全站仪托架按照地铁行车保护标准的要求进行安装，仪器设备安装在限界范围内，严禁超出疏散平台，严禁侵入行车界限。

12.4.6 自动化监测的构成及原理

如图12-16所示，监测系统由测量机器人（高精度全站仪，马达驱动），供电系统、CDMA（或GPRS）无线通信模块（简称DTU），监测专用服务器，变形监测软件系统（WebMos），变形监测基准点、变形监测点构成。

通过变形监测软件系统（WebMos），远程向测量机器人发送测量指令，使测量机器人在设定的时间、按设定的测量程序自动进行测量，测量数据返回到监测服务器，监测数据分析模块自动计算与分析监测数据，给出各监测点的三维变形量（平面及高程），并绘制变形时程曲线。计算机与测量仪器之间，通过Internet网络及DTU通信模块实现通信，无需在工地内设置工控计算机和布设通信电缆。

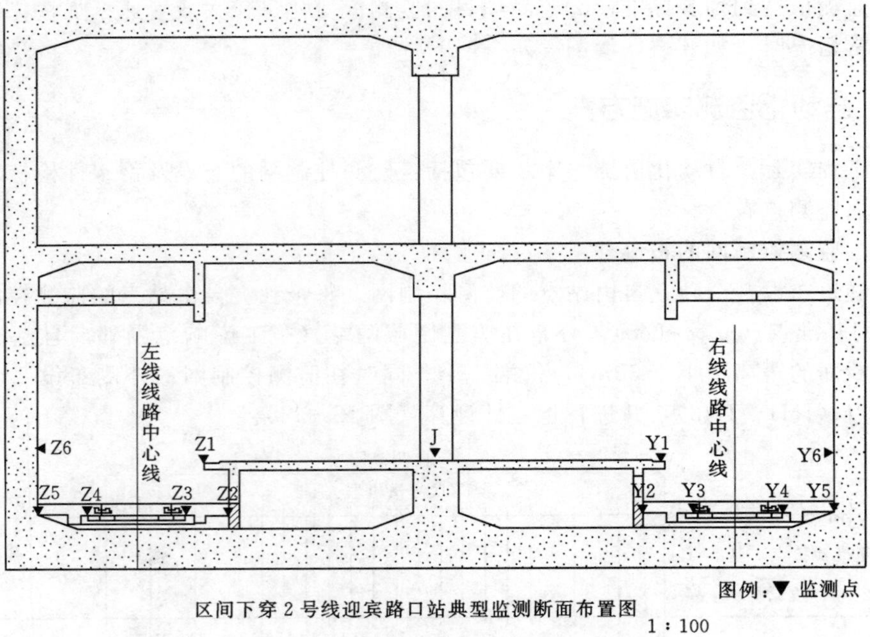

图 12-15　监测点位布设示意图

12.4.7　自动化监测实施

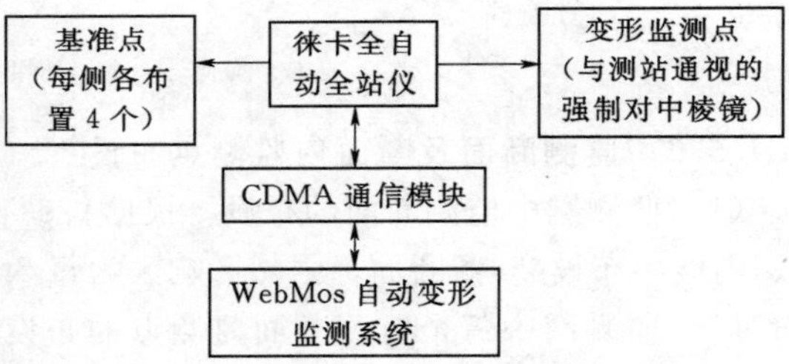

图 12-16　监测系统组成

（1）监测控制网建立。在隧道内建立坐标系统，确定各基准点（与测站通视的强制对中棱镜）的平面坐标和高程，作为监测的坐标系统。

（2）监测点学习。在测站安置好仪器及通信模块，确保与远程计算机通信正常后，在监测软件控制下，采用测站坐标，隧道前进方向为北方向，建立统一坐标系统，然后对基准点、监测点（均为与测站通视的强制对中棱镜）进行学习测量并将各点的角度、距离记录到数据库中，作为进行监测所必需的自动定位数据。

（3）系统调试。学习完成后，按照既定的观测测回数对基准点进行 3 次测量，取其平均值作为系统中的基准点原始数据。在系统设置好基准点原始数据后，按照既定的观测测回数对基准点、监测点进行 3 次测量，根据基准点原始数据对测站坐标进行平差，当平差结果均满足规范要求，取各监测点的平均值作为其初始值。

（4）日常监测。通过自动化监测软件及 CDMA 控制及通信模块，设置差分基准点的联测方案及每台仪器监测的变形监测点，按照既定的观测测回数，按先控制再散点的原则现场进行学习监测，学习后设置监测时间间隔及各点的观测顺序，由自动化监测软件及 CDMA 控制及通信模块自动完成常规监测。

12.4.8 监测成果报告

12.4.8.1 监测成果日常报表

监测成果日常报表包括：概述；监测主要结果，给出各项目监测结果的最大值，判别是否达到预警值；分析、评价及建议。监测结果作出分析、评价，提出建议意见。

12.4.8.2 监测总报告

工程结束提交完整监测报告，主要包括：工程概况；监测依据；监测精度和预警值；监测项目和各测点的平面和立面布置图；采用的仪器设备和监测方法；数据处理分析；监测结果的评价和建议。

12.4.8.3 监测项目成果表格

各监测项目成果表格必须能以直观的形式（如表格、图形等）表达获取的与施工过程有关的监测信息（如被测指标的当前值与变化速率等），见表 12－15、表 12－16、表 12－17，如图 12－17 所示。

表 12－15　　隧道上行线自动监测表

监测时段		××年××月××日××时××分××秒			至	××年××月××日××时××分××秒		
监测项目			变形最大点点号	上次累计变形值/mm	本次累计变形值/mm	本次变形值/mm	是否超出预警值	备注
竖向位移	上行线	累计最大	Y0704	−1.8	−2.1	−0.3	否	详见表-Y-GC
		本次最大	Y0403	−0.6	−1.0	−0.4	否	
	下行线	累计最大	Z0203	−2.0	−2.4	−0.4	否	详见表-Z-GC
		本次最大	Z0503	−1.8	−2.2	−0.4	否	
横向位移	上行线	累计最大	Y1405	−1.6	−1.8	−0.2	否	详见表-Y-HX
		本次最大	Y0303	0.0	−0.4	−0.4	否	
	下行线	累计最大	Z1503	−2.1	−1.8	−0.3	否	详见表-Z-HX
		本次最大	Z0803	−0.7	−0.3	−1.0	否	
纵向位移	上行线	累计最大	Y0904	1.6	1.4	−0.2	否	详见表-Y-ZX
		本次最大	Y0503	−0.4	−0.8	−0.4	否	
	下行线	累计最大	Z0703	1.6	1.9	0.3	否	详见表-Z-ZX
		本次最大	Z0404	1.0	0.6	−0.4	否	
监测项目			隧道结构竖向收敛/mm		隧道结构向收敛/mm		是否超出预警值	备注
上行线		最大收敛	—	—	Y15	−2.7	否	详见表-hx-SL
下行线		最大收敛	—	—	Z12	−0.8	否	
监测结果分析			本监测时段内，×××基坑影响范围内的××车站及隧道结构变形自动监测变形值变化较小，未超报警值，该监测对象仍处于安全可控状态。					
备注								

表 12 - 16　　隧道上行线变形监测表

工程名称：××基坑影响范围内的××隧道结构自动化监测项目					工程地点：×××
监测仪器：全站仪×××/编号×××					监测单位：×××
高程位移设计值：±2mm，行动值：±15mm，报警值：±10mm					
本次监测日期：×××		首次监测日期：×××			
上次监测日期：×××		与首次监测间隔：×××天			
监测点号	上次累计变形值/mm	本次累计变形值/mm	本次变形/mm	本次变形速度/(mm/天)	是否超出预警值
Y0103	−0.7	−0.5	0.2	0.067	否
Y0203	−1.0	−1.0	0.0	0.000	否
Y0303	−1.0	−0.8	0.2	0.067	否
Y0403	−0.6	−1.0	−0.4	−0.133	否
Y0404	−0.9	−1.0	−0.1	−0.033	否
Y0503	−0.7	−0.5	0.2	0.067	否
Y0504	−1.3	−1.4	−0.1	−0.033	否
Y0603	−1.0	−0.7	0.3	0.100	否
Y0604	−1.5	−1.9	−0.4	−0.133	否
Y0703	−0.6	−0.5	0.1	0.033	否
Y0704	−1.8	−2.1	−0.3	−0.100	否
Y0803	−0.8	−1.2	−0.4	−0.133	否
Y0804	−0.7	−0.7	0.0	0.000	否
Y0903	−0.8	−0.6	0.2	0.067	否
Y0904	−1.5	−1.7	−0.2	−0.067	否
Y1003	−1.0	−0.7	0.3	0.100	否
Y1103	−0.9	−0.9	0.0	0.000	否
Y1104	−0.7	−0.3	0.4	0.133	否
Y1105	−0.8	−0.4	0.4	0.133	否
Y1203	0.1	0.4	0.3	0.100	否
Y1204	−0.8	−1.0	−0.2	−0.067	否
Y1205	−0.7	−1.0	−0.3	−0.100	否
Y1303	−0.6	−0.3	0.3	0.100	否
Y1304	−0.2	−0.2	0.0	0.000	否

续表

监测点号	上次累计变形值/mm	本次累计变形值/mm	本次变形/mm	本次变形速度/(mm/天)	是否超出预警值
Y1305	−0.8	−0.6	0.2	0.067	否
Y1403	−0.5	−0.7	−0.2	−0.067	否
Y1404	−0.3	0.0	0.3	0.100	否
Y1405	−0.4	−0.7	−0.3	−0.100	否
Y1503	−1.0	−0.7	0.3	0.100	否
Y1504	0.0	−0.3	−0.3	−0.100	否
Y1505	−0.4	−0.6	−0.2	−0.067	否
最大值	−1.8	−2.1	−0.4	−0.133	

注： 1. 表中正值表示上升，负值表示下沉。

2. 断面1～断面10位于车站，断面1～断面3，每个断面3个监测点，断面4～断面10，每个断面4个监测点。

3. 其中1、2为轨道二侧，3为结构侧墙，4为扩大端结构侧墙。

4. 断面11～断面15位于区间隧道，每个断面5个监测点，其中1、2为轨道二侧，3、5位于隧道侧壁，4位于隧道拱顶。

表12-17　　隧道上下行结构收敛成果表

工程名称：××基坑影响范围内的××隧道结构自动化监测项目		工程地点：×××	
监测单位：×××		监测仪器：LEICA全站仪TCA2003/编号×××	
本次监测日期：×××		是否报警：未报警	
线路	断面号	隧道结构竖向收敛/mm	隧道结构横向收敛/mm
上行线	Y11	−0.4	−0.5
	Y12	−0.2	0.4
	Y13	−0.5	−0.6
	Y14	−0.7	−1.7
	Y15	−1.3	−1.0
	最大收敛	−1.3	−1.7
下行线	Z11	0.3	0.1
	Z12	0.4	−0.1
	Z13	0.6	−0.4
	Z14	−0.3	−0.2
	Z15	−0.5	−0.2
	最大收敛	0.6	−0.4

注： 1. 表中数值，正值表示收敛，负值表示扩大。

2. 隧道结构收敛报警值：±10mm。

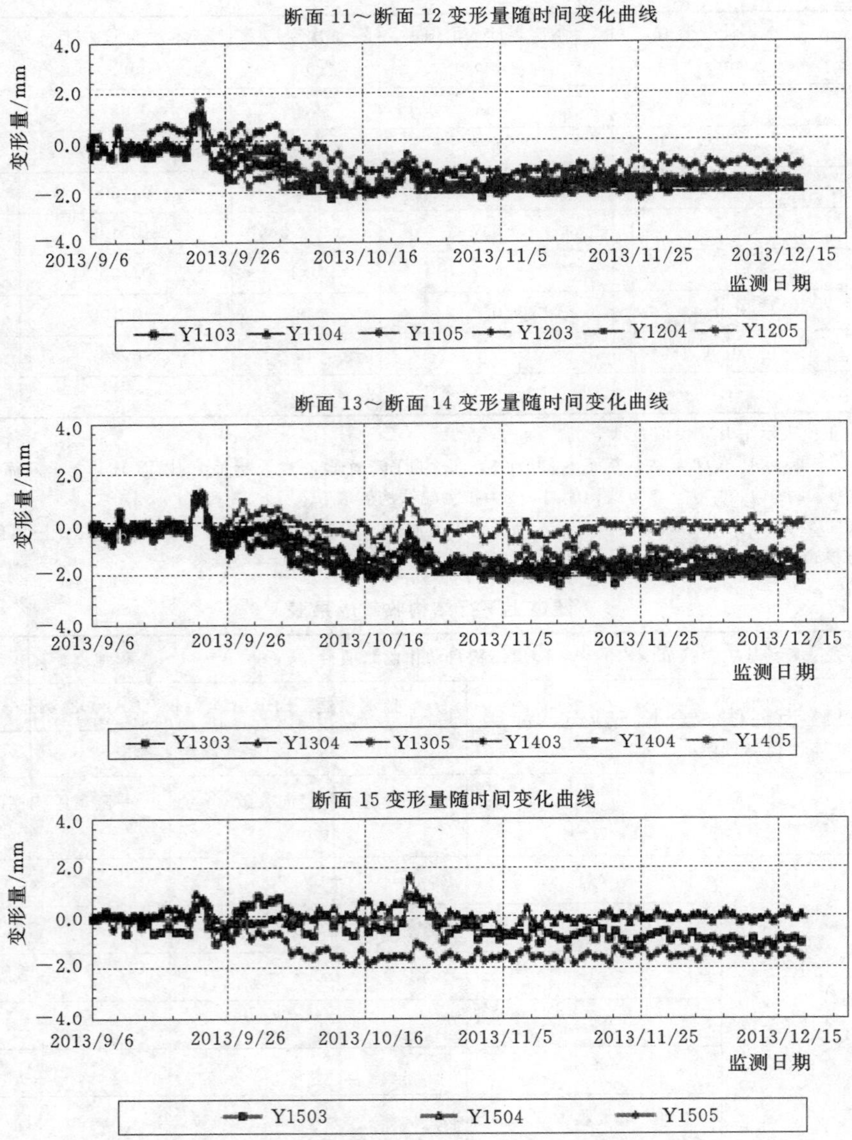

图 12－17　隧道上下行高程随时间线变形监测

第13章　桥梁工程监测

随着大跨度桥梁的大量建设，桥梁结构安全受到前所未有的重视。大型桥梁长度与跨径大，具有较好的跨越能力，方便通航，但大型桥梁事故容易造成重大生命和财产损失。大跨度桥梁在行车荷载、风力、湿度、温度等外界因素的影响下，可能发生混凝土碳化、钢筋锈蚀、预应力松弛、斜拉索锈蚀和墩台基础沉降等现象。

代表我国桥梁先进水平，体现国家综合国力的港珠澳大桥东连香港，西接珠海和澳门，集桥岛隧为一体，全长55km，使用寿命120年，总投资超1000亿元，历经6年前期准备和9年建设，于2018年正式通车。大跨度桥梁施工复杂，影响因素多，如材料性能与设计取值之间的差异；先期形成结构（部件）的截面特性等与分析取值之间误差；施工测量误差；施工条件与工艺非理想化的影响，结构设计参数和状态参数实测的误差等。必须对重要的结构设计参数、状态参数进行监测，以获取反映实际施工情况数据和信息，不断修正设计参数，使施工状态处于控制范围之中。此外，为确保大型桥梁结构的使用安全性和耐久性，减少或避免人民生命财产的重大损失，通过监测及时掌握桥梁安全状况，对新建桥梁结构在工程建设同时，增设长期安全监测系统和损伤识别控制系统，为保证桥梁安全提供可靠的健康状况信息。

13.1　变形机理监测内容

桥梁等的结构健康监测定义为：在现场进行结构特性，包括结构响应的无损检测和分析，用来检测由损坏或损伤引起的变化。桥梁结构健康监测是以科学监测理论与方法为基础，采用各种适宜检验、监测手段获取数据，为桥梁结构设计方法、计算假定、结构模型分析提供验证；对结构主要性能指标和特性进行分析，及早预见、发现和处理桥梁结构安全隐患和耐久性缺陷，诊断结构突发和累计损伤发生位置与程度，并对发生后果进行判断与预测。通过对桥梁结构健康状态监测与评估，预警桥梁在各种气候、交通条件下和桥梁运营状况的异常，为桥梁维护、维修与管理措施提供依据，并及时采取措施防止桥梁坍塌、局部破坏，保障和延长桥梁使用寿命。

13.1.1 变形机理

桥梁按受力情况分为梁式桥、拱式桥、钢构桥、斜拉桥、悬索桥等。大型桥梁产生变形的原因，归结为以下几类：

(1) 自然条件及其变化，即桥墩台地基的工程地质、水文地质、土壤物理性质、大气温度、水位变化及地震等。例如，桥墩台基础地质条件不同，引起桥墩台间不均匀沉降，使其产生倾斜或裂缝；土塑性变形引起桥台不均匀沉降，季节性温度、水位、水流方向变化，也使桥梁产生有规律变形，桥台和桥墩基础附近河床冲刷，甚至可能造成毁桥事故；桥梁受日照强度和方向影响，温度高的一侧膨胀，另一侧收缩，产生不均匀变形；地层构造运动使桥梁震害主要反映在结构的各个部位。

(2) 与桥梁本身相联系的原因，如动荷载和风力等。车辆动荷载和人群动荷载，本质上是强迫共振现象，桥梁结构振动影响桥面行车舒适与安全，加大振动变形，甚至使桥梁完全破坏。如 1940 年秋，华盛顿州建成才 4 个月的塔科马（Tacoma）悬索桥在 12 级强风作用下，发生大桥振动破坏的严重事故，并由此提出了桥梁的风致振动问题，引起风与结构的相互作用机制，使桥梁发生变形；此外，洪水、船舶、水中悬浮物、北方河中浮冰等，都可能对桥墩产生撞击而使桥梁产生局部变形。

桥梁变形可分为静态变形和动态变形。静态变形是指变形监测结果在某一周期的变形值，也就是说，它只是时间的函数；动态变形是指在外力影响下产生的变形，是以外力为函数，表示动态系统对于时间的变化，监测结果表示桥梁在某时刻的瞬时变形。桥梁结构在荷载和环境因素作用下产生的变形分成两类：①反映结构整体工作状况，如挠度、转角、支座位移等，称为整体变形。桥梁逐渐老化，表现最为明显的是桥梁挠度变化，整体变形能力可概括结构整个工作全貌；在所有监测项目中，整体变形是最基本的；②反映结构局部工作状况，如纤维变形、裂缝、钢筋滑动等，称为局部变形；最能表现老化（缺陷）的特征是裂缝、裂缝部位、方向，揭示桥梁老化（缺陷）部位和性质。

13.1.2 监测内容

桥梁工程监测分为施工监测和运营监测。大跨度桥梁监测是桥梁施工和运营的重要组成部分，不论何种类型桥梁，其施工监测一般包括几何参数监测，主要为桥梁上部结构的扰度、线形、倾斜及下部结构的位移、沉降变形监测等，结构物理参数监测包括桥梁各部分的应力、应变、徐变、混凝土温度等参数的监测，环境参数监测包括风力、风向、温度、地震、交通荷载等因素监测。通过监测，跟踪施工安全、运营状态和结构真实情况，修正设计参数，保证施工控制预测的可靠性，及时发现桥梁结构在施工中出现的超限参数（如变形、截面应力等）及结构破坏。

13.1.2.1 梁式桥梁

(1) 顶推监测。顶推施工是在被顶推体梁体后部设置预制平台，在平台上分节段预制梁体，经水平千斤顶施顶，使梁体在各墩顶滑道上逐段向前滑动，直到主梁形成。监测包括：①预制平台变形与平整度监测；②临时支墩变形监测；③温度监测；④顶推同步性与施力监测；⑤主梁轴线位置监测；⑥主梁应力监测；⑦导梁端部标高监测。

（2）预应力混凝土连续梁桥、连续钢构桥悬臂监测。悬臂施工过程中，通过监测主墩和主梁结构在各个施工阶段的应力和变形，及时了解结构状况。根据监测数据，确保结构的安全和稳定，保证结构受力合理和线形平顺。每一节段大主梁施工过程中，需要监测箱梁顶面、底面挠度，为控制分析提供实测数据。同时，在节段立模、混凝土浇筑、预应力张拉前后，监测主梁挠度变化和应力变化，监测梁体温度，测试混凝土弹性模量、徐变收缩系数及容重；对预应力钢绞线，测定预应力管道摩阻损失。

13.1.2.2 拱桥

随着拱桥施工，荷重、结构体系变化，影响结构强度，因此，施工中需进行控制。施工过程中进行的监测：拱桥基础沉降和转动；后拉杆张力；斜吊钢棒张力及温度；拱圈标高；风引起斜吊钢棒的振动频率；拱架高度与横向变形。

13.1.2.3 斜拉桥

斜拉桥是高次超静定结构，节点坐标变化影响结构内力分配，因此桥梁线形偏离设计值，会导致内力偏离设计值。斜拉桥施工监测、控制是“施工—测量—计算分析—修正—预告”的循环过程，要求确保结构安全施工前提下，主梁线形和内力符合设计规定允许误差范围。施工控制监测主要有主梁及塔索变形监测、结构各控制截面应力应变监测、索力大小监测、温度监测、挂篮变形监测及其他参变量测试。

主梁变形监测是在斜拉桥各施工阶段测定每一工况下主梁的变形，通过测定每一工况前后的标高确定。索塔变形监测主要测定某些关键工况前后索塔沿桥轴线方向位移。采用空间索的斜拉桥，必要时还需测定横向水平位移。应力监测主要测定某些工况前后主梁或主塔内若干控制截面的应力变化。索力监测测定每一施工阶段内每一工况前后斜拉索的索力大小。温度影响监测是测定在典型气候条件下，全天 24h 内的温度变化对主梁挠度、索塔变形及索力大小的影响。挂篮变形监测是指梁段混凝土浇筑前后挂篮变形，据此作为立模标高调整依据。

13.1.2.4 悬索桥

（1）结构线形。主要测量主缆线形和加劲梁顶面线形、测量控制点坐标。控制点可选两个支点，两个 1/8 点，两个 1/4 点，两个 3/8 点及跨中点，共 9 个点。施工前期，线形监测主缆控制点坐标，吊装加劲梁段后，进行加劲梁顶面线形监测，各跨支点则主要测量塔顶坐标及索鞍残留预偏量。

（2）主缆锚跨索股拉力。一般监测少数索股拉力，成缆状态及成桥状态测定所有索股拉力。

（3）塔应力。各状态均需进行应力测定，控制截面位置在塔截面变化处，控制截面还包括塔根及有系梁处，且单塔柱控制截面总数不能少于两个。

（4）吊索（或吊杆）拉力，一般监测少数吊索拉力，成桥状态应对所有吊索拉力进行测定。按传统方法施工的悬索桥，梁段合拢状态及成桥状态，测定所有索股拉力。

（5）测定加劲梁应力（总应力）。按传统方法施工的悬索桥，梁段合拢后才开始进行测定。钢加劲梁在成梁后才进行应力测定，预应力混凝土加劲梁在连续段接缝时，始测定应力。控制截面位置与线形位置相同，但无梁端部支点。

13.2 监测方法

13.2.1 垂直位移监测

主要监测桥梁墩台空间位置在垂直方向上的变化。

（1）基本原则。加强基础沉降监测，如悬索桥沉降监测主要部位包括两塔、两锚及可能影响的区域，锚锭地下连续墙施工或锚锭冻土法施工期间，尤其要加强监测；以精密水准测量为主，精密三角高程为辅，利用已有施工控制网的测量成果，以利于资料连续性；在保证精度前提下，尽可能结合地形、交通等条件，缩短监测时间。

（2）监测网和测点布设。为监测墩台垂直位移，建立变形监测基点网，基点网由基准点和工作基点组成。为使选定的基准点稳定牢固，基准点应尽量选在桥梁承压区之外，但又不宜离桥梁墩台太远，以免加大施测工作量及增大测量累积误差。一般来说，以不远于桥梁墩台1～2km为宜。基准点需成组埋设埋设在稳固基岩上，工作基点选在桥台或其附近，由基准点测定工作基点的垂直变形，求得监测点相对于稳定点的绝对变形。另外，大型桥梁工程施工初期，为验证设计数据，需建立一定数量具有良好稳定性的试验桩，基点精度要求比日常沉降监测高一个等级。监测点既均匀又有重点，均匀布设在每个墩台上，以便全面判断桥梁稳定性；对受力不均匀、地基基础不良或结构重要部分加密监测点，尤其是主桥桥墩，要求在上下游两端各设一点。

（3）垂直位移监测。定期监测墩台垂直位移。引桥监测点和水中桥墩监测点布设成附合路线或闭合路线。引桥监测点在岸上，施测方法与一般水准测量方法相同；从一个墩到另一个墩的监测采用跨河水准测量，或跨墩水准测量。

（4）监测周期。初期连续监测两次确定的初始值；正常情况下，根据变形速率和变形监测的精度要求确定，一般是1周/次，混凝土浇筑期间，定期温度监测；桥梁基础工程施工期间，如连续墙施工期间，加密监测，监测周期随施工状态和监测点位移情况及时调整；监测资料能充分表明变形体趋于稳定或三次连续监测的变形量小于监测精度时，可适当延长监测周期。

13.2.2 水平位移监测

桥面水平位移主要是指垂直于桥轴线方向的水平位移。主要由基础位移、倾斜及外界荷载（风、日照、车辆等）等引起，对大跨径斜拉桥和悬索桥，风荷载可使桥面产生大幅度摆动，对桥梁安全运营十分不利。水平位移测定方法与桥梁形状有关：直线形桥梁一般采用基准线法、测小角法等；曲线桥梁一般采用三角测量法、交会法、导线测量法等。其他还有测小角法、GPS监测及多点位移计等专用设备对工程局部的水平位移监测。

13.2.3 挠度监测

主梁挠度变形是主梁结构状态改变最灵敏、最精确的反映，桥梁挠度测量是桥梁检测的重要组成部分，桥梁建成后承受静荷载和动荷载，必然会产生挠曲变形。此外，结构损伤也将导致主梁挠度异常，通过对主梁挠度的监测可判别这些损伤。因此，需对主梁进行挠度监测，准确掌握主梁结构内力状态。

桥梁挠度监测分为桥梁静荷载挠度监测和动荷载挠度监测。静荷载挠度监测桥梁自重和构件安装误差引起的下垂量；动荷载挠度监测车辆通过时，其重量和冲量作用下桥梁产生的挠曲变形。大型桥梁挠度监测包括桥面挠度监测，而对斜拉桥和悬索桥还应包括索塔挠度监测。水准测量法、全站仪测量法、专用挠度仪测量法一般需封闭桥梁才能监测，且测量时间较长，不利于桥梁运行管理；液体静力水准测量对测点高差要求较高，测量精度高，但测程较小，限制了该法的应用；大型桥梁长期挠度监测主要采用动态 GPS 测量和连通管测压方法。

(1) 悬锤法。设备简单、操作方便、费用低廉，在桥梁挠度测量中广泛采用。但测量结果中包含桥墩下沉量和支墩变形等误差，测量精度不高。

(2) 精密水准法。通过监测桥体在加载前和加载后的测点高程差，计算桥梁检测部位的挠度值，由于大多数桥梁的跨径都在 1km 以内，水准测量方法测量挠度精度能达到 ±1mm。

(3) 全站仪监测法。大气折光是重要的误差来源，桥梁挠度监测一般在夜间进行，大气状态较稳定，且挠度监测不需绝对高差，只需高差之差，因此，大气折光变化对挠度有影响，但误差相对较小。

(4) GPS 监测法。分三种模式：静态、准动态和动态。

(5) 静力水准监测法。仪器测程一般在 20cm，精度可达±0.1mm 以上，可实现自动化数据采集和处理，仪器稳定性和数据可靠性高。

(6) 测斜仪监测法。利用均匀分布在测线上的测斜仪，测量各点倾斜角变化量，利用测斜仪之间距离累计计算垂直位移量，缺陷是误差累积快，精度受影响。

(7) 摄影测量法。摄影前在上部结构及墩台上预先绘出一些标志点，在未加荷载情况下，先进行摄影，根据标志点量出相对位置。当施加荷载时，用高速摄影仪进行连续摄影，量出不同时刻各标志点的相对位置，获得动载时挠度连续变形的情况。

(8) 专用挠度仪监测法。激光挠度仪最为常见，在被检测点上设置光学标志点，在远离桥梁适当位置安置检测仪器，当桥上有荷载通过时，靶标随梁体震动信息通过红外线传回检测头成像面上，将其位移分量记录下来。可全天候工作，受外界条件影响小。精度受测距影响，通常可达±1mm 左右。

13.2.4 应力监测

结构截面应力（包括混凝土应力、钢筋应力、钢结构应力等）监测是施工监测的主要内容。无论拱桥、梁（刚构）桥，还是斜拉桥和悬索桥，测点应力随工程推进不断变化。桥梁施工时间较长，应力监测是长时间连续量测过程。实时、准确监测结构应力情况，采用方便、可靠和耐久传感组件非常重要。

13.2.5 索力监测

大跨度桥梁采用斜拉桥、悬臂桥等缆索承重结构越来越广泛，特别是应用于跨径

500m 以上的斜拉桥、悬索桥。斜拉桥的斜拉索、悬索桥主缆及吊索索力重要设计参数，是施工需监测与调整参数之一。索力量测效果直接对结构施工质量和施工状态产生影响。施工过程中准确了解索力实际状态，选择适当量测方法和仪器，消除或降低现场量测中各种误差因素非常关键。索力量测方法主要有：压力表量测法；压力传感器量测法；振动频率量测法。

13.2.6 温度监测

大跨度桥，特别是斜拉桥、悬索桥等，温度效应十分明显。如斜拉桥斜拉索在温度变化时其长度变化，直接影响主梁标高；悬索桥主缆线高随温度改变而变化，索塔也因温度变化而发生变位，都会对主缆架设、吊杆杆长计算确定等产生重要影响；悬臂施工连续刚构（梁）桥标高也将随温度的变化发生挠曲。监测结构温度，寻求合理立模、架设等时间，修正实测结构状态的温度效应，对桥梁按目标施工和实施施工监控十分重要。结构温度测量方法包括辐射测温法、电阻温度计测温法、热电偶测温法及其他各种温度传感器等。

13.3 监测点埋设

桥梁监测内容多，通过周期性重复监测，求取监测周期内的变化量。监测点是变形量的载体，监测点布设科学与否，直接影响监测数据能否正确反映桥梁实际状态及变形量大小。布设监测测点时，应遵循必要、适量，最能反映变形体的变形和方便监测的基本原则。

13.3.1 上部结构监测点

监测点布设要求能够测量结构竖向挠度、横向位移和扭转变形，给出所监测跨的挠度曲线和最大挠度，每跨一般布设 3～5 个点。挠度监测结果应考虑支座下沉量、墩台沉降、水平位移与转角、连拱桥多个墩台水平位移等。

13.3.1.1 拱桥

下承式拱桥上部结构监测点应布设在拱脚、$L/4$、跨中、$3L/4$ 处拱肋或拱圈截面及墩台顶处，必要时还可增加 $L/8$、$3L/8$、$5L/8$、$7L/8$ 截面布设各种监测点。中承式或下承式拱桥，还应布设针对吊杆变形的监测点。

13.3.1.2 连续刚构桥

连续刚构桥，控制截面的设计内力包括中跨跨中截面、中跨 $L/4$ 截面、中跨 $3L/4$ 截面的应变、零号块顶面、边跨（次边跨）跨中截面的弯矩和剪力。为此测量监测点应布设在零号块顶面处，监测零号块的沉降；除此之外在 $L/4$、跨中、$3L/4$ 截面处也应布设监测点。

13.3.1.3 斜拉桥与悬索桥

斜拉桥控制截面的设计内力，一般按照在最大正负弯矩截面，成桥状态的最大正负弯矩截面，主塔及其横梁的应力控制截面以及设计考虑的其他控制截面，一般梁体应力监测断面6～20个，主塔4～6个。箱梁在顶板和地板上布设测点，主梁结构在主梁上下边缘布设测点，还应在剪力控制截面、剪力最大部位布设主拉应力测点，在主横梁中部布设横向应力测点。加劲梁控制截面的弯矩、扭矩与轴力，索塔控制截面的弯矩与轴力，控制拉索的轴力，桥面系的局部弯曲应力等。监测点应布设在斜拉桥各跨支点、$L/4$、跨中、$3L/4$截面处，监测其截面处的竖向挠度、位移、内力。悬索桥控制截面的设计内力包括加劲梁控制截面的弯矩、剪力、主缆的轴力、弯矩、吊杆的轴力、桥面系的应力等。监测点应包括加劲梁支点、$L/8$、$L/4$、$3L/8$、跨中、$5L/8$、$3L/4$、$7L/8$截面挠度监测点，求得上述测点挠度及在偏载情况下扭转角和横桥向位移。桥面线形与挠度监测点布设在主梁上。对于大跨度斜拉段，线形监测点与斜拉索锚固着力点位置对应；悬索桥桥面水平位移监测点与桥轴线一侧的桥面沉降和线形监测点共点。塔柱摆动监测点布设在主塔上塔柱顶部的侧壁或顶面上便于测量地方，必要时应在塔柱的不同高度处布设多个截面的监测点。主缆线形监测点一般要分别布设在两边跨的跨中，中跨的1/4、1/2和3/4，以及主缆在塔顶和锚碇出口处。监测缆顶标高时，一般要在主缆上放样点的平面位置，测量后再根据缆径换算到主缆的中心。

13.3.2 下部结构监测点

大跨度桥梁的墩台一般比较高大，特别是一些城市建设中的高墩连续刚构桥。对于高大的墩台，不但要监测基础的沉降，还要监测水平位移，这时监测点应布设在墩台地面处和其他各截面处，以监测各截面处的竖向位移、水平位移和转角。连续刚构桥的桥墩（台）沉陷监测点，一般布置在承台面上，当承台被水淹没时，布设在与墩（台）顶面对应的桥面上；斜拉桥和悬索桥的索塔，沉降监测点一般布设在索塔基础的承台面上。

13.4 监测精度与周期

依据允许变形值的安全度确定桥梁变形监测精度指标。控制网最弱点的点位中误差一般要求不超过±5mm。由于工作基点大多位于江边，点位稳定性较差，每隔一定时间需对控制网进行复测。根据复测结果，采用拟稳平差对控制点进行稳定性评价。

混凝土斜拉桥误差限值：索塔轴线偏位±10mm；倾斜度小于$H/2500$，且小于30mm（H为桥面以上塔高）；塔顶高程小于±10mm；悬浇主梁时，轴线偏位±10mm，合拢高差±30mm，线形小于±40mm，扰度小于±20mm，悬拼主梁时，轴线偏位±10mm，拼接高差±10mm，合拢高差小于±30mm；悬索桥施工控制误差限值同斜拉桥，主缆线形基准索标高大于0，小于35mm，上下游基准索股高差小于±30mm，一般索股标高相对值小于±10mm，主缆线形垂直标高小于±50mm；索夹纵、横偏位小于±20mm，纵向位置±10mm，横向扭转6mm；索鞍纵横位置±10mm，标高20mm，中线偏差2mm，高差偏差±20mm，索鞍偏移值±5mm。

施工期间，沉降监测一般1次/3天，稳定后一般1次/6天。水平位移监测周期，对不良地基土监测可与沉降监测协调确定；受基础施工影响的有关监测，应按施工进度的需要确定，可逐日或数日监测一次，直到施工结束。其他监测项目，可根据影响桥梁受力变化的具体工况而定（如钢箱梁的吊装、混凝土的浇注、斜拉索的张拉等），一般 1 次/6 天，但为观察桥梁一昼夜变形规律，一般每小时监测 1 次；工程竣工后，应每半年或一年监测 1 次。

13.5 桥梁结构健康诊断

13.5.1 运营监测内容

桥梁健康诊断监测贯穿整个工程建设周期，在桥梁施工与运营过程中均应进行连续监测。随现代监测技术、计算机技术、通信技术、网络技术、信号分析技术及人工智能等的发展，桥梁结构健康监测技术向实时化、自动化、网络化发展。桥梁运营监测的对象主要包括墩台、塔柱和桥面等。桥梁变形监测是桥梁运营期养护的重要内容，对桥梁健康诊断和安全运营有重要意义。

由于气候、环境等自然因素影响和日益增加的交通量，重车、超重车过桥数量不断增加，桥梁结构安全使用性能受到影响。同时因大跨径桥梁施工和功能的复杂化，安全性也不容忽视。相继发生的桥梁结构突然断裂事件，导致桥梁结构发生破坏和功能退化的原因是多方面的，有些桥梁的破坏是人为原因造成的，但大多数桥梁的破坏和功能退化是自然原因造成的。自然原因中，循环荷载作用下的疲劳损伤累积及有损结构在动荷载作用下的裂纹失稳扩展，是造成许多桥梁结构发生灾难性事故的主要原因。研究表明，成桥后的结构状态识别和确认，桥梁运营过程中的损伤检测、预警及适时维修制度的建立，有助于从根本上消除隐患及避免灾难性事故发生。

桥梁安全监测不仅是监测系统和对某特定桥梁设计反思，还应成为桥梁研究的“现场实验室”。为能及时发现桥梁在运营过程中存在的安全隐患，有必要对桥梁的工作性态及时监测与分析。

13.5.1.1 桥梁墩台变形监测

桥梁墩台的监测包括两方面：①墩台垂直位移监测，主要包括墩台特征位置的垂直位移和沿桥轴线方向或垂直于桥轴线方向的倾斜监测；②墩台水平位移监测，其中各墩台在上、下游的水平位移监测称为横向位移监测，各墩台沿桥轴线方向的水平位移监测称为纵向位移监测，横向位移监测更为重要。

13.5.1.2 塔柱变形监测

塔柱在外界荷载作用下发生变形，及时准确监测塔柱的变形对分析塔柱受力状态和评判桥梁工作性态十分重要。塔柱变形监测主要包括：顶部水平位移监测、整体倾斜监测、周日变形监测、塔柱体挠度监测、塔柱体伸缩量监测。

13.5.1.3 桥面挠度监测

桥面挠度是指桥面沿轴线的垂直位移。桥面在外界荷载作用下将发生变形，使桥梁的实际线形与设计线形产生差异，从而影响桥梁内部应力状态。过大的桥面线形变化影响行车安全，并对桥梁使用寿命产生影响。

13.5.1.4 桥面水平位移监测

桥面水平位移主要是指垂直于桥轴线方向的水平位移。桥梁水平位移主要由基础位移、倾斜及外界荷载（风、日照、车辆等）等引起，对于大跨径的斜拉桥和悬索桥，风荷载可使桥面产生大幅度摆动，对桥梁安全运营十分不利。

13.5.2 健康诊断理论

桥梁健康诊断理论研究主要集中于结构整体性评估和损伤识别。根据采集数据与信号，反演桥梁结构工作状态和健康状况，识别可能的结构损伤程度及其部位，并在此基础上评估桥梁安全可靠性，为桥梁运营维护管理提供指引。

结构状态反演和损伤识别是健康诊断的核心，其目的是建立与桥梁安全监测系统适配的结构状态识别系统，能根据结构监测系统采集数据与信号，应用结构识别理论和损伤识别方法反演出桥梁工作状态、或识别出可能的结构损伤及其程度，主要包括：

（1）桥梁结构动态检测模态参数识别方法。

（2）基于桥梁结构的各种神经网络模型和结构分析损伤分级识别策略。

（3）各种结构损伤参数识别方法，优选及改造合适方法应用于桥梁结构状态监测和损伤识别。

（4）通过实体模型试验，对所选损伤识别方法及软件进行实测对比、验证、优选。

（5）通过结构损伤检测分析方法研究、建立结构损伤报警系统，给桥梁管理部门进行人工探伤确认及维护提供指引。

我国在大型桥梁结构病害调查、传感器最优布点、结构损伤识别、系统识别、结构剩余可靠度评定、桥梁结构理论模型修正及斜拉桥结构环境变异性等方面开展了深入研究。如先后开发了南京长江二桥、上海徐浦大桥、广东虎门大桥等桥梁结构健康监测系统。

13.5.3 决策系统

桥梁辅助决策系统可使桥梁管理维护由被动走向主动，通过监测系统和评估系统，清楚了解桥梁主要构件状态，在桥梁结构模型及结构响应模拟分析基础上，预测结构在各种可能工况下的反应、极限荷载和失效路径，并有针对性地对相关桥梁构件进行预测性或保护性维护。

基于计算机技术的监测数据管理系统和数据处理软件，对数据进行存储、管理、制作图表及统计分析，供管理人员进行多途径的交互式分析判断，为安全监控提供支持。

辅助决策系统的功能是把各类经整编的监测资料与各类评判指标进行比较，识别监测数据和资料的正常或异常性质。当判断监测数据和资料异常时，进行成因分析，并根据分析成果，发出报警或提供辅助决策信息。辅助决策系统主要包含：

（1）异常测值检查。利用异常值分析准则对实测值进行检查，通过定量方法检查发现的异常情况归结为三种原因：与测量因素有关；与结构因素有关；模型或检查方法不适应。经上述检查发现异常情况后，应进行监测检查，确定异常情况是否是由测量因素引起。

（2）结构异常成因分析。排除由监测因素引起的异常情况，须进行物理成因分析，其中包括外因分析、内因分析，该分析过程需调用结构分析计算结果。

（3）综合评判。经上述分析还未得到结论时，则进入综合评判处理，根据正确反映桥梁安全运行基本要求的准则，利用正确评判方法得出可靠评判结果。

（4）结构异常程度及技术报警级别的确定。发现异常情况时，需确定异常程度并调用辅助决策系统发出相应级别报警。

13.5.4 安全评判

通过埋设在桥体内的各类监测元器件所获取的监测信息反映桥梁工作性态。单个测点的实测性态评价并不能完整描述桥梁整体实际安全状况，因此，需对桥梁不同部位、不同项目的实测性态进行综合评价。桥梁工作性态是由各工程部位的安全性态构成，而各工程部位的工作性态由若干类监测项目特征决定，各监测项目又有若干监测点组成，所以桥梁工作性态最终由测点的监测性态决定。

用模糊综合评价方法对桥梁进行风险评估，该方法基于层次模型，将评价指标的隶属度与权重进行模糊运算，使计算结果更客观。层次分析法将半定性、半定量问题转化为定量问题，将各因素层次化，并逐层比较关联因素，为分析和预测事物的发展提供可比较的定量依据。层次模型主要是采用九度法对各影响因子进行比较，进而构造判断矩阵。

13.5.4.1 安全度

安全度是对事物当前状态正常程度的一种定量描述。对不同对象评价统一标度，利用安全度概念可逐层分析上层元素的安全度。关于安全度的评价，习惯上以若干个等级来描述，若等级过少则将失于粗略，而过多又会使确定界限难度加大，通常情况下，取安全度为5个等级，其评语依次为：正常 V_1、基本正常 V_2、轻度异常 V_3、重度异常 V_4、恶性异常 V_5，构成评价向量 $\mathbf{V}=[V_1, V_2, V_3, V_4, V_5]$。

13.5.4.2 层次分析法

层次分析法解决桥梁综合性能评定的出发点是将定性指标标准化，最大限度减弱主观随意性的影响。应用层次分析法分析桥梁工作性态，首先把问题条理化、层次化，构造层次分析结构模型，将复杂问题分解为元素，按属性将元素分成若干组，形成另一个层次，同一层次元素作为准则对下一层的某些元素起支配作用，同时又受上一层次元素支配，这些层次一般按目标层、准则层、子准则层排列。

13.5.4.3 权重分配

各因素权重分配对桥梁工作性态评价十分重要，应根据实际情况确定每个测点和每个项目的权重。通常同一部位同一类型的测点应赋予相同权重，而不同类型的测点，应根据该类测点对桥梁安全的影响程度选用不同的权；对于不同的工程部位，由于其在整体工程中的重要性不同，在权重分配时也应合理考虑。

13.5.4.4 测点安全度评价

对单个测点测值（或单项巡查结果）安全度的评价可分解为数值及趋势，其安全度可表示为

$$r_i = f(r_{i1}, r_{i2}) = p_{i1} r_{i1} + p_{i2} r_{i2} \tag{13-1}$$

式中：r_i 为测点 i 的安全度，$0 \leqslant r_i \leqslant 1$；$r_{i1}$ 为测点 i 的数值安全度；r_{i2} 为测点 i 的趋势安全度；p_{i1} 为测点 i 的数值安全度权重；p_{i2} 为测点 i 的趋势安全度权重，$p_{i1}+p_{i2}=1$。

13.5.4.5 安全度递归

桥梁安全综合评价是一个复杂的多层次安全度递归过程，一般将评价层各因素安全度的加权平均值作为上一层的安全度指标，即

$$r^{k-1}=\frac{\sum_j p_j^{(k)} r_j^{(k)}}{\sum_j p_j^{(k)}} \tag{13-2}$$

式中：r^{k-1} 为第 $k-1$ 层的因素安全度；$r_j^{(k)}$ 为第 k 层的第 j 个因素安全度；$p_j^{(k)}$ 为第 k 层的第 j 个因素权重。

13.5.4.6 工作性态

根据已得到桥梁的安全度指标 r 和桥梁工作性态的评价集，利用贝叶斯决策理论确定事件的最小风险分类。实际工作中，由于一般不知道各（类）事件的概率密度，限制了该类方法的实际应用。解决该问题的有效办法是对安全度指标实行有序分割，将安全度值空间划分为 5 个对应于工作性态评价空间的子空间，根据工程实际情况确定各区间的分位值。

13.6 监测实例

某大桥为预应力混凝土连续刚构桥，三跨长度分别为 140m、268m 和 140m。主墩为普通钢筋混凝土双薄壁矩形空心墩，主要病害为箱梁裂缝（顶板纵向、腹板斜向、底板横向和底板纵向）和主跨跨中下挠过大，建立桥梁健康监测系统。

13.6.1 传感子系统

图 13-1 为在有限元分析基础上，区域分布应变传感网络总体方案（长标距光纤传感器），传感器网络 4 通道，传感器标距长 1.0m，布设长标距光纤 FBG 传感器 42 个，其中温度补偿传感器 7 个。50m3（1）个中“50m”指长度，“3”指其他传感器个数“（1）”指温度补偿传感器的数量。

（1）根据实际结构尺寸和监测内容选择传感器标距长度，结构试验传感器标距长度一般 10～50cm，工程中传感器标距长度 1～2m。

（2）采用以静力最大位移识别误差最小为目标的数学模型，运用遗传算法和 Grefenstette 编码算法等对 FBG 传感器布设设计进行优化，通过优化组合使 FBG 传感器推导位移最大值与结构有限元计算真实值误差最小，并编成软件。

（3）传感器沿长度方向完全粘贴在结构上。即使某点的树脂胶老化脱落，也不至于影响传感器测试数据失效。

13.6.2 数据采集、传输、储存子系统

工作站距被测结构较远，在监测现场安置采集子系统硬件，并通过无线网络、广域网

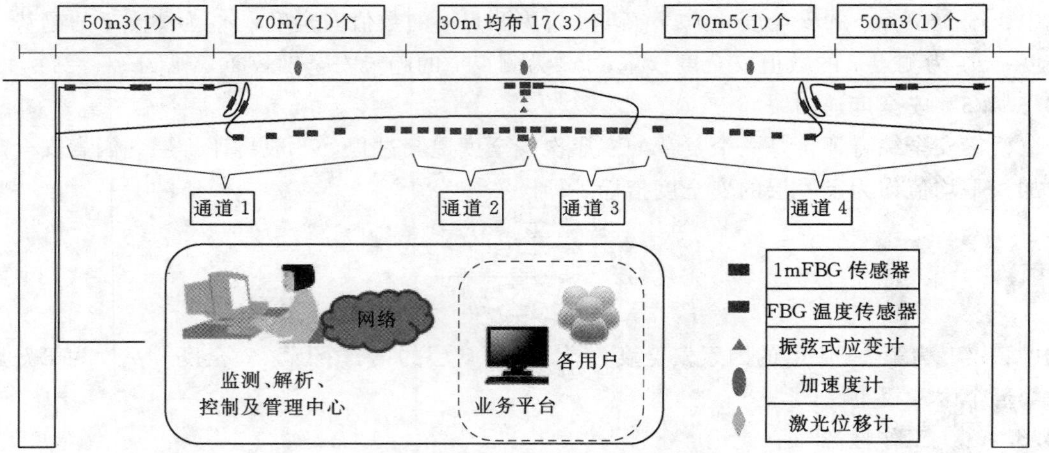

图 13-1　传感器总体方案

或者局域网将现场采集到的数据传输到控制中心。

在引桥箱梁内设置采集站，采用可靠等级较高的设备，组网上采用多重保险，与距桥 10km 的工作站组建有线局域网，与距桥 300km 远程工作站实施无线广域网，通过双网络模式工作进行传输和控制。工作模式上也做了自检测设计，传输条件良好时优先采用有线局域网传输大容量的传感器原始信号数据到工作中心再处理和分析，传输条件恶劣时工作模式自动切换为现场采集站直接处理分析数据，只将小容量的分析结果传输给工作站终端。采集频率的设置，根据奈奎斯特定理，当采样频率大于测试信号中包含的最高频率的 2 倍时，采样后信号能完整保留原有信号，一般工程监测中设定采样频率为被测结构指标频率的 5～10 倍，土木结构属低频结构，采用 200～500Hz 的采集频率能满足全部监测指标的需求。数据存储子系统主要以网络数据库形式实施，采用双备份机制，现场采集站设置带有双磁盘阵列的网络数据库，现场控制中心力也设置有存储服务器，即使某终端数据因故障灭失，子系统也能从其他备份库中复原丢失数据（图 13-2）。

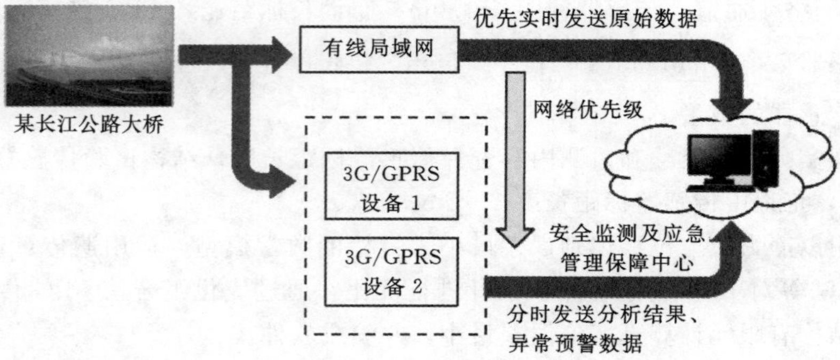

图 13-2　大桥航道桥数据采集及传输系统

13.6.3　数据预处理子系统

数据预处理分成两部分：①在数据采集子系统中进行；②在结构分析端进行。数据预处理前，设置传感器参数，包括：传感器命名、传感器灵敏度系数（标定系数）、计算位移点编号、标距长度等。由于解调设备采集的原始数据是光线光栅的中心波长，而应变变化和中心波长变化之间有线性关系，设置灵敏度系数的目的就是获得每个传感器的应变变化，应变反算结构的挠度除了需要传感器的应变，还需要布置传感器的标距长度以及传感器的位置关系，该功能在软件"传感器设置"模板里进行；同时，为增加系统整体性，让用户能对监测结构有一个整体的认识，需要导入结构的模型，这一功能是在软件"模型导入"模块里进行。

由于测试误差（系统误差、随机误差）影响，换算的原始应变数据（真实信号和噪声信号之和）带有噪声，在数据进一步分析前需要通过信号处理方法去除噪声信号而仅保留真实信号，应变去噪方法主要包含：低通滤波、带通滤波、高通滤波、数据平均处理、实际工程中，由于噪声属于高频信号，一般采用低通或带通滤波；同时对于振动模态分析只对结构的振动信号进行分析，结构静态成分（趋势项）可通过频谱分析消除（即去趋势项处理）。

对于以车辆荷载为主要激励形式的结构（如桥梁结构），其产生的信号包含 3 部分：①车辆荷载产生的静态应变效应（即趋势项）；②车辆速度效应及路面不平引起的结构振动效应（即振动信号）；③仪器等产生的噪声信号。针对不同分析目的，采用不同数据类型，如在模态提取方面，消除趋势项和噪声信号，仅保留结构振动响应信号；利用应变影响线理论进行结构性能评估时，消除结构振动信号和噪声信号，仅保留结构应变趋势项成分。

应变趋势项的提取或去除主要有两种方法：①利用三种信号的频谱特征（趋势项的频率成分接近 0，振动信号的频率成分属于低频特征，噪声信号的频率成分属于高频特征）进行滤波分析；②采用黄-希尔伯特变换（HHT）原理进行动静态分离。此外，根据具体应用范围，综合应用上述两种方法和小波分析方法。

13.6.4 结构（数据）分析子系统

数据分析系统是整个健康监测系统的核心，包含以下部分：①结构长标距应变处理；②结构的挠度解析；③应变响应的频谱解析；④应变模态分析；⑤结构损伤识别。结构应变响应的频谱分析在"应变处理—频域"模块进行，传感器应变响应的频谱响应在此窗口中显示，通过选择需要关注的传感器编号观察其频谱情况。结构模态振型在"模态解析"里实现，由于模态是相对概念，进行模态分析前，需要选择单元，即模态是每一个目标单元相对于参考单元的相对值，在"模态解析"里选择"参考传感器"项，不同参考传感器，应变模态振型是不一样的，同时由上一部分的频谱分析可知，在结构应变响应的频谱图出现峰值点处可能是结构固有频率点，也可能是伪频率点，判断原则是通过峰值点的振型分布结合工程经验，选择固有频率点及结构应变模态振型阶数，振型的正负号通过相位判断，并通过设置"下限"和"上限"提取某一阶固有频率点处应变模态的峰值。

结构损伤识别在"损伤识别"模块进行。以基于相对长标距应变模态向量统计数据的损伤识别方法为例，结构分析式布置传感器分为目标传感器和参考传感器两大类，进行损伤识别时，参考传感器选择在发生损伤概率最小地方（远离易发生损伤的区域），同时，通过多次选择不同参考传感器进行相互校核，防止某个参考传感器的覆盖范围内发生损伤的不利情况，在某一次测试中，目标传感器范围内的应变模态相对值在 GUI 图上会出现一个特征点，在结构没有发生损伤时，通过多次重复测试，目标传感器相对于参考传感器的对应变模态在软件窗口中是线性相关的，其拟合斜率为判断损伤的依据，当发生损伤时其拟合的斜率会偏离完好状态下的斜率值，基于统计斜率的损伤识别方法有利于数据的高效率存储和管理，经过一定的时间，当发现统计特征点没有变化，则可删除多次测量的原始数据，保留其统计特征点，提高数据管理效率和内存存储效率；当发现统计点发生明显变化时，只需要保存损伤前、发生损伤时、损伤稳定后的数据。选择“目标传感器”和“参考传感器”后，其统计特征点会自动在呈现窗口中，尽管理论上只需要一阶长标距应变模态就可完成对结构进行损伤识别，但实际结构有可能被激发多阶应变模态，实际操作中运用相互校核方法进行相互补充。

13.6.5 结构评估子系统

结构评估系统用来通过上述各种静动态指标对结构性能进行综合评估，基于分布式长标距应变传感技术的结构性能评估方法可分为：①原始数据是每个传感器覆盖内的长标距应变，应变是结构性能的直观反映，桥梁在正常车辆荷载下的结构应变 20～80$\mu\varepsilon$，当混凝土结构应变在 200～300$\mu\varepsilon$ 时开裂，通过设定应变阈值定量判断和初步报警；②结构挠度反映结构整体性能，结构发生安全破坏时，挠度值较大，通过设定挠度最大值的阈值定性判断和初步报警；③定量化评估应变模态损伤识别指标，建立结构局部刚度和损伤指标对应关系，设定不同阈值等级的蓝色、黄色、红色等类别报警。

13.6.6 决策子系统

分析结果发送给不同等级、不同地域的远程终端发布系统（图 13－3）。数据发布

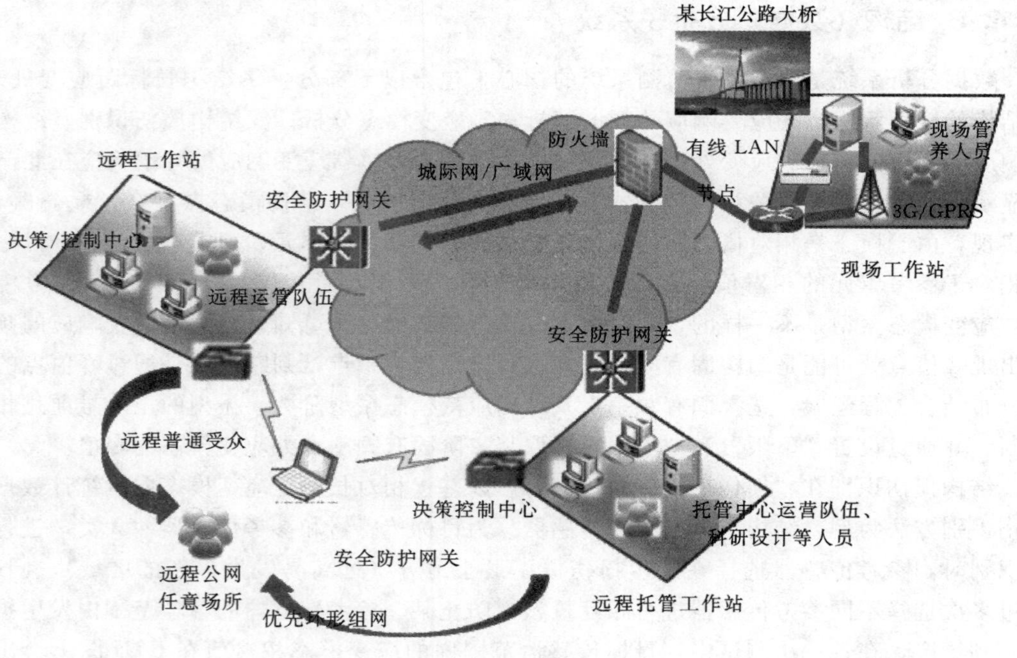

图 13－3 管养与决策子系统的示意图

给结构现场管养人员，结构设计、施工、监理等人员、结构托管单位人员、科研人员及普通公众。不同受众安全等级要求不同，需要种类信息不同；同时，将受众意见和决策、控制指令可反馈给结构健康监测系统。在监测报警时，及时把信息发送给远程工作终端，管养与决策子系统发布分析结果内容包括：①施工期、灾害期可能影响结构安全信息；②定时发送应变极值，并在超过安全阈值时发送报警信息；③定时发送挠度极值，并在超过阈值时发送报警信息；④定时发送结构的实测频率值；⑤定时发送结构损伤识别指标。

第 14 章 大坝安全监测

大坝安全监测目的是掌握大坝的实际状况，为大坝安全运用提供依据。大坝在各种各样地形、地质、水文环境中，承受静水、动水、渗水等各种作用，工作条件十分复杂，其正常运用时有巨大的经济和社会效益，但万一失事又会带来严重危害。由于客观条件的复杂性和技术水平限制，即使是精心设计、精心施工的大坝，也不能做到尽善尽美，万无一失。实际上许多坝都存在某种缺陷，随着时间的推移，还会老化、衰弱，所处的环境也在不断变化，必须从建坝起就严密地对大坝进行监测，掌握其性态和动态，及时发现不安全迹象，采取措施防患于未然，并通过监测检验大坝的设计和施工，促进坝工技术发展。

14.1 大坝安全监测的目的与意义

大坝安全监测是通过仪器观测和巡视检查对坝体、坝基、坝肩、近坝区岸坡及坝周围环境所作的测量与观察。大坝泛指与大坝有关的各种水工建筑物和设备；监测包括对坝固定测点一定频次的仪器观测，也包括对大坝外表及内部大范围对象的定期或不定期的直观检查和仪器探查。

进行大坝安全监测及时获取第一手资料，了解大坝工作性态，评价大坝状况和发现异常迹象，并制订适当的水库控制运行计划及大坝维护修理措施，在发生险情时据以发布警报，减免事故损失。尽管大坝在设计时采用一定安全系数，使坝能安全承担所考虑的各种荷载组合，但设计中不可能对坝的工作条件及承载能力作出完全准确的估计，施工质量也不能完美无缺，大坝在运行过程中还可能发生某些不利的变化。相继发生的巴西米纳斯吉拉斯州尾矿库溃坝、肯尼亚索莱 Patel 大坝溃坝、老挝阿速坡省 XeNamony 水库溃坝等安全事件如图 14-1 所示，均带来了惨重灾害和巨大经济损失，引起人们对大坝安全监测的高度重视。

开展监测及其资料分析可有效地监控大坝安全。如丰满大坝通过监调、日常检查，并及时采取有效补强维修措施，使先天缺陷严重的大坝保持了长期安全运用；梅山大坝通过现场监测渗流量、倾斜、裂缝及时发现大坝危险，并立即放空水库，进行加固处理，使大

(a) 巴西米纳斯吉拉斯州尾矿库溃坝

(b) 板桥、石漫滩大坝垮坝

图 14-1　溃坝及垮坝示意图

坝转危为安。

大坝监测除作为判断安全的依据外，还是检验设计和施工、发展坝工技术的重要手段。由于大坝监测项目和测点多、观测频次密、跨越时期长，能体现现场复杂条件和监测量时空变化规律，可作为检验设计方法、计算理论、施工措施、工程质量、材料性能等的依据。

14.2　大坝安全监测内容

14.2.1　常规监测项目

大坝主要监测项目有变形监测、渗流监测、应力应变监测、温度监测和周围环境监测等。变形监测能直观反映大坝运行性态，许多大坝出现异常，最初都是通过变形监测值异常反映的，因此变形监测是大坝安全监测的首选。

大坝变形观测通常分为两类：①内部观测，如应力、应变、温度、接缝、渗透压力、基岩变形等；②外部观测，如垂直位移、水平位移、坝体挠度、坝体和坝基转角、扬压力、渗漏量等。内部观测和外部观测过程就是系统观测水工建筑物、岸坡和地基及所在环境的结构性态的物理量，然后对观测资料进行整理、计算和分析，得出结论的过程。

土石坝的变形分为竖直方向，上、下游方向和沿坝轴线方向 3 个分量。土石坝是由多种材料组成的散粒体，在荷载的作用下，竖直位移要比混凝土坝大得多，变形大小和变形时间对坝体安全富裕度、防止裂缝出现等都是重要影响因素。影响土石坝变形的因素有：坝型、剖面尺寸、坝体材料、施工程序和质量，坝基地形、地质及库水位变化情况等。由于这些因素错综复杂，有些难以定量描述，因此，理论上常用统计模型方法分析。

混凝土坝观测位移中存在两部分：①弹性位移；②随时间和荷载而变的非线性位移（俗称时效位移），包括坝体混凝土和岩基的徐变及坝基的裂隙、节理和其他软弱构造等，在自重力作用下发生的压缩和塑性变形，其特点是初期变化急剧，随时间推移渐趋稳定。

14.2.2 现场巡视检查

为掌握大坝工作状态，使用仪器设备进行观测，可获得较精确的数据。但也存在局限性，因为固定观测点仅布设在大坝的典型断面，而大坝的损坏通常是从局部开始，如渗水、裂缝、塌陷等往往不一定正好发生在测点位置，也不一定正好发生在现场观测的时候。因此，为及时、全面发现大坝各种异常，便于对观测值分析和综合判断，必须经常进行现场巡回检查，以弥补仪器观测的不足。

检查一般可分为 4 类。

(1) 日常巡查。依靠人工或简单工具对坝进行连续观察，包括渗水、浸蚀、渗坑、管涌、裂缝、位移、磨损、冲刷等。

(2) 年度详查。在汛期、枯水期和冰冻期对大坝及水库上下游进行的全面检查。

(3) 定期检查。对大坝及附属设备，根据现行的技术标准和规程、规范对坝对设计、施工和运行进行再评价，对大坝安全稳定情况进行鉴定。

(4) 特种检查。当大坝发生严重破坏现象，或改变运用条件对大坝安全有重大怀疑时，组织专门力量所进行的检查。必要时对可能出现险情的部位昼夜监视，对多次观察而无明显变化的部位，可适当减少观察次数。

14.2.2.1 坝体

(1) 检查坝顶、坝面和廊道内有无裂缝。对一般性裂缝，详细记录所在坝段、桩号、高程、走向、长度、宽度等，绘制平面图及形状图，必要时拍摄照片。对于较重要的裂缝，应埋设观测设备，定期观测裂缝长度和宽度的变化。

(2) 检查下游坝面、溢流面、廊道及坝后地基表面有无渗透现象，特别是高水位期间要加强观察。如发现渗水现象，应记录渗水部位、高程、桩号等。要绘制渗水位置图或拍摄照片，必要时需定期进行渗透流量观测。当在下游坝面或廊道内发现渗水出逸点，经分析怀疑上游面有渗水孔洞时，应查明处理。

(3) 检查坝面有无脱壳、剥落、松软、浸蚀等现象，并记录位置、面积、深度及观察其前后的变化。对溢流坝面要注意观察有无冲蚀、磨损及钢筋裸露现象。

(4) 检查集水井、排水管排水情况是否正常，有无堵塞或恶化现象。在严寒地区的混凝土坝，冬季结冰期间要注意观察库面冰盖对坝体的影响及渗透水的结冰情况。

(5) 检查相邻两坝段之间有无不均匀位移，伸缩缝有无严重的扩张或收缩，止水片和缝间填料是否完好及有无损坏流失等情况。

14.2.2.2 坝肩与坝基

(1) 如果水库蓄水，则需有专门的水下检查设备才能对上游坝肩接头和上游坝基进行检查，因此一般检查多局限于大坝的下游坝肩接头部分、坝体与岸边的交接处以及大坝下游坝脚。此外有些部位可以通过坝体廊道，特别是灌浆排水廊道来检查，如地下水和渗透水的检查。

(2) 检查坝体和坝基的接岸部分岩质风化特性，可从公路的削坡或从其他开挖地点加以鉴定。对基础岩质含水饱和的情况，可从库水位变动区的岩石露头上观察。

(3) 检查坝体反常现象往往也是基础变化的一种反映。例如，伸缩接缝发生的错距，可反映坝基的变化及缺陷；大坝附属设施的下沉或倾斜，则表明基础部分有过度变形或压缩。

14.2.2.3 水库

（1）检查库区附近的渗水坑、地槽、公路及建筑物的沉陷情况，以及矿物、煤、气、油和地下水的开采情况，与大坝在同一地质构造上的其他建筑物的反映，也可提供大坝工作情况的信息。

（2）利用低水位时对上游坝肩及库盆情况进行检查，也可对一些重点怀疑部位进行水下检查，要注意库盆表面有无缺陷、渗水坑和原地面剥蚀的现象。

（3）检查水库库盆上方有无严重淤积，因为库盆上的大量淤积可能加重大坝的荷载负担，有时还能对溢洪道、泄水孔的进水情况产生不利影响。

14.2.2.4 滑坡

（1）对库区已经发现的和可能发生的每个滑坡区进行深入检查。库区滑坡有时会引起库水面的剧烈波动，甚至漫过坝顶，威胁到附近附属建筑物的安全，造成库边严重冲刷。要记录滑坡的特征参数，包括规模、方位及与水库形状的相对关系，滑坡离开大坝、附属设施和一些关键地段的距离，下滑速度，滑坡体的类别及下滑机理。

（2）多数情况下，大坝、附属工程及道路等的施工开挖会破坏山体的天然坡度和自然排水，需检查一些不稳定情况。修建大坝会改变地下水分布状态，可能影响山体坡面稳定。此外小的边坡剥落可能堵塞排水沟，导致雨水积滞和坡面浸水饱和。若岩石的喷锚加固不好，可能造成岩石松弛，而导致边坡滑塌。

（3）对已有的和可能出现的滑坡区，在大雨、地震、库水位下降、特高洪水位、波浪淘刷等情况下，可能出现的后果进行检查。对进水渠和尾水渠两侧的边坡进行鉴定，并检查溢洪道和泄水孔的泄流能力是否由于边坡原因而受到影响。还应检查公路和重要建筑物上方坡面是否稳定，这些地点出问题，会妨碍交通和影响运行操作。

14.2.2.5 附属工程

（1）检查渠道地段有无渗水坑、冒泡和管涌现象。检查渠道进水和出水建筑物的水流有无漩涡危害。检查出水渠有无严重冲刷，进水渠特别是溢洪道的进水渠附近设安全栅。

（2）检查溢洪道、泄水设施和发电隧洞等建筑物混凝土有无风化、过应力、碱料反应、冲刷、气蚀、磨损及人为作用等引起的破损和裂缝情况。所有伸缩缝均不应生长植物。通气槽内无淤泥和碴屑。检查过水建筑物的填方有无下陷现象，填方与建筑物的接触部分有无管涌现象，并检查附近挖方和填方边坡是否有不稳定以及下游冲刷坑的长度和深度情况。

（3）检查大坝上的机械设备运行是否正常，电力供应是否有保证，辅助电源、通信和遥控是否稳妥可靠。

（4）检查闸门变形情况及门槽和导轨止水有无损坏、开裂、磨损、气蚀和漏水现象。集水坑的水泵工作及水库水位观测装置运行是否可靠，以及爬梯、便道和栏杆是否损坏或折断。

14.3 大坝安全监测方法

14.3.1 现场检查

根据现场检查部位的不同，其检查方法也不相同，分为表面检查、内部检查2个方面。

14.3.1.1 表面检查

(1) 目测检查。检查工具主要有：钢卷尺、花秆、量具、手水准、地质镐头、罗盘仪、取样器、温度计、照相机、手电筒、测船及记录本等。用来对大坝和水库周围的外部情况进行目视巡回检查或拍摄照片并作详细记录，上游坝面可在测船上检查观察。

(2) 望远镜检查。借助望远镜检查大坝混凝土表面特别是不易到达部位的裂缝、蜂窝、渗水露头和湿润面积等。根据大坝各部位的轮廓线按其相对位置、形状和尺寸绘图，并按坝段计算出各种现象的总和。

(3) 全站仪检查。对于库区岸坡或距离比较远的部位，采用全站仪检查测点移动。

(4) 遥感技术检查。从高空或远距离通过传感器进行检查，可分为航天、航空和地面遥感。例如，使用 InSAR、LiDAR 及地基 SAR 监测大坝坝体稳定性和周边区域的形变，识别威胁坝体安全的早期隐患。

14.3.1.2 内部检查

大坝内部质量检查多采用在外部进行的非破损试验方法，分为回弹法、谐振法、超声法及综合法等。回弹法主要是利用回弹仪检查混凝土的抗压强度，适用于高标号混凝土，测量方便但误差较大，使用时必须对回弹仪进行定期和及时标定；谐振法对试件要求较高，主要是在试验室内使用。

利用测定超声脉冲速度方法对现场混凝土进行检查，可探测混凝土缺陷、裂缝、强度及动弹性模量等，并可了解混凝土的均质程度及老化过程。除混凝土以外，也应用于岩石的检查和分级。而超声法与回弹法相结合的综合法，效果较好。

14.3.2 水平位移监测

水工建筑物及其地基在荷载作用下将产生水平位移，建筑物的位移是其工作条件的反映，因此，根据建筑物位移的大小及其变化规律，可判断建筑物在运用期间的工作状况是否正常和安全，分析建筑物是否有产生裂缝、滑动和倾覆的可能性。

14.3.2.1 观测断面

1. 土石坝（含堆石坝）

(1) 观测横断面。布置在最大坝高、原河床处、合龙段、地形突变处、地质条件复杂处、坝内埋管或运行可能发生异常反应处。一般不少于2～3个。

(2) 观测纵断面。在坝顶的上游或下游侧布设1～2个，在上游坝坡正常蓄水位以上1个，正常蓄水位以下可视需要设临时断面，下游坝坡2～5个。

(3) 内部断面。一般布置在最大断面及其他特征断面处，可视需要布设1～3个，每个断面可布设1～3条观测垂线，各观测垂线还应尽量形成纵向观测断面。

界面位移一般布设在坝体坝坡连接处，不同坝料的组合坝型交接处及土坝与混凝土建筑物连接处。

2. 混凝土坝（含支墩坝、砌石坝）

（1）观测纵断面。通常平行坝轴线在坝顶及坝基廊道设置观测纵断面，当坝体较高时，可在中间适当增加1～2个纵断面。当缺少纵向廊道时，也可布设在平行坝轴线的下游坝面上。

（2）内部断面。布置在最大坝高坝段或地质和结构复杂坝段，并视坝长情况布设1～3个断面。应将坝体和地基作为一个整体进行布设。拱坝的拱冠和拱端一般宜布设断面，必要时也可在1/4拱处布设。

3. 近坝区岩体及滑坡体

（1）靠两坝肩附近的近坝区岩体，垂直坝轴线方向各布设1～2个观测横断面。

（2）滑坡体顺滑移方向布设1～3个观测断面，包括主滑线断面及其两侧特征断面。

（3）必要时可大致按网格法布置。

14.3.2.2 观测点

1. 监测点

对土石坝，在每个横断面和纵断面交点等处布设位移标点，一般每个横断面不少于3个。位移标点的纵向间距，当坝长小于300m时取30～50m，坝长大于300m时，一般取50～100m。对混凝土坝，在观测纵断面上的每个坝段、每个垛墙或每个闸墩布设一个标点，对于重要工程也可在伸缩缝两侧各布设一个标点。对近坝区岩体及滑坡体，在近坝区岩体每个端面上至少布设3个标点，重点布设在靠坝肩下游面。在滑坡体每个观测断面上的位移标点一般不少于3个，重点布设在滑坡体后缘起至正常蓄水位之间。

2. 工作基点

对土石坝，在两岸每一纵排标点的延长线上各布设一个工作基点。当坝轴线为折线或坝长超过500m时，可在坝身每一纵排标点中部增设兼作标点，工作基点的间距取决于采用的测量仪器。对混凝土坝，可将工作基点布设在两岸山体的岩洞内或位移测线延长线的稳定岩体上。对近坝区岩体及滑坡体，选择距观测标点较近的稳定岩体建立工作基点。

3. 校核基点

对土石坝，一般采用延长方向线法，即在两岸同排工作基点连线的延长线上各设1～2个校核基点。对混凝土坝，校核基点可布设在两岸灌浆廊道内，也可采用倒垂线作为校核基点，此时校核基点与倒垂线的观测墩宜合二为一。对近坝区岩体及滑坡体，将工作基点和校核基点组成边角网或交会法进行观测，有条件时可设置倒垂线。

14.3.2.3 监测方法

水平位移的监测方法见表14-1。

1. 视准线法

为保证观测精度，对混凝土坝采用测角精度为0.5″以上、测距精度为$2mm+2\times10^{-6}\times S$以上全站仪；对土石坝和滑坡体可采用精度为1″以上、测距精度为$1mm+2\times10^{-6}\times S$以上全站仪。

表 14-1 水平位移监测方法

部位	方法	说明
重力坝	引张线	一般坝体、坝基均适用
	视准线	坝体较短时用
	激光准直	包括大气和真空激光，坝体较长时可用真空激光
拱坝	视准线	重要测点用
	导线	一般均适用，可用光电测距仪测导线边长
	交会法	交会边较短、交会角较好时用
土石坝	视准线	坝体较短时用
	卫星定位	坝体较长时用
	测斜仪或位移计	测内部分层及界面位移用
	交会法	同拱坝
近坝区岩体	测斜仪	一般均适用
	交会法	同拱坝
	卫星定位	范围较大时用
	多点位移计	也可用于或坡体及坝基
高边坡、滑坡体	视准线	一般均适用
	卫星定位	范围较大时用
	直线测距	用光电测距仪或铟钢线位移计、收敛计
	边角网	一般均适用，包括三角网、测边网及测边测角网
	同轴电缆	可测定位移深度、速率及滑动面位置
断层、夹层	断层测斜仪	可测断层水平及垂直三维位移
	变位计	可测层面水平及垂直位移
	测斜仪	一般均适用
校核基点	岩洞稳定点	也可精密量距或测角
	倒垂线	一般均适用
	边角网	有条件时用
	延长方向线	有条件时用

表 14-2 视准线法工作基点间距

坝型	工作基点间距/m		位移值中误差/mm
	测角中误差 1″	测角中误差 0.5″	
重力坝、支墩坝	≤200	≤400	1
土坝、拱坝	≤400	≤800	2
高边坡、滑坡体	≤600	≤1200	3

视准线的工作基点一般布设在大坝两端的廊道内或山坡上，距大坝一定距离处，埋设在新鲜的岩石或稳定土层内。视线俯角不宜太大也不宜太低，并应布设在靠近下游面与坝

轴线平行处，视线离开吊车架、栏杆等障碍物1m以上。工作基点的观测墩采用钢筋混凝土浇铸，顶部埋设固定的强制对中设备，精度不低于0.2mm。

视准线的位移标点采用钢筋混凝土设置在结构上，与视准线的偏离值不应超过2cm，距地面高度不小于1m及旁离障碍物不小于1m，标点顶部同样埋设上述强制对中设备，以便安置觇牌。考虑折光差等影响因素，视准线法的观测精度为 3×10^{-6}。为了提高观测质量和观测速度，有条件时，宜布设在廊道内进行观测。

视准线觇标的形状、结构、尺寸、颜色对观测精度有重要影响，应满足图案对称、没有相位差、反差大、便于安装、具有适当参考面积等条件。

2. 引张线法

为了防止风等外界环境因素的影响，引张线需套在保护管内。

3. 前方交会法

前方交会法是利用河道两岸2个及以上的稳定已知点，架设全站仪，观测坝体上各位移观测点的角度，进行边角网平差，就得到坝体位移点的坐标值；不同时间观测的坐标值之差就是该点的相对水平位移。

14.3.3 垂直位移监测

垂直位移观测的目的是测定大坝及其基础、水库库岸边坡、监控网控制点在垂直方向上的升降变化。随着外部条件变化的不同，所产生的垂直位移在方向上可能有所不同。基础开挖时，由于表层荷载卸除，基础回弹，而在施工中，建筑物荷载增加使基础下沉。在荷载影响下，基础下土层的压缩是逐渐形成的，基础沉陷量逐渐增加。对混凝土坝，气温和库水位的升降会使坝体产生升降。因此，了解大坝垂直位移情况，有助于掌握大坝及附属监测对象在外力作用下的工作状态。

14.3.3.1 监测方法

垂直位移是在荷载的作用下沿竖直方向发生的位移，主要分为初始沉降、固结沉降和次压缩沉降3个阶段。垂直位移监测方法见表14-3。

表14-3　　　　垂直位移监测方法

部位	方法	说明
混凝土坝	一等或二等精密水准仪	坝体、坝基均适用
	三角高程法	可用于薄拱坝
	激光准直法	两端应设垂直位移工作基点
土石坝	二等或三等精密水准仪	坝体、坝基均适用
	三角高程	可配合光电测距仪使用或全站仪
	激光准直	两端应设垂直位移工作基点
近坝区岩体	一等或二等精密水准仪	观测表面、山洞内及地基回弹位移
	三角高程	观测表面位移
高边坡、滑坡体	二等精密水准	观测表面及山洞内位移
	三角高程	可配合光电测距仪使用或全站仪
	卫星定位	范围大时用

续表

部位	方法	说明
内部及深层	沉降板	固定式，观测地基和分层位移
	沉降仪	活动式或固定式，可测分层位移
	多点位移计	固定式，可测各种方向及深层位移
	变形计	观测浅层位移
高程传递	垂线	一般均适用
	铟钢带尺	一般需利用竖井
	光电测距仪	要用旋转镜和反射镜
	竖直传高仪	可实现自动化测量，但维护比较困难

14.3.3.2　监测布置

1. 精密水准法

水准基点是观测的基准点，满足长期稳定且变形值小于观测误差的要求。一般在大坝下游 1～3km 处布设一组或在两岸各布设一组 3 个水准基点，组成边长 50～100m 的等边三角形，以便检验水准基点的稳定性。对山区高坝，可在坝顶及坝基高程附近的下游分别建立水准基点。有条件时，将水准基点布设在两岸灌浆廊道内，以简化观测。

工作基点是观测位移标点的起始点或终结点，主要有土基标和岩石标，应布设在与所测标点处于大致相同的高程上（如坝顶、廊道或坝基两岸的山坡）。对土坝，可在每一纵排标点两端岸坡上各布设一个。

位移标点一般在坝顶及坝基处各布设一排，在高混凝土坝中间高程廊道内和高土石坝的下游马道上，适当布置垂直位移观测标点。另外，混凝土坝每个坝段相应高程各布置一点；土石坝沿坝轴线方向至少布置 4～5 点，在重要部位可适当增加。拱坝在坝顶及基础廊道每隔 30～50m 布设一点，其中在拱冠、四分之一拱及两岸拱座应布设标点，近坝区岩体的标点间距一般为 0.1～0.3km。

位移标点按埋设的位置不同，可设计成以下结构形式：

(1) 综合标。是将水平和垂直位移标点综合起来，多用于坝面。

(2) 混凝土标。适用于坝顶、廊道及其他混凝土建筑物，也可用于基岩。

(3) 钢管。适用于当基础部位浇注的混凝土较厚时，用来观测地基岩石的位移。

(4) 墙上标。多用于净空较矮的廊道内，不便竖立 3m 长的水准尺，可在廊道墙上埋设墙上标，用特制的微型水准尺进行观测。

2. 三角高程法

难以到达测点观测时，采用三角高程法。布设测点时要求推算高程的边长不大于 600m，每条边的中误差不大于 3mm，竖角中误差不大于 0.3″，仪器高度测量中误差不大于 0.1mm。工作基点至少设置两个，位移标点最好安置反射镜，并采用对向观测作业。如往返测不能做到同步进行，则可使其间隔保持在 0.5h 左右，以使往、返测高差平均值中，垂直折光影响最小。

3. 遥测法

(1) 沉降仪法。如图 14-2 所示，沉降仪主要用于监测土石坝及滑坡体内部沿导管或侧协管轴向多点的垂直位移，读数精度一般为 1mm，测值为相对于沉降管管口或管底的位移。如要求监测绝对值，则应先测定管口或管底的高程。观测横断面宜布设在坝体最大横断面及其他特征断面，在每个观测断面的坝轴线附近及其上、下游可布设 1～3 条观测垂线，垂线上的测点间距根据材料特性及施工方法而定，一般为 2～10m，在地基表面应设置测点，当填土直接与基岩接触时，沉降管管底应深入基岩。另外，水管式沉降仪可布设在建基岩（软基）、1/3、1/2 及 2/3 坝高处，每处设测点 1～3 个。

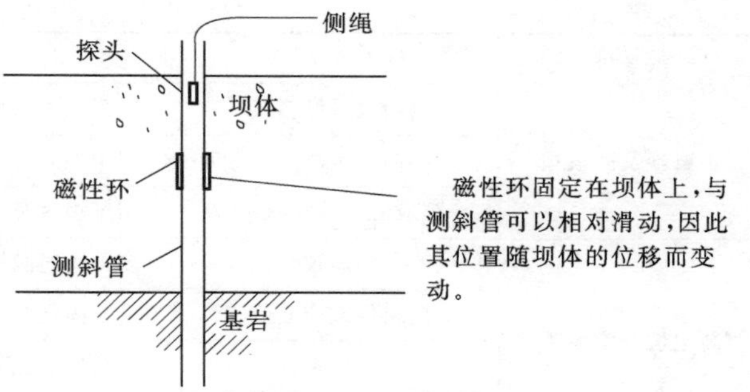

图 14-2　沉降仪法

（2）位移计法。位移计分单点和多点两种，主要测量围岩或近坝区岩体钻孔孔口与锚固端之间的轴向位移及其位移速率，可在垂直的、水平的或任何无套管的钻孔内安装，广泛用于大坝、地基、边坡及地下洞室等变形测量。

（3）变形计法。变形计可用来测量大坝、围堰及界面的垂直、水平或任意方向沿仪器轴向变形。变形计测量范围一般为 12mm，最大可达 100mm，分辨率为 0.01～0.02mm，最大钻孔深度一般为 10m。不同于位移计，变形计仅适用于表面附近。

14.3.3.3　高程传递

进行垂直位移监测设计时，常需将坝外的水准高程传递至坝内，其方法有钢带尺法、垂线法、测距仪法等。

14.3.4　挠度监测

混凝土坝建成蓄水后，外部荷载使大坝各部位产生应变，将其积分得到各部位的偏转角，转角的积分即为坝体的挠度。挠度与坝体的各种荷载作用和影响因素之间有相应的规律变化，显示了大坝结构整体的综合现象，是了解大坝工作状态及安全管理工作中最重要的观测项目之一。挠度监测一般采用正垂线和倒垂线法监测。

14.3.5　倾斜监测

混凝土坝的倾斜观测特别是基础的倾斜观测具有重要意义，不仅可以判断坝体倾覆及稳定情况，而且可以了解基础的运动规律。在不宜进行挠度观测时，可利用倾斜观测在不同高程上所获得的倾斜角，而求得近似的挠度曲线。倾斜监测方法见表 14-4。

表 14-4　　倾 斜 监 测 方 法

部　位	方　法	说　　明
混凝土坝	倾斜仪	包括光学及遥测仪
	静力水准仪	用于坝体及坝基
	一等精密水准仪	用于坝体及坝基表面倾斜

续表

部位	方法	说明
土石坝及面板坝	测斜仪或倾斜仪	用于观测内部或面板倾斜、挠度
	静力水准仪	用于坝体及坝基
	一等或二等精密水准仪	用于坝体及坝基表面倾斜
高边坡及滑坡体	倾斜仪	多采用遥测倾斜仪
	测斜仪或应变管	可分固定式与活动式两种
	静力水准仪	多采用遥测静力水准仪
	二等精密水准仪	用于监测表面倾斜

1. 倾斜仪

(1) 气泡式倾斜仪适用于标距较短的两点之间的倾斜观测，可以固定在建筑物上，也可以是携带式的。其误差取决于安置误差、置平误差和读数误差。活动式倾斜仪的观测误差为±(3″～4″)，固定式倾斜仪则为±(1″～2″)。为观测垂直壁或倾斜壁的变形，倾斜仪也可以垂直安置。

(2) 遥测倾斜仪一般固布设在测点上，能自动进行观测，也可作动态观测，便于实现观测自动化。

2. 测斜仪

测斜仪是根据测斜管轴线与铅垂线之间的夹角变化量来计算出各测点的水平位移和挠度，分为活动式和移动式两种。

3. 静力水准仪

静力水准仪具有测量精度高［中误差小于0.1mm、量程为±(50～100)mm］、不受距离限制、观测同步性和连续性高等特点，适合安装在大坝廊道内及人员不易到达的地方。

布设静力水准仪时，观测基面一般选在最大坝高及两坝肩处或其他地质条件差等特殊需要监测的部位。从基础到坝顶一般选3～5个测点，坝体测点和基础测点最好设在同一个垂直面上。

14.3.6 接缝及裂缝监测

土坝发生裂缝后，认为有必要进一步了解其现状和趋势，应进行裂缝观测分析其产生原因和对建筑物安全的影响，以便及时有效处理。接缝及裂缝监测方法见表14-5。

表14-5　接缝及裂缝监测方法

项目	部位	方法	说明
接缝	混凝土坝	测微器、卡尺及百分表或千分尺	适用于观测表面
		测缝计（单向及三向）	适用于观测表面及内部
	面板坝	测缝计	观测面板接缝，可分别测定各向位移
		两向测缝计	河床部位周边缝观测
		三向测缝计	岸坡部位周边缝观测

续表

项目	部位	方 法	说 明
裂缝	混凝土坝	测微器、卡尺、伸缩仪	观测表面裂缝长度及宽度
		超声波、水下电视	观测裂缝深度
		测缝计	观测裂缝宽度
	土石坝	钻孔、卡尺、钢尺	观测表面裂缝长度、宽度、深度
		探坑、竖井及电视	观测立面裂缝长度、宽度、深度及位移
		位移计、测缝计	观测表面及内部裂缝及发展变化
		探地雷达	观测裂缝深度

在可能或已经产生裂缝的部位（如坝体受拉区、并缝处及基岩面高潮突变部位等）和裂缝可能扩展处的混凝土内部及表面宜布设裂缝计；在观测面及坝体不同高程代表性的部位布置3～5个接缝观测点；在基岩与混凝土结合处，宜布设单向、三向测缝计或裂缝计。

在建土石坝可在坝体与混凝土建筑物及岸坡岩石结合处、窄心墙或窄河谷坝效应突出部位布设测点。布设测点的情况：①裂缝大于5mm；②缝长大于5m；③缝深大于2m；④穿过坝轴线；⑤裂缝呈弧形；⑥有明显竖向错距；⑦土体与混凝土建筑物接连处；⑧可能集中产生渗流冲刷；⑨两坝端贯穿性的横向缝；⑩可能产生滑动的纵缝。

14.3.7 渗流监测

大坝建成蓄水后，在水头作用下导致坝体、坝基和坝肩出现渗流现象。渗流过大有可能引起大坝损坏或失事，如法国马尔巴塞拱坝和美国提堂土坝安全事件。根据统计，土石坝失事原因多半由渗流破坏引起。土石坝变形方面出现的问题（如迎水面和下游面的滑坡、坍陷，坝基的滑动等）和孔隙水压力变化密切相关，实际上也是一个渗流问题。因此，渗流监测是土石坝安全监测重点，监测内容主要包括浸润线、渗透压力、孔隙压力（施工期）、绕坝渗流、渗流量、地下水位等。

14.3.7.1 土石坝渗流监测

土石坝渗流监测可采用渗压计或测压管。图14-3为土坝、土石坝或面板堆石坝的渗流图。

1. 渗压计监测

对于渗透系数小于$10^{-4}m^3/s$的坝体，因为渗压计反应快，能够较快反映坝体内渗透压力变化而埋设。埋设点所占空间小，不破坏埋设位置的渗流状态，基本反映测点渗压大小。但埋设方法有两个缺点：①埋设仪器必须保持长期稳定，如仪器发生时飘、零移或没有检查校测，会导致错误的分析结果；②埋设仪器无法修理更换，如果损坏，测值短缺就无法弥补，造成资料分析困难。例如，某水库，原在坝内埋设的钢弦式渗压计在1～2年内全部失效，不得不全部更新改造；某土坝埋设钢弦式渗压计监测渗透压力，运行几年之后，能够正常测量的渗压计所剩无几，无法测出断面的浸润线，更不要说坝体流网。

2. 测压管监测

相比于埋设渗压计，用测压管进行渗流监测有两个优点：①人工比测和自动化监测可

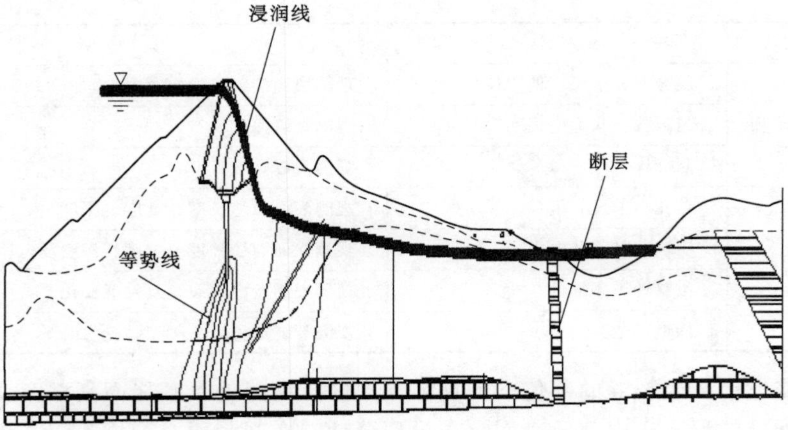

图 14-3　土坝、土石坝或面板堆石坝渗流图

同时进行，并相互校验；②测压管中的渗压计损坏或性能较差可更换，继续进行监测。如山东某一大坝按业主要求，在测压管内安装钢弦式渗压计以实现渗流自动化监测，运行一段时间后，通过人工比测发现仪器测值飘移，更换这批仪器，保证了自动化监测数据准确性。

从安全监测角度，测压管方式能满足监测要求，可较快反映集中渗流造成的渗透水位变化。对于正常渗流状态，虽然靠近上游侧的测压管水位滞后于上游水位变化，但从长期监测来看总有规律可循。事实上，在黏土层或低渗透性的土料中，上游水位变化反映到坝中测点，也有相当长时间的渗透过程，用埋设的渗压计测量也存在滞后现象，只是滞后时间长短而已。正常的滞后并不是大坝异常的征兆，而滞后时间的变短正是渗流异常的表现，测压管或渗压计都可反映出来。

因此，对已建土坝的渗流监测改造，一般宜采用测压管方式。对于心墙坝或斜墙坝，宜在防渗体下游布置少量测压管，防渗体内可适当埋设渗压计或不埋设渗压计。

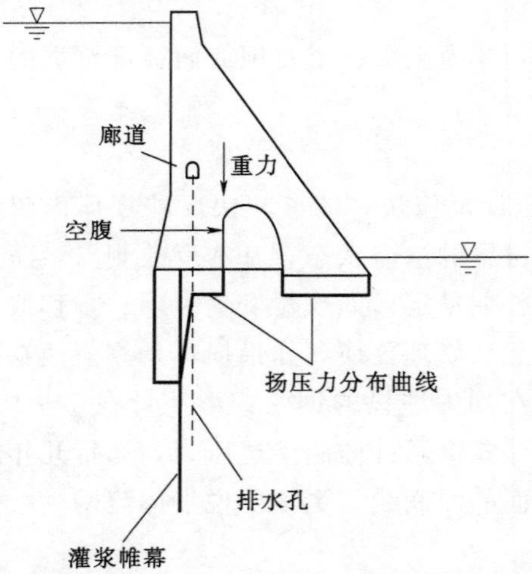

图 14-4　混凝土坝或砌石坝扬压力图

14.3.7.2　混凝土坝渗流监测

混凝土坝的渗流监测主要是扬压力、地下水位、绕坝渗流（水位）、渗流量、特殊部位的渗透压力（如断层内部，软弱夹层内部等）。一般采用钢弦式渗压计，该仪器直径较小，可安装在测压管中，测值稳定，飘移量较小，温度影响可以修正。图 14-4 为混凝土坝或砌石坝扬压力图。

渗流量测量可采用多种方案，如高精度微压计量水堰水位监测，采用超声波流量计，一些不适宜用量水堰测量的渗流量可采用翻斗式的遥测渗流量计。集水井的平均渗流量可采用集水井专用测控装置及配套的水位传感器测量，能按设定水位自动控制水泵抽水并给出大坝的总渗流量。

14.3.8 应力监测

为保证大坝安全，大坝设计和运行时遵循的原则包括：①保持坝体和坝基稳定；②坝体应力控制在材料强度允许范围内。应力应变观测能较早发现局部范围内结构性态变化原因和部位。因此，观察大坝应力应变，可了解坝体应力的实际分布，确定坝体最大应力的位置、大小和方向，为估计大坝强度安全程度、大坝运行和加固维修提供依据。

14.3.8.1 混凝土应力及应变

根据坝型、结构特点、应力状况及分层分块的施工情况，合理布置测点，使观测成果能反映关键部位结构应力分布及最大应力大小和方向，以便和其他成果对比和综合分析。

测点的应变计支数和方向根据应力状态而定，空间应力状态宜布置 7～9 向应变计，平面应力状态宜布置 4～5 向应变计，主应力方向明确的部位可布置 1～3 向应变计。不但每一应变计组附近需布置相应的无应力计，还要单独布设无应力计，直接观测自由体积应变，即将混凝土自由体积应变作为独立监测内容。

坝体受压部位可布置压应力计，以便与应变计相互验证。应力、应变及温度监测应与变形渗流监测结合布置，在布置应力、应变监测项目时，宜对所采用的混凝土进行力学、热学及蠕变等性能实验。

14.3.8.2 岩体应力及应变

根据大坝或地下工程基岩及围岩力学性质和结构情况合理布置测点，以便掌握岩体变形、应变和应力的变化规律和发展趋势。

了解坝肩岩体及洞室围岩变形情况，掌握沿深层特定结构面发生滑移的迹象，重视拱坝坝肩岩体应力及左右岸应变差异的观测。观测近坝区岩体及高边坡和消能区山体的稳定状态，包括裂缝、压缩、剪切应变的发展情况。观测坝基、坝肩和洞室围岩经锚固、洞塞、混凝土置换等基础处理结构的应力、应变状态，以了解处理效果。

14.3.8.3 自由体积应变

混凝土自由体积应变包括温度变形、湿度变形和自生变形 3 部分，通常是采用无应力计进行观测。无应力计与应变计组结合布设时，两者中心距离一般为 1.5m。无应力计筒内的混凝土与相应应变计组处施工时采用的混凝土性质相同，其湿度和温度条件也应相同。

在进行岩体应力和应变观测时，应布设岩石无应力计。必要时可在测点附近选取性质相同的岩体钻取试样，在室内测取岩石温度膨胀系数等力学参数。

14.3.9 土压力

为了解坝体受力情况和土与混凝土建筑物的作用压力大小，判断工程的安全、验证设计，重要而有条件的工程可进行土压力观测。

14.3.9.1 坝内土压力

土压力观测包括土与堆石体的总应力（即总土压力）、垂直土压力、水平土压力及大、小主应力等。

土压力观测断面的布设位置应根据坝体结构、地质条件等因素确定，观测断面的位置应与坝内孔隙水压力、变形观测断面相结合。一般大型工程可布设 1 个观测横断面，特别重要的工程或坝轴线呈曲线的工程可增设 1 个观测横断面。土压力观测断面上，一般可布设 2～3 个高程的观测截面。图 14－5 为坝体内部土压力。

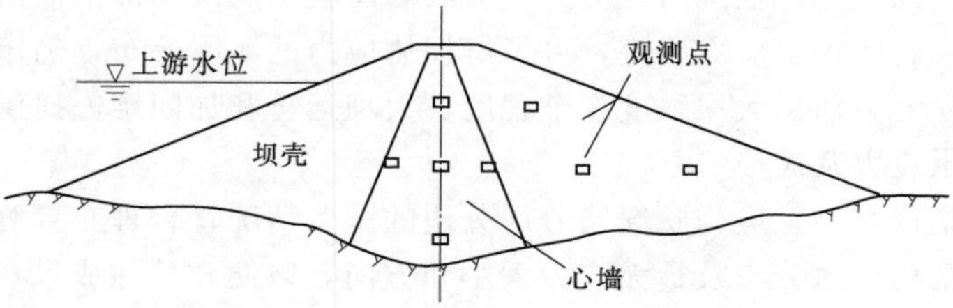

图 14－5　坝体内部土压力

14.3.9.2　接触土压力

接触土压力监测包括土和堆石体等与混凝土、岩石或圬工建筑物接触面上（边界）的土压力观测，以及混凝土坝上游淤沙压力观测。采用的仪器为边界式土压计。

观测断面一般选择在土压力最大、受力情况复杂、工程地质条件差或结构薄弱等部位，布置 1～3 个观测断面。图 14－6 挡土墙土压力及建筑物基础部位边界式土压力测点布置示意图，图 14－7 外土压力测点布置示意图。

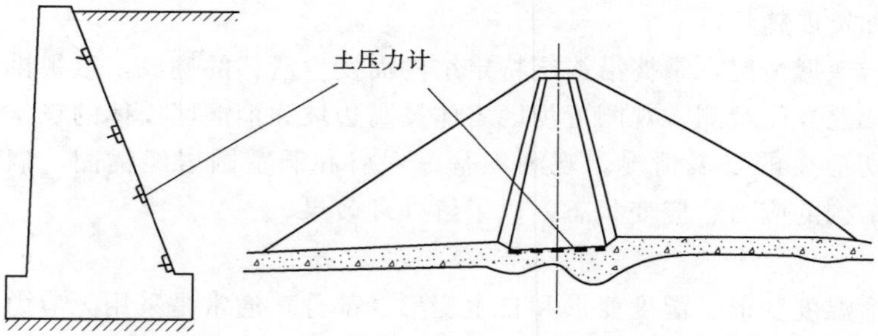

图 14－6　挡土墙土压力及建筑物基础部位边界式土压力测点布置示意图

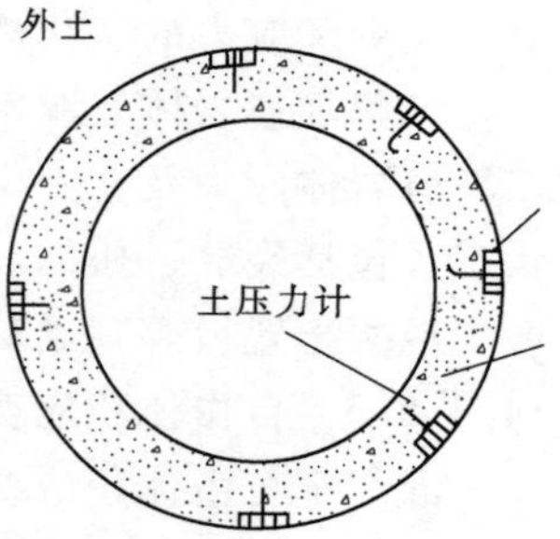

图 14－7　外土压力测点布置示意图

14.3.10　干滩监测

尾矿库监测除大坝常规监测项目外，还须进行干滩监测。尾矿库干滩是尾矿坝顶至库内水边线的尾矿沉积滩面。尾矿库干滩长度分正常运行条件和洪水运行条件两种工况：①正常运行条件时，尾矿库干滩即坝顶至库内正常运行水位的水边线间的尾矿沉积滩面；②洪水运行条件时，尾矿库干滩即坝顶至库内设计最高洪水位的水边线间的尾矿沉积滩面，也称尾矿库最小干滩长度。

滩顶高程监测误差小于 20mm，干滩长度监测误差小于 0.1m（干滩长度大于 100m 时监测相对误差小于 1/1000），干滩坡度测点高程测量误差小于 5mm。自动监测时，干滩监测点布置应满足尾矿库干滩长度最大变化需要，且为避免尾矿坝堆积高度发生变化时影响干滩监测，不宜布置在尾矿坝上。

人工监测时，尾矿坝滩顶高程测点布设，应沿坝（滩）顶方向布置测点，当滩顶一端高另一端低时，在低标高段选较低处检测 1～3 点；当滩顶高低相同时，应选较低处不少于 3 点；其他情况，每 100m 坝长选较低处检测 1～2 点，但总数不少于 3 个点；视坝长及水边线弯曲情况，选干滩长度较短处布置 1～3 个断面；测量断面应垂直于坝轴线布置，并在测量结果中选最小者作为该尾矿库沉积滩干滩长度；正常状态下每月监测 1 次，汛前监测 1 次。

14.4 监测精度与频率

大坝各项位移量相对于工作基点的测量中误差（偶然误差和系统误差的综合值），一般按表 14－6 控制。

表 14－6　大坝位移中误差

项目				位移中误差限值
水平位移	坝体	重力坝、支墩坝		±1.0mm
		拱坝	径向	±2.0mm
			切向	±1.0mm
	坝基	重力坝、支墩坝		±0.3mm
		拱坝	径向	±1.0mm
			切向	±0.5mm
坝体、坝基垂直位移				±1.0mm
坝体、坝基挠度				±0.3mm
倾斜		坝体		±5.0″
		坝基		±1.0″
坝体表面接缝和裂缝				±0.2mm
近坝区岩体	水平位移			±2.0mm
	垂直位移			±2.0mm
滑坡体和高边坡	水平位移			±(0.5～3.0)mm
	垂直位移			±3.0mm
	裂　　缝			±1.0mm

监测频率因项目和阶段而异。第一次蓄水前及第一次蓄水后 5 年运行中，一般每旬 1 次至每月 1 次；第一次蓄水期一般每天 1 次至每旬 1 次；经过第一次蓄水且运行超过 5 年以后，一般每月 1 次至每季 1 次。各时期上、下游水位和气温，每日均需观测。应力应变及湿度监测的传感器在埋设后头一个月内要加密测次，间隔从 4h、8h、24h 到 5 天，以后逐渐转入常规频次。经过长期运行后，可对测次作适当调整。相比于人工监测，自动化监测频率更高。

巡视检查分为日常巡查、年度巡查及特殊巡查三类。日常巡查在施工期每周一次；水库第一次蓄水或提高水位期间1～2天/次，正常运行期间每月不少于一次，汛期特别是高水位期加密检查次数。年度巡查每年2～3次，在汛前、汛后及高水位、低气温时进行。

以下特殊情况下加密观测：①高水位期间，加强对土坝背水坡、反滤坝址、两岸接头、下游坝脚和其他渗流出逸部位的观察；②大风浪期间，加强对土坝迎水面护坡的观察；③暴雨期间，加强对土石坝的表面，及其两岸山坡的冲刷、排水情况，以及可能发生滑坡坍塌部位的观察；④水位骤降期间，加强对土坝迎水坡可能发生滑坡部位的观察；⑤冰凌期间，注意冰冻情况，冰凌对建筑物的影响及防冻、防凌措施效果的观察；⑥冬季和温度骤降期间，加强对混凝土建筑物缝形变化和渗水情况的观察；⑦遭受Ms 5.0以上地震后，立即对土石坝建筑物进行全面观察，特别注意有无裂缝、塌陷、翻砂冒水及渗流量异常现象。

14.5 大坝安全监测系统及自动化

大坝监测信息管理是以大坝监测数据采集、处理、整编、分析为主要内容的专业性工作。该工作以不同的方式对大坝的各种观测数据及环境数据进行采集、记录、处理，具有种类繁多、连续性强、数据量多等主要特点。这些数据除了用于详尽记录当时大坝及环境的各种观测量之外，主要用于对大坝的运行状况进行技术监测、预测和安全分析，同时为水利调度提供相关数据资料。大坝安全自动化监测以及监测数据信息化管理已经取得了较好的社会经济效益。

大坝安全监测系统通常包括变形、渗漏、渗压、应力应变、温度等多种人工或遥测仪器设备，由人工或自动采集装置实施监测。传统人工监测所采用的仪器设备精度较低，且常受周围环境的影响。监测人员素质差异，导致监测数据包含人为误差。对于中大规模的大坝监测系统，人工监测劳动强度大，尤其当大坝经受洪水等较危险荷载作用而加密监测时，人工监测常难以胜任。自动监测系统具有精度高、速度快，省工、省力、省时，可任设观测频次，且可实现远程监测等优点。自动监测具有以下特点：

（1）实用性。系统可适应运行期及已建工程更新改造的不同需要，便于维护和扩充，每次扩充时不影响已建系统的正常运行，并能针对工程的实际情况兼容各类传感器。操作简单，安装、埋设方便，易于维护。

（2）准确性。系统在监测数据自动采集、传输、处理等工作环节的设备选型和技术处理上充分考虑了误差控制和误差处理，确保提高系统整体的准确性。

（3）可靠性。为保证系统长期稳定运行和获取具有可靠精度和准确度的观测数据，系统设备能自检自校及显示故障诊断结果，同时具有独立于自动监测量仪器的人工观测接口，以便于交叉检验仪器可靠性。

（4）先进性。自动化监测系统既满足现实需求，又适应长远发展的需要，所采用的技术与当前技术发展趋势保持一致，便于系统扩展、升级和优化。

（5）开放性。自动化监测系统具有统一标准，采用行业标准和规范进行统一设计，按开放式系统的要求选择设备，组建系统，利于调整和扩展，便于信息共享。

(6) 经济性。自动化监测系统系统设计坚持经济性原则，在功能和采集范围上灵活性强，可满足不同投资规模和不同建设规模需要，在追加投资后系统能方便地扩充功能和扩大监测范围。系统采用分布式结构，设备间连线简单，施工费用极低。整体优化设计，强化软件，简化硬件，降低了设备造价。

自动化监测系统测点、监测仪器和监测项目和方法如下：

(1) 测点。随着监测技术的发展，“点”的概念逐步削弱，“线”“面”乃至“体”的概念正在加强。如分布式光纤温度测量和裂缝监测系统，光纤上任何一点的温度或任何一条通过监测面的裂缝都会被监测到，从而使监测范围由“点”变成一条“线”或一个“面”；同样，电磁探测法、CT、地质雷达等监测范围是一定“体积”的区域。光纤测量系统已在三峡工程、葛坝洲水电工程、隔河岩水电站等进行了成功应用。

(2) 监测仪器。随着传感器技术的不断发展，新型监测仪器不断问世。监测仪器除将被测点的物理量转换成电或电参量外，还可转化成光或光参量，甚至其他可采集的处理信号。如光纤监测仪器（传感器）包括点式光纤监测仪器和分布式光纤监测传感器。分布式光纤测量系统是将整个光纤上的监测物理量都转化成光信号（或光调制信号），从而实现分布式测量。智能型监测仪器是在“测点处”实现监测物理量的转化后，立即将模拟信号转化成数字信号，以方便信号的传送、接收或提高信号的抗干扰能力。许多监测仪器能同时监测多个物理量，如差阻式仪器和一些振弦式仪器都能监测测点的温度。

(3) 监测项目和监测方法。安全监测包括变形渗流、应力应变、温度及环境量等项目。随着监测技术的发展，已出现一种监测仪器或方法用于不同的监测项目，如应用温度监测仪器进行渗流监测、应用差动电阻式仪器同时进行坝体内部变形监测和温度监测等。

典型的大坝安全自动监测系统网络拓扑如图 14 - 8 所示，分为集中式、分布式和混合式。

集中式采集方式，在大坝廊道内设专门监测室，内置采集装置，布设于坝内各处的仪器通过电缆直接与采集装置相连，仪器信号通过采集装置转换为数字信号传到坝外的微机监控室进行存储管理，适合小水电站大坝监测，测点数量一般控制在 200 以内，仪器布置相对集中，采集装置集中设置在坝内廊道，信号传输距离不远，且监测室设有专门的防潮通风设备。

分布式采集系统是将采集装置分散布置在靠近仪器的地方，一般称为数据采集单元，如图 14 - 9 所示。可缩短命令执行测量传输的距离，降低系统防外界干扰的技术难度，能暂存监测数据，因此系统故障所造成的数据丢失可相对减少。分布式采集较适合于工程规模大、测点数量多且分散的监测系统。由于每个采集装置导致系统造价较高，但随着电子技术的成熟和大规模生产，电子元器件成本大幅度下降，其性能价格已得到很大提高。

混合式是介于集中式和分布式之间的一种采集方式。具有分布式布置的外形，而采取集中方式进行信号采集的系统。设置在仪器附近的遥控转换箱类似于信号器，但不具备转换和数据暂存功能，故其结构简单，在相同恶劣环境条件下，其故障产生概率也要低。混合式的关键技术是经济可靠地解决模拟量的长距离传输技术，利用散布于仪器附近的遥控转换箱，将仪器的模拟信号汇集于总线，传输到监控站集中测量和转换，然后将数字量送入计算机存储处理，图 14 - 10 为混合式监测原理图。

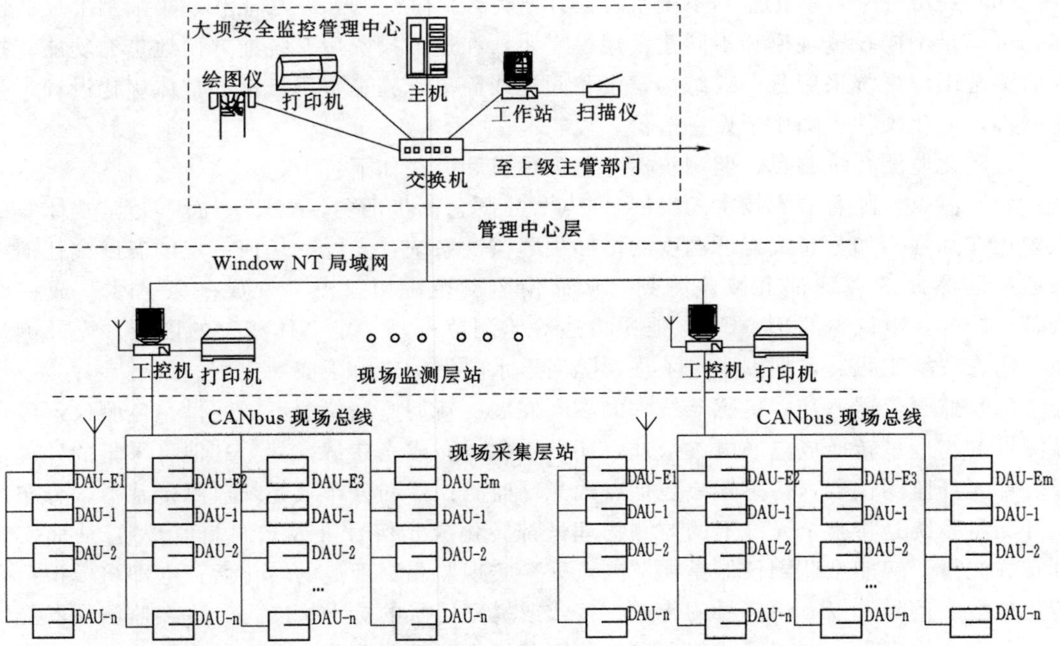

图 14－8　大坝安全监测系统结构图

DAU—数据采集器

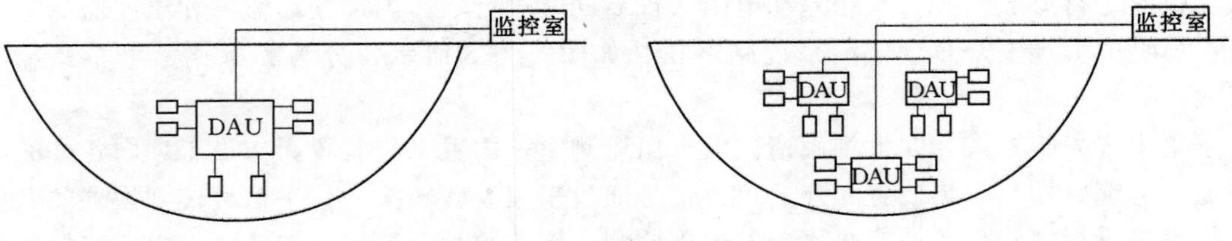

图 14－9　分布式原理图

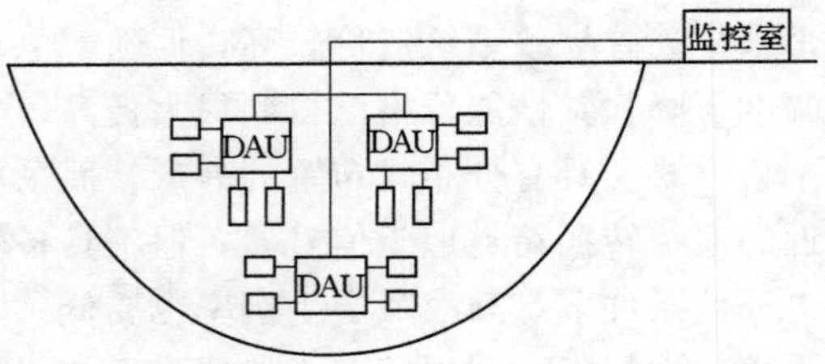

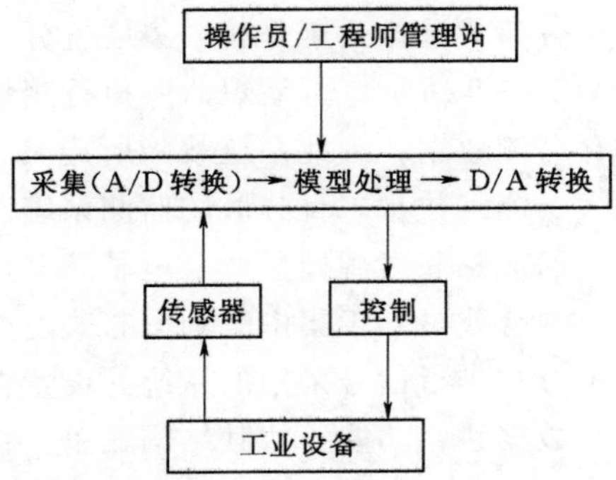

图 14－10　混合式监测原理图

大坝安全监测系统组建完毕后，在监控管理中心站操作计算机就可对现场所有监测仪器进行数据采集，监测实施步骤如下：

（1）监测时间及周期。正常运行期间对所有测点采集应不少于1次/天，应结合机主运行的工作时间和水位的变化情况合理拟定采集的时间及周期。

（2）采集方法的选择。采集方法分为定时采集测量和临时采集测量2种。确定采集时间和周期，可对所有监测仪器或部分监测仪器实施定时监测数据的采集。临时测量为在定时监测采集不到数据或出现急发事件时可实施临时采集功能。

（3）特殊情况，在数据采集时发现监测数据变化速率较大时应发出预警，立即上报并根据情况缩短测量时间和周期。

14.6 工程实例

14.6.1 工程概况

乐昌峡水利枢纽工程位于韶关乐昌市境内、北江支流武江乐昌峡河段旧塘角火车站附近，下距乐昌市约14km，韶关市81.4km，是北江上游关键性防洪控制工程，是以防洪为主、结合发电，兼顾航运、灌溉等综合利用的枢纽工程。坝址以上集水面积为4988km^2，防洪库容为2.113亿m^3，总库容为3.74亿m^3，电站装机容量为132MW，正常蓄水位为154.50m，校核洪水位为164.40m。乐昌峡水利枢纽为Ⅱ等大（2）型工程，主要由大坝、引水系统、发电厂房等建筑物组成。大坝及电站进水口为2级建筑物，设计洪水标准为100年一遇，校核洪水标准为1000年一遇；次要建筑物如电站输水隧洞及厂房等建筑物的级别为3级，设计洪水标准为100年一遇，校核洪水标准为200年一遇。松山子及半岭等滑坡体的边坡级别为4级。

14.6.2 乐昌峡水利枢纽安全监测系统

安全监测项目有巡视检查等20多项，分别位于碾压混凝土大坝、地下厂房、滑坡体、引水隧洞等部位，包含约27种监测仪器872个测点，自动化监测系统采用光缆/GSM通信结合，共有84个测量模块组成。同时在项目实施过程中增加了光纤测温和GPS滑坡监测。乐昌峡水利枢纽安全监测系统基本涵盖了混凝土大坝监测领域的全部项目及监测仪器与设备。拦河坝、地下厂房及输水系统、滑坡体部分项目均为自动化数据采集；两岸坝肩、滑坡体大部分观测项目、拦河坝人工比测、营地周边观测等项目采用人工观测。各监测项目情况如下：

（1）大坝监测项目布置。主要监测项目包括：巡视检查、水平位移监测、垂直位移监测、坝基扬压力监测、坝体渗透压力监测、绕坝渗流监测、混凝土应力应变监测、温度监测、接缝监测和渗漏量监测等。

（2）输水系统监测项目布置。主要监测项目包括：①输水系统沿线：地下渗流场监测；②进/出水口：水位、边坡水平位移；③引水隧洞、尾水隧洞：围岩变形、钢筋应力；④引水钢管：围岩裂隙、钢筋应力、钢板应力。

(3) 地下厂房监测项目布置。主要监测项目包括：①巡视检查；②主副厂房及主变室：围岩变形、岩锚吊车梁与围岩间隙、锚筋应力监测；③蜗壳：钢筋应力、钢板应力、钢板与混凝土缝隙、温度监测；④集水和排水廊道：渗流量监测。

(4) 滑坡体监测项目布置。主要监测项目包括：巡视检查、水平位移与垂直位移监测、渗流监测、降雨量监测等。

14.6.3 监测成果分析

1. 大坝主要监测项目

倒垂线位移测值变化范围－2.05～0.55mm，变幅 0.20～1.106mm。各测点位移变幅较小位移～历时曲线变化趋势平缓，无突变。

引张线位移测值范围－18.032～0.710mm，变幅 1.039～12.127mm，静力水准沉降位移测值范围－4.621～6.940mm，变幅 3.681～9.953mm；仪器在受电缆沟底层受降雨积水浸泡及潮湿损坏次数较多，监测数据不可靠，应增加电缆沟排水孔或进行改造。

扬压力测值范围 89.474～139.082m，2014 年 11 月 14 日发现坝横 0＋110.000、坝纵 0＋006.200，高程 82.44 的 UP7 测孔，渗透压力最高水头为 48.29m，发现问题后，立即组织施工单位于 2014 年 12 月进行固结灌浆和排水孔清扫处理工作，2016 年 3 月 4 日最高水头为 30.93m，大于相邻扬压力孔水头 8.16m；最大扬压力强度系数为 0.316，大于扬压力强度系数 0.20 的要求。

2. 输水系统主要监测项目

渗压计测值范围 79.55～150.13m，除模块损坏及机组排水放空检修产生波动值外，其他时段渗压计水位升降变化与库水位变化基本一致，历时曲线变化趋势平缓，无突变；渗压计 P1－2、P2－1、P3－1、P3－2 测值水位与库水位基本相同，说明该监测部位可能出现内水外渗现象，需制定修复方案采取相关措施处理。

钢筋计测值范围－53.629～24.783MPa，变幅 11.026～34.562MPa，钢筋计呈现压应力状态，各测点应力变幅，历时过程曲线变化趋势平缓，无突变。

3. 地下厂房主要监测项目

多点位移计测值范围－1.044～2.530mm。其中 M47－2－(桩号：厂横 0＋097.510、厂纵 0－008.500，高程 117.00）距孔口 8m，2016 年 3 月 19 日—2016 年 4 月 7 日位移由 0.83mm 增至 1.38mm，目前处于稳定状态。其他各测点位移幅变均较小，历时曲线变化趋势平缓，无突变。

测距仪位移测值范围－1.301～3.201mm；其中 LA3 测点（厂横 0＋050.040、厂纵 0－019.000，高程 114.50）在 2016 年 5 月 27 日最大值为 3.201mm；其他各测点变幅位移较小，历时曲线变化趋势平缓，无突变。

4. 滑坡体主要监测项目

固定测斜仪测值范围－1.397～0.710mm，各测点幅变较小，位移—历时曲线变化趋势平缓，无突变。

活动测斜仪孔口位移测值范围－10.64～35.32mm，变化量－5.42～10.64mm，累计日平均变化速率－0.01～0.03mm/d。

综上，乐昌峡水利枢纽安全监测系统实现了观测数据的自动化采集、在线分析和实时监控，具有可靠性好、故障率低、密封密压性良、便于维护、耐恶劣环境等优点，有助于信息分析、安全状态综合评估和情景模拟，为枢纽运行管理工程安全、发电安全、防汛安全起到了支撑作用。